高等学校信息技术类新方向新动能新形态系列规划教材

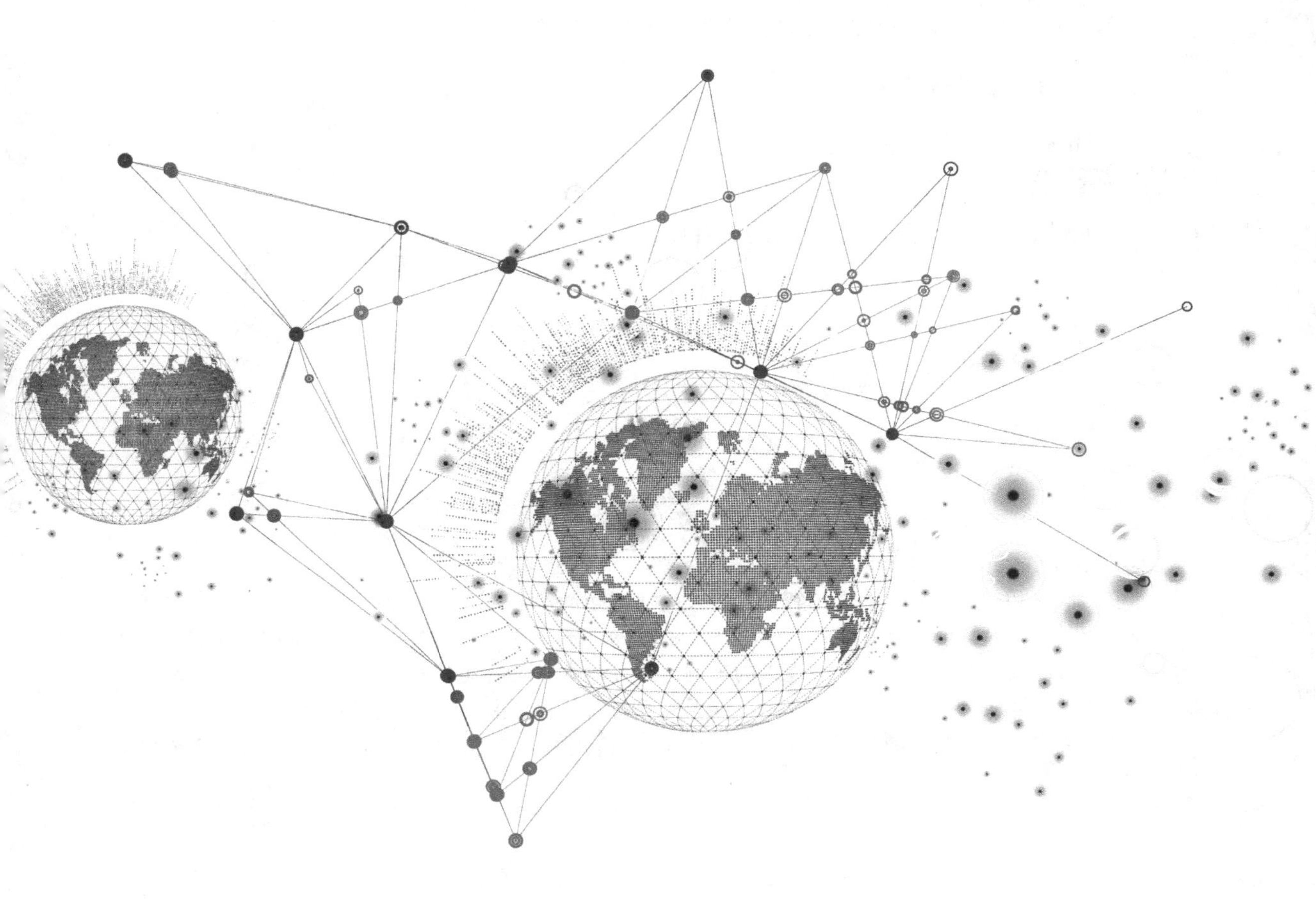

人工智能算法 Python案例实战

吕鉴涛／编著

人 民 邮 电 出 版 社
北 京

图书在版编目（CIP）数据

人工智能算法Python案例实战 / 吕鉴涛编著. -- 北京 : 人民邮电出版社, 2021.1（2024.7重印）
高等学校信息技术类新方向新动能新形态系列规划教材
ISBN 978-7-115-54307-3

Ⅰ. ①人… Ⅱ. ①吕… Ⅲ. ①人工智能－算法－高等学校－教材 Ⅳ. ①TP18

中国版本图书馆CIP数据核字(2020)第112515号

内 容 提 要

本书从概念和数学原理上对人工智能所涉及的数据处理常用算法、图像识别、语音识别、自然语言处理、深度学习等几个主要方面进行了阐述，并以 Python 为主要工具进行了相应的编程实践，以使读者对人工智能相关技术有更直观和深入的理解。此外，本书还用几个独立的章节从原理和实践上介绍了量子计算、区块链技术、并行计算、增强现实等与人工智能密切相关的前沿技术。

本书适合对人工智能领域感兴趣并有一定计算机和数学基础的相关人员阅读，也可作为高等院校相关专业的教学参考书。

◆ 编　　著　吕鉴涛
责任编辑　邹文波
责任印制　王　郁　陈　犇
◆ 人民邮电出版社出版发行　　北京市丰台区成寿寺路 11 号
邮编　100164　　电子邮件　315@ptpress.com.cn
网址　https://www.ptpress.com.cn
北京天宇星印刷厂印刷
◆ 开本：787×1092　1/16
印张：22　　2021 年 1 月第 1 版
字数：581 千字　　2024 年 7 月北京第 5 次印刷

定价：69.80 元

读者服务热线：(010)81055256　印装质量热线：(010)81055316
反盗版热线：(010)81055315
广告经营许可证：京东市监广登字 20170147 号

前言

1956 年，科学家们在达特茅斯会议首次正式提出人工智能（Artificial Intelligence，AI）的概念，标志着人工智能作为一门独立学科的诞生，随后其迅速发展为一门广受关注的交叉和前沿科学。在该领域产生的大量的科研成果，对整个人类社会的发展和进步以及人们的日常生活都产生了巨大而深远的影响。

人工智能领域的全球化布局，证明了人工智能将成为未来 10 年内产业的新风口。就像 19 世纪中期以电机的发明为起点、以电力的广泛应用为标志的第二次工业革命彻底颠覆了人类世界一样，人工智能也将掀起一场新的产业革命。

近年来，人工智能潜移默化的应用触手可及，不经意间已然渗透社会生活的诸多领域。曾经出现于科幻电影和小说中的诸多场景开始在我们的日常生活之中逐渐实现。人工智能在学校、医院以及其他很多机构的应用开始加速增长。国内外许多高校也开始创设独立的人工智能院系。以国外的 Microsoft、Google、IBM 和国内的百度、腾讯、阿里巴巴等为代表的高科技企业也纷纷布局，投资人工智能相关领域的研究与应用。

人工智能正在以一种超然的方式影响和改变着人们与技术的交互模式。基于计算机视觉、语音识别、自然语言处理等方面的研究与创新，正是这些变革的内在驱动力。美国未来学家、奇点大学创始人雷·库兹韦尔（Ray Kurzweil）根据其提出的加速回报定律（The Law of Accelerating Returns）预测，人工智能在 2029 年左右将具有人类水平的智能，未来的人机关系将会更微妙，应通过对人工智能相关法律、伦理和社会问题的深入探讨，为智能化社会划出法律和伦理道德的边界，让人工智能更好地服务人类社会。

与很多研究技术的应用最初所遇到的情形类似，人工智能在给人类社会带来巨大科技进步红利的同时，也毫不意外地会在某个发展阶段给社会部分群体带来一定的恐慌。这种恐慌更多的是源于难以克服的对人类可能被边缘化的就业或工作场景的恐惧，以及可能存在的由人类隐私数据的泄露或社交关系的改变而带来的潜在风险。事实上，人工智能与机器人已经在很多领域开始逐步取代人类进行工作，我们现在正处于如何部署基于人工智能技术的紧要关头。

对于个人而言，我们的生活质量和我们的贡献所获得的价值有可能会逐步发生改变，而且这些改变将会越来越明显。因此，在技术因素以外，人工智能领域在接下来的很长一段时间将会集中部分精力研究技术进步带来的好处与风险之间的权衡机制，从而构建一个良好的社会监管框架，让技术更好地服务于人类，同时防控潜在的社会危机。人工智能和新兴的前沿技术可能在未来的发展过程中，为当前的人类创造更加美好的生活。

消除对未知事物恐惧的最好办法就是变未知为已知。了解和学习人工智能的基础概念、原理和技术有助于我们更好地审视自己未来的人生格局和定位，并对即将到来的智能化社会有更多的期许。

本书对图像识别、语音识别、自然语言处理以及深度学习等几个人工智能研究的主要领域进行了简单的探讨并辅以当前流行的 Python 语言进行编程实践。虽然本书尽可能地以浅显易懂的语言和示例来描述看上去较为复杂的概念和原理，但在很多时候读者的确需要事先对一些数学知识进行了解，因此本书增加了一章内容来介绍数据处理常用算法。人工智能领域的学科交叉性极强，其研究、应用领域的延伸也相当广泛。因此，本书在对人工智能基本原理与技术进行阐述的同时，也通过编程实例对当下比较热门的量子计算、区块链技术、并行计算等与人工智能密切相关的技术进行了简要的介绍。读者可访问人邮教育社区（www.ryjiaoyu.com）获取本书配套的电子资源。

由于人工智能技术的研究较为前沿，加之编者水平有限，书中难免存在疏漏及不妥之处，恳请读者批评指正。编者也会密切关注人工智能技术的最新发展，吸收各种意见，适时编撰本书的升级版本。

在编写本书的过程中，恰逢我可爱的儿子吕禹铤降生，瞬间给我平静的生活增添了无限的快乐，从此，我的生活除了诗和远方，也开始有了奶瓶和童趣。等他这代人长大的时候，人工智能可能已经广泛地融入整个社会生活之中了。到那个时候，我们基于技术的进步，亦可能以更健康的体魄和旺盛的生命力陪同孩子一起享受在想象中应该会很奇妙而舒适的生活。感谢我的妻子何卓玲女士让我拥有这美好而温馨的一切，也因此让我以更平和、淡泊的心境完成了此书。

编　者

2020 年 10 月于成都

目 录

第 8 章 区块链技术与 Python 编程实践

第 9 章 并行计算与 Python 编程实践

第 10 章 增强现实与 Python 编程实践

第 1 章 绪论

人工智能（Artificial Intelligence，AI）是研究、开发用于模拟、延伸和扩展人类智能的理论、方法、技术及应用的一门新的技术科学。人工智能是计算机科学的一个分支，其目标是了解智能的实质，并在此基础上制造出一种新的、能以与人类智能相似的方式做出反应的智能机器。该领域的研究包括图像识别、语音识别、自然语言处理、专家系统以及机器人技术等。

1.1 人工智能的起源与发展

1. 达特茅斯会议与人工智能起源

1955 年，“人工智能”一词在一份关于召开国际人工智能会议的提案中被提出，该提案由约翰·麦卡锡（John McCarthy，1971 年图灵奖得主）、马文·明斯基（Marvin Minsky，1969 年图灵奖得主）、纳撒尼尔·罗彻斯特（Nathaniel Rochester，IBM 第一代通用计算机 701 主设计师）和克劳德·香农（Claude Shannon，信息论之父）联合递交。1956 年夏天，达特茅斯会议正式召开，以约翰·麦卡锡和马文·明斯基（见图 1.1）为代表的一批人工智能学者聚集在一起，他们提议将“人工智能”确立为一门独立的学科。达特茅斯会议正式确立了“人工智能”这一术语，这也因此被认为是人工智能诞生的标志性历史事件。

（a）

（b）

图 1.1　人工智能之父约翰·麦卡锡（a）与马文·明斯基（b）

2. 人工智能发展的高峰与低谷

人工智能从 1956 年开始经历了三次高峰，两次低谷。目前正处于第三次发展的高峰期。

第一次高峰（1956—1972 年）来源于“感知器”（Perceptron）的提出。它解决了一些在 1956 年看来非常难的问题。在这之后，到 1972 年左右，由于计算能力和各种数据的限制，导致当时的技术难以解决任何实际的人工智能问题，而且数据库也难以满足人工智能应用的需要。同时，当时的人工智能框架也无法解决常见的问题。这一系列问题的出现最终导致政府及资助机构对人工智能研究失去了信心，并停止了相关的研究资助。这是人工智能发展第一次进入低谷期。

1981—1987 年，人工智能的发展迎来第二次高峰。专家系统和知识工程在全世界迅速发展，为企业用户赢得巨大的利益。特别是 1986 年 Hopfield 神经网络与 BP 算法的提出，以及计算能力和存储能力的快速提升，使得大规模神经网络的训练成为可能，由此将人工智能推向第二次发展高峰。但是，到了 20 世纪 80 年代末，各国争相进行的智能计算机研究计划先后遇到了严峻的挑战和困难，人工智能又一次遭遇“财政危机”，促使科学家们对已有的人工智能思想和方法进行了反思。特别是日本推广第五代计算机的失败，将人工智能引入第二个“冬天”。

20 世纪 90 年代以来，人工智能在各个领域悄然发展。1997 年，IBM 制造的电脑“深蓝”（Deep Blue）击败了国际象棋世界冠军卡斯帕罗夫（Kasparov），这是人工智能的一次完美体现。2006 年，杰弗里·辛顿（Geoffrey Hinton）首次提出“深度学习”（Deep Learning）神经网络，使得人工智能在性能上获得突破性进展。从目前来看，深度学习是实现人工智能最有效且取得最大成效的实施方法。深度学习的概念有很多延伸的算法，成功地应用于许多不同的领域。随着深度学习技术的发展，大数据、云计算等基础技术也不断进步，人工智能迎来了第三次发展高峰。

1.2 人工智能的主要应用行业与领域

自从“人工智能”这一概念被提出后，它沿着“从符号主义走向连接主义”和“从逻辑走向知识”两个方向蓬勃发展，迅速成为一门广受关注的交叉和前沿科学，并在象棋对弈、机器证明和专家系统等方面取得了丰硕的成果。随着移动互联网的普及、物联网的渗透、大数据的涌现、信息化社区的崛起，数据和信息在人类社会、物理空间和信息空间的交叉融合与相互作用，新技术、新产业和新业态不断涌现，使得人工智能基本理论和方法的研究开始出现新的变化。这些变化也使得人工智能的应用呈现勃勃生机。

时至今日，人工智能技术已被成功地应用于各个行业和领域。

在服务行业，借助语音识别（Voice Recognition）技术可自动完成电话客服，同时可以核实来电者的身份。

在银行和金融行业，自动欺诈探测（Automatic Fraud Detection）系统使用人工智能技术可识别出欺诈性交易的行为模式。

在媒体与娱乐行业，许多公司正在使用数据分析和自然语言生成技术，自动起草基于数据的公文材料，比如公司营收状况、体育赛事综述等。

在生命科学领域，机器学习系统被用来预测生物数据和化合物活动的因果关系，从而帮助制药公司识别出最有前景的药物。

在医学领域，基于机器学习的人工智能也开始展现出其不输于人类医生的强大诊断能力。2019 年 2 月 12 日，著名医学科研期刊“Nature Medicine”刊登了题为“使用人工智能评估和准确诊断儿科疾病”的医疗人工智能应用成果，这是由广州妇女儿童医疗中心等几个机构共同完成的。IBM 的 Watson 借助自然语言处理（Natural Language Processing）技术来阅读和理解大量医学文献，通过自动假设生成（Automatic Hypothesis Generation）技术来完成自动诊断，并通过机器学习算法来进一步提高准确率。

在医疗健康领域，美国有超过 50%的医院采用自动语音识别来帮助医生自动完成医嘱抄录，并通过计算机视觉（Computer Vision）系统自动完成 X 光检查和其他医学影像分析。

在军事领域，人工智能技术更是被大规模地集成应用于隐形飞机、军舰、洲际战略导弹等各种高尖端武器装备上。

此外，人工智能在其他领域也有着广泛的应用。例如，自动驾驶领域的无人驾驶汽车、安全领域的为应对校园突发恐怖事件而部署的枪声检测系统、智能硬件领域的智能声控私人助手等。图 1.2 所示的 Amazon 公司的智能语音助手、“海洋量子号”游轮上的调酒机器人，以及最近非常流行的 NuSkin 公司的个人智能护肤管家等，都是日常生活中较为常见的智能硬件应用系统。人工智能技术日益广泛地应用于人类日常生活，标志着人工智能的“春天”已然来临。

（a）Amazon 公司的智能语音助手

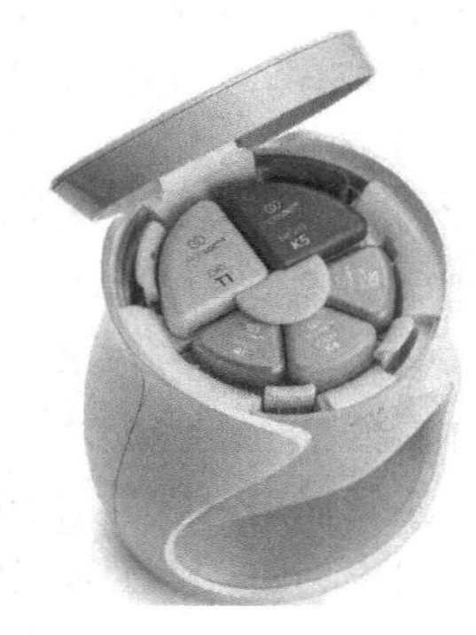

（b）NuSkin 公司的个人智能护肤管家

（c）“海洋量子号”游轮上的调酒机器人

图 1.2　人工智能在日常生活中的应用案例

1.3　中国人工智能发展现状

人工智能的发展改变了人类生活，同时也改变了世界。随着机器学习的快速发展，人工智能产业在历经了约半个世纪的跌宕起伏之后，如今在全球范围内形成了新一轮的抢位布局发展态势。中国的人工智能产业也在全球化浪潮的推动下加快了发展的步伐。国家提出了新一代人工智能发展规划，在重点前沿领域探索布局，力争在理论、方法、工具、系统等方面取得变革性、颠覆性的突破。

随着人工智能在移动互联网、智能家居等领域的发展，我国人工智能产业将持续高速成长。基于人工智能的计算机视觉、听觉、生物特征识别、新型人机交互、智能决策与控制等应用技术的研发和产业化也在迅猛发展。

自 2010 年以来，国内人工智能领域的发展开始进入爆发期，人工智能企业大量增长，一系列人工智能领域的创业公司和投融资机构进入大众视野。近几年来，中国在人工智能领域的投资明显加快。目前，国内人工智能领域的资金投入主要集中在应用类与技术类企业上。在技术类企业中，以计算机视觉类企业居多。机器人和无人机，作为与日常生活应用联系非常紧密的两个智能硬件领域，在人工智能市场上表现得非常活跃。

作为国内创新典范的几个“科技巨头”，百度、阿里巴巴和腾讯等公司皆通过自身研究、投资或并购等方式不断加大对人工智能领域的投入。

百度公司把人工智能视为公司未来发展的重中之重，在无人驾驶汽车、智慧城市以及 O2O 等领域全面发展。百度公司在硅谷投资约 21 亿元人民币建立了人工智能中心，总研发投入也连年增长，2015 年投入超过 100 亿元人民币，占当年营收总额的 15%。百度公司在研发方面的投入，展现出了它作为全球知名技术公司的本色。2016 年，百度公司的深度语音识别系统以高达 97%的识别准确率入选了麻省理工学院评选的当年“十大突破技术”。目前，百度公司已经将百度研究院、百度大数据、百度语音、百度图像等技术归入了人工智能技术体系，在“BAT” 3 家公司中率先完成了人工智能技术体系的整合。

阿里巴巴集团的人工智能则更多运用于电商、物流等业务体系内，如淘宝天猫、菜鸟网络、蚂蚁金融服务等。阿里巴巴集团在人工智能领域的布局几乎都和自己的业务有非常紧密的结合，尤其是在 2016 年“双十一”，人工智能在菜鸟网络上的运用非常典型。利用人工智能，通过对区域订单量的预判，提前布局仓储，进行业务导流，从而极大地提升了物流效率。从这些案例来看，阿里巴巴集团的人工智能业务目前皆指向零售服务业务。

与此同时，腾讯公司则将重心放在 AI 开放平台、VR 开放平台、LBS 分享服务以及云计算智能创新领域的研究上。腾讯公司在这些前沿技术领域已经组建了专业的研发团队，这些前沿技术领域都将成为腾讯公司未来发展的重要方向。作为国内顶级的人工智能团队之一，腾讯优图在人脸识别、图像识别、音频识别等领域的技术指标均在国际人工智能比赛中创造了世界纪录。特别是在人脸识别技术方面更是以 99.65%的准确率名列世界前茅。

与此同时，国内其他众多的创业型公司也积极投入人工智能领域，大规模的资本进入和持续的技术研发，推动了人工智能产业的快速发展。

为应对人工智能高速发展对高端人才的极大需求，国内众多高校纷纷开设了人工智能相关专业。2018 年，教育部提出要加大人工智能领域人才培养力度，到 2020 年，我国将建成 50 个左右的人工智能学院、研究院或交叉研究中心。东南大学、南京大学、西安交通大学、中国人民大学以及华中科技大学等多所国内知名高等院校先后成立了人工智能学院。截至本书成稿，国内已有 40 多所高校成立了人工智能学院，专业人才培养的规模将进一步扩大。

1.4 Python 与人工智能

Python 由荷兰人吉多·范罗苏姆（Guido van Rossum）于 1989 年发明，第一个公开版本发行于 1991 年。Python 是纯粹的开源自由软件，源代码和解释器皆遵循 GPL（GNU General Public License）协议。

Python 是一种多范式语言，它支持多种编程风格，包括脚本（Shell）和面向对象（Object Oriented）等，这使得它成为适用于多种场合的通用编程语言。

Python 语法简洁清晰，特色之一是强制用空白符（White Space）作为语句缩进。Python 具有丰富而强大的扩展库，常被软件工程师昵称为“胶水语言”，意指它可将其他语言编写的各种模块很轻松地连接在一起。

Python 的另外一大特色是跨平台（Cross-Platform），这意味着它可运行于 Windows、Linux、UNIX，以及 macOS 等不同操作系统之上。虽然 Python 具有许多优势，但作为一种解释型高级编程语言，其运行速度与 C、C++等编译型语言相比仍有不小的差距。

从云端、客户端到物联网终端，Python 的应用无处不在，它可用于从航天器系统的开发到小游戏开发等几乎所有领域。Python 是人工智能领域首选的编程语言。基于 Python 的开源框架 PyTorch 的发布，进一步确立了 Python 在人工智能编程领域的重要地位。

在人工智能领域，使用 Python 进行编程具有以下几方面的优势。

① 文档资源丰富。

② 平台无关性。代码可以在不同的操作系统上运行和移植。

③ 相比于其他面向对象的编程语言，Python 的学习曲线更为平缓。

④ Python 有许多图像、图形加强库和 3D 可视化工具包，以及诸多用于数值与科学计算的工具。

⑤ Python 的可扩展、可移植、快速、坚固而优美的设计等特征是人工智能应用非常注重的因素。

⑥ 开源的代码可以得到开发社区的广泛支持，这也是 Python 强大生命力的重要支撑。

⑦ 基于 Stackless 的并发（Concurrency）机制，具有多核和多 CPU 编程的天然优势。

⑧ 对函数式编程（Functional Programming）的支持，使得整体代码更接近自然语言，因而具有引用透明（Referential Transparency）、更简洁、高效和易于管理等优势。

⑨ 拥有众多机器学习框架和第三方扩展库的支持。

1.5　构建 Python 人工智能编程环境

1. Python 版本

Python 目前有两个主要版本，Python 2 和 Python 3。Python 2 发布于 2000 年底，是使用较多的一个版本，其官方声明指出，到 2020 年将停止对 Python 2 的技术支持，建议用户向 Python 3 迁移。

Python 3 被视为 Python 的未来，是目前主要使用的语言版本。Python 3 于 2008 年末发布，意在解决和修正以前版本的内在设计缺陷。开发 Python 3 的重点是清理代码库并删除冗余。对 Python 3 的主要修改包括将 print 语句更改为内置函数、改进整数分割的方式、对 Unicode 提供更多的支持。因为两种版本不完全兼容，在本书中没有指定编程环境的皆默认使用 Python 3。

2. Anaconda 编程环境

Anaconda 是一个开源的 Python 发行版本，其中集成了 Conda、Python 等 180 多个常用的数据处理和科学计算等工具包以及相关依赖项。较之于在 Python 基础版本上直接安装各种工具包的烦琐，使用 Anaconda 编程环境可以节省大量的安装各种工具包的时间和精力。截至本书成稿时，Anaconda 的较新版本为 Anaconda 2019.10，可以安装在 Windows、Linux 以及 macOS 等不同操作系统上。Anaconda 的官方网站（参见本书提供的电子资源）针对不同的操作系统（32 位和 64 位）以及不同的 Python 版本（Python 2.7 和 Python 3.7），提供了如图 1.3 所示的不同版本安装包供用户下载。

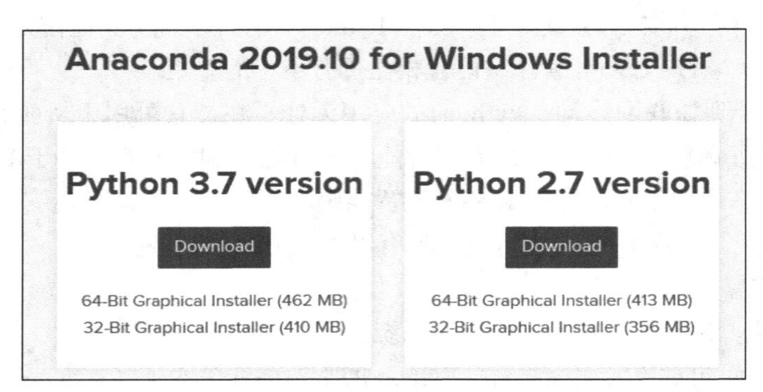

图 1.3　Anaconda 针对不同 Python 版本的安装包

因本书的示例代码主要基于 Python 3 编写，下面，我们将以 Python 3.7 64 位的 Anaconda 为例在 Windows 10 操作系统中进行安装，其主要步骤如下。

① 从 Anaconda 的官方网站下载相应的安装文件，双击该文件，则启动如图 1.4 所示界面开始执行安装。

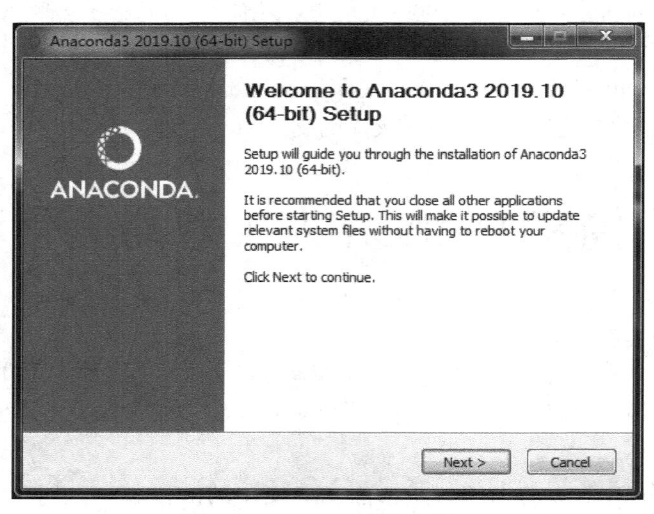

图 1.4　Anaconda 安装步骤 1

② 按照图 1.5～图 1.12 所示步骤，一路单击各图中“I Agree”或者“Next”等按钮，逐步按顺序执行安装。其中，在图 1.8 所示步骤中，如果要在同一台计算机上安装几个不同的编程环境，则无须勾选这两个复选框。

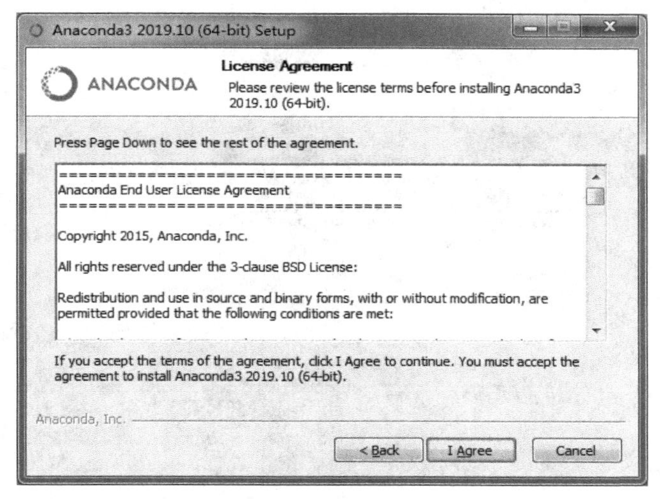

图 1.5　Anaconda 安装步骤 2

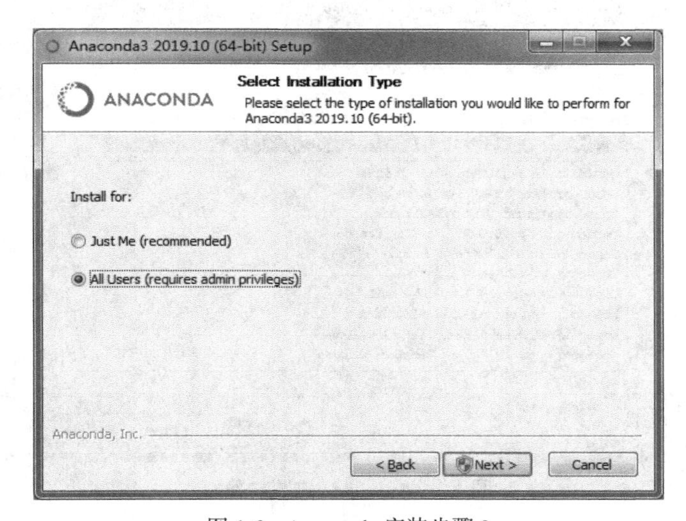

图 1.6　Anaconda 安装步骤 3

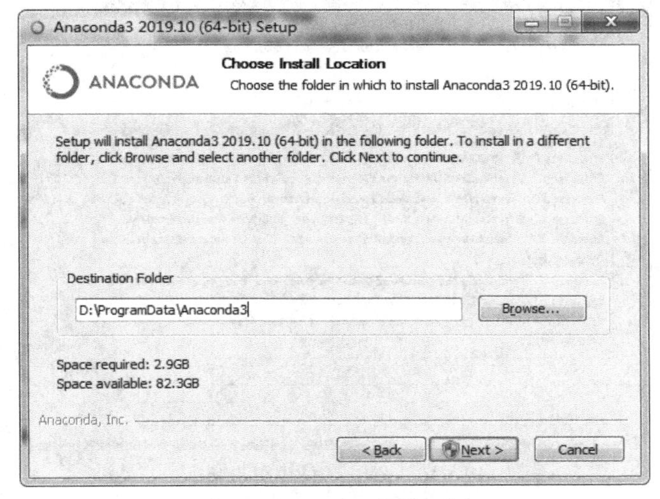

图 1.7　Anaconda 安装步骤 4

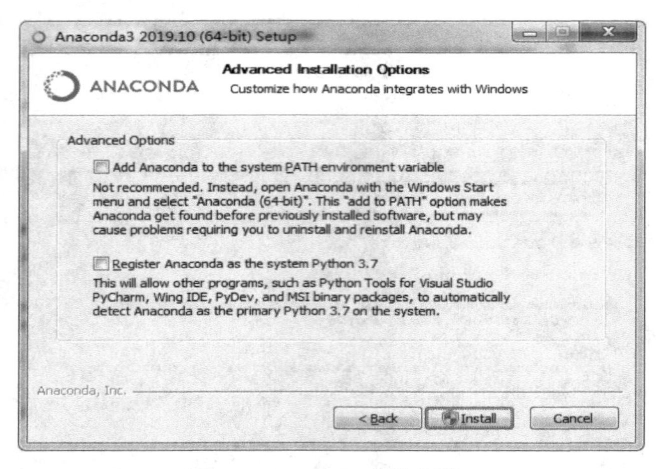

图 1.8　Anaconda 安装步骤 5

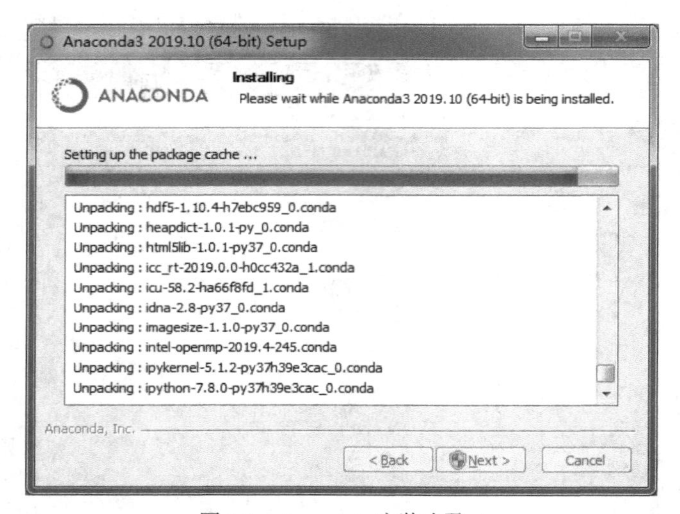

图 1.9　Anaconda 安装步骤 6

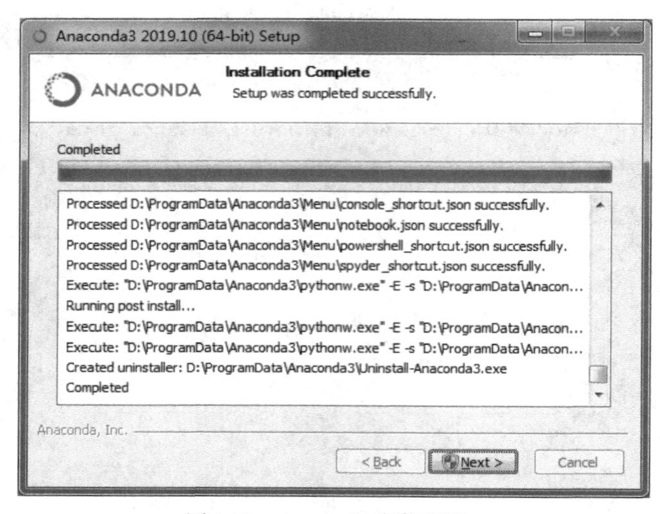

图 1.10　Anaconda 安装步骤 7

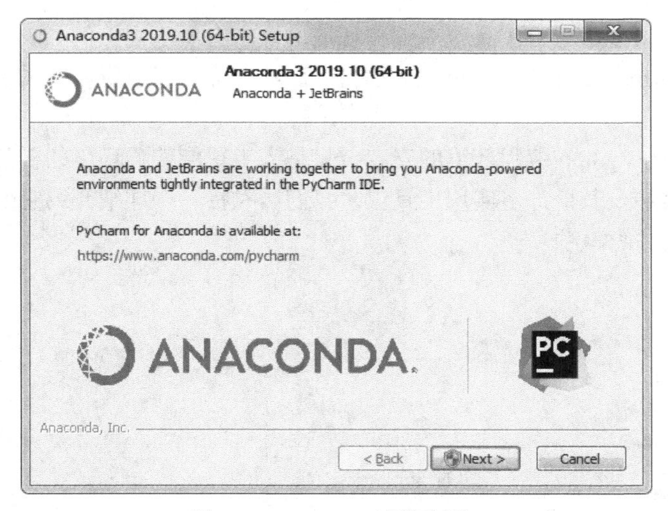

图 1.11　Anaconda 安装步骤 8

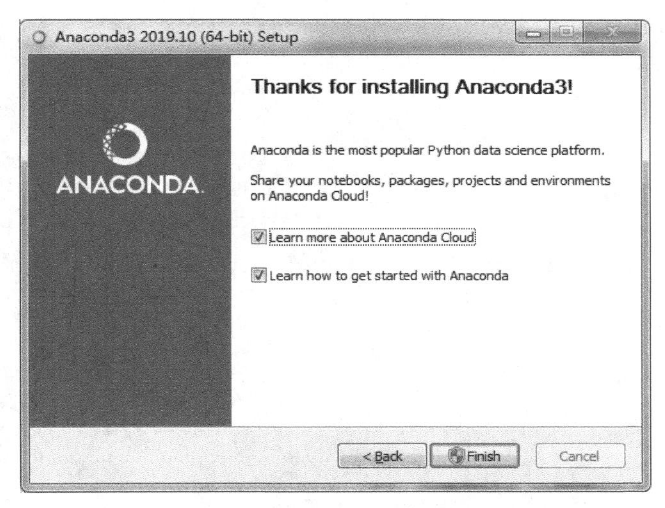

图 1.12　Anaconda 安装步骤 9

③ 安装完成后，我们可通过 Windows 开始菜单找到 Anaconda 执行命令的快捷方式，单击该快捷方式将出现 Anaconda 控制台界面，在命令行中输入并执行 python 命令将显示如图 1.13 所示界面。

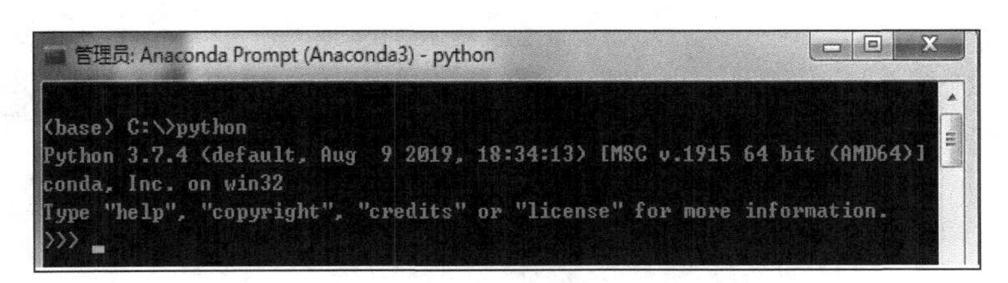

图 1.13　Anaconda 控制台界面

Anaconda 编程环境已包含诸多用于科学计算和数据处理的第三方工具包以及相关依赖项，在很大程度上节省了软件工程师系统部署的时间和精力。

为了后续编程的良好体验，建议读者同时安装支持 Python 2.7 的 Anaconda 2 和支持 Python 3.7

的 Anaconda 3。因为很多第三方工具包对编程环境的要求有所不同，例如，几个涉及机器学习与深度学习的框架在 Python 3 环境下方可正常运行，而本书部分章节所涉及的一些工具包目前仅支持 Python 2。

基于 Anaconda 的 Python 编程环境的安装，只是人工智能编程环境的初步构建。因为在后续章节的很多示例中会涉及其他许多实用工具包，我们届时将一一详细介绍它们的安装、配置和用法，以及其他的相关注意事项。

第 2 章 数据处理常用算法

在图像识别、语音识别、自然语言处理、机器学习以及深度学习等诸多人工智能领域的编程中，会涉及大量的数据处理与数值计算，研究人员长期的经验累积形成了各种高效的算法。在开始令人期待的人工智能编程之旅前，我们先来熟悉一下诸多后续章节会经常用到的数据处理算法。前期熟练掌握这些算法，对后续知识的学习与理解会有很大的帮助。

2.1 傅里叶变换

在信号处理领域，傅里叶变换（Fourier Transform）可谓“大名鼎鼎”，它不仅是个数学工具，更像是一种“横看成岭侧成峰”的哲学思维模式（如图 2.1 所示），让我们的思想在时域（Time Domain）与频域（Frequency Domain）的世界里自由穿梭。傅里叶变换，本质上而言，是一个将时域非周期的连续信号转换为在频域非周期的连续信号的数学方法，它将所有信号视为不同幅值与频率的正弦波信号的叠加。

2.1.1 傅里叶分析的由来

傅里叶分析方法的诞生极具故事性。1807 年，时年 39 岁的法国数学家让·巴普蒂斯·约瑟夫·傅里叶（Jean Baptiste Joseph Fourier）在法国科学学会上展示了一篇关于热传导研究的论文，其中提出了一个当时极具争议性的论断：“任何连续周期信号皆可由一组适当的正弦曲线组合而成”。该论文引起了法国另外两位著名数学家皮埃尔·西蒙·拉普拉斯（Pierre-Simon Laplace）以及约瑟夫·路易斯·拉格朗日（Joseph-Louis Lagrange）的高度关注。

当时 58 岁的拉普拉斯非常赞同傅里叶的观点，而 71 岁的时任法兰西科学院数理委员会主席的拉格朗日则极力反对，理由是“正弦曲线无法组合成一个带有棱角的信号”。屈于拉格朗日的威望，该论文直到拉格朗日去世后 15 年才得以发表。之后的科学家证明，傅里叶和拉格朗日都是对的，有限数量的正弦曲线的确无法组合成一个带有棱角的信号，然而，无限数量的正弦曲线的组合从能量的角度可以非常无限逼近带有棱角的信号。

后人将傅里叶的论断进行了扩展：满足一定条件的函数可以表示成三角函数（正弦或余弦函数）或它们积分的线性组合。此后，傅里叶分析就成了自然科学领域不可或缺的重要数学分析工具之一。

2.1.2 傅里叶变换原理与应用

傅里叶变换的演义部分故事性很强，但它在科学领域的应用却非常严谨。它是一种信号分析的方法，主要用于时域到频域之间的转换。时域分析与频域分析是对模拟信号的两个观察面。时域分析是以时间轴为坐标，表示动态信号的关系。频域分析是以频率轴为坐标，描述频率变化与幅度变化的关系。一般来说，时域分析的表示较为形象与直观，频域分析则更为简练，剖析问题更为深刻和方便。从图 2.1 可知，时域与频域的对应关系是：时域图像中每一条正弦波曲线代表的简谐信号，在频域图像中对应一条谱线。

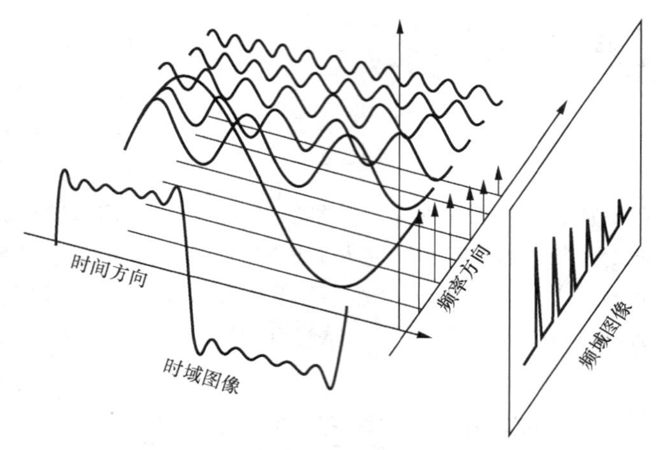

图 2.1　傅里叶变换示意

正弦波有一个其他任何波形（恒定的直流波形除外）所不具备的特点，那就是，将正弦波输入至任何线性系统（Linear System），输出依然是正弦波，仅幅值与相位会有所改变，且不会产生新的频率成分。而非线性系统，例如变频器，就会产生新的频率成分，称为谐波。用单位幅值的不同频率正弦波输入至某线性系统，记录其输出正弦波的幅值与频率的关系，就可得到该系统的幅频特性；记录其输出正弦波的相位与频率的关系，就可得到该系统的相频特性。多个正弦波信号叠加后输入至一个线性系统，输出为所有正弦波独立输入时对应输出信号的叠加。这正是自动控制领域将线性系统作为主要研究对象的重要原因。这意味着，我们只需研究正弦波的输入与输出关系，就可知晓该系统对任意输入信号的响应，而这也是傅里叶变换的意义之所在。

在利用计算机进行数字信号处理（Digital Signal Processing，DSP）时，我们经常会使用离散傅里叶变换（Discrete Fourier Transform，DFT）把信号从时域变换到频域，计算信号的频谱，进而研究信号的频谱结构和变化规律。离散傅里叶变换的数学表达式如公式 2.1.1 所示。

$$X(K)=\sum_{n=0}^{N-1}x(n)\mathrm{e}^{-\mathrm{j}\frac{2\pi}{N}kn} \quad (k=0,1,2,\cdots,N-1) \qquad \text{（公式 2.1.1）}$$

其中，$X(K)$ 表示离散傅里叶变换后的数据，$x(n)$ 为采样模拟信号。公式 2.1.1 中 $x(n)$ 为复信号，实际上当 $x(n)$ 为实信号，即虚部为 0 时，可展开为公式 2.1.2。

$$X(K)=\sum_{n=0}^{N-1}x(n)\left(\cos 2\pi k\frac{n}{N}-\mathrm{j}\sin 2\pi k\frac{n}{N}\right) \quad (k=0,1,2,\cdots,N-1) \qquad \text{（公式 2.1.2）}$$

在进行数字信号分析时，傅里叶变换默认的采样方式为等间隔采样（Equal Interval Sampling），也就意味着无须时间序列而只需信号数组即可。其实现过程一般分为以下几个步骤。

① 奈奎斯特采样定理（Nyquist Sampling Theorem）解释了采样频率和被测信号频率之间的关系，阐述了采样频率 f_s 必须大于被测信号最高频率分量的两倍。该最高频率通常被称为奈奎斯特频率 f_N。亦即，$f_s>2f_N$。对于含有 n 个样本值的数字信号序列，根据奈奎斯特采样定理，其

所包含的周期数最大为 $n/2$（周期数为 0 代表直流分量）。因此，当周期数表示为离散序列 $0,1,2,3,\cdots,n/2$ 时，总数目为 $\frac{n}{2}+1$ 个。

② 傅里叶变换之后的结果为复数（Complex），下标为 k 的复数 $a+b\mathrm{j}$ 表示时域信号中周期为 N/k 个取样值的正弦波和余弦波成分的多少，其中 a 表示余弦波的成分，b 表示正弦波的成分。

③ 产生一个长度为 n 的 1 倍周期 $\mathrm{e}^{-\mathrm{j}\frac{2\pi}{N}kn}$ 样本波形序列，该样本波形即为：

$$\cos 2\pi k\frac{n}{N}-\mathrm{j}\sin 2\pi k\frac{n}{N}$$

④ 将数字信号序列中的每一个样本与 1 倍周期的样本波形序列相乘，得到 n 个乘积，并将乘积相加置于变量 $f[1]$ 中。

⑤ 继续类似步骤，产生一个长度为 n，2 倍周期的 $\mathrm{e}^{-\mathrm{j}\frac{2\pi}{N}kn}$ 样本波形序列，再将数字信号序列中的每一个样本与该 2 倍周期样本波形序列相乘，得到 n 个乘积，并将乘积相加置于变量 $f[2]$ 中，以此类推。

⑥ 对于直流分量，亦即 0 倍周期样本波形，结果保存于变量 $f[0]$ 中。

至此，即可得到数字信号序列的傅里叶变换。实现上述过程的示例代码如下：

```
import numpy as np #主要用于信号处理相关操作
import matplotlib.pyplot as plt #主要用于数据可视化操作
'''
导入所需工具包。其中 NumPy 为使用 Python 进行科学计算的基础软件包，允许高级的数据处理和数值计算，主要用于对多维数组执行计算。其广泛应用于机器学习模型训练、计算机图像处理、数字信号处理等多种任务场景。
Matplotlib 是 Python 中使用最多的二维绘图库，广泛应用于数值统计、图形图像输出等各种数据可视化场景。这两个 Python 库在后续很多章节的示例代码中都会用到
'''
def DFT(sig):
#离散傅里叶变换
    t=np.linspace(0, 1.0, len(sig)) #创建等间隔时间序列
    f = np.arange(len(sig)/2+1, dtype=complex)
    for index in range(len(f)):
        #计算公式 2.1.2，重复上述步骤④～⑥获得傅里叶变换结果
        f[index]=complex(np.sum(np.cos(2*np.pi*index*t)*sig),
                  -np.sum(np.sin(2*np.pi*index*t)*sig))
    return f

if __name__ == '__main__':
        sampling_rate=1000      #采样率
        t=np.arange(0, 10.0, 1.0/sampling_rate) #时间轴
        N=30
        x =np.sin(N*np.pi*t)    #定义信号，周期为 T=2*pi/N*pi=1/15，频率为 1/T=15

        x_ft=DFT(x)/len(x)      #对信号进行傅里叶变换
        freqs = np.linspace(0, sampling_rate/2, len(x)/2+1) #信号频率

        #输出原正弦波信号
        plt.xlabel("Time")
        plt.ylabel("Amplitude($m$)")
        plt.title("Original Signal")
```

```
    plt.xlim(0,1000)
    plt.plot(x)

    #输出 DFT 后的信号频谱，此处应为频率=15 的幅频曲线
    plt.figure(figsize=(16,4))
    plt.plot(freqs,2*np.abs(x_ft),'b-')
    plt.xlabel("Frequency(Hz)")
    plt.ylabel("Amplitude($m$)")
    plt.title("Amplitude-Frequency Curve")
    plt.xlim(0,50)
    plt.show()
```

运行程序，结果如图 2.2 所示。其中，图 2.2（a）显示的是周期 T=1/15 的正弦波信号，图 2.2（b）显示的是正弦波信号经 DFT 后所得到的信号频谱。

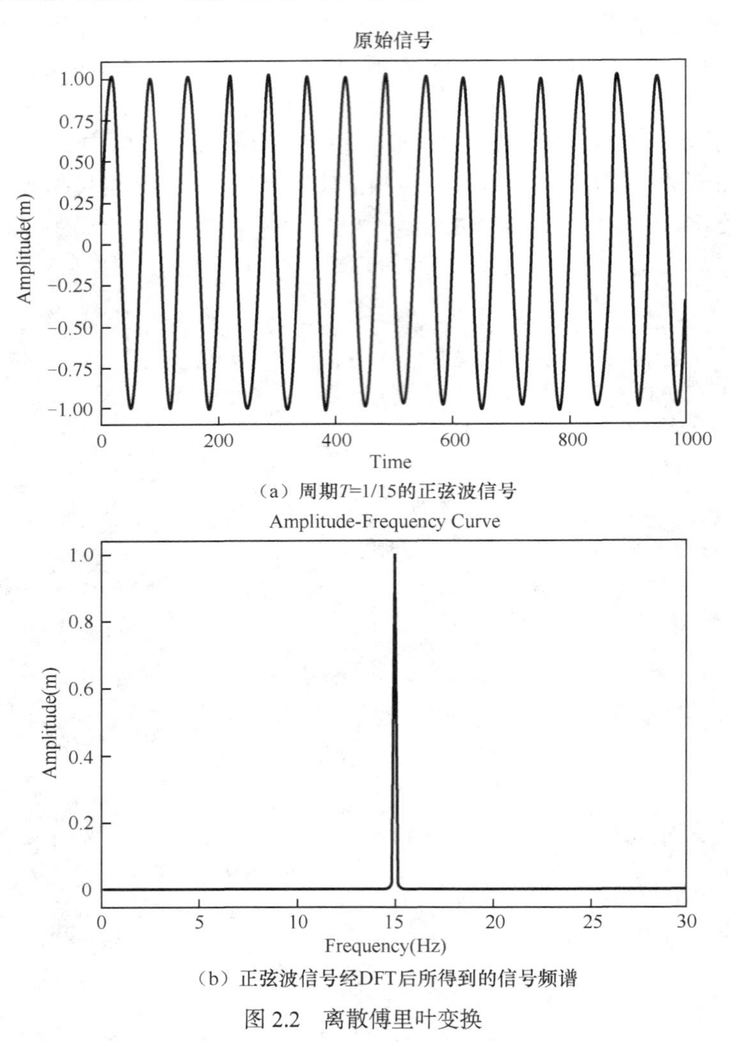

（a）周期T=1/15的正弦波信号

（b）正弦波信号经DFT后所得到的信号频谱

图 2.2　离散傅里叶变换

傅里叶分析因为其高效而频繁地被使用于各种信号处理场合，因此，很多第三方 Python 模块，诸如 NumPy 和 SciPy 等，都内置了快速傅里叶变换（FFT）以及将信号从频域转换为时域的反快速傅里叶变换（IFFT）。这让我们在进行数字信号处理时，可很方便地直接使用这些内置函数而

不用以“重新造轮子”的方式再去定义相关函数。以下示例展示了一个包含 3 个频率分量（120Hz、300Hz、500Hz）的混合样本波形经 FFT 变换后获取其频谱的过程，此处的傅里叶变换采用了 SciPy 模块内置的 FFT 算法。示例代码如下：

```
import numpy as np #主要用于信号处理相关操作
from scipy.fftpack import fft #主要用于对信号进行傅里叶变换相关的操作
import matplotlib.pyplot as plt #主要用于数据可视化操作

'''
根据奈奎斯特采样定理可知，采样率要大于 2 倍信号频率。因定义的原信号频率分量最高为 500Hz，故此采样点设置为 1000 个
'''
t=np.linspace(0,1,1000)
#定义正弦波信号，其中包含 3 个频率分量：120Hz、300Hz 和 500Hz
sig=7*np.sin(2*np.pi*120*t) + 2.8*np.sin(2*np.pi*300*t)+5.1*np.sin(2*np.pi*500*t)

#对信号进行快速傅里叶变换,得到变换后的复数信号
sig_fft=fft(sig)

#对信号频谱取绝对值
abs_sig=abs(fft(sig))
#对信号进行归一化处理
normal_sig=abs(fft(sig))/len(t)

#根据信号的对称性，只取其中一半区间
half_sig = normal_sig[range(int(len(t)/2))]
x1 = np.arange(len(sig))
x2 = x1
x3 = x1[range(int(len(t)/2))]

#显示原始信号
plt.subplot(221)
plt.plot(t[0:100],sig[0:100])
plt.title('Original wave')

#显示信号频谱的绝对值，滤除负信号频谱
plt.subplot(222)
plt.plot(x1,abs_sig,'b')
plt.title('Absolute Frequency Spectrum')

#显示归一化后的信号频谱
plt.subplot(223)
plt.plot(x2,normal_sig,'y')
plt.title('Normalized Frequency Spectrum')

#根据信号的对称性，显示半个区间的归一化信号频谱
plt.subplot(224)
plt.plot(x3,half_sig,'g')
plt.title('Half Normalized Frequency Spectrum')
plt.show()
```

程序运行结果如图 2.3 所示。其中，左上图为原始信号，包含 3 个频率分量（120Hz、300Hz、500Hz）；右上图为经 FFT 后获取的信号频谱绝对值；左下图为归一化的信号频谱；右下图则为半个区间的归一化信号频谱。

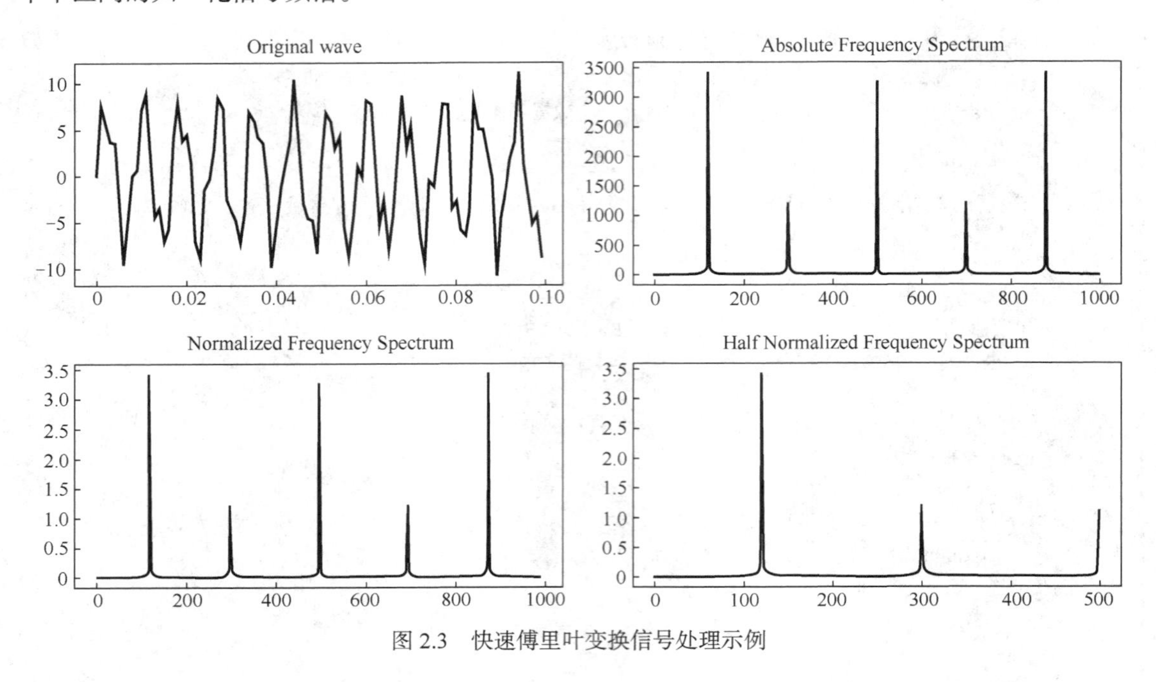

图 2.3　快速傅里叶变换信号处理示例

2.2　卷积

若说傅里叶分析方法在信号处理领域是当之无愧的“明星”，卷积（Convolution）则是另一个不可或缺的重要角色，同时，两者之间还有着千丝万缕的联系。两个二维连续函数在空间域中的卷积可通过求其相应的两个傅里叶变换乘积的反变换而得到，而在频域中的卷积也可用空间域中乘积的傅里叶变换得到。

2.2.1　数字信号处理与卷积运算

卷积运算实际上是一种常见的数学方法，与加法、乘法等运算类似，都是由两个输入得到一个输出。不同的是，卷积运算输入的是两个信号，输出第三个信号。除了信号处理之外，卷积运算也常应用于概率与数理统计等其他诸多领域。在线性系统中，卷积用于描述输入信号（Input Signal）、冲激响应（Impulse Response），以及输出信号（Output Signal）3 者之间的关系。在图 2.4 中，$x[n]$为输入信号，$y[n]$为输出信号，$h[n]$为冲激响应。输入信号 $x[n]$进入线性系统，与冲激响应 $h[n]$进行卷积形成输出信号 $y[n]$。卷积运算符号一般用“*”来表示。因此，上述关系可表达为公式 2.2.1。

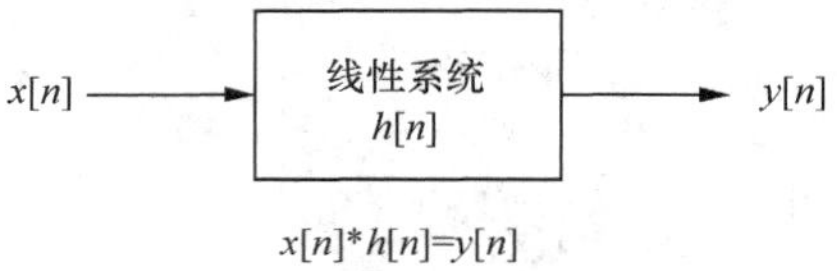

$x[n]$ → 线性系统 $h[n]$ → $y[n]$

$x[n]*h[n]=y[n]$

图 2.4　信号处理卷积计算示意

$$y[n]=x[n]*h[n] \quad \text{（公式 2.2.1）}$$

卷积最常见的用途是信号滤波。图 2.5 为通过卷积实现的滤波器示意图。其中，图 2.5（a）为低通滤波器，输入为 3 个周期的正弦波叠加一个缓慢变化的斜坡波形，代表着高频信号，冲激响应为一个平滑的拱形，只有缓慢变化的斜坡波形可以通过并输出；图 2.5（b）为高通滤波器，同样地，它只允许更快速变化的高频正弦信号通过。

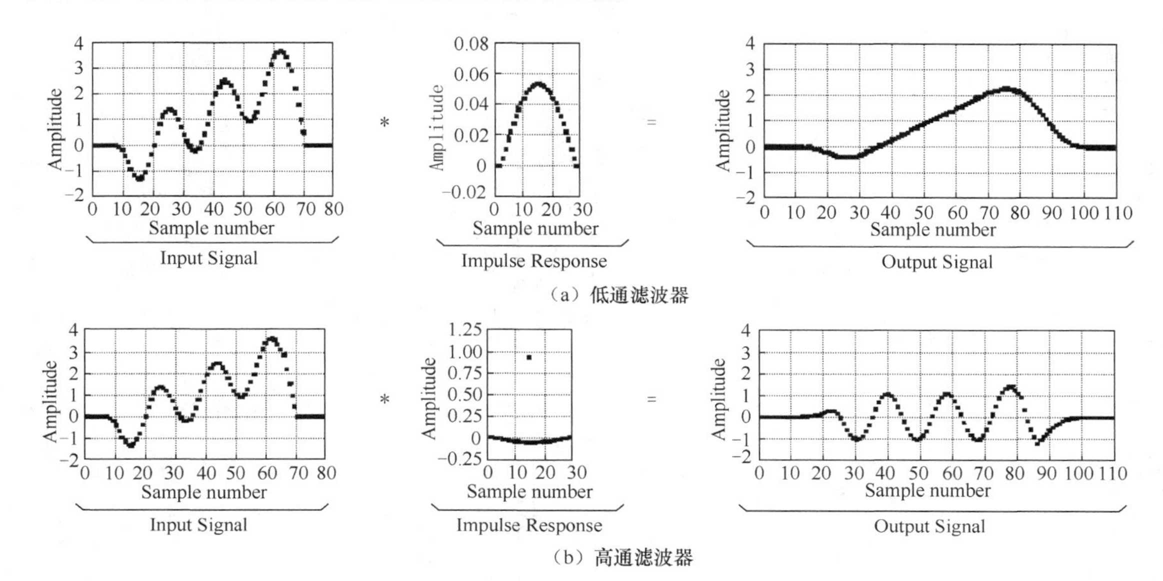

图 2.5　滤波器卷积计算示意

在数字信号处理的各种应用中，输入信号的长度可能会有成百上千乃至数百万个采样点。冲激响应信号的长度通常要短得多，例如，只有几个或几百个采样点。虽然卷积运算并不限制这些信号的长度，然而，我们仍然需要搞清楚输出信号的长度。假设输入信号 $x[n]$的长度为 N（采样点的下标设为 0～N−1），冲激响应信号 $h[n]$的长度为 M（采样点的下标设为 0～M−1），则输出信号 $y[n]$的长度为 $N+M-1$。图 2.5 所示的输入信号长度为 N=81，冲激响应信号长度为 M=31，输出信号长度为 $N+M-1$=81+31−1=111。

1. 卷积公式与计算过程

将公式 2.2.1 展开为标准的数学表达式如公式 2.2.2 所示。

$$y[i]=\sum_{j=0}^{M-1}h[j]x[i-j] \qquad \text{（公式 2.2.2）}$$

卷积的具体计算过程如图 2.6 所示。$x[n]$ 为 9 个采样点的输入信号，$x[n]=[x_0,x_1,x_2,x_3,x_4,x_5,x_6,x_7,x_8]$，$h[n]$ 为 4 个采样点的冲激响应信号，$h[n]=[h_0,h_1,h_2,h_3]$。进行卷积计算时，需要先对冲激响应信号进行翻转，翻转后的冲激响应信号为 $h[n]=[h_3,h_2,h_1,h_0]$。$h[n]$ 可视为一个宽度为 4 的从左向右依次滑动的窗口。然后，将 $h[n]=[h_3,h_2,h_1,h_0]$ 与输入信号 $x[n]=[x_0,x_1,x_2,x_3,x_4,x_5,x_6,x_7,x_8]$ 中的每个点依次进行卷积计算，输出 $y[n]=[y_0,y_1,y_2,y_3,y_4,y_5,y_6,y_7,y_8,y_9,y_{10},y_{11}]$。

如图 2.6 所示，以计算 y_6 为例，按照公式 2.2.2，先将 $h[n]$ 的最右一个元素 h_0 与 $x[n]$ 中的 x_6 对齐，然后分别计算 h_3,h_2,h_1,h_0 与对应的 x_3,x_4,x_5,x_6 之间的乘积并累加，即 $y_6=(h_3*x_3)+(h_2*x_4)+(h_1*x_5)+(h_0*x_6)$。$y_6$ 计算完成后，窗口向右滑动一个位置，开始计算 y_7，以此类推，完成所有信号采样点的卷积计算。

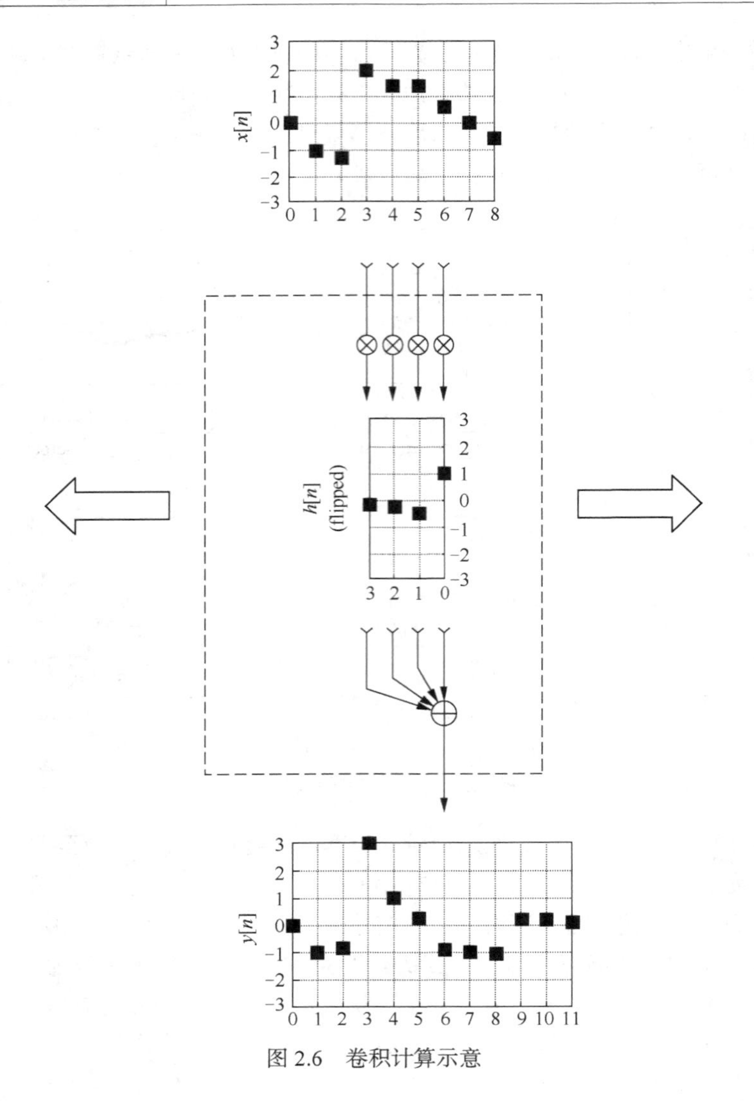

图 2.6　卷积计算示意

2. 边缘卷积计算与 0 填充

如图 2.7 所示，当我们计算 y_0 或 y_{11} 等信号边缘处点的卷积时，会发现有些问题。例如，计算 y_0 时，则将 h_0 与 x_0 对齐，此时我们会发现，h_3,h_2,h_1 的对应采样点应为 x_{-1},x_{-2},x_{-3}，而这些点却根本不存在。类似地，当计算 y_{11} 时，我们也会面对不存在的 x_9,x_{10},x_{11}。

解决这个问题的一个方法是在输入信号 $x[n]$ 的前后部分添加一些采样点（也就是上述那些本不存在的几个采样点），填充采样点的个数= $h[n]$ 的长度−1，并将这些采样点的值皆设为 0，该过程简称为信号的 0 填充（Zero Padding）。例如，输入信号 $x[n]=[x_0,x_1,x_2,x_3,x_4,x_5,x_6,x_7,x_8]$，填充采样点的个数= $h[n]$ 的长度−1=4−1=3，因此，经填充后，$x[n]=[0,0,0,x_0,x_1,x_2,x_3,x_4,x_5,x_6,x_7,x_8,0,0,0]$。由于在卷积计算过程中，与 0 相乘的采样点结果为 0，因此，这些填充从数学上而言，相当于消除了这些不存在的点。零填充只是为了便于说明问题和体现计算的完整性，而对整个卷积的结果则无任何影响。

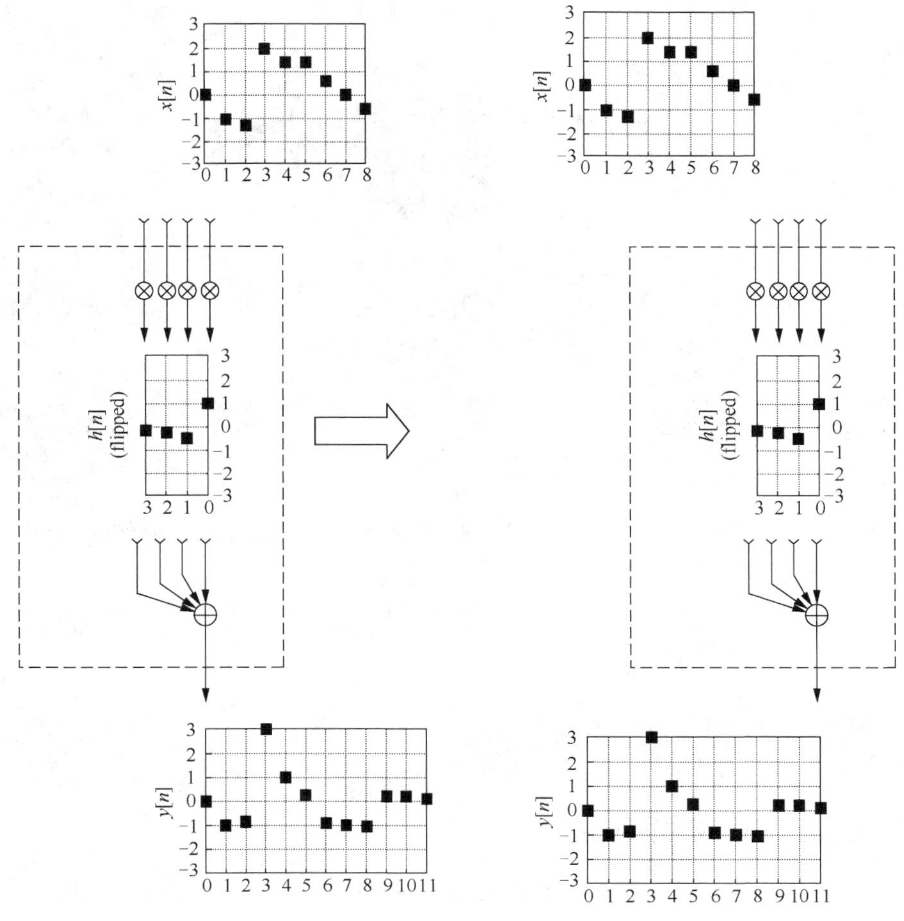

图 2.7　边缘卷积计算示意

对于以上所描述的卷积计算过程，我们可通过下列示例代码来实现：

```
import numpy as np #导入 NumPy 工具包，主要用于数组相关操作

#定义一维数组卷积计算函数
def MyConvolve(input,kernel):
    #对 h[n]进行 180°翻转
    kernel_flipped=np.array([kernel[len(kernel)-1-i] for i in range(len(kernel))])

    len_input=len(input)    #x[n]的长度
    len_kernel=len(kernel) #h[n]的长度

    #对输入数组进行零填充来解决卷积计算过程中的边缘对齐
    padding=np.zeros(len_kernel-1,dtype='int')    #填充数值为 0
    temp_pad=np.append(padding,input)             #通过数组合并的方式进行填充
    input_pad=np.append(temp_pad,padding)         #0 填充后的数组

    #定义一个数组保存卷积结果，数组长度为：x[n]的长度+h[n]的长度-1
    con_array=np.array(range(len_input+len_kernel-1))
```

```
    #对x[n]与h[n]进行卷积计算
    for m in range(len(con_array)):
        sum_con=0
        for n in range(len(kernel_flipped)):
            sum_con=sum_con+input_pad[n+m]*kernel_flipped[n]
        con_array[m]=sum_con

    #输出卷积结果
    print("Input Signal:",input)
    print("Convolution Kernel:",kernel)
    print("Convolution:",con_array)

if __name__ == '__main__':
    input=[1,3,5,7,9,11,13]
    kernel=[2,4,6,8]
    MyConvolve(input,kernel)
```

示例代码中对一维数组进行的 180° 翻转，亦可用 Python 的数组切片操作来实现。示例代码如下：

```
kernel_flipped=kernel[::-1]
```

运行程序，输出结果如下所示：

```
Input Signal: [1, 3, 5, 7, 9, 11, 13]
Convolution Kernel: [2, 4, 6, 8]
Convolution: [2, 10, 28, 60, 100, 140, 180, 190, 166, 104]
```

2.2.2 NumPy 卷积函数

NumPy 模块也内置了卷积函数，函数原型为：numpy.convolve(a, v, mode='full')。其参数说明如下。

a：输入的一维数组，长度为 N。

v：输入的第二个一维数组，长度为 M。

mode：有 3 个参数（full、valid、same）可选。

full，默认值。计算每一个采样点的卷积值，返回的数组长度为 $N+M-1$。在卷积的边缘处，信号不重叠，存在边缘效应。

valid，返回的数组长度为 max(M,N)−min(M,N)+1。此时返回的是完全重叠的点，边缘点无效，因此无边缘效应。

same，返回的数组长度为 max(M, N)，边缘效应依然存在。

NumPy 卷积函数示例代码如下：

```
>>>import numpy as np #导入 NumPy 工具包
>>>a= [1,3,5,7,9,11,13] #输入一维数组
>>>b=[2,4,6,8] #输入作为卷积核的第二个一维数组
>>>c1=np.convolve(a,b,mode='full') #进行 full 模式的卷积运算
array([2,10,28,60,100,140,180,190,166,104])
>>>c2=np.convolve(a,b,mode='same') #进行 same 模式的卷积运算
array([10,28,60,100,140,180,190])
>>>c3=np.convolve(a,b,mode='valid') #进行 valid 模式的卷积运算
```

```
array([60,100,140,180])
```

2.2.3 二维矩阵卷积计算

在进行数字图像处理时，每幅图像对应的是二维离散信号。我们经常会将一些具有某种特征的二维数组作为模板与图像进行卷积操作，使得新的图像具有某种特征，诸如模糊、锐化、浮雕等，这些模板通常被称为卷积核（Convolution Kernel）。图像与卷积核之间的卷积操作从原理上与上文所述的一维信号卷积计算过程基本类似：将卷积核视为一个 $m \times n$ 大小的窗口依次在图像上滑动，将图像每个像素点上的灰度值与对应的卷积核上的数值相乘，然后将所有相乘后的值累加作为卷积核中间像素对应像素的灰度值，以此类推，计算所有像素点的卷积值。在图 2.8 中，输入为一个大小 7 像素 × 7 像素的图像，卷积核大小为 3 像素 × 3 像素，以计算输入图像中第二行第二个像素点的卷积为例，先将卷积核的中心数值（此处为 0），与该像素点对齐，然后将以其为中心的所有 9 个像素点分别与卷积核中的对应元素相乘，最后累加结果，即为卷积后新图像对应像素点的值。其结果为：(0*4)+(0*0)+(0*0)+(0*0)+(1*0)+(1*0)+(0*0)+(1*0)+(2*(−4))= −8。

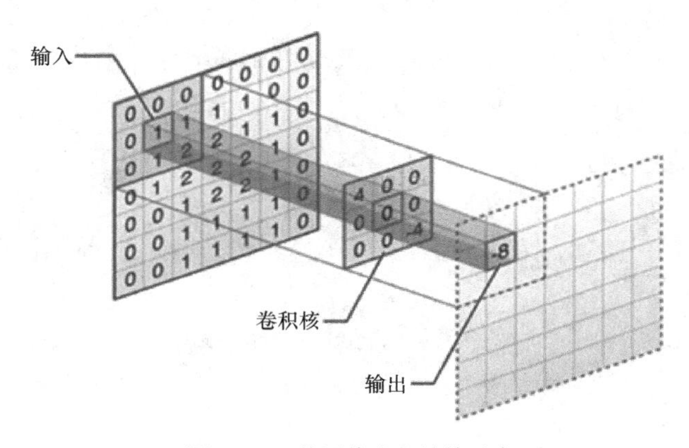

图 2.8 二维图像卷积计算示意

图像卷积时一般不进行边缘填充，因此，卷积操作可能会导致图像变小（损失图像边缘）。在进行卷积计算之前，卷积核也需要 180° 翻转。例如，卷积核为[[1,2,3],[4,5,6],[7,8,9]]，反转后则为[[9,8,7],[6,5,4],[3,2,1]]。二维数组的 180° 翻转可通过数组切片（Slice）与重塑（Reshape）操作来完成。示例代码如下：

```
def ArrayRotate180(matrix):
    new_arr = matrix.reshape(matrix.size)       #将二维数组重塑为一维数组
    new_arr = new_arr[::-1]                     #一维数组切片实现 180°翻转
    new_arr = new_arr.reshape(matrix.shape)     #将一维数组重塑为二维数组
    return new_arr                              #返回翻转后的数组
```

二维数组卷积计算涉及矩阵运算及矩阵求和，其数学表达式为：

$$y(p,q)=\sum_{i=0}^{M}\sum_{j=0}^{N}h(p-i,q-j)u(i,j) \qquad \text{（公式 2.2.3）}$$

卷积计算的步骤如下。

① 先将卷积核进行 180° 翻转。

② 将翻转后的卷积核中心与输入二维矩阵数组第一个元素对齐，并将相乘之后得到的矩阵所

有元素进行求和，得到结果矩阵的第一个元素。如果考虑边缘效应，那么卷积核与输入矩阵不重叠的地方也应进行 0 填充。

③ 以此类推，完成其他所有元素的卷积计算，直至输出结果矩阵。

实现上述过程的示例代码如下：

```
def My2Dconv (matrix,kernel):
    #对矩阵数组进行深复制作为输出矩阵，而输出矩阵将更改其中参与卷积计算的元素
    new_matrix=matrix.copy()
    m,n = new_matrix.shape        #输入二维矩阵的行、列数
    p,q=kernel.shape              #卷积核的行、列数

    kernel=ArrayRotate180(kernel) #对卷积核进行 180°翻转

    #将卷积核与输入二维矩阵进行卷积计算
    for i in range(1,m):
        for j in range(1,n-1):
            '''
            卷积核与输入矩阵对应的元素相乘，然后通过内置函数 sum()对矩阵求和，
            并将结果保存为输出矩阵对应元素
            '''
            new_matrix[i,j] = (matrix[(i-1):(i+p-1),(j-1):(j+q-1)]*kernel).sum()
    return new_matrix

if __name__ == '__main__':
    input=np.array([[1,2,3,4],[5,7,8,8],[6,9,0,2],[11,22,33,44]]) #示例二维矩阵输入
    kernel=np.array([[1,0,1],[-1,-1,-1]]) #示例卷积核
    print(My2Dconv(input,kernel))
```

程序运行结果如下：

```
[[  1   2   3   4]
 [  5   7   6   8]
 [  6 -14 -12   2]
 [ 11  29  55  44]]
```

从上述结果可看出，我们自定义的卷积函数仅对中心区域的元素进行了卷积计算而忽略了矩阵边缘元素，没有对边缘进行 0 填充操作。

2.2.4 图像卷积应用示例

对于二维矩阵的卷积计算，诸如 SciPy、OpenCV 等第三方 Python 模块同样也内置了该功能。以下示例代码利用 OpenCV 内置的卷积函数 filter2D()对一幅输入图像进行边缘检测。卷积核在很大程度上决定了输出图像的效果，例如，[[−1,−1,−1],[−1,8,−1],[−1,−1,−1]]可用于对图像进行边缘检测，[[−1,−1,−1],[−1,9,−1],[−1,−1,−1]]可用于对图像进行锐化操作，而[[−6,−3,0],[−3,1,−3],[0,3,6]]则可用于产生浮雕效果。

```
import matplotlib.pyplot as plt
import pylab
import cv2
import numpy as np
```

```
#读取目标图像
img = plt.imread("test.jpg")
#显示读取的图像
plt.imshow(img)
pylab.show()

#定义卷积核，对图像进行边缘检测
kernel = np.array([ [-1,-1, -1],
                    [-1, 8, -1],
                    [-1,-1, -1]])

#使用 OpenCV 内置的卷积函数
res = cv2.filter2D(img,-1,kernel)
#显示卷积后的图像
plt.imshow(res)
plt.imsave("result.jpg",res)
pylab.show()
```

程序运行结果如图 2.9 所示。其中，左图（a）为输入原图像，右图（b）为边缘检测效果图。

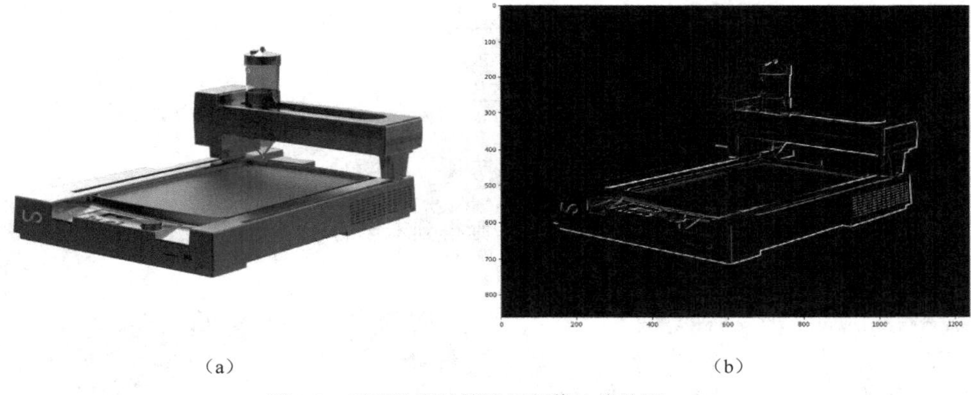

（a）　　　　（b）

图 2.9　利用卷积计算进行图像边缘检测

2.3　二分法求解

机器学习过程中往往会用到很多变量，而这些变量之间的复杂关系一般用非线性方程来描述。但是，很多非线性方程的求解过程比较烦琐，且没有解析解。为此，我们通常采用近似或者逼近等方法进行求解。二分法（Bisection Method）和牛顿法（Newton’s Method）等都是典型的求解非线性方程近似根的方法。

利用二分法求解方程近似根的过程如下。

对于区间$[a, b]$上连续不断且 $f(a)\cdot f(b)<0$ 的函数 $y = f(x)$，通过不断地把函数 $f(x)$的零点所在的区间一分为二，使区间的两个端点逐步逼近零点，进而得到零点近似值（见图 2.10）。

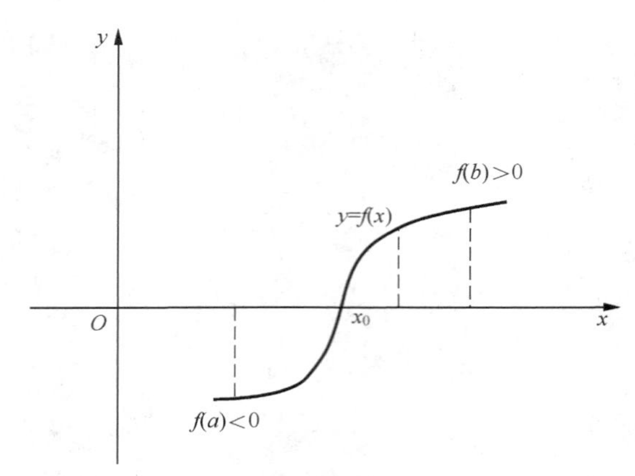

图 2.10　方程近似根二分法求解示意

给定精度ε，用二分法求函数零点近似值的步骤如下。

① 确定区间$[a,b]$，验证$f(a)\cdot f(b)<0$。

② 求区间$[a,b]$的中点$\frac{a+b}{2}$。

③ 计算$f\left(\frac{a+b}{2}\right)$，若$f\left(\frac{a+b}{2}\right)=0$，则$\frac{a+b}{2}$为函数零点。

若$f(a)\cdot f\left(\frac{a+b}{2}\right)<0$，则零点$x_0\in\left(a,\frac{a+b}{2}\right)$。

若$f(b)\cdot f\left(\frac{a+b}{2}\right)<0$，则零点$x_0\in\left(\frac{a+b}{2},b\right)$。

④ 判断是否达到给定精度，若$|a-b|<\varepsilon$，则得到零点的近似值a或b，否则重复步骤②～④。

以下为二分法求解方程近似根的示例代码：

```
import numpy as np #导入 NumPy 工具包
#定义几个不同的函数用于后续的二分法求解验证
f0=lambda x:2**x-4
f1=lambda x:np.log10(x)
f2=lambda x:x**0.5-1
f3=lambda x:x**2-x*2-1
# Python 代码中的 log 函数如果没有设置底数的话，默认为 e，即自然对数。
#文中其他非代码部分的 log 如果没有特别说明，一般也是指自然对数

#定义二分算法函数，其中 a,b 用于定义函数区间[a,b]，sec=(a+b)/2 为区间中点
def bisection(a,b,fun):
    sec=(a+b)/2
    while True:
        if fun(sec)*fun(a)<0:
            b=sec
        elif fun(sec)*fun(a)>0:
            a=sec
        else:
            return sec
        least_sec=sec
        sec=(a+b)/2
        try:
```

```
            #给定一个精度ε，用于函数求解的近似计算
            if abs((sec-least_sec)/sec)<0.000005:
                return sec
        except ZeroDivisionError as e: #除数为 0 出错处理
            pass
    pass

#输出上述几个函数基于给定精度的近似根
print(bisection(-5,5,f0))
print(bisection(0.5,5,f1))
print(bisection(0,15.0,f2))
print(bisection(-10.0,12.0,f3))
```

运行程序，输出结果如下所示，非常接近代码中几个示例方程的实际根。

```
1.9999980926513672
1.000002384185791
1.0000026226043701
-0.41421449184417725
```

2.4　最小二乘法曲线拟合

作为一种常见的数学优化方法，最小二乘法也被称为最小平方法（Least Square Method，LSM），它主要通过最小化误差的平方和寻找数据的最佳函数匹配。利用最小二乘法可以简便地求得未知的数据，并使这些求得的数据与实际数据之间误差的平方和最小。最小二乘法常用于曲线拟合、线性回归预测，以及其他数理统计等应用场景。

2.4.1　最小二乘法的来历

对于著名的算法，从来不缺少故事，最小二乘法的来历也颇有意思。1801 年，意大利天文学家朱赛普·皮亚齐（Giuseppe Piazzi）在西西里岛上发现了一颗小行星，并以西西里岛的保护神谷神（Ceres）来命名。随后一段时间，该小行星运行至太阳背面，许多科学家根据皮亚齐的数据来寻找皆未果。有人说皮亚齐故意发布这个消息以骗取荣誉。皮亚齐有苦难言，因为该小行星在太阳背面，望远镜根本不起作用，他也无法指出其具体位置。时年 24 岁的德国著名数学家高斯（Gauss）也参与了寻找，并计算出了谷神星的轨道。奥地利天文学家海因里希·奥尔伯斯（Heinrich Olbers）根据高斯计算出来的轨道重新发现了谷神星。1809 年，高斯将计算轨道时使用的最小二乘法发表于其著作《天体运动论》中。

法国科学家勒让德（Legendre）于 1806 年独立发明最小二乘法，但因不为世人所知而默默无闻，他曾与高斯产生过谁是最早创立最小二乘法的人的争执。值得欣慰的是，源于天文学与测地学的最小二乘法，时至今日仍然在数理统计、机器学习及人工智能领域大放异彩。

2.4.2　最小二乘法与曲线拟合

所谓曲线拟合（Curve Fitting），是指给出一组数据点 $p_i(x_i, y_i)$，其中$i=1,2,3,\cdots,m$，求出近似曲线 $y=\varphi(x)$，并使得 $y=\varphi(x)$ 与实际曲线 $y=f(x)$ 之间偏差最小，$\mathrm{y}=\varphi(x)$ 在点 p_i 处的偏差 $\delta_i=\varphi(x_i)-y$，其中 $i=1,2,3,\cdots,m$。曲线拟合的方式很多，常见的有以下几种。

① 使得偏差 δ_i 绝对值之和最小：

$$\min_{\varphi}\sum_{i=1}^{m}|\delta_i| = \sum_{i=1}^{m}\left|\varphi(x_i)-y_i\right|$$

② 使得偏差 δ_i 绝对值最大的最小：

$$\min_{\varphi}\max_{i}|\delta_i| = \left|\varphi(x_i)-y_i\right|$$

③ 使得偏差 δ_i 平方和最小：

$$\min_{\varphi}\sum_{i=1}^{m}\delta_i^{\ 2} = \sum_{i=1}^{m}(\varphi(x_i)-y_i)^2$$

当我们选择第 3 种方式，按照偏差平方和最小的原则来进行曲线拟合即为最小二乘法。

1. 多项式曲线拟合

多项式曲线拟合（Polynomial Curve Fitting）是最小二乘法的一个最为典型的应用。假设我们有一组样本数据点 $(x_1,y_1),(x_2,y_2),(x_3,y_3),\cdots,(x_n,y_n)$，将用以下多项式来拟合曲线：

$$y = a_0 + a_1x + a_2x^2 + a_3x^3 + \cdots + a_kx^k$$

利用最小二乘法进行拟合的目标就是要最小化误差函数 E，其中：

$$E = \sum_{i=1}^{n}(y_i - (a_0 + a_1x_i + a_2x_i^{\ 2} + \cdots + a_kx_i^{\ k}))^2 \quad \text{（公式 2.4.1）}$$

对公式 2.4.1 求偏导数 $\frac{\partial E}{\partial a_j},(j=0,1,\cdots,n)$ 可得：

$$\frac{\partial E}{\partial a_j} = \frac{\partial(\sum_{i=1}^{n}(y_i-(a_0+a_1x_i+a_2x_i^{\ 2}+\cdots+a_kx_i^{\ k}))^2)}{\partial a_j}$$

$$= \sum_{i=1}^{n}(y_i-(a_0+a_1x_i+a_2x_i^{\ 2}+\cdots+a_kx_i^{\ k}))(x_i)^j$$

欲使误差函数 E 最小，则令 $\frac{\partial E}{\partial a_j}=0$，

$$\Rightarrow \sum_{i=1}^{n}(y_i-(a_0+a_1x_i+a_2x_i^{\ 2}+\cdots+a_kx_i^{\ k}))(x_i)^j = 0$$

$$\Leftrightarrow$$

$$j=0,\Rightarrow \sum_{i=1}^{n}y_i = \sum_{i=1}^{n}(a_0+a_1x_i+a_2x_i^{\ 2}+\cdots+a_kx_i^{\ k})$$

$$j=1,\Rightarrow \sum_{i=1}^{n}y_ix_i = \sum_{i=1}^{n}(a_0+a_1x_i+a_2x_i^{\ 2}+\cdots+a_kx_i^{\ k})x_i$$

$$\vdots$$

$$j=k,\Rightarrow \sum_{i=1}^{n}y_ix_i = \sum_{i=1}^{n}(a_0+a_1x_i+a_2x_i^{\ 2}+\cdots+a_kx_i^{\ k})x_i$$

令

$$\boldsymbol{X} = \begin{bmatrix} 1 & x_1 & \dots & x_1^{\ k} \\ 1 & x_2 & \dots & x_2^{\ k} \\ \vdots & \vdots & & \vdots \\ 1 & x_n & \dots & x_n^{\ k} \end{bmatrix}$$

则有 $\boldsymbol{y}=\boldsymbol{X}\boldsymbol{a} \Rightarrow \boldsymbol{X}^{\mathrm{T}}\boldsymbol{X}\boldsymbol{a}=\boldsymbol{X}^{\mathrm{T}}\boldsymbol{y}$，若 $\boldsymbol{X}^{'}$，$\boldsymbol{X}$ 的逆矩阵存在，$\boldsymbol{a}$ 即为一个解析解：

$$\boldsymbol{a}=(\boldsymbol{X}^{\mathrm{T}}\boldsymbol{X})^{-1}\boldsymbol{X}^{\mathrm{T}}\boldsymbol{y}$$

上述求解过程的示例代码如下：

```
import numpy as np     #主要用于处理矩阵相关运算
import random          #主要用于随机数处理
import matplotlib.pyplot as plt #数据可视化模块

#用来正常显示中文标签
plt.rcParams['font.sans-serif']=['SimHei']

#多项式的次数
m = 7
#生成样本数据点
x = np.arange(-1,1,0.02)
y = [((a*a-1.55)**3 + (a-0.3)**7 + 4*np.sin(5*a)) for a in x]
#可视化真实曲线
plt.plot(x,y,color='g',linestyle='--',marker='',label='Real Curve')

x_a = [b1*(random.randint(90,120))/100 for b1 in x]
y_a = [b2*(random.randint(90,120))/100 for b2 in y]
#可视化样本数据点
plt.plot(x_a,y_a,color='r',linestyle='',marker='.',label='Data Points')
'''
求解最小二乘法解析解
'''
#初始化二维数组
array_x =[[0 for i in range(m+1)] for i in range(len(x_a))]
#对数组进行赋值
for i in range(0,m+1):
   for j in range(0,len(x_a)):
       array_x[j][i] = x_a[j]**i
#将赋值后的二维数组转化为矩阵
matx=np.matrix(array_x)
matrix_A = matx.T*matx
yy = np.matrix(np.array(y_a))
matrix_B = matx.T*yy.T
#调用 solve 函数求解线性方程组
matAA = np.linalg.solve(matrix_A,matrix_B).tolist()

#计算拟合曲线
xxa = np.arange(-1,1.06,0.01)
yya = []
#生成拟合曲线数据点
for i in range(0,len(xxa)):
        yyy=0.0
        for j in range(0,m+1):
            dy = 1.0
            for k in range(0,j):
                dy*=xxa[i]
```

```
            dy*=matAA[j][0]
            yyy+=dy
        yya.append(yyy)
    #可视化拟合曲线
    plt.plot(xxa,yya,color='b',linestyle='-',marker='',label='Fitted Curve')
    plt.legend()
    plt.show()
```

程序运行结果如图 2.11 所示。其中，虚线为真实曲线，实线为拟合曲线，点为样本数据点。

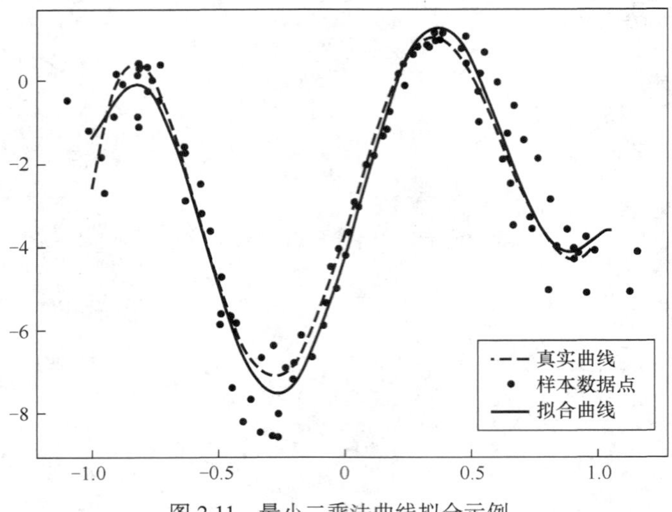

图 2.11 最小二乘法曲线拟合示例

2. SciPy 内置最小二乘法应用

因最小二乘法的广泛应用，它毫不意外地被很多第三方 Python 模块作为内置函数。以科学计算工具包 SciPy 为例，其内置的最小二乘法函数原型为：

```
    leastsq(func, x0, args=(), Dfun=None, full_output=0, col_deriv=0, ftol=1.49012e-08,
xtol=1.49012e-08, gtol=0.0, maxfev=0, epsfcn=0.0, factor=100, diag=None, warning=True)
```

其中，“func”是我们自己定义的一个计算误差的函数，“x0”是计算的初始参数值，“args”用于指定“func”的其他参数。该函数的实现代码如下：

```
    def leastsq(x,y):
        """
        x,y 分别是要拟合的数据的自变量列表和因变量列表
        """
        meanx = sum(x) / len(x)    #求 x 的平均值
        meany = sum(y) / len(y)    #求 y 的平均值

        xsum = 0.0
        ysum = 0.0

        for i in range(len(x)):
            xsum += (x[i] - meanx)*(y[i]-meany)
            ysum += (x[i] - meanx)**2

        k = xsum/ysum
        b = meany - k*meanx
```

```
    #返回拟合的两个参数值
    return k,b
```

下列示例代码将利用 leastsq()内置函数计算出拟合曲线的相关参数，并可视化拟合曲线、原示例函数曲线以及样本数据点。

```
import numpy as np
import scipy as sp
# 导入 SciPy 模块内置的最小二乘法函数
from scipy.optimize import leastsq
import pylab as plt

m = 9  #多项式的次数

#定义一个示例函数：y=sin(3x^5+2x^4)+13
def real_func(x):
    return np.sin(3*x**5+2*x**4)+13

#定义多项式用于拟合曲线
def fit_func(p, x):
      f = np.poly1d(p)
   return f(x)

#定义偏差函数
def residuals(p, y, x):
   return y - fit_func(p, x)

#随机选取 10 个样本数据点，作为 x
x = np.linspace(0, 1, 15)
#定义曲线可视化所需的数据点个数
x_show = np.linspace(0, 1, 1000)

y0 = real_func(x)
#加入正态分布噪声后的 y
y1 = [np.random.normal(0, 0.1) + y for y in y0]

#随机产生一组多项式分布的参数
p0 = np.random.randn(m)

#利用内置的最小二乘法函数计算曲线拟合参数
plsq = leastsq(residuals, p0, args=(y1, x))
#输出拟合参数
print ('Fitting Parameters: ', plsq[0])

#可视化拟合曲线、样本数据点以及原函数曲线
plt.rcParams['font.sans-serif']=['SimHei'] #用来正常显示中文标签
plt.plot(x_show, real_func(x_show), color='b',linestyle='-',marker='',label='真实曲线')
plt.plot(x_show,    fit_func(plsq[0],    x_show),color='g',linestyle='--',marker='',
label='拟合曲线')
plt.plot(x, y1, 'yo', label='带噪声的样本数据点')
plt.legend()
plt.show()
```

运行程序，输出如图 2.12 所示的曲线拟合结果。其中，实线为真实曲线，虚线为拟合曲线，点为带有噪声的样本数据点。

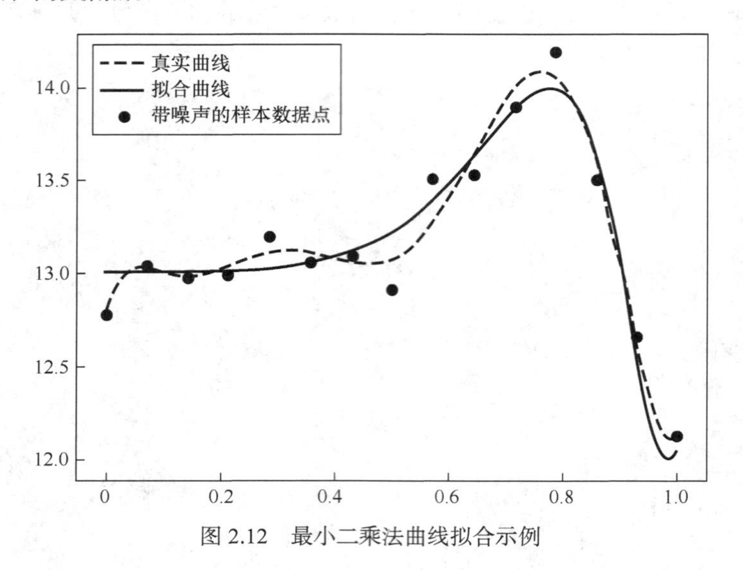

图 2.12　最小二乘法曲线拟合示例

2.5　泰勒级数

开创了有限差分（Finite Difference）理论的英国数学家布鲁克·泰勒（Brook Taylor）是牛顿学派最优秀的代表人物之一，更是以泰勒级数（Taylor Series）和泰勒公式闻名世界。其主要著作为 1715 年出版的《正的和反的增量方法》（*Methodus Incrementorum Directa et Inversa*），其中载录了他于 1712 年发现的将函数展开成级数的著名泰勒公式。

泰勒级数的原理源于很朴素的思想：将一切函数表达式皆转化为多项式函数来近似计算，尤其是复杂函数，从哲学层面而言就是将质的复杂转化为量的复杂。复杂函数在展开前求解函数值都比较困难，而展开后则是幂函数的线性组合，虽有很多项，但每一项皆为幂函数，因此，每一项都易于求解。只要对展开后的多项式进行求和，就可得到展开前函数的值。

机器学习诸多算法从本质上是优化问题求解，如梯度下降、牛顿法、共轭梯度法等，这些常见的优化方法都离不开泰勒级数的应用。

2.5.1　泰勒公式

泰勒级数本质就是用多项式曲线来近似表示复杂曲线，可以想象为我们用一条新的曲线 $g(x)$ 按照一定的步骤去仿制出原函数曲线 $f(x)$。仿制过程比较简单：确定一个初始点，然后使得新曲线与原曲线在该点的变化方向、凸凹性相同。变化方向用导数来表征，而凹凸性则用“导数的导数”来表征。具体步骤如下。

① 先确定一个初始点，如 $f(0)$ 为 $g(x)$ 的初始点，即 $g(0)=f(0)$。

② 保证新曲线与原曲线在该点的变化方向一致，也就是保证 $g(x)$ 和 $f(x)$ 在 $x=0$ 处的导数相等，即 $g'(0)=f'(0)$。

③ 保证新曲线与原曲线凸凹性一致，则保证其导数的导数相等，也就是 $g''(0) = f''(0)$。

……

以此类推，保证二者的 n 阶导数都相等：$g^n(0) = f^n(0)$。

假设曲线为可 n 次求导的多项式，则 $g(x)$ 可表达为如下多项式形式：

$$g(x) = a_0 + a_1x + a_2x^2 + a_3x^3 + \cdots + a_nx^n$$

要保证两者初始点相同，即 $g(0) = f(0) = a_0$，可求出 a_0。接下来，要保证其 n 阶导数依然相等，即 $g^n(0) = f^n(0)$。

当对 $g^n(x)$ 求 n 阶导数时，只有最后一项为非 0，且为 $n!a_n$，因此可求出：

$$a_n = \frac{f^n(0)}{n!}$$

综上所述，可得曲线 $g(x)$ 的多项式：

$$g(x) = g(0) + \frac{f^1(0)}{1!}x + \frac{f^2(0)}{2!}x^2 + \frac{f^3(0)}{3!}x^3 + \cdots + \frac{f^n(0)}{n!}x^n$$

初始点如果不是从 $x = 0$ 开始，而是从 $(x_0, f(x_0))$ 开始，则可将上式替换为：

$$g(x) = g(x_0) + \frac{f^1(x_0)}{1!}(x - x_0) + \frac{f^2(x_0)}{2!}(x - x_0)^2 + \cdots + \frac{f^n(x_0)}{n!}(x - x_0)^n$$

上述过程可视为泰勒公式的粗略推导。

泰勒公式能将大多数函数展开为幂级数，其定义如下：有实函数 $f(x)$，$f(x)$ 在闭区间$[a,b]$是连续的，且在开区间(a,b)是 $n+1$ 阶可微的，则可以对函数 f 进行泰勒展开：

$$f(x) = \frac{1}{0!}f(x_0) + \frac{1}{1!}(x - x_0)f'(x_0) + \frac{1}{2!}(x - x_0)^2 f''(x_0) + \cdots + \frac{1}{n!}(x - x_0)^n f^n(x_0) + R_n$$

其中，x_0 为区间 (a,b) 中的某一点，$x \in (a,b)$，变量 x 也在区间 (a,b) 内。泰勒展开后得到一个多项式，可表达为：

$$f(x) = \sum_{k=0}^{n} \frac{(x - x_0)^k}{k!} f^k(x) + R_n$$

其中，R_n 为泰勒公式的余项（Remainder），可展开为如下形式：

$$R_n = \int_{x_0}^{x} \frac{f^{n+1}(t)}{n!}(x - t)^n \cdot \mathrm{d}t$$

余项 R_n 还可进一步表示为存在一点 ξ，且 $x_0 < \xi < x$，使得：

$$R_n = \frac{f^{n+1}(\xi)}{(n+1)!}(x - x_0)^{n+1}$$

2.5.2　泰勒级数展开与多项式近似

泰勒级数可将非常复杂的函数转变成多项式的形式，因此也称之为多项式近似（Polynomial Approximation）。通常，我们只需计算泰勒级数前几项之和便可获得原函数的局部近似。当然，计算项数越多，近似结果就越精确。

以下示例代码演示了函数 $f(x) = \mathrm{e}^x$ 与其 N 项泰勒展开多项式结果之间的比较。

```
'''
SymPy 是一个 Python 科学计算库，用一套强大的符号计算体系完成诸如多项式求值、求极限、计算微积分、级数展开、矩阵计算等工作
'''
import sympy
import numpy as np
import matplotlib.pyplot as plt #数据可视化工具

#用来正常显示中文标签
plt.rcParams['font.sans-serif']=['SimHei']

#将 x 当作函数自变量
x = sympy.Symbol('x')
#exp 为原函数公式
exp = np.e**x
#泰勒级数展开,对前 N 项进行求和
sums = 0
N=20
for i in range(N):
        #求 i 次导函数
        numerator = exp.diff(x,i)
        #计算导函数在 x=0 处的值
        numerator = numerator.evalf(subs={x:0})
        denominator = np.math.factorial(i)
        sums += numerator/denominator*x**i

#检验原函数与其在 x=0 处展开的泰勒级数前 20 项之和的差距
print (exp.evalf(subs={x:0})-sums.evalf(subs={x:0}))

xvals = np.linspace(0,20,100)
exp_points=np.array([])
sum_points=np.array([])

for xval in xvals:
        #原函数数据点
        exp_points=np.append(exp_points,exp.evalf(subs={x:xval}))
        #泰勒展开式数据点
        sum_points=np.append(sum_points,sums.evalf(subs={x:xval}))

#可视化结果
plt.plot(xvals,exp_points,'bo',label='原函数')
plt.plot(xvals,sum_points,'ro',label='泰勒展开式')
plt.legend()
plt.show()
```

程序运行结果如图 2.13 所示，表明指数函数 $f(x)=e^x$ 在 $x=0$ 处展开的泰勒级数。若只取前 20 项，在输入值越接近展开点 $x=0$ 处的近似效果越好。

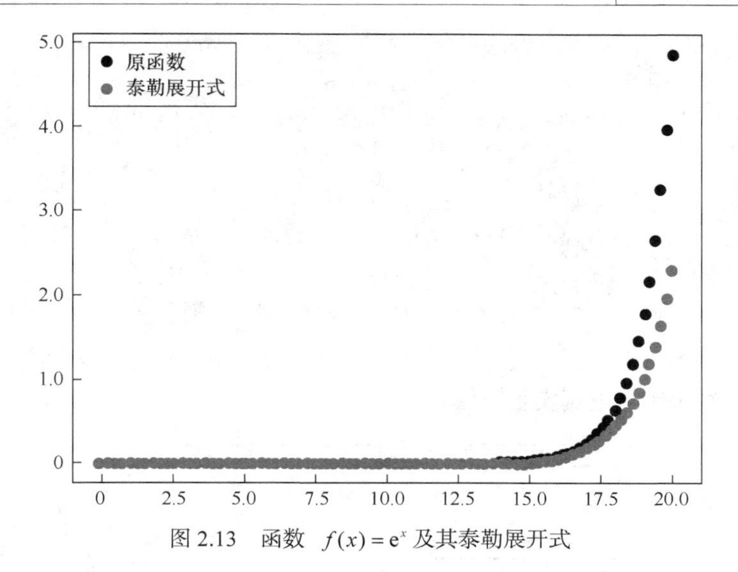

图 2.13　函数　$f(x)=e^x$ 及其泰勒展开式

如果采用不同的泰勒展开式项数进行近似计算，其效果也应有所不同。示例代码如下：

```
def PolynomialApproximation(func,num_terms):
        '''
        定义泰勒多项式近似函数。参数说明如下。
        func：指定原函数
        num_terms：指明用于近似计算的多项式项数
        '''
        sums = 0
        for i in range(num_terms):
            numerator = func.diff(x,i)
            numerator = numerator.evalf(subs={x:0})
            denominator = np.math.factorial(i)
            sums += numerator/denominator*x**i
        return sums


#获取泰勒展开式 5 项的近似曲线
sum5  = PolynomialApproximation(exp,5)
#获取泰勒展开式 10 项的近似曲线
sum10 = PolynomialApproximation(exp,10)

#亦可直接利用 SymPy 模块内置的 series 函数获取泰勒展开式 15 项的近似曲线
sum15 = exp.series(x,0,15).removeO()

xvals = np.linspace(5,10,100)

exp_points=[]
sum_5_points=[]
sum_10_points=[]
sum_15_points=[]

for xval in xvals:
        exp_points=np.append(exp_points,exp.evalf(subs={x:xval}))
```

```
        sum_5_points=np.append(sum_5_points,sum5.evalf(subs={x:xval}))
        sum_10_points=np.append(sum_10_points,sum10.evalf(subs={x:xval}))
        sum_15_points=np.append(sum_15_points,sum15.evalf(subs={x:xval}))


    plt.plot(xvals,exp_points,'k-',label='原函数')
    plt.plot(xvals,sum_5_points,'r*',label='5 项泰勒展开式')
    plt.plot(xvals,sum_10_points,'gd',label='10 项泰勒展开式')
    plt.plot(xvals,sum_15_points,'bo',label='15 项泰勒展开式')
```

程序运行结果如图 2.14 所示。从图中可明显看出，在远离展开点 $x=0$ 时，采用越多的多项式项数，则其近似结果越接近真实函数值。

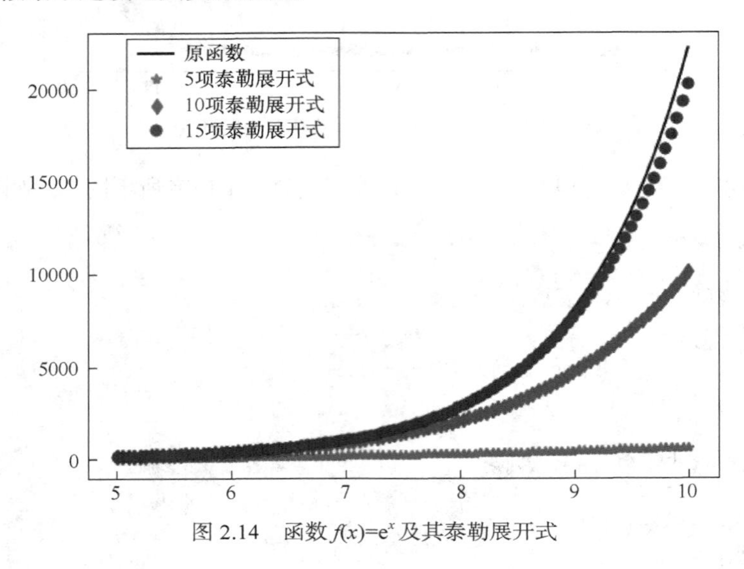

图 2.14　函数 $f(x)=e^x$ 及其泰勒展开式

2.6　差分法逼近微分

几乎所有的机器学习算法在训练或者预测时都是求解最优化问题，因此需要依赖于微积分来求解函数的极值。而差分法（Difference Method）则是一种常见的求解微分方程（Differential Equation）数值解的数学方法。

2.6.1　差分法简介

差分法主要通过有限差分来近似表示导数（Derivative），从而寻求微分方程的近似解。换而言之，差分法是用有限差分来替代微分，用有限差商（Finite Difference Quotient）来替代导数，从而把基本方程和边界条件（一般均为微分方程）近似地转化为差分方程（代数方程）来表示，把求解微分方程的问题转化为求解代数方程的问题。有限差分导数的逼近（Approximation）在微分方程数值解的有限差分方法中，特别是边界值问题中，起着关键的作用。

有限差分则是形式为 $f(x+b)-f(x+a)$ 的数学表达式，若有限差分除以 $(b-a)$，则得到差商，亦即导数的近似值。设有 x 的解析函数 $y=f(x)$，函数 y 对 x 的导数为：

$$\frac{\mathrm{d}y}{\mathrm{d}x}=\lim_{\Delta x\to 0}\frac{\Delta y}{\Delta x}=\lim_{\Delta x\to 0}\frac{f(x+\Delta x)-f(x)}{\Delta x}$$

其中，$\mathrm{d}y$ 、$\mathrm{d}x$ 分别为函数及自变量的微分，$\frac{\mathrm{d}y}{\mathrm{d}x}$ 是函数对自变量的导数，又称为微商（Differential Quotient）；Δy 、Δx 则分别称为函数及自变量的差分，而 $\frac{\Delta y}{\Delta x}$ 则为函数对自变量的差商。由导数（微商）和差商的定义可知，当自变量的差分（增量）趋近于 0 时，就可由差商得到导数。因此，在数值计算中，常以差商替代导数。

2.6.2　差分的不同形式及其代码实现

差分有 3 种形式：向前差分、向后差分以及中心差分。我们以一阶差分为例，分别表示如下。

向前差分：$\Delta \mathrm{p}y=f(x+\ \Delta \mathrm{p}x)-f(x)$ 。

向后差分：$\Delta y=f(x)-f(x-\Delta x)$ 。

中心差分：$\Delta y=f(x+\Delta x)-f(x-\Delta x)$ 。

与其对应的一阶差商如下。

向前差商：

$$\frac{\Delta y}{\Delta x}=\frac{f(x+\Delta x)-f(x)}{\Delta x}$$

向后差商：

$$\frac{\Delta y}{\Delta x}=\frac{f(x)-f(x-\Delta x)}{\Delta x}$$

中心差商：

$$\frac{\Delta y}{\Delta x}=\frac{f(x+\Delta x)-f(x-\Delta x)}{\Delta x}$$

以下示例代码展示了函数 $f(x)$ 几种不同的差商形式：

```
import numpy as np
import matplotlib.pyplot as plt
plt.rcParams['font.sans-serif']=['SimHei'] #用来正常显示中文标签

#定义函数
f=lambda x:5*x**3+2*x**2+7

#返回向前差商
def forward_diff(x,h):
    plt.plot([x,x+h],[f(x),f(x+h)],'b-d',label='向前差商')
    return (f(x+h)-f(x))/h

#返回向后差商
def backward_diff(x,h):
   plt.plot([x-h,x],[f(x-h),f(x)],'r*-',label='向后差商')
return (f(x)-f(x-h))/h

#返回中心差商
def central_diff(x,h):
   a=(f(x-h)+f(x+h))/2
```

```
    plt.plot([x-h,x+h],[f(x-h)+f(x)-a,f(x+h)+f(x)-a],'g--',label='中心差商')
    return (f(x+h)-f(x-h))/(2*h)

xx=np.linspace(-1.0,1.5,20) #产生等差数列作为坐标轴标记
yy=f(xx)
plt.plot(xx,yy,'k-',label='原函数')
print('向前差商',forward_diff(1,0.5))
print('向后差商',backward_diff(1,0.5))
print('中心差商',central_diff(1,0.5))
plt.legend()
plt.show()
```

运行程序，输出结果如下所示：

```
向前差商：28.75
向后差商：11.75
中心差商：20.25
```

程序中示例函数为 $f(x)=5x^3+2x^2+7$，图 2.15 为 $f(x)$ 在 $x=1$、$h=0.5$ 时 3 种不同形式差商之间的差异。从图中可明显看出，中心差商的近似值更为接近 $x=1$ 处的微分，而 $f'(x)=15x^2+4x$，当 $x=1$ 时，$f'(x)=19$，该结果与程序输出非常吻合。若 h 取值更小，则差商与函数微分之间的值更接近。

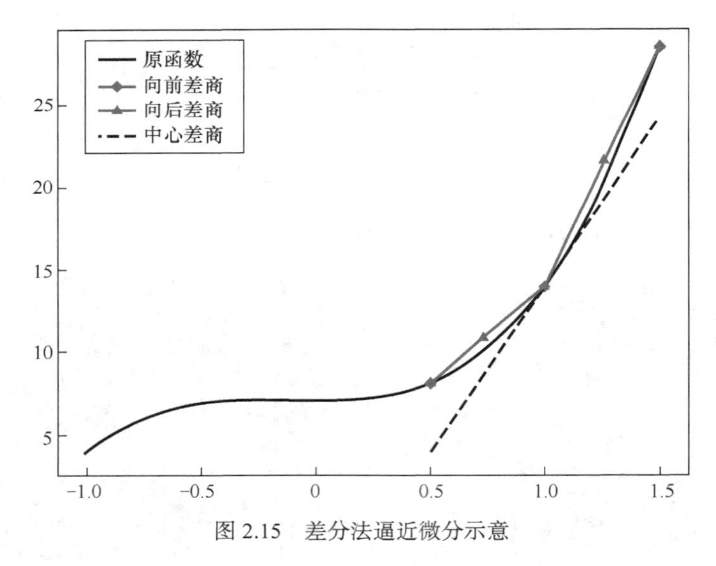

图 2.15　差分法逼近微分示意

2.7　蒙特卡罗方法

著名的人工智能围棋程序“AlphaGo”因其在与多位世界级围棋大师对战中的出色表现而声名鹊起。除了卷积神经网络（Convolutional Neural Networks，CNN）技术的应用外，基于蒙特卡罗树的搜索方法等技术手段也在其中起了关键性的作用。蒙特卡罗方法（Monte Carlo Method）也称为统计模拟方法，是一种以概率统计理论为指导的一类非常重要的数值计算方法。它诞生于 20

世纪 40 年代美国著名的“曼哈顿计划”（Manhattan Project），由该计划中的成员——计算机之父约翰·冯·诺依曼（John von Neumann）与数学家 S.M.乌拉姆（Stanislaw Marcin Ulam）首先提出并以世界著名的赌城摩纳哥的蒙特卡罗来命名。

蒙特卡罗方法的原理是通过大量随机样本去了解一个系统，进而得到所要计算的目标值。蒙特卡罗方法在金融工程学、宏观经济学、生物医学、计算物理学（如粒子输运计算、量子热力学计算、空气动力学计算、核工程）等领域有着广泛的应用。

2.7.1　蒙特卡罗方法原理

由概率的定义可知，某事件的概率可用大量试验中该事件发生的频率来估算，当样本数量足够大时，可认为该事件的发生频率即为其概率。蒙特卡罗方法正是基于此思路进行分析的，因此，它也称为统计模拟方法。在解决实际问题的时候应用蒙特卡罗方法主要有以下两个步骤。

① 用蒙特卡罗方法模拟某一过程时，需要产生各种概率分布的随机变量。

② 用统计方法把模型的数字特征估算出来，从而得到实际问题的数值解。

蒙特卡罗方法有个很明显的特征：正确的概率要比错误的概率大，并且错误的概率有限，否则该方法就失去了意义。因此，蒙特卡罗方法模拟的关键是生成优良的随机数。在计算机实现过程中，通常以确定性算法来生成随机数，这样生成的序列在本质上不是随机的，只是很好地模仿了随机数的性质（例如可通过统计检验），我们通常称之为伪随机数（Pseudo Random Number）。在模拟中，我们需要产生各种概率分布的随机数，而大多数概率分布的随机数的产生均基于均匀分布 U(0,1)的随机数。以下为一个简单的 U(0,1)随机数生成器：

$$x_{i+1} = ax_i \bmod m，\ u_{i+1} = \frac{x_{i+1}}{m}$$

其中，x_i、a、m 均为整数，x_0 可任意选取。随机数生成器的一般形式为：

$$x_{i+1} = f(x_i)，\ u_{i+1} = g(x_{i+1})$$

例如，$x_{i+1} = 5x_i \bmod 9$，$u_{i+1} = \frac{x_{i+1}}{9},(a=5，\ m=9)$。

当 $x_0 = 1$ 时，可得以下序列：1,5,7,8,4,2,1,5,7,8,4,2,1,⋯

当 $a=4$，$x_0 = 1$ 时，可得以下序列：1,4,7,1,4,7,1,4,7,1,⋯

当 $a=2$，$x_0 = 2$ 时，可得以下序列：2,4,8,7,5,1,2,4,8,7,5,1,2,⋯

……

从示例中可看出，第一个随机数生成器的周期为 6，第二个随机数生成器的周期为 3，而我们则希望生成器的周期越长越好，这样我们得到的分布就更接近于真实的均匀分布。通常情况下，给定 m 的值，随机数生成器的周期与 a 以及初始值 x_0（种子）的选择有关。上述生成器实际上属于线性同余生成器（Linear Congruential Generator）的简单形式，其一般形式为：

$$x_{i+1} = (ax_i + c) \bmod m，\ u_{i+1} = \frac{x_{i+1}}{m}$$

因为 c 的选择对生成的随机数均匀性影响不大，所以为了提高计算速度，一般都令 $c=0$。线性同余生成器最大周期可达 $m-1$，我们可通过适当选取 m 和 a，使得无论如何选择初始值 x_0，皆可达到最大周期。一般取 m 为质数。

随机数生成之后，用蒙特卡罗方法来解决实际问题则在于用统计方法将求解问题转化为某种随机分布的特征数，通过随机抽样的方法，以随机事件出现的频率估算其概率，或者以抽样的数字特征估算随机变量的数字特征，并将其作为问题的解。此种方法多用于求解复杂的多重积分问题，例如，求出图 2.16 中阴影部分所示的不规则图形面积。

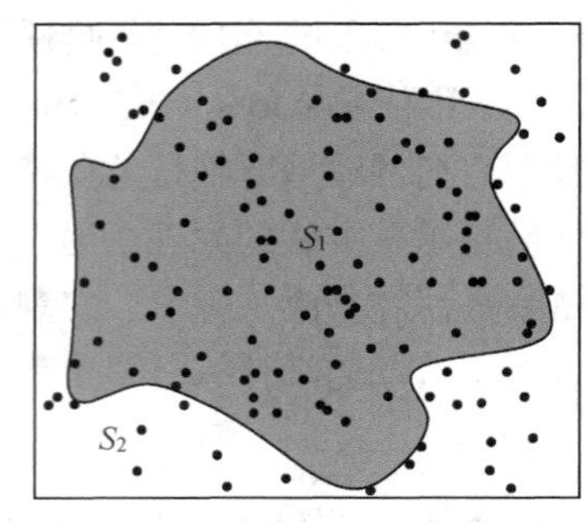

图 2.16　利用随机数分布频率计算不规则图形面积示意

利用不规则图形的积分方法求解稍显复杂，若用蒙特卡罗方法求近似解则相对简单。假设图中正方形边长为 1，S_1、S_2 分别代表不规则图形面积与正方形面积，N_1、N_2 分别为落在不规则图形的随机点个数以及所有随机点总数，则有：

$$\frac{S_1}{S_2} \approx \frac{N_1}{N_2}$$

如此，则可非常容易地求出不规则图形面积的近似值。

2.7.2　蒙特卡罗方法应用

蒙特卡罗方法可应用于多种场合，但求出的皆为近似解，在模拟样本数越大的情况下，结果越接近真实值，不过，样本数的剧增也会导致计算量的大幅上升。下面我们通过几个实例来说明蒙特卡罗方法的一些简单应用。

1. 计算圆周率

计算圆周率 π 是蒙特卡罗方法的一个典型应用，也是用上文介绍过的以随机落点频率估算概率的方法来实现。

假设有一个边长为 2 的正方形，则其面积 $S_{square}=2\times2=4$，其内接圆的半径 $r=1$，内接圆的面积为 $S_{circle}=\pi\cdot r^2=\pi$，那么 $\frac{S_{circle}}{S_{square}}=\frac{\pi}{4}$，如图 2.17 所示。

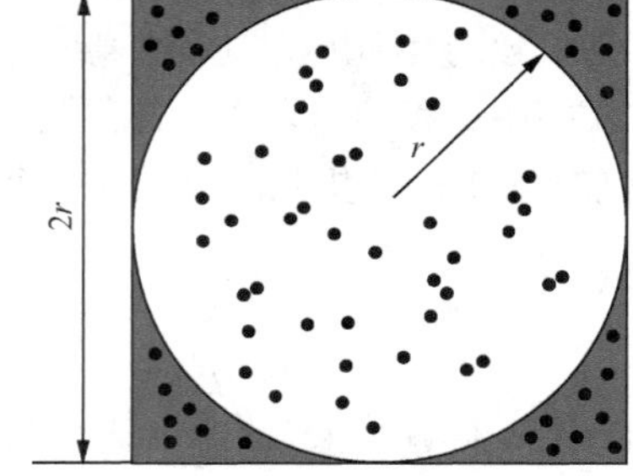

图 2.17　基于蒙特卡罗方法计算圆周率示意

我们知道，以 $O(0,0)$ 为圆心，r 为半径的圆，其曲线方程为：$x^2+y^2=r^2$。若满足 $x^2+y^2<r^2$ 这个条件，则可断定随机生成的样本点落在内接圆区域之中，统计出所有这些点以及随机点总数，即可根据 $\frac{S_{circle}}{S_{square}}=\frac{\pi}{4}$ 计算出 π 的值。基于蒙特卡罗方法计算圆周率的示例代码如下：

```
import numpy as np
r=1 #定义内接圆半径
rand_num=[100,1000,10000,100000,1000000,10000000] #随机数生成个数
#根据生成随机数个数的不同计算的圆周率
for N in rand_num:
    #在边长为 2 的正方形区域内生成随机点坐标(x,y)
    x=2*np.random.random_sample(N)-1
    y=2*np.random.random_sample(N)-1
    in_circle_point_num=0
    #计算落在内接圆区域内的随机点数
    for point_count in range(len(x)):
        #判断随机点是否落在内接圆区域之内
```

```
        if(x[point_count]*x[point_count]+
                y[point_count]*y[point_count] <
                r*r):
            in_circle_point_num+=1
    print ('N=',str(N),' pi=',str(4.0*in_circle_point_num/N))
```

以上程序通过设置 N 为不同的值（即生成随机数的个数）来运行程序，得到一组测试数据如下：

```
N= 100  pi= 3.2
N= 1000  pi= 3.064
N= 10000  pi= 3.1412
N= 100000  pi= 3.14252
N= 1000000  pi= 3.14302
N= 10000000  pi= 3.1415832
```

从运行结果来看，测试样本数越大（生成随机数越多），频率也就越接近概率值，而计算出的圆周率结果也越接近真实值。

2. 计算定积分

给定一条曲线 $f(x)$，求其在区间 $[a,b]$ 上的定积分，实际上就是求该曲线下方区域图形的面积，如图 2.18 所示。

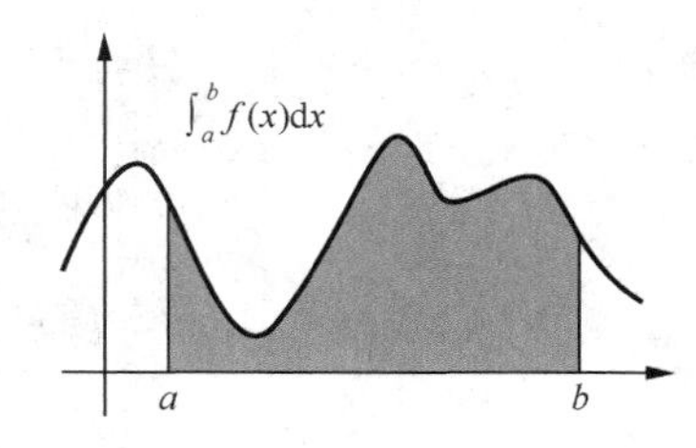

图 2.18　曲线定积分

假设 $f(x)=x^2$，求其在区间 $[0,2]$ 上的定积分 $\int_0^2 x^2\mathrm{d}x$。当然，我们可以直接用数学方法求解出精确的结果：

$$\int_0^2 x^2\mathrm{d}x=\left(\frac{1}{3}x^3+c\right)\Big|_0^2=\frac{8}{3}$$

对于这种图形面积，我们仍然可用随机点模拟的方式来近似计算定积分的值。$f(x)=x^2$ 在区间 $[0,2]$ 上的面积如图 2.19 阴影区域所示，曲线区间位于一个长和宽分别为 4 和 2 的矩形之内。采用蒙特卡罗方法，在该矩形区域内产生大量随机点（例如 N），计算落在阴影区域内（即满足条件 $f(x)<x^2$）的随机点数（设为 $counts$），那么，其积分的近似值则为 $\left(\frac{counts}{N}\right)\times 2\times 4$。

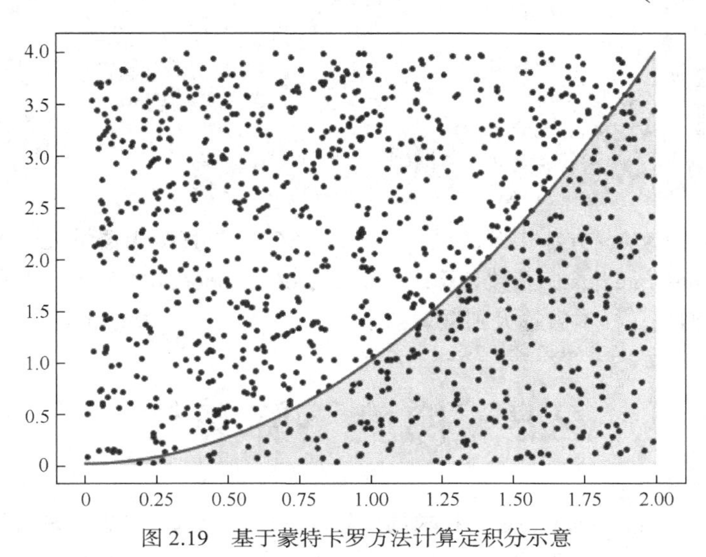

图 2.19　基于蒙特卡罗方法计算定积分示意

以下即为上述基于蒙特卡罗方法计算定积分的示例代码：

```
import random #用于处理随机数生成
import numpy as np
import scipy.integrate as integrate #用于积分计算

def MonteCarlo_Integral(f,a,b,n):
     '''
     基于蒙特卡罗方法计算定积分。
     参数说明。
     F：定积分曲线方程。
     a、b：区间[a,b]。
     n：产生随机点数
     '''
    #定义定积分区间
    x_min, x_max = a, b
    y_min, y_max = f(a), f(b)

    count = 0
    for i in range(0, n):
        x = random.uniform(x_min, x_max)
        y = random.uniform(y_min, y_max)
        #判断条件 y<f(x) 表示该随机点位于曲线的下方
        if(y<f(x)):
           count += 1
    #阴影区域面积计算：阴影区域随机点数/总随机点数*矩形区域面积
    integral_value = (count / float(n))*f(a)*f(b)
    print (integral_value)

if __name__ == '__main__':
     #产生 N 个随机点数
     N=10000
     #定积分曲线
     f=lambda x:x**2
     #利用蒙特卡罗方法计算定积分
     MonteCarlo_Integral(f,0,2,N)
     #利用 SciPy 内置模块直接计算定积分
        print(integrate.quad(f, 0, 2))
```

运行程序，用蒙特卡罗方法求解的结果为 2.663864，与直接用数学方法解析出的值以及用 SciPy 模块内置的 integrate.quad()函数计算出的结果 2.6666666666667 存在一定的误差，误差大小与模拟样本数大小相关，样本数越大则误差越小。

2.8 梯度下降算法

梯度下降（Gradient Descent）是一种求局部最优解的优化算法。在求解机器学习算法的模型参数即无约束优化问题时，梯度下降是常用方法之一，主要用来递归性地逼近最小偏差模型。

2.8.1　方向导数与梯度

在学习梯度下降算法之前，我们需要先了解梯度（Gradient）的概念。在此之前，我们先来回顾一下什么是方向导数及其几何意义。假设有一个曲面 $z=f(x,y)$，l 为 xOz 平面上的任意一个向量，曲线 Q 为 l 所在的垂直平面与 $z=f(x,y)$ 曲面的相交曲线，如图 2.20 所示，则曲面 z 在 l 方向 P 点处的方向导数为 P 点处曲线 Q 切线的斜率（即导数），记为 $\frac{\partial z}{\partial l}|_P$，根据斜率的定义，则有：

$$\frac{\partial z}{\partial l}|_P=\lim_{\rho\to 0}\frac{\Delta z}{\rho}=\lim_{\rho\to 0}\frac{f(P')-f(P)}{\rho}=\lim_{\rho\to 0}\frac{f(x_0+\Delta x,y_0+\Delta y)-f(x_0,y_0)}{\rho}$$

其中，$\rho=\sqrt{(\Delta x)^2+(\Delta y)^2}$。$\frac{\partial z}{\partial l}$ 正是曲线 z 对于 l 的偏导数。偏导数与导数在本质上是一致的，都是当自变量的变化量趋于 0 时，函数值的变化量与自变量变化量比值的极限。导数指的是一元函数中，函数 $y=f(x)$ 在某一点处沿 x 轴正方向的变化率；而偏导数则指的是在多元函数中，函数 $y=f(x_0,x_1,\cdots,x_n)$ 在某一点处沿某一坐标轴 $(x_0,x_1,\cdots,x_n)$ 正方向的变化率。

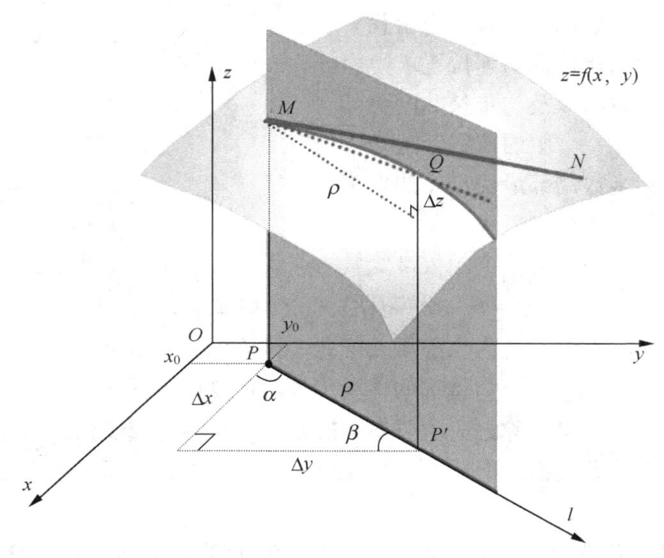

图 2.20　方向导数的几何意义

对于导数以及偏导数的定义，均为沿坐标轴正方向函数的变化率。当我们讨论函数沿任意方向的变化率时，就引出了方向导数的定义，即某一点在某一方向上的导数值。简而言之，我们不仅要知道函数在坐标轴正方向上的变化率（即偏导数），而且，还要设法求出函数在其他特定方向上的变化率。而方向导数就是函数在其他特定方向上的变化率。偏导数和方向导数表达的都是函数在某一点沿某一方向的变化率，皆具有方向和大小。因此，从这个角度来理解，我们也可以把偏导数和方向导数看作一个向量，向量的方向就是变化率的方向，向量的模就是变化率的大小。那么，函数在变量空间的某一点处，沿着哪一个方向有最大的变化率呢？梯度则正是该问题的答案。梯度，即为函数在某一点处最大的方向导数，沿梯度方向，函数有着最大的变化率。梯度是一个向量，该向量的方向与取得最大方向导数的方向一致，其模则为方向导数的最大值。对于具有两个变量的函数 $f(x,y)$，其梯度可定义为 $\nabla f=\left(\frac{\partial f}{\partial x},\frac{\partial f}{\partial y}\right)$，我们也经常将其写成

$\nabla f=\frac{\partial f}{\partial x}i+\frac{\partial f}{\partial y}j$，其中 $\frac{\partial f}{\partial x}$、$\frac{\partial f}{\partial y}$ 可分别视为 x 与 y 方向上切线的斜率。例如，函数 $f(x,y)=x^2y^3-3x$ 的梯度为：$\nabla f=(2xy^3-3,3x^2y^2)$。

2.8.2 梯度下降

梯度下降，又名最速下降（Steepest Descent），是求解无约束最优化问题最常用的方法。它是一种迭代方法，每一步主要的操作是求解目标函数的梯度向量。既然在变量空间的某一点处，函数沿梯度正方向具有最大的变化率，那么在优化目标函数的时候，自然是沿着梯度负方向去减小函数值,以此达到我们的优化目标。因为在梯度负方向上目标函数下降最快，这也是最速下降名称的由来。梯度下降法特点为越接近目标值步长越小,下降速度越慢。在图 2.21 中，每一个圈代表一个函数梯度，其中心位置表示函数极值点。每次迭代根据当前位置求得的梯度（用于确定搜索方向以及与步长共同决定前进速度）和步长找到一个新的位置，这样不断迭代最终到达目标函数局部最优点（如果目标函数是凸函数，则到达全局最优点）。

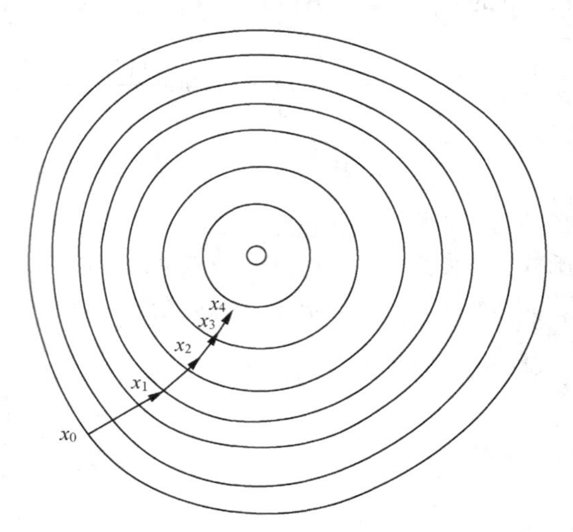

图 2.21　梯度下降示意

上述梯度下降过程可描述为一个函数自变量的迭代过程，用一个数学公式描述如下：

$$\theta_i=\theta_i-\alpha\cdot\nabla J(\theta)\quad(i=0,1,2,\cdots,n)$$

其中，J 为关于 θ 的函数，θ_i 为当前所处位置，从该位置沿着下降最快的方向，即为梯度负方向 $-\nabla J(\theta)$，移动前进至 θ_{i+1}，α 为每次的移动步长。重复该步骤直至抵达函数 J 的极值点。梯度下降中的 α 在机器学习中也被称之为学习率（Learning Rate）或步长，通过 α 来控制每一步的距离，既要保证不让步长太大错过最低点，也要保证不让步长太小而导致学习速度过慢而影响整体效率。

在图 2.22（a）中，若选择过小的步长，则需太多的步骤（迭代次数）才可抵达最低点（收敛速度较慢）；而在图 2.22（b）中，若选择太大的步长，则可能导致越过最低点。

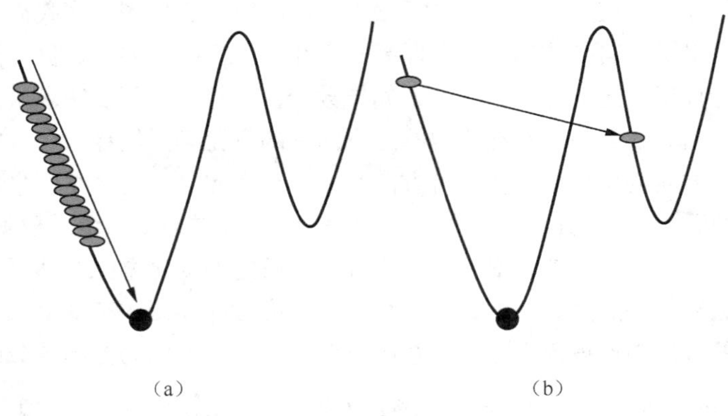

（a）　　（b）

图 2.22　步长（学习率）α 选择示意

2.8.3　基于梯度下降算法的线性回归

在统计学中，线性回归（Linear Regression）是利用线性回归方程对一个或多个自变量与因变量之间的关系进行建模的一种回归分析。这种函数是一个或多个称为回归系数的模型参数的线性组合。在回归分析中，只包含一个自变量和一个因变量，且二者的关系可用一条直线近似表示，这种回归分析称为一元线性回归分析。如果回归分析中包含两个或两个以上的自变量，且因变量和自变量之间存在线性关系，则称为多元线性回归分析。

一元线性回归分析，简而言之，就是通过给定的一系列数据点，求出符合这些点的最佳直线方程。假设有如图 2.23 所示的一组数据点，我们要找到一条合适的直线来拟合这些数据。为此，我们将使用标准的 $y = mx + b$ 直线方程，其中 m 为直线的斜率（Slope）， b 为直线的 y 轴截距（Intercept）。想要找到最佳的数据拟合直线，只需找到 m 与 b 最佳的值即可。

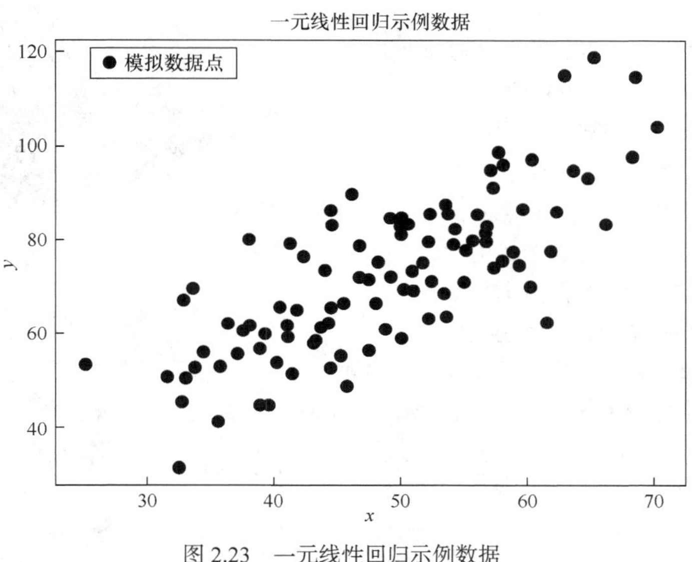

图 2.23　一元线性回归示例数据

解决这类问题的标准方法是，首先需要定义一个误差函数，亦可称为代价函数或成本函数（Cost Function），用于评估函数与数据点之间的拟合程度。误差函数的值越小，代表模型拟合程度越好。该函数以 (m,b) 为输入，并根据模拟数据点与直线的匹配程度返回一个误差值。为了计算给定直线的误差，我们将遍历给定模拟数据集中的每个数据点 (x,y)，并求出每个点的 y 值与候选直线 y 值之间的平方距离（Square Distance）之和。通常的做法是将该距离求平方以确保其值为正，并使误差函数可微。误差函数可定义如下：

$$Error = \frac{1}{N}\sum_{i=1}^{N}(y_i - (mx_i + b))^2$$

其示例代码如下：

```
def error_fucntion(b, m, points):
    '''
    误差函数定义。
    参数说明。
    m：直线斜率。
```

```
        b：直线 y 轴截距。
        Points：模拟数据集
    '''
    totalError = 0
    for i in range(0, len(points)):
        x = points[i][0]
        y = points[i][1]]
        totalError += (y - (m * x + b)) ** 2
    return totalError / float(len(points))
```

要找到最佳拟合直线，就要使得误差函数取值最小。误差函数由 m、b 两个参数构成，因此可将其视为一个如图 2.24 所示的三维曲面。其中，曲面的 x、y、z 3 个轴分别为斜率 m、截距 b 以及误差值 $error$。

xOy 平面上的每个点 (m,b) 代表着一条拟合直线，而函数在每个点处的高度则为该拟合直线的误差值。从图 2.24 可以看出，有些直线产生的误差值比其他直线要小（也意味着更好地拟合了数据）。当采用梯度下降算法进行搜索时，我们将从这个曲面上某个任意位置开始，而梯度就像一个指南针，用于指引我们沿着坡度最陡峭的方向移动，一直寻找到误差最小的拟合直线为止。为了对误差函数进行梯度下降，我们需要先计算其梯度，而梯度计算则只需要对误差函数进行微分求导。因为误差函数由两个参数（m 与 b）定义，所以需要为每个参数计算其偏导数：

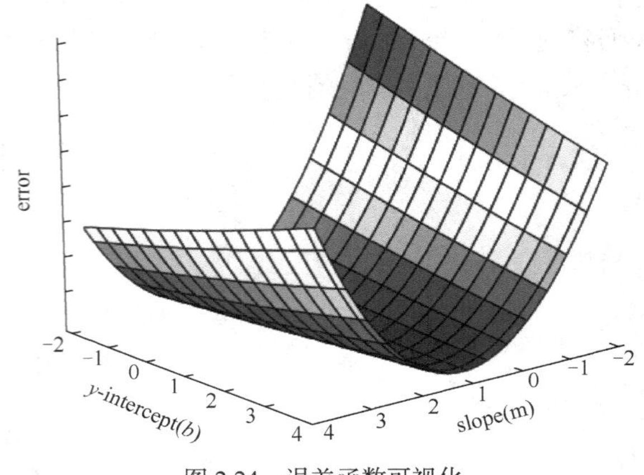

图 2.24　误差函数可视化

$$\frac{\partial}{\partial m}=\frac{2}{N}\sum_{i=1}^{N}-x_i(y_i-(mx_i+b))$$

$$\frac{\partial}{\partial b}=\frac{2}{N}\sum_{i=1}^{N}-(y_i-(mx_i+b))$$

至此，我们已具备了执行梯度下降算法的必要条件，从而可以展开初始化搜索。先从设定一对初始化的 (m,b) 值（即任意一条线）开始，让梯度下降算法沿着误差函数梯度负方向（最佳拟合直线方向）移动。每次迭代都会将 m 和 b 更新到一条比前一次迭代误差稍低的直线上。使用上述两个偏导数计算每个迭代的移动方向。梯度下降算法实现的示例代码如下：

```
def step_gradient(m_current, b_current, points, learningRate):
    '''
    梯度下降算法核心方法。
    参数说明。
    m_current：当前斜率值 m。
    b_current：当前截距值 b。
    points：模拟数据点集合。
    learningRate：学习率，也是每次移动的步长
    '''
    b_gradient = 0 #error 函数关于 b 的偏导数
    m_gradient = 0 #error 函数关于 m 的偏导数
```

```
    N = float(len(points)) #数据集长度

    #通过梯度下降计算更新后的 m 与 b 值
    for i in range(0, len(points)):
        x = points[i, 0]
        y = points[i, 1]
        #error 函数对 b 求偏导数
        b_gradient += -(2/N) * (y - ((m_current * x) + b_current))
        #error 函数对 m 求偏导数
        m_gradient += -(2/N) * x * (y - ((m_current * x) + b_current))

    #更新后的 b 值
    new_b = b_current - (learningRate * b_gradient)
    #更新后的 m 值
    new_m = m_current - (learningRate * m_gradient)
    return [new_b, new_m]
```

学习率变量控制在每次迭代中“走下坡路”的幅度。如果迈出的每一步太大，可能会越过最小值。如果采取很小的步长移动，则可能需要多次迭代才能达到最小值。确保梯度下降正常工作的最好方式是确保每次迭代的误差持续递减。

基于上述定义的误差函数和梯度计算方法，就可以通过多次梯度下降算法的迭代来获取最佳拟合直线的斜率 m 与截距 b 。示例代码如下：

```
from numpy import *
def gradient_descent_runner(points, starting_b, starting_m, learning_rate, num_iterations):
    '''
    定义梯度下降运行方法。
    参数说明。
    points:模拟数据点集合。
    starting_b: 初始化 b 值。
    starting_m: 初始化 m 值。
    learningRate: 学习率，也是每次移动的步长。
    num_iterations: 迭代次数
    '''

    b = starting_b      #初始化 b 值
    m = starting_m      #初始化 m 值
    b_m_sets=[]         #用于存放所有拟合直线的 m、b 值

    #梯度下降算法迭代
    for i in range(num_iterations):
        b, m = step_gradient(b, m, array(points), learning_rate)
        b_m_sets.append([b, m])

    #返回所有拟合直线的 m、b 值的集合
    return b_m_sets

def run():
'''
```

```
    定义主程序
    读取本地数据文件,设置初始曲线
    通过多次梯度下降算法迭代来获取最佳拟合直线的斜率 m 与截距 b
    '''
        points = genfromtxt("data.csv", delimiter=",")
        learning_rate = 0.0001
        initial_b = 0            # 初始化 b 值
        initial_m = 0            # 初始化 m 值
        num_iterations = 100   #迭代次数
        print ("Starting gradient descent at b = {0}, m = {1}, error = {2}".format(initial_b,
initial_m, error_fucntion(initial_b, initial_m, points)))
        #通过梯度下降算法获取最佳拟合直线的 m、b 值
        parameters=gradient_descent_runner(points,initial_b,initial_m,learning_rate,  num_
iterations)
        [b, m] =parameters[-1]
    print ("After {0} iterations b = {1}, m = {2}, error = {3}".format(num_iterations, b,
m, error_fucntion(b, m, points)))
    #可视化输出数据点、最佳拟合直线以及误差梯度下降曲线
    gd_visualization(points,parameters,num_iterations)

    def gd_visualization(points,parameters,iter_num):
        '''
        梯度下降算法模拟数据点拟合直线可视化。
        参数说明。
        points:模拟数据点集合。
        parameters:包含每次迭代后所有[m,b]的集合。
        iter_num:迭代次数
        '''
        xx=[]
        yy=[]
        for i in range(len(points)):
            xx.append(points[i][0])
            yy.append(points[i][1])

        #绘制模拟数据点
        plt.plot(xx,yy,'bo',label='模拟数据点')
        plt.title('一元线性回归分析示例')
        plt.xlabel('x')
        plt.ylabel('y')
        plt.grid(False)

        #绘制最佳拟合直线
        [b, m] =parameters[-1]
        x=np.linspace(0,100,100)
        y=m*x+b
        plt.plot(x,y,'r-',label='最佳拟合直线')
        plt.legend()
        plt.show()

        #绘制迭代次数与误差函数梯度下降曲线
        error=[]
```

```
    for j in range(len(parameters)):
        [b, m] =parameters[j]
        #计算每次迭代误差
        error.append(error_fucntion(b, m, points))

    iteration=range(iter_num)
    plt.plot(iteration,error,'b-',label='误差函数梯度下降曲线')
    plt.xlabel('迭代次数')
    plt.ylabel('误差')
    plt.legend()
    plt.show()

if __name__ == '__main__':
    run()
```

运行上述基于梯度下降算法的一元线性回归分析示例程序，输出结果如图 2.25 所示。其中，图 2.25（a）为模拟数据点与最佳拟合直线，图 2.25（b）为误差函数梯度下降曲线。

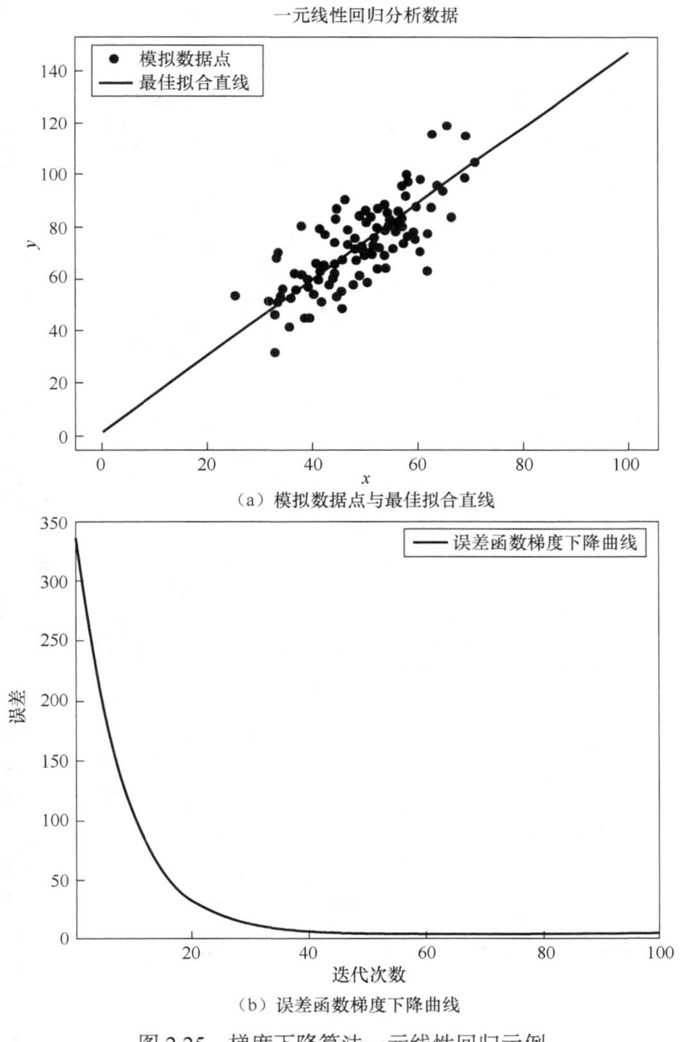

（a）模拟数据点与最佳拟合直线

（b）误差函数梯度下降曲线

图 2.25　梯度下降算法一元线性回归示例

```
    Starting gradient descent at b = 0, m = 0, error = 5565.107834483211
    After 100 iterations b = 1.4510680203998685, m = 1.4510195909326546, error =
111.87217648730646
```

在线性回归问题中，一般只有一个极小值。我们定义的误差函数为凸曲面，因此，无论从哪里开始，最终都会到达绝对最小值。一般来说，并非所有情况皆如此，有些函数可能存在局部极小值，普通的梯度下降搜索则有可能会陷入其中，而通过随机梯度下降（Stochastic Gradient Descent，SGD）算法，在某种程度上可缓解这种情况。除了设定明确的循环次数之外，我们也可通过其他方式（例如设定收敛条件等）来终止循环。当梯度小于某个设定值（例如 1×10^{-5}）时，表明迭代已经接近函数极值，则退出迭代循环计算。

第3章 图像识别与 Python 编程实践

图像识别是当今计算机科学最热门的研究方向之一。随着科学技术的发展和人类社会的不断进步，图像识别技术在很多行业得到了广泛的应用。本章除了对图像识别基本概念进行介绍之外，还将从图像识别基本算法与实际应用等几个方面引导读者利用 Python 以及所需第三方工具进行相关的编程实践。

3.1 图像识别发展简介

图像识别（Image Recognition）是人工智能的一个重要研究领域。它以图像的主要特征区域（检测目标）为基础，通过数据获取和一系列的相关处理，并采用各种算法来对目标图像进行检测、识别与理解。其中，图像是承载检测目标的载体，而检测目标则需事先进行特征提取、归纳，最终通过相应的算法分离出来。通常情况下，一个图像识别系统主要由图像分割、图像特征提取、分类与识别 3 个部分组成。其中，图像分割主要用于将图像划分成多个区域，而图像特征提取则是从图像中寻找最具区分能力的特征，分类与识别则是按照图像特征所提取的结果进行适当的分类。

图像识别在很多领域都有着广泛的应用：生物医学领域的图像识别，人体生物特征识别（包括人脸识别、指纹识别、掌纹静脉识别以及虹膜识别等），军事领域的目标侦查、光学制导和雷达警戒，公安领域的现场照片、痕迹等的处理辨识、手写文字识别、车牌识别和人流统计，以及计算机视觉领域的三维图像处理和识别应用等。

图像识别的发展经历了 3 个阶段：文字识别（Character Recognition）、数字图像处理（Digital Image Processing）与识别、物体识别（Object Recognition）。

文字识别的研究从 20 世纪 50 年代开始，主要是识别字母、数字和符号，包括印刷文字以及手写文字等，应用非常广泛。

数字图像处理与识别的研究始于 20 世纪 70 年代。数字图像与模拟图像相比具有易于存储、便于传输、可压缩、传输过程中不易失真、处理方便等巨大优势，这些都为图像识别技术的发展提供了有力的支持。

物体识别技术起源于 20 世纪 50 年代，它是计算机视觉领域中的一个重要分支，其主要任务是识别出图像中有什么物体，并指出该物体在图像场景中的位置和方向等相关信息。随着人工智能、大数据和深度学习技术的不断发展，以及 3D 传感器、深度摄像头等硬件的不断升级，利用深度信息进行三维物体识别技术的广泛应用，让物体识别领域有了较大的发展。目前，物体识别方法主要有基于模型的识别和基于上下文（Context）的识别。

图像识别的数学本质是模式空间到类别空间的映射。目前，在图像识别技术的发展过程中，主要有 3 种识别方法：统计模式识别、结构模式识别以及模糊模式识别。

从 20 世纪 60 年代开始，美国通过卫星获取大量月球图片，并利用计算机技术对其进行处理，此后，越来越多的相关技术开始被应用到图像处理领域。数字图像处理也作为一门科学占据了一个独立的学科地位，并被广泛应用于其他各学科领域。CT 医学影像技术的诞生，使得图像处理技术再次得到飞跃式发展。该技术利用 X 射线计算机断层摄影装置，获取人头部截面的投影，然后，通过计算机对数据进行处理并重建截面图像。这种图像重建技术后来被推广到全身 CT 装置中，为医学发展做出了跨时代的贡献。随后，数字图像处理技术在更多的领域被广泛应用，发展成为一门具有无限前景的新型学科。此后，数字图像处理技术也朝着更高深的方向发展，人们开始通过计算机构建出数字化的人类视觉系统，这项技术被称为图像理解或计算机视觉。

目前，已有很多国家在计算机视觉领域投入了相当多的人力与物力进行研究，并取得了丰硕的研究成果。其中，20 世纪 70 年代末提出的视觉计算理论为后来计算机数字图像处理技术的理论发展提供了指导思想。我国在计算机数字图像处理技术上的发展进步也非常迅速，甚至在某些理论前沿方向的研究已赶超了世界先进水平。对于成像数据的收集能力方面，我国通过成功发射的一系列对地观测卫星和自主研发的先进星载传感系统，及时有效地获取了包括大气、海洋、资源以及环境减灾等方面的海量数据，并取得了大量有效的数据成像与数据分析结果。同时，在国家战略规划的宏观指导和相关政策的大力扶持下，图像识别技术特别是人脸识别的市场规模持续快速增长。一大批图像识别领域的高新技术企业迅速崛起，相关领域的专利数量也不断攀升。从每年的新增数量来看，2007 年新增专利尚不足百件，2015 年迎来了爆发式增长，我国全年新增图像识别领域专利 1400 件左右，处于全球领先地位，明显超过美国、欧洲和日本等发达国家和地区，如图 3.1 所示。

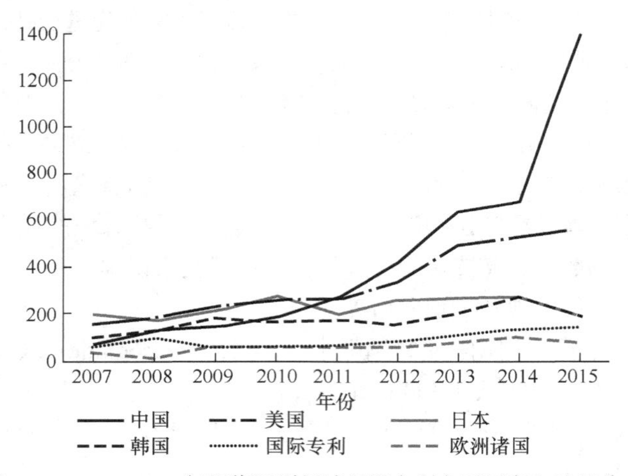

图 3.1 2007—2015 年图像识别领域新增专利主要国家和地区分布

3.2 图像识别基本算法

3.2.1 边缘检测

边缘检测是图像处理和计算机视觉，尤其是图像特征提取中的一个重要研究领域。图像的边缘是图像的重要特征，是计算机视觉、模式识别的基础，是图像处理中一个重要的环节。通常情况下，人们可以仅凭一个剪影或草图来识别出物体的类型和姿态，而剪影就由边缘特征构成。边缘检测的目的是标识数字图像中亮度变化明显的点。图像属性中的显著变化通常包括：深度上的不连续、表面方向不连续、物质属性变化和场景照明变化等。图像边缘检测会大幅度减少数据量，并剔除不相关的信息，只保留图像重要的结构属性。

人类视觉系统认识目标的过程分为两步：首先，将图像边缘与背景分离出来；然后，感知图像的细节，辨认出图像的轮廓。计算机视觉正是模仿人类视觉的这个过程，在检测物体边缘时，先对其轮廓点进行粗略检测，然后通过连接规则把原来检测到的轮廓点连接起来，同时也检测和连接遗漏的边界点及去除虚假的边界点。

如果我们需要检测一幅图像的边缘，我们首先需要明确知晓边缘的特征。对于一幅灰度图像而言，边缘两边的灰度值肯定不同，因此，当我们检测灰度图像的边缘时，就需要找出图像何处的灰度值变化最大。显然，灰度值变化越大，对比度就越大，边缘也就越明显。

在数学中，与变化率息息相关的是导数。如果灰度图像的像素是连续的，那么我们可以对原图像 G 的 x 方向和 y 方向分别求导数：

$$G_x = \frac{\partial G}{\partial x}, \quad G_y = \frac{\partial G}{\partial y}$$

获得 x 方向的图像导数 G_x 和 y 方向的图像导数 G_y。G_x 和 G_y 分别隐含了 x 方向和 y 方向的灰度变化信息，也就是隐含了图像的边缘信息。

如果要在同一图像上包含两个方向的边缘信息，我们可以用梯度。原图像 G 的梯度向量 $\boldsymbol{G}_{xy}$ 为 (G_x, G_y)，梯度向量的大小 $|\boldsymbol{G}_{xy}|$ 和方向 $\angle\boldsymbol{G}_{xy}$ 可用以下两个公式进行计算：

$$|\boldsymbol{G}_{xy}| = \sqrt{{G_x}^2 + {G_y}^2}$$

$$\angle\boldsymbol{G}_{xy} = \arctan\left(\frac{G_y}{G_x}\right)$$

梯度向量的大小就包含了 x 方向和 y 方向的边缘信息。

实际上，图像矩阵是离散的。连续函数求变化率用的是导数，而离散函数求变化率用的是差分。差分的概念很容易理解，就是用相邻两个数的差来表示变化率。下面公式是向后差分。

x 方向的差分：$G_x(n,y) = G(n,y) - G(n-1,y)$。

y 方向的差分：$G_x(x,n) = G(x,n) - G(x,n-1)$。

实际计算图像导数时，我们是通过原图像和一个“算子”（Operator）进行卷积计算来完成的（该方法是求图像的近似导数）。所谓“算子”，就是数学中的映射。如果映射的作用是把函数映射到函数或者函数映射到数，那么这种映射就称为算子。广而言之，对任何函数进行某一项操作皆可认为是一个算子，甚至包括求幂、开方等皆可认为是一个算子，只是有的算子我们用了一个符号来代替它所要进行的运算。用于图像边缘检测的常见算子有 Prewitt 算子、Sobel 算子、Laplace 算子、Canny 算子等。

1. Prewitt 算子

Prewitt 算子是最简单的图像求导算子，也是一种常用的边缘检测一阶微分算子。它利用像素点上下、左右相邻点的灰度差在边缘处达到极值来进行边缘检测。Prewitt 算子在图像空间利用两个方向模板与图像进行邻域卷积（Adjacent Convolution）运算来完成边缘检测。在图像处理中，卷积是常用的一种运算，通常是使用一个卷积核（算子）对图像中的每个像素进行一系列操作从而得到新的像素值。Prewitt 算子有两个方向模板，一个用于水平方向（x 方向）的边缘检测，一般设置为$\begin{bmatrix} -1 & 0 & 1 \\ -1 & 0 & 1 \\ -1 & 0 & 1 \end{bmatrix}$；另一个则用于垂直方向（$y$方向）的边缘检测，一般设置为$\begin{bmatrix} -1 & -1 & -1 \\ 0 & 0 & 0 \\ 1 & 1 & 1 \end{bmatrix}$。

原图像和一个作为卷积核的算子进行卷积运算的过程描述如下。假设，图像矩阵中某块区域为$\begin{bmatrix} x_1 & x_2 & x_3 \\ x_4 & x_5 & x_6 \\ x_7 & x_8 & x_9 \end{bmatrix}$，那么，$x_5$处的$x$方向的导数计算方法是将$x$方向的Prewitt 算子$\begin{bmatrix} -1 & 0 & 1 \\ -1 & 0 & 1 \\ -1 & 0 & 1 \end{bmatrix}$的中心与$x_5$重合，然后将两个矩阵（图像矩阵和算子矩阵）的对应元素相乘再求和。通过计算可以得知x_5处的x方向的导数为$x_1 \times (-1) + x_2 \times 0 + x_3 \times 1 + x_4 \times (-1) + x_5 \times 0 + x_6 \times 1 + x_7 \times (-1) + x_8 \times 0 + x_9 \times 1 = x_3 + x_6 + x_9 - x_1 - x_4 - x_7$。对矩阵所有元素重复上述步骤进行计算，该过程就是卷积。因此，利用原图像和x方向的Prewitt 算子进行卷积就可以得到图像的x方向导数矩阵G_x，利用原图像和y方向的Prewitt 算子进行卷积就可以得到图像的y方向导数矩阵G_y。利用公式$|\boldsymbol{G}_{xy}| = \sqrt{G_x^{\ 2} + G_y^{\ 2}}$即可得到图像的梯度矩阵$G_{xy}$，该矩阵包含了图像$x$方向和$y$方向的边缘信息。

利用 Prewitt 算子进行图像边缘检测的示例代码如下：

```
import numpy as np          #用于处理图像矩阵、算子矩阵及相关运算
from PIL import Image       #图像处理模块
import matplotlib.pyplot as plt
import matplotlib.cm as cm

'''
定义函数 img_conv (image_array,operator)用于图像卷积计算
其中，参数 image_array 为原图的灰度图像矩阵，operator 为算子
返回结果为原图的灰度图像与算子卷积后的结果矩阵
实际上，SciPy 库中的 signal 模块含有一个二维卷积函数 convolve2d()，如果不重复造轮子，可以直接使用。
在后续诸多代码中我们会将该函数直接用于卷积计算
'''
def img_conv (image_array,operator):
# 原图像矩阵的深拷贝
image = image_array.copy()
dim1,dim2 = image.shape
# 将矩阵中的每个元素与算子矩阵中的对应元素相乘再求和(忽略最外圈边框像素)
for i in range(1,dim1-1):
    for j in range(1,dim2-1):
        image[i,j] = (image_array[(i-1):(i+2),(j-1):(j+2)]*operator).sum()
# 由于卷积后各元素的值不一定为 0～255，需归一化为 0～255
image = image*(255.0/image.max())
#返回结果矩阵
return image
# 定义 x 方向的 Prewitt 算子
operator_x = np.array([[-1, 0, 1], [ -1, 0, 1], [ -1, 0, 1]])
#定义 y 方向的 Prewitt 算子
operator_y = np.array([[-1,-1,-1], [ 0, 0, 0], [ 1, 1, 1]])
# 打开原图并将其转化成灰度图像
image = Image.open("test.jpg").convert("L")
# 转化成图像矩阵
```

```
    image_array = np.array(image)
    # 得到 x 方向导数矩阵
    image_x = img_conv (image_array,operator_x)
    # 得到 y 方向导数矩阵
    image_y = img_conv (image_array,operator_y)
    # 得到梯度矩阵
    image_xy = np.sqrt(image_x**2+image_y**2)
    # 将梯度矩阵各元素的值归一化为 0～255
    image_xy = (255.0/image_xy.max())*image_xy
    '''
    输出图像边缘检测结果。其中，参数为 image_array 时输出为原图的灰度图像，参数为 image_x 时输出为原图
的 x 方向导数图像，参数为 image_y 时输出为原图的 y 方向导数图像，参数为 image_xy 时输出为原图的梯度图像
    '''
    plt.subplot(2,2,1)
    plt.imshow(image_array,cmap=plt.cm.gray)
    plt.axis("off")
    plt.subplot(2,2,2)
    plt.imshow(image_x,cmap=plt.cm.gray)
    plt.axis("off")
    plt.subplot(2,2,3)
    plt.imshow(image_y,cmap=plt.cm.gray)
    plt.axis("off")
    plt.subplot(2,2,4)
    plt.imshow(image_xy,cmap=plt.cm.gray)
    plt.axis("off")
    plt.show()
```

程序运行结果如图 3.2 所示。其中，左上为原图的灰度图像，右上为原图的 x 方向导数图像，左下为原图的 y 方向导数图像，右下为原图的梯度图像。从图中可以看出，Prewitt 算子虽然可以检测出图像边缘，但是检测结果较为粗糙，图像带有大量高频噪声。

图 3.2 基于 Prewitt 算子的图像边缘检测

2. Sobel 算子

Sobel 算子是典型的边缘检测一阶微分算子。它利用像素邻近区域的梯度值来计算 1 个像素的梯度，然后根据一定的绝对值来取舍。在技术上它是离散型的差分算子，用于计算图像亮度函数的梯度近似值。由于 Sobel 算子中引入了类似局部平均的运算，因此对噪声具有平滑作用，能很好地消除噪声的影响。Sobel 算子对于像素的位置的影响进行了加权，与 Prewitt 算子相比效果更佳。Sobel 算子由两个 3×3 矩阵表示的卷积核构成，通常其中一个对垂直边缘响应最大，另一个则对水平边缘响应最大。两个卷积核分别代表水平及垂直方向的算子，将其与原图像进行卷积运算，即可分别得到水平与垂直方向的亮度差分近似值。实际使用中，常用如下两个算子模板来对图像边缘进行检测。

检测水平边缘的 Sobel 算子 Gx：$\begin{bmatrix} -1 & 0 & 1 \\ -2 & 0 & 2 \\ -1 & 0 & 1 \end{bmatrix}$。

检测垂直边缘的 Sobel 算子 Gy：$\begin{bmatrix} -1 & -2 & -1 \\ 0 & 0 & 0 \\ 1 & 2 & 1 \end{bmatrix}$。

图像的每一个像素的横向及纵向梯度近似值可用以下公式来计算其大小：

$$G=\sqrt{{G_x}^2+{G_y}^2}$$

然后，用以下公式计算其梯度方向：

$$\Theta=\arctan\left(\frac{G_y}{G_x}\right)$$

在图像检测中，如果角度 Θ 等于 0，意味着图像在该处拥有垂直边缘，左方较右方暗。利用 Sobel 算子进行图像边缘检测的示例代码如下：

```
import numpy as np                    #主要用于算子和图像矩阵处理
from PIL import Image                 #主要用于图像导入
import matplotlib.pyplot as plt       #用于数据可视化处理
import matplotlib.cm as cm            #用于色彩映射
import scipy.signal as signal         #主要用于卷积计算

# 定义 x 方向的 Sobel 算子
operator_x = np.array([[-1, 0, 1],
                      [ -2, 0, 2],
                      [ -1, 0, 1]])
# 定义 y 方向的 Sobel 算子
operator_y = np.array([[-1,-2,-1],
                       [ 0, 0, 0],
                       [ 1, 2, 1]])

# 打开原图并将其转化为灰度图像
image = Image.open("test.jpg").convert("L")
# 转化成图像矩阵
image_array = np.array(image)
# 得到 x 方向导数矩阵
image_x = signal.convolve2d(image_array,operator_x,mode="same")
```

```
# 得到 y 方向导数矩阵
image_y = signal.convolve2d(image_array,operator_y,mode="same")

# 得到梯度矩阵
image_xy = np.sqrt(image_x**2+image_y**2)
# 将梯度矩阵各元素归一化为 0~255
image_xy = (255.0/image_xy.max())*image_xy
# 输出边缘检测图像
plt.subplot(2,2,1)
plt.imshow(image_array,cmap=cm.gray)
plt.axis("off")
plt.subplot(2,2,2)
plt.imshow(image_x,cmap=cm.gray)
plt.axis("off")
plt.subplot(2,2,3)
plt.imshow(image_y,cmap=cm.gray)
plt.axis("off")
plt.subplot(2,2,4)
plt.imshow(image_xy,cmap=cm.gray)
plt.axis("off")
plt.show()
```

程序运行结果如图 3.3 所示，其中，左上为原图的灰度图像，右上为原图的 x 方向导数图像，左下为原图的 y 方向导数图像，右下为原图的梯度图像。从图中可以看出，Sobel 算子的检测结果较 Prewitt 算子的检测结果更为平滑。

图 3.3　基于 Sobel 算子的图像边缘检测

除了上述通过 Sobel 算子卷积运算进行图像边缘检测之外，我们也可通过 OpenCV 自带的 Sobel 函数进行图像边缘检测，示例代码如下：

```
# 导入 OpenCV 模块
import cv2
import numpy as np
#读取原图
image = cv2.imread("test.jpg")
#将图像转化为灰度图像
image = cv2.cvtColor(image,cv2.COLOR_BGR2GRAY)
cv2.imshow("Original",image)
cv2.waitKey()
'''
Sobel 边缘检测，其中 sobelX 为 x 方向导数图像，sobelY 为 y 方向导数图像，sobelCombined 为梯度图像
'''
sobelX = cv2.Sobel(image,cv2.CV_64F,1,0)
sobelY = cv2.Sobel(image,cv2.CV_64F,0,1)
#x 方向梯度的绝对值
sobelX = np.uint8(np.absolute(sobelX))
#y 方向梯度的绝对值
sobelY = np.uint8(np.absolute(sobelY))
sobelCombined = cv2.bitwise_or(sobelX,sobelY)
cv2.imshow("Sobel X", sobelX)
cv2.waitKey()
cv2.imshow("Sobel Y", sobelY)
cv2.waitKey()
cv2.imshow("Sobel Combined", sobelCombined)
cv2.waitKey()
```

用这种方法进行图像边缘检测的结果与前一种方法的结果稍有不同，如图 3.4 所示。其中，左上为原图的灰度图像，右上为原图的 x 方向导数图像，左下为原图的 y 方向导数图像，右下为原图的梯度图像。

图 3.4　基于 OpenCV 的 Sobel 函数的图像边缘检测

从这两种方法的检测结果可以看出，利用 Sobel 算子虽然可以检测出图像边缘，但是检测结果却很粗糙。Sobel 算子并没有将图像的主题与背景严格地区分开，换而言之，即 Sobel 算子并没有基于图像灰度进行处理。由于 Sobel 算子并没有严格地模拟人类的视觉生理特征，所以提取的图像轮廓有时并不能令人满意。

3. Laplace 算子

Laplace 算子是一个二阶微分算子，它实际上是一个 x 方向的二阶导数和 y 方向的二阶导数之和的近似微分。该算子比较适合应用于只关心边缘位置而不考虑其周围像素灰度差值的图像边缘检测场景。Laplace 算子对孤立像素的响应比对边缘像素的响应要更强烈，因此只适用于无噪声的图像处理。存在噪声的情况下，使用 Laplace 算子检测边缘之前需要先对图像进行低通滤波。所以，通常的分割算法都是把 Laplace 算子和平滑算子结合起来生成一个新的模板。

Laplace 算子是最简单的各向同性微分算子，它具有旋转不变性。一个二维图像函数的 Laplace 变换是各向同性的二阶导数，定义如下：

$$\nabla^2 f\left(x,y\right)=\frac{\partial^2 f}{\partial_x{}^2}+\frac{\partial^2 f}{\partial_y{}^2}$$

为了更适用于数字图像处理，可将 Laplace 算子表示为如下离散形式：

$$\nabla^2 f=(f(x+1,y)+f(x-1,y)+f(x,y+1)+f(x,y-1))-4f(x,y)$$

常用的离散 Laplace 算子为：$\begin{bmatrix}0 & 1 & 0\\ 1 & -4 & 1\\ 0 & 1 & 0\end{bmatrix}$，其扩展算子为 $\begin{bmatrix}1 & 1 & 1\\ 1 & -8 & 1\\ 1 & 1 & 1\end{bmatrix}$。

Laplace 算子一般不以其原始形式用于边缘检测，因其作为一个二阶导数，Laplace 算子对噪声具有无法接受的敏感性，一般使用的是高斯型 Laplace 算子（Laplace of Gaussian，LoG）。在 LoG 公式中使用高斯函数的目的是对图像进行平滑处理，使用 Laplace 算子的目的就是提供一幅用零交叉确定边缘位置的图像。图像的平滑处理减少了噪声的影响，且它的主要作用是抵消由 Laplace 算子的二阶导数引起的逐渐增加的噪声影响。

利用 Laplace 算子进行图像边缘检测的示例代码如下：

```
import numpy as np                    #主要用于算子和图像矩阵处理
from PIL import Image                 #主要用于图像导入
import matplotlib.pyplot as plt       #用于数据可视化处理
import matplotlib.cm as cm            #用于色彩映射
import scipy.signal as signal         #主要用于卷积计算
#定义 Laplace 算子
Operator1 = np.array([[0, 1, 0], [1,-4, 1],[0, 1, 0]])
#定义 Laplace 扩展算子
Operator2 = np.array([[1, 1, 1], [1,-8, 1], [1, 1, 1]])
#打开原图并将其转化成灰度图像
image = Image.open("test.jpg").convert("L")
image_array = np.array(image)
# 利用 signal 模块的 convolve2d()函数进行卷积计算
image_oper1 = signal.convolve2d(image_array, Operator1,mode="same")
image_oper2 = signal.convolve2d(image_array, Operator2,mode="same")
# 由于卷积后各元素的值不一定为 0～255，需归一化成 0～255
image_oper1 = (image_oper1/float(image_ oper1.max()))*255
```

```
image_oper2 = (image_oper2/float(image_ oper2.max()))*255
#将大于灰度平均值的灰度值变成 255(白色)，便于观察边缘
image_ oper1[image_oper1>image_oper1.mean()] = 255
image_ oper2[image_oper2>image_oper2.mean()] = 255
# 显示边缘检测结果
plt.subplot(2,1,1)
plt.imshow(image_array,cmap=cm.gray)
plt.axis("off")
plt.subplot(2,2,3)
plt.imshow(image_oper1,cmap=cm.gray)
plt.axis("off")
plt.subplot(2,2,4)
plt.imshow(image_oper2,cmap=cm.gray)
plt.axis("off")
plt.show()
```

程序运行结果如图 3.5 所示。其中，上方为原图的灰度图像，下方左边为 Laplace 算子结果，下方右边为 Laplace 扩展算子结果。扩展算子的结果看上去噪声更少些。

图 3.5　基于 Laplace 算子的图像边缘检测

为了获得更好的边缘检测效果，可先对图像进行模糊平滑处理，除去图像中的高频噪声。降噪一般可采用高斯算法来进行处理，该算法的示例代码如下：

```
# 定义生成高斯算子的示例函数
def func(x,y,sigma=1):
    return 100*(1/(2*np.pi*sigma))*np.exp(-((x-2)**2+(y-2)**2)/(2.0*sigma**2))

# 生成标准差为 5 的 5*5 高斯算子
Operator1= np.fromfunction(func,(5,5),sigma=5)
```

```
# 通过生成的高斯算子与原图像进行卷积来对图像进行平滑处理
image_blur = signal.convolve2d(image_array, Operator1, mode="same")

# 对平滑处理后的图像进行边缘检测
image2 = signal.convolve2d(image_blur, Operator2, mode="same")
```

图像降噪后的边缘检测结果如图 3.6 所示，可以看出其检测效果明显优于高斯降噪处理之前。

图 3.6　基于 Laplace 扩展算子与高斯降噪处理的图像边缘检测

4. Canny 算子

Canny 算法是一种基于图像梯度计算的图像边缘检测算法，与上文提及的基于 LoG 算法的图像边缘检测方法类似，亦属于先平滑后求导的方法。利用 Canny 算子实现图像边缘检测的过程一般分为以下几个步骤。

① 图像灰度化。

② 对图像进行高斯平滑滤波。

首先，生成二维高斯分布矩阵：

$$G(x,y)=\frac{1}{2\pi\delta^2}\mathrm{e}^{\frac{-(x^2+y^2)}{2\delta^2}}$$

然后，将其与灰度图像进行卷积实现图像滤波：

$$f_s(x,y)=f(x,y)*G(x,y)$$

③ 计算梯度幅值和方向。

求变化率时，对于一元函数，即为求导；对于二元函数，即为求偏导。在数字图像处理中，用一阶有限差分近似方法求得灰度值的梯度幅值（变化率）。

④ 对梯度幅值进行非极大值抑制（Non-Maximum Suppression，NMS）。

寻找像素点局部最大值，沿着梯度方向，比较它前面和后面的梯度幅值。在沿其梯度方向上邻域的梯度幅值最大则保留，反之，则抑制。这一步主要是排除非边缘像素，仅保留部分细线条（候选边缘）。

⑤ 用双阈值法检测和连接边缘。

- 选取梯度幅值为高阈值 *TH* 和低阈值 *TL*，*TH*∶*TL* 为 2∶1 或 3∶1。
- 如果某一像素位置的梯度幅值超过 *TH*，则该像素被保留为边缘像素。
- 如果某一像素位置的梯度幅值小于 *TL*，则该像素被排除。
- 如果某一像素位置的梯度幅值在 *TH* 和 *TL* 之间，则该像素仅仅在连接到一个高于 *TH* 的像素时被保留。

利用 Canny 算子进行图像边缘检测的示例代码如下：

```
import matplotlib.pyplot as plt #图像数据可视化模块
import matplotlib.cm as cm #图像色彩映射模块
import numpy as np #算子与图像矩阵处理模块
import math #数学计算和数学常量处理模块

#载入原图
img = plt.imread('test.jpg')
sigma1 = sigma2 = 1 #设定高斯滤波器标准差，缺省值为 1
sum = 0

gaussian = np.zeros([5, 5]) #初始化 5*5 高斯算子矩阵
for i in range(5):
    for j in range(5):
        #生成二维高斯分布矩阵
        gaussian[i,j] = math.exp(-1/2 * (np.square(i-3)/np.square(sigma1)
                        + (np.square(j-3)/np.square(sigma2)))) / (2*math.pi*sigma1*sigma2)
        sum = sum + gaussian[i, j]
gaussian = gaussian/sum

def rgb2gray(rgb): #RGB 图像转为灰度图像
    return np.dot(rgb[...,:3], [0.299, 0.587, 0.114])

#高斯滤波
gray = rgb2gray(img)
W, H = gray.shape
new_gray = np.zeros([W-5, H-5])
for i in range(W-5):
    for j in range(H-5):
        #与高斯矩阵卷积实现滤波
        new_gray[i,j] = np.sum(gray[i:i+5,j:j+5]*gaussian)

#通过求梯度幅值使图像增强
W1, H1 = new_gray.shape
dx = np.zeros([W1-1, H1-1])
dy = np.zeros([W1-1, H1-1])
d = np.zeros([W1-1, H1-1])
for i in range(W1-1):
    for j in range(H1-1):
        dx[i,j] = new_gray[i, j+1] - new_gray[i, j]
        dy[i,j] = new_gray[i+1, j] - new_gray[i, j]
        # 图像梯度幅值作为图像强度值
        d[i, j] = np.sqrt(np.square(dx[i,j]) + np.square(dy[i,j]))
```

```
#非极大值抑制 NMS
W2, H2 = d.shape
NMS = np.copy(d)
NMS[0,:] = NMS[W2-1,:] = NMS[:,0] = NMS[:, H2-1] = 0
for i in range(1, W2-1):
    for j in range(1, H2-1):

        if d[i, j] == 0:
            NMS[i, j] = 0
        else:
            gradX = dx[i, j]
            gradY = dy[i, j]
            gradTemp = d[i, j]

            # 如果 Y 方向梯度幅值较大
            if np.abs(gradY) >np.abs(gradX):
                weight = np.abs(gradX) / np.abs(gradY)
                grad2 = d[i-1, j]
                grad4 = d[i+1, j]
                # 如果 X、Y 方向梯度幅值的符号相同
                if gradX * gradY > 0:
                    grad1 = d[i-1, j-1]
                    grad3 = d[i+1, j+1]
                # 如果 X、Y 方向梯度幅值的符号相反
                else:
                    grad1 = d[i-1, j+1]
                    grad3 = d[i+1, j-1]

            # 如果 X 方向梯度幅值较大
            else:
                weight = np.abs(gradY) / np.abs(gradX)
                grad2 = d[i, j-1]
                grad4 = d[i, j+1]
                # 如果 X、Y 方向梯度幅值的符号相同
                if gradX * gradY>0:
                    grad1 = d[i+1, j-1]
                    grad3 = d[i-1, j+1]
                # 如果 X、Y 方向梯度幅值的符号相反
                else:
                    grad1 = d[i-1, j-1]
                    grad3 = d[i+1, j+1]

            gradTemp1 = weight * grad1 + (1-weight) * grad2
            gradTemp2 = weight * grad3 + (1-weight) * grad4
            if gradTemp>= gradTemp1 and gradTemp >= gradTemp2:
                NMS[i, j] = gradTemp
            else:
                NMS[i, j] = 0

#双阈值算法检测、连接边缘
W3, H3 = NMS.shape
DT = np.zeros([W3, H3])
# 定义高低阈值 TH、TL
```

```
TL = 0.2 * np.max(NMS)
TH = 0.3 * np.max(NMS)
for i in range(1, W3-1):
    for j in range(1, H3-1):
        if (NMS[i, j] < TL):
            DT[i, j] = 0
        elif (NMS[i, j] > TH):
            DT[i, j] = 1
        elif ((NMS[i-1, j-1:j+1] < TH).any() or (NMS[i+1, j-1:j+1]).any()
              or (NMS[i, [j-1, j+1]] < TH).any()):
            DT[i, j] = 1

plt.subplot(2,2,1)
plt.imshow(new_gray,cmap=cm.gray)    #从原图转化的灰度图像
plt.axis("off")
plt.subplot(2,2,2)
plt.imshow(d,cmap=cm.gray)           #高斯滤波后的灰度图像
plt.axis("off")
plt.subplot(2,2,3)
plt.imshow(NMS,cmap=cm.gray)         #非极大值抑制图像
plt.axis("off")
plt.subplot(2,2,4)
plt.imshow(DT,cmap=cm.gray)          #双阈值检测边缘图像
plt.axis("off")
plt.show()
```

程序运行结果如图 3.7 所示。其中，左上为原图的灰度图像，右上为原图的高斯滤波后的灰度图像，左下为原图的 NMS 图像，右下为原图的双阈值边缘检测图像。

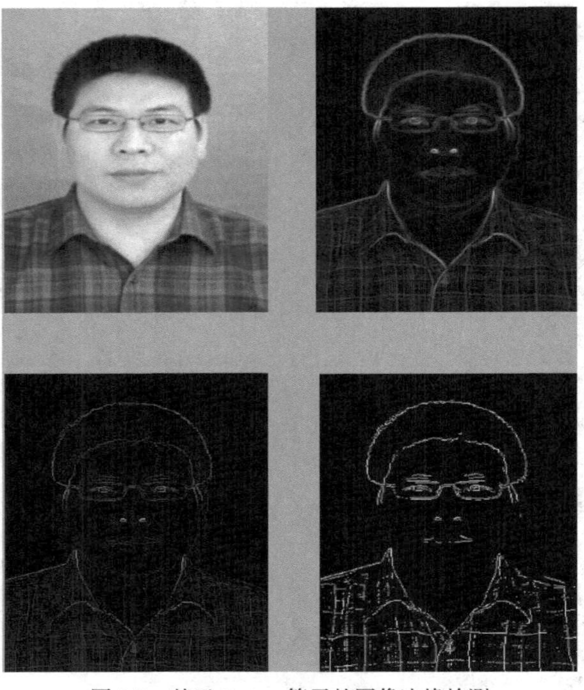

图 3.7　基于 Canny 算子的图像边缘检测

OpenCV 中也封装了 Canny 图像边缘检测函数，其函数原型和参数说明如下。

函数原型：

```
cv2.Canny(image,threshold1,threshold2[,edges[,apertureSize[,L2gradient]]])
```

参数说明如下。

（1）image：需要处理的原图，该图像必须为单通道的灰度图像。

（2）threshold1：阈值 1。

（3）threshold2：阈值 2。threshold2 是较大的阈值，用于检测图像中明显的边缘，但一般情况下检测的效果不会那么完美，边缘检测出来是断断续续的。因此需用较小的 threshold1（阈值 1）用于将这些间断的边缘连接起来。

（4）edges：函数返回一幅二值图像（黑白），其中包含检测出来的边缘。

（5）apertureSize：Sobel 算子的大小。

（6）L2gradient：一个布尔值，如果为 True，则使用更精确的 L2 范数进行计算（即两个方向导数的平方和再开方）；如果为 False，则使用 L1 范数进行计算（直接将两个方向导数的绝对值相加）。

基于 OpenCV 的 Canny 函数的图像边缘检测的示例代码如下：

```
import cv2
import numpy as np
#Canny 只能处理灰度图像，所以将读取的图像转成灰度图像
img = cv2.imread("test.jpg", 0)
#通过高斯平滑处理对原图像进行降噪
img = cv2.GaussianBlur(img,(3,3),0)
canny = cv2.Canny(img, 50, 150)  #apertureSize 默认为 3
cv2.imshow('Canny 边缘检测', canny)
cv2.waitKey(0)
cv2.destroyAllWindows()
```

程序运行结果如图 3.8 所示。其中，图 3.8（a）为原图灰度图像，图 3.8（b）为原图的图像边缘检测结果。

（a）

（b）

图 3.8　基于 OpenCV 的 Canny 函数的图像边缘检测

3.2.2 角点检测

在进行图像匹配时，通常需要对两幅图像中的特征点进行匹配。为了保证匹配的准确性，所选择的特征点必须有其独特性，而图像的角点则经常被看成是一种不错的选择。由观察可知，角点往往是两条边缘的交点，它是两条边缘方向变换的一种表示，因此，其两个方向的梯度变化通常都比较大并且易于检测。人们通常通过在一个小的窗口区域内观察像素点的灰度值大小来识别角点，如果向任何方向移动窗口都会引起较大的灰度变化，则该位置往往就是我们要找的角点。图 3.9 所示的矩形代表移动的观察窗口。图 3.9（a）代表图像平坦区域，在这个区域各方向皆无明显梯度变化；图 3.9（b）代表图像边缘，在某个方向，有明显梯度变化；图 3.9（c）代表图像角点区域，在各个方向上其梯度值皆有显著变化。

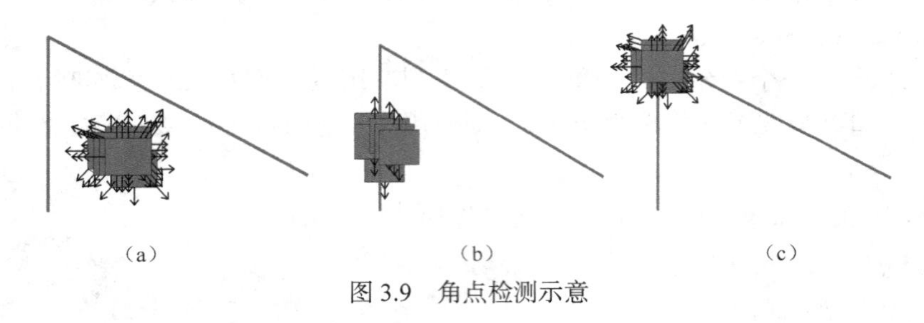

图 3.9　角点检测示意

对于角点的检测，有很多不错的算法，其中 Harris 算法是最常用的角点检测算法之一。Harris 算法依据的正是图 3.9 所示的直观判断。

要衡量在某个方向上的梯度变化大小，可定义图像在某个方向上灰度的变化 $E(u,v)$ 如下：

$$E(u,v)=\sum_{x,y}w(x,y)(I(x+u,y+v)-I(x,y))^2$$

其中，$w(x,y)$ 为窗口函数，它可以是图 3.10（a）所示的加权函数，也可以是图 3.10（b）所示的高斯函数。

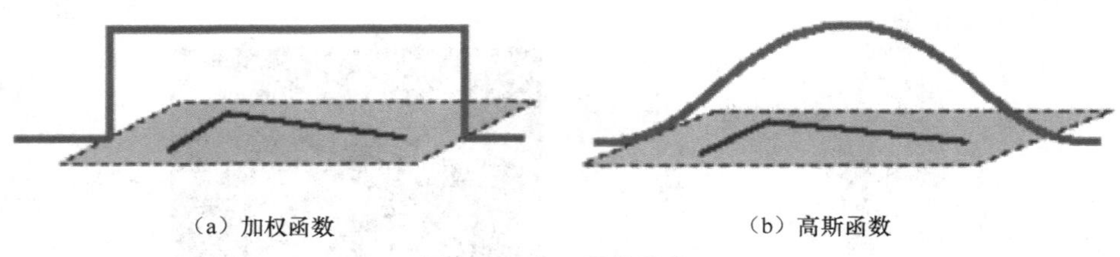

图 3.10　窗口函数示意

向量 (u,v) 表示某个方向，以及在该方向上的位移。$I(x,y)$ 表示像素灰度值强度，范围为 0～255，$I(x+u,y+v)$ 表示位移强度。由上述公式可知，我们要研究在哪个方向上图像灰度值变化最大，只需令 $E(u,v)$ 的值最大即可，因为 $E(u,v)$ 表示的是在某个方向上图像灰度的变化。而求解该问题，则可通过泰勒展开公式：

$$I(x+u,y+v)=I(x,y)+uI_x+vI_y+O(x,y)$$

得到：

$$(I(x+u,y+v)-I(x,y))^2 \approx (uI_x+vI_y)^2 \approx \left([u,v]\begin{bmatrix}I_x\\I_y\end{bmatrix}\right)\left([I_x,I_y]\begin{bmatrix}u\\v\end{bmatrix}\right)$$

$$\approx [u,v]\begin{bmatrix}I_xI_x & I_xI_y\\I_yI_x & I_yI_y\end{bmatrix}\begin{bmatrix}u\\v\end{bmatrix}$$

记上式最后结果为Δ，则可得到：$E(u,v)=\sum_{x,y}w(x,y)\cdot\Delta=[u,v]M\begin{bmatrix}u\\v\end{bmatrix}$。

其中 M 为 2×2 的 Harris 矩阵，I_x 和 I_y 分别是 x 和 y 方向的图像导数（灰度值强度），则可得：

$$M=\sum_{x,y}w(x,y)\begin{bmatrix}I_x^2 & I_xI_y\\I_yI_x & I_y^2\end{bmatrix}$$

根据 Harris 矩阵来计算矩阵特征值 λ_1、λ_2，并通过一个评分函数 R 来判断一个窗口中是否含有角点：

$$R=det(M)-k(trace(M))^2$$

其中，$det(M)=\lambda_1\lambda_2$，$trace(M)=\lambda_1+\lambda_2$，$\lambda_1$和$\lambda_2$ 皆为 M 的特征值。上述公式即为：

$$R=\lambda_1\lambda_2-K(\lambda_1+\lambda_2)^2$$

这些特征值决定了一个区域是否为角点、边缘或平面。

我们知道找两个特征值中较大者对应的特征方向即为变化较大的方向，然而，我们考虑的问题不是得到窗口沿 (u,v) 移动变化最大，而是要衡量这个窗口内各个方向变化是否大，这就需要用特征值来衡量。

当 λ_1 和 λ_2 都很小时，$|R|$的值也很小，则该区域为平坦区域。

当 $\lambda_1 \gg \lambda_2$ 或者 $\lambda_1 \ll \lambda_2$ 时，$R<0$，则该区域为边缘。

当 λ_1 和 λ_2 都很大，且 $\lambda_1 \approx \lambda_2$ 时，R 也很大，则该区域为角点。

因此，Harris 角点检测可用“$R>$ 阈值”作为条件来判断一个图像区域是否为角点。J.西（J.Shi）和 C.托马西（C.Tomasi）于 1994 年在其论文“*Good Features to Track*”中提出了一种对 Harris 角点检测算子的改进算法，也就是 Shi-Tomasi 角点检测算子。我们也可以通过 goodFeaturesToTrack 算法进行角点检测，它同样定义了评分函数 R，也是用 R 值的大小来判断区域是否为特征点：

$$R=\min(\lambda_1\lambda_2)$$

OpenCV 中封装了诸多用于图像特征检测的函数，其中包括 cornerHarris 和 goodFeaturesToTrack 等。OpenCV 是一个基于 BSD（Berkeley Software Distribution）许可发行的开源跨平台计算机视觉库，可运行在 Linux、Windows、Android 以及 macOS 等不同操作系统上。它轻量级而且高效，由一系列 C 函数和少量 C++类构成，同时提供了 Python、Ruby、MATLAB 等多种编程语言接口，实现了图像处理与计算机视觉方面的很多通用算法。

Harris 角点检测算法的函数原型及其参数说明如下。

函数原型：

```
cv2.cornerHarris(src,blocksize,ksize,k[,dst [,borderType]])
```

参数说明如下。

（1）src：目标图像。

（2）blocksize：窗口大小。

（3）ksize：Sobel 的孔径参数（Aperture Parameter），也就是 Sobel 核的半径，如 1、3、5、7。

（4）k：R 公式中的 k，默认取 0.04。

基于 Harris 角点检测的示例代码如下：

```
import cv2 #导入 OpenCV 库
import numpy as np #图像矩阵相关处理

#读入图像并将其转化为 float 类型，用于传递给 Harris 函数
filename ='test.jpg'

img = cv2.imread(filename)
gray_img = cv2.cvtColor(img, cv2.COLOR_BGR2GRAY)
gray_img = np.float32(gray_img)

#对图像执行 Harris 角点检测
Harris_detector = cv2.cornerHarris(gray_img, 2, 3, 0.04)
'''
对图像进行膨胀处理，是将灰度值大(视觉上比较亮)的区域增强扩展，主要用来连通相似颜色或强度的区域
'''
dst = cv2.dilate(Harris_detector, None)

# 设置阈值
thres = 0.01*dst.max()

#对角点进行红色标记
img[dst > thres] = [0,0,255]

cv2.imshow('Harris 角点标记', img)
cv2.waitKey()
```

运行图像角点检测示例程序，结果如图 3.11 所示，其中红色标记（因为本书为黑白印刷，因此红色标记在图中显示为斑点。彩色图片效果可以查看本书配套资料提供的图片）为检测出的图像角点。

图 3.11　图像角点检测示例

用 goodFeaturesToTrack 进行角点检测的函数原型及其参数说明如下所示。

函数原型：

```
cv2.goodFeaturesToTrack(image,maxCorners,qualityLevel,minDistance,[,corners[,mask[
,blocksize[,useHarrisDetector[,k]]]]])
```

参数说明如下。

（1）image：待检测目标图像。

（2）maxCorners：最大数目的角点数。

（3）qualityLevel：该参数指出最低可接受的角点质量，是一个百分数，示例中给出为 0.01。

（4）minDistance：角点之间最小的欧拉距离，避免得到相邻特征点。

（5）mask：可选参数，给出 ROI。该参数与原图尺寸相同且类型为 CV_8UC1，指示出需要进行特征检测的区域。

利用 goodFeaturesToTrack 算法进行图像角点检测的示例代码如下：

```
import numpy as np
import cv2   #导入 OpenCV 库

#读入图像
filename = 'test.jpg'
img = cv2.imread(filename)
img2 = img

#将其转化为 float 类型
img_gray = cv2.cvtColor(img, cv2.COLOR_BGR2GRAY)
img_gray = np.float32(img_gray)

#得到角点坐标向量
goodfeatures_corners = cv2.goodFeaturesToTrack(img_gray, 25, 0.01, 10)
goodfeatures_corners = np.int0(goodfeatures_corners)

for i in goodfeatures_corners:
    x,y = i.flatten()

    #用绿点来标记角点区域
    cv2.circle(img2,(x,y), 3, [0,255,], -1)

cv2.imshow('goodFeaturesToTrack 角点检测',img2)
cv2.waitKey()
```

运行示例程序，结果如图 3.12 所示，其中绿点（因为本书为黑白印刷，因此绿点在图中显示为斑点。彩色图片效果可以查看本书配套资料提供的图片）为检测出的图像角点。

从两个算法检测的结果来看，对于图像角点的标记，goodFeaturesToTrack 算法的准确度比 Harris 算法的准确度明显更高。

图 3.12　goodFeaturesToTrack 角点检测

3.2.3　几何形状检测

在数字图像中，往往存在着一些特殊形状的几何图形，例如人眼瞳孔的圆形、建筑物立面的直线等。在图像处理与识别的过程中，物体的形状属于高级信息，而基本几何形状是图像目标的主要特征之一，在数字图像中对其进行准确的检测有着重要的意义。基于几何形状的目标检测和识别技术广泛应用于字符识别、医学诊断、机器人、扩展目标的检测等方面。然而，如何对物体的形状特征进行充分准确的描述是目标检测中极其重要的环节，同时针对不同的特征描述应用合理的形状匹配算法也是提高目标检测效果的关键。

Hough 变换是一种常用的几何图形检测算法，其基本原理是将特定图形上的点变换到一组参数空间上，然后根据参数空间点的累加结果找到一个极大值对应的解，而这个解正对应着要寻找的几何形状的参数（例如直线的斜率 k 与常数 b，圆的圆心 O 与半径 r 等）。

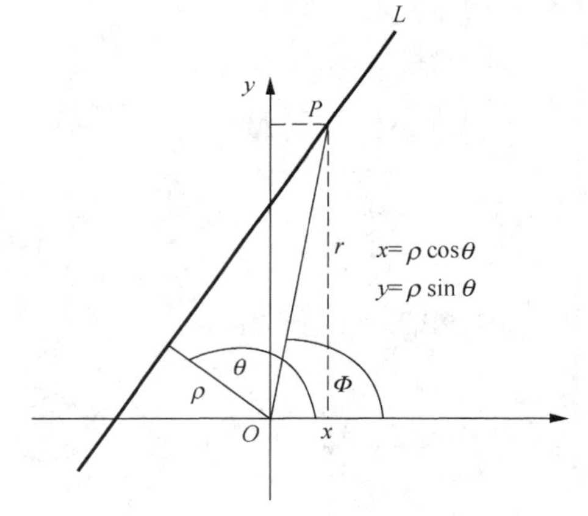

图 3.13　直线方程的极坐标表示

直线方程在直角坐标系和极坐标系中有不同的表示方式。以极坐标系下直线方程的表示为例，如图 3.13 所示。有一直线 L，点 P 是直线 L 上任意一点，其对应的直角坐标为(x,y)，该点的极坐标为(φ,r)，该直线到原点的距离为 ρ。

首先，利用直线到原点的距离的计算公式，可得下式：

$$\rho=r\cos(\theta-\varphi)$$

然后，对该式三角函数展开，可得到：

$$\rho=r\cos(\theta-\varphi)=r\cos(\theta)\cos(\varphi)+r\sin(\theta)\sin(\varphi)$$

根据点 P 的直角坐标(x,y)与极坐标(φ,r)之间的关系

$$r\cos(\varphi)=x$$
$$r\sin(\varphi)=y$$

可得到：

$$\rho=x\cos\theta+y\sin\theta$$

上述方程即为直线的极坐标方程。也就是说，每一组参数 ρ（直线到原点的距离）和 θ（垂线 ρ 与 x 轴正方向的夹角）将唯一确定一条直线。并且在极坐标系下，直线的方程对应点(ρ,θ)，随便改变其中一个参数的大小，空间域上的直线将会改变。

Hough 变换算法的基本步骤如下。

① 将参数空间(ρ,θ)量化，赋初值为一个二维矩阵 $\boldsymbol{M}$，$\boldsymbol{M}(\rho,\theta)$就成了一个累加器。

② 对图像边界上的每一个点进行变换，变换后属于哪一组(ρ,θ)，就把该组(ρ,θ)对应的累加器数加 1，这里需要变换的点就是上面说的经过边缘提取以后的图像。

③ 处理完成所有点后，分析得到的 $\boldsymbol{M}(\rho,\theta)$，设置一个阈值 T，当 $\boldsymbol{M}(\rho,\theta)>T$，就认为存在一条有意义的直线，而对应的 $\boldsymbol{M}(\rho,\theta)$就是这条直线的参数。

④ 有了 $\boldsymbol{M}(\rho,\theta)$和点 $P(x,y)$，我们就可以计算出对应的直线。

OpenCV 内置的基于 Hough 算法的直线检测函数有标准 Hough 变换函数 HoughLines()和统计 Hough 变换函数 HoughLinesP()，二者的参数和用法基本一致。我们的示例代码将以 HoughLinesP()函数为例，其函数原型及参数说明如下。

函数原型：

```
HoughLinesP (image,rho,theta,threshold[,lines[,minLineLength[,maxLineGap]]])
```

参数说明如下。

（1）image：8 比特单通道灰度原图。

（2）rho：极坐标参数距离分辨率，即 ρ 的精度。

（3）theta：极坐标参数角度分辨率，即 θ 的精度。

（4）threshold：设定的阈值，大于此阈值的线段才可以被检测通过并返回到结果中。值越大，意味着检测出的线段越长，检测出的线段个数越少。

（5）lines：函数返回的矢量，包含所有检测到的直线的参数。

（6）minLineLength：线段的最小长度。

（7）maxLineGap：点到直线被允许的最大距离。

基于 Hough 变换算法的图像直线检测的示例代码如下：

```
import cv2 #导入 OpenCV 库
import numpy as np
import matplotlib.pyplot as plt
img = cv2.imread('test.jpg') #读取原图
gray = cv2.cvtColor(img,cv2.COLOR_BGR2GRAY)#将其转换为灰度图像
#对图像进行 Canny 边缘检测
edges = cv2.Canny(gray,50,200) #基于 Canny 算子的图像边缘检测
plt.subplot(121),plt.imshow(edges,'gray')
plt.xticks([]),plt.yticks([])
#基于统计 Hough 变换的直线检测
lines = cv2.HoughLinesP(edges,1,np.pi/180,30,minLineLength=60,maxLineGap=10)
lines1 = lines[:,0,:]#返回包含检测到的所有直线的二维矩阵
for x1,y1,x2,y2 in lines1[:]:
    cv2.line(img,(x1,y1),(x2,y2),(255,255,0),1)#在图像中用黄色线条标记检测出的直线
plt.subplot(122),plt.imshow(img,)
```

```
plt.xticks([]),plt.yticks([])
plt.show()
```

运行程序，结果如图 3.14 所示，其中黄色线条为标记出的直线（因为本书为黑白印刷，因此在图中显示不明显。彩色图片效果可以查看本书配套电子资源提供的图片）。

图 3.14　基于 Hough 变换算法的图像直线检测示例

对于圆的检测，我们知道圆的数学表示为：

$$(x - x_{center})^2 + (y - y_{center})^2 = r^2$$

因此，一个圆的确定至少需要 3 个参数，那么 Hough 变换的累加器必须是三维的，需要通过 3 层循环来实现，从而把图像上的所有点映射到三维参数空间上。然而，这样的计算方式效率会很低。理论上，圆的检测将比直线的检测更耗时。不过，OpenCV 对其进行了优化，使用了 Hough 梯度的方法利用边界的梯度信息提高了算法效率。

函数原型及其参数说明如下。

函数原型：

```
HoughCircles(image, method, dp, minDist, circles, param1, param2, minRadius, maxRadius)
```

参数说明如下。

（1）image：8 比特单通道灰度原图。

（2）method：Hough 变换方式，目前只支持 CV_HOUGH_GRADIENT。

（3）dp：累加器图像的分辨率。该参数允许创建一个比原图分辨率低的累加器。如果 dp 设置为 1，则分辨率相同。如果设置为更大的值（例如 2），累加器图像的分辨率会变小。dp 的值不能小于 1。

（4）minDist：让算法能明显区分的两个不同圆之间的最小距离。

（5）param1：用于 Canny 的边缘阈值上限，下限被置为上限的一半。

（6）param2：累加器的阀值。

（7）minRadius：最小圆半径。

（8）maxRadius：最大圆半径。

基于 Hough 变换算法的圆形检测示例代码如下：

```
import cv2
import numpy as np
import matplotlib.pyplot as plt
```

```
img = cv2.imread('eye.jpg') #读取原图
gray = cv2.cvtColor(img,cv2.COLOR_BGR2GRAY)#将原图转换为灰度图像
plt.subplot(121),plt.imshow(gray,'gray')
plt.xticks([]),plt.yticks([])
#基于 Hough 变换的圆形检测
circles1 = cv2.HoughCircles(gray,cv2.HOUGH_GRADIENT,1,
100,param1=100,param2=30,minRadius=150,maxRadius=200)
circles = circles1[0,:,:]#返回检测到的圆的参数
circles = np.uint16(np.around(circles))#四舍五入，取整
for i in circles[:]:
    cv2.circle(img,(i[0],i[1]),i[2],(255,0,0),5)#画圆
    cv2.circle(img,(i[0],i[1]),2,(255,0,255),10)#画圆心

plt.subplot(122),plt.imshow(img)
plt.xticks([]),plt.yticks([])
plt.show()
```

如图 3.15 所示，圆环用于标记从图像中检测到的圆形，其中图 3.15（a）为外圈圆形检测，图 3.15（b）为内圈圆形检测。内圈和外圈的检测需要对 HoughCircles 函数中 minRadius、maxRadius 两个参数的值进行相应调节。

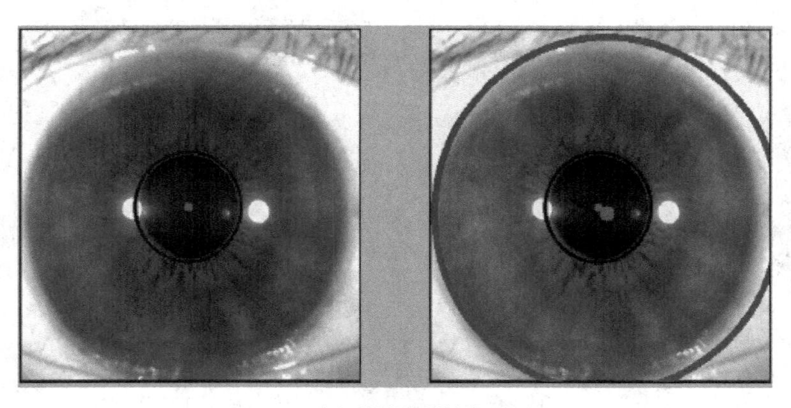

（a）外圈圆形检测

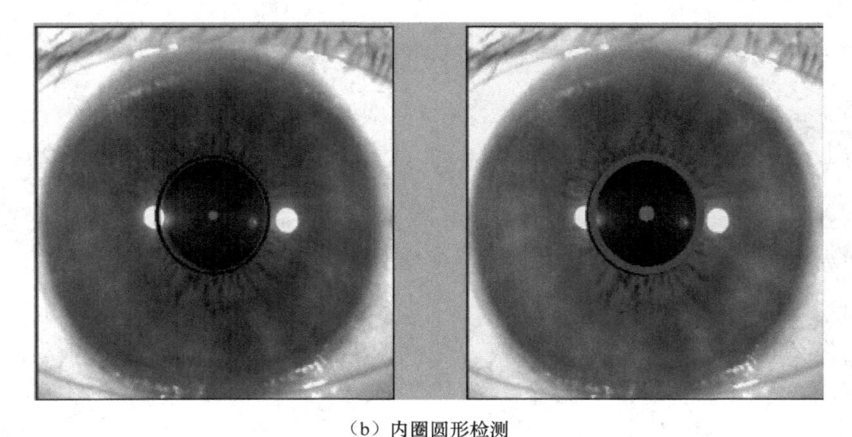

（b）内圈圆形检测

图 3.15　基于 Hough 变换算法的圆形检测

3.2.4 尺度不变特征变换

尺度不变特征变换（Scale-Invariant Feature Transform，SIFT）是用于图像处理的一种算法，是一种局部特征描述子，具有尺度不变性，可在图像中检测出关键点。该算法于 1999 年由戴维·劳（David Lowe）在计算机视觉国际会议（International Conference on Computer Vision，ICCV）中首次提出，2004 年，他再次整理完善后将相关论文发表于国际计算机视觉杂志（International Journal of Computer Vision, IJCV）。SIFT 算法是用于提取图像局部特征的经典算法，其实质是在不同的尺度空间上查找关键点（特征点），并计算出关键点的方向。SIFT 所查找到的关键点是一些十分突出，不会因光照、仿射变换（Affine Transformation）和噪声等因素而变化的点，如角点、边缘点、暗区的亮点及亮区的暗点等。

OpenCV 内置了 SIFT 算法的诸多函数，包括实例化 SIFT 类的 cv2.xfeatures2d.SIFT_create()、在图像中查找关键点的 sift.detect(gray, None)、计算找到的关键点的描述符的 sift.compute(grag,kp)，以及在图中画出关键点的 cv2.drawKeypoints(gray, kp, img)等。基于 SIFT 算法的图像特征检测的示例代码如下：

```
    import cv2 #OpenCV库
    import numpy as np #用于数组处理
    '''
    OpenCV2.4.13中没有drawMatchesKnn()函数，需要从OpenCV安装目录下的\sources\samples\python2的子
目录中将common.py和find_obj.py两个文件复制到当前程序所在的目录
    '''
    from find_obj import filter_matches,explore_match
    from matplotlib import pyplot as plt

    def getSift():
        '''
        定义函数用于获取并查看SIFT特征
        '''
        img_path1 = 'house.jpg'
        #读取图像
        img = cv2.imread(img_path1)
        #将其转换为灰度图像
        gray= cv2.cvtColor(img,cv2.COLOR_BGR2GRAY)
        #创建SIFT的类
        sift = cv2.xfeatures2d.SIFT_create()
        #在图像中找到关键点
        kp = sift.detect(gray,None)
        #Keypoint数据类型分析
        Print(kp[0].pt)
        #计算每个关键点的SIFT特征
        des = sift.compute(gray,kp)
        print(type(kp),type(des))
        #des[0]为关键点的list，des[1]为特征向量的矩阵
        print (type(des[0]), type(des[1]))
        print (des[0],des[1])
        print (des[1].shape)
        #在灰度图像中画出这些关键点
```

```
        img=cv2.drawKeypoints(gray,kp,np.array([]),(255,0,0),  cv2.DRAW_MATCHES_FLAGS_DRAW_
RICH_KEYPOINTS)
        plt.imshow(img)
        plt.show()
    getSift()
```

运行程序，进行图像特征检测，输出结果如图 3.16 所示，其中红色圆圈为关键点标记（因为本书为黑白印刷，因此红色圆圈在图中显示为黑色圆圈。彩色图片效果可以查看本书网络资料提供的图片）。

图 3.16　图像的 SIFT 特征检测结果

上述示例代码用于检测图像的 SIFT 特征值并显示结果，下面这个例子将两幅图像中的 SIFT 特征值进行匹配。示例代码如下：

```
    import cv2 #导入 OpenCV 库
    from matplotlib import pyplot as plt #用于结果可视化

    img1 = cv2.imread('ageloc1.jpg',0) #载入第 1 幅测试图像
    img2 = cv2.imread('ageloc2.jpg',0) #载入第 2 幅测试图像
    # 初始化 SIFT 检测器
    sift=cv2.xfeatures2d.SIFT_create()
    # 通过 SIFT 检测器找到关键点 kp 和描述子 des
    kp1, des1 = sift.detectAndCompute(img1,None)
    kp2, des2 = sift.detectAndCompute(img2,None)
    # 蛮力匹配算法,有两个参数，距离度量(L2(default),L1)，是否交叉匹配(默认为 false)
    bf = cv2.BFMatcher()
    #返回 k 个最佳匹配
    matches = bf.knnMatch(des1,des2,k=2)
    '''
    OpenCV3.0 的 drawMatchesKnn()函数
    比值测试，首先获取与 A 距离最近的点 B(最近)和 C(次近)，只有当 B/C 小于阈值(示例中为 0.75)时才被认为是
匹配，因为假设匹配是一一对应的，真正匹配的理想距离为 0
    '''
    good = []
    for m,n in matches:
        if m.distance < 0.75*n.distance:
            good.append([m])
```

```
img3 = cv2.drawMatchesKnn(img1,kp1,img2,kp2,good[:10], None,flags=2)
plt.imshow(img3)
plt.show()
```

运行程序，输出结果如图 3.17 所示。其中的连线代表左边小图与右边大图之间 SIFT 特征值可以匹配的图像点。

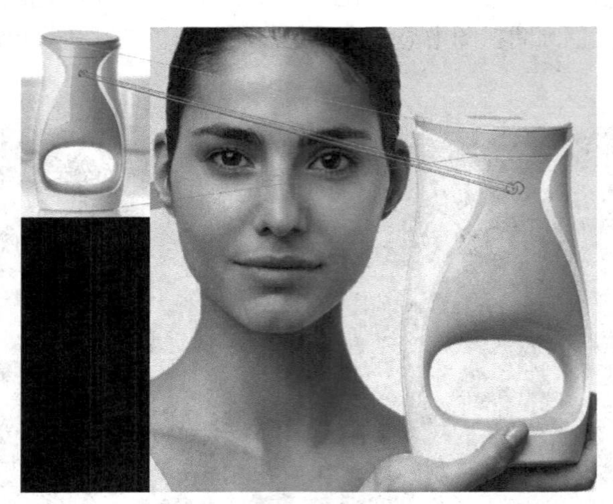

图 3.17　两幅图像的 SIFT 特征值匹配

3.3　OpenCV 与视频图像处理

OpenCV 是一个开源的、跨平台的计算机视觉库，它采用优化的 C/C++代码编写，能够充分利用多核处理器的优势，提供了 Python、Ruby、MATLAB 以及其他高级语言接口。

OpenCV 的设计目标是执行速度尽量快，主要面向实时应用，是视频信号处理的主要工具之一，它封装了丰富的视频处理相关的工具包。视频信号是重要的视觉信息来源，其中包含的信息要远大于图像，对视频的分析也是计算机视觉领域的主要研究方向之一。视频在本质上由连续的多帧图像构成，因此，视频信号处理最终仍属图像处理范畴。但在视频中，其时间维度也包含了许多有用的信息。

3.3.1　视频读写处理

视频一般有两种来源，一种是从本地磁盘加载，另一种则是从摄像头等设备实时获取。上述两种视频获取方式分别对应着 OpenCV 2 的两个函数 CaptureFromFile()和 CaptureFromCAM()，在 OpenCV 3 中则统一为一个用于处理视频源载入的函数 VideoCapture()。

下列示例代码展示了如何从本地载入一个视频文件，然后将其转化为灰度图像连续帧并播放：

```
import cv2 #导入 OpenCV 库
cap = cv2.VideoCapture('TestVideo.avi')
while(cap.isOpened()):
    ret, frame = cap.read()#循环获取视频中每帧图像
    gray = cv2.cvtColor(frame, cv2.COLOR_BGR2GRAY) #将原帧图像转换为灰度图像
```

```
    cv2.imshow('视频捕捉',gray) #显示处理后的视频图像
    if cv2.waitKey(1) & 0xFF == ord('q'): #按“q”键退出程序
        break
cap.release()#处理完成，释放视频捕捉
cv2.destroyAllWindows() #关闭窗口释放资源
```

下列示例代码则展示了如何从摄像头获取视频：

```
import cv2
cap = cv2.VideoCapture(0) #打开摄像头获取视频
while(True):
    ret, frame = cap.read()#循环获取视频中每帧图像
    gray = cv2.cvtColor(frame, cv2.COLOR_BGR2GRAY) #将原帧图像转换为灰度图像
    #显示结果
    cv2.imshow('视频捕捉',gray)
    if cv2.waitKey(1) & 0xFF == ord('q'):
        break
#结束视频捕捉
cap.release()
cv2.destroyAllWindows()
```

下列示例代码展示了将摄像头获取的视频写入存储文件的过程。其中 VideoWriter_fourcc 类用于定义视频文件的写入格式，其参数有多种格式可选，如下所示。

① VideoWriter_fourcc('I', '4', '2', '0')：该选项为一个未压缩的 YUV 颜色编码类型，是 4:2:0 色度子采样。该编码有着很好的兼容性，但会产生较大的文件，文件扩展名为“.avi”。

② VideoWriter_fourcc('P', 'I', 'M', '1')：该选项为 MPEG-1 编码类型，文件扩展名为“.mpeg”。

③ VideoWriter_fourcc('X', 'V', 'I', 'D')：该选项为 MPEG-4 编码类型，如果希望得到的视频大小为平均值，推荐使用该选项。文件扩展名为“.mp4”。

④ VideoWriter_fourcc('T', 'H', 'E', 'O')：该选项为 Ogg Vorbis 编码类型，文件扩展名为“.ogv”。

⑤ VideoWriter_fourcc('F', 'L', 'V', 'I')：该选项为 Flash 编码类型，文件扩展名为“.flv”。

定义好输出视频的格式后，用 VideoWriter 类进行文件写入时，需要指定帧速率和帧大小，因为需从另一个视频文件复制视频帧，这些属性可以通过 VideoCapture 类的 get()函数得到。通过 OpenCV 获取视频并写入文件的示例代码如下：

```
import cv2 #导入 OpenCV 库
cap = cv2.VideoCapture(0) #打开摄像头并获取视频
#对帧速率(fps)进行赋值
fps=24
#获取视频帧的大小
size=(int(cameraCapture.get(cv2.CAP_PROP_FRAME_WIDTH)),
      int(cameraCapture.get(cv2.CAP_PROP_FRAME_HEIGHT)))
fourcc = cv2.VideoWriter_fourcc('X', 'V', 'I', 'D')        #定义视频文件格式
out = cv2.VideoWriter('output.avi',fourcc, fps, size)     #创建视频文件写入对象

while(cap.isOpened()):
     ret, frame = cap.read()
       if ret==True:
'''
获取帧图像并水平翻转。cv2.flip()函数的第二个参数代表翻转方式：0 代表垂直翻转，1 代表水平翻转，-1
```

```
代表水平垂直翻转
            '''
            frame = cv2.flip(frame,1)
            out.write(frame) # 将翻转后的帧图像写入文件
            cv2.imshow('帧图像处理',frame)
            if cv2.waitKey(1) & 0xFF == ord('q'):
              break
          else:
            break
    # 释放所有占用资源
    cap.release()
    out.release()
    cv2.destroyAllWindows()
```

3.3.2 运动轨迹标记

运动捕捉(Motion Capture)技术可对运动物体或其特征点在三维空间中的运动轨迹进行实时、精确、定量地连续测量、跟踪和记录。运动轨迹则是物体从开始位置到运动结束位置所经过的路线组成的空间特征。基于计算机视觉图像处理技术的运动捕捉方案在动画及游戏制作、仿真训练等领域有着广泛的应用。

光流（Optical Flow）是图像亮度的运动信息描述，是空间运动物体在观测成像面上的像素运动的瞬时速度，也是对视频中运动对象轨迹进行标记的一种常用方法。光流由场景中前景目标本身的运动、摄像机的运动，或者两者的共同运动产生。当人通过眼睛观察运动物体时，物体的景象在人眼的视网膜上形成一系列连续变化的图像，这一系列连续变化的信息不断“流过”视网膜，犹如光在平面中的流动，故称之为“光流”。光流的概念在 20 世纪 40 年代首次被提出，该方法利用图像序列中的像素在时域上的变化、相邻帧之间的相关性来找到前一帧与当前帧之间存在的对应关系，从而计算出相邻帧之间物体的运动信息。光流表达了图像的变化，由于它包含了目标运动的信息，因此可被观察者用于确定目标的运动情况。

在真实的三维空间中，描述物体运动状态的物理概念是运动场（Motion Field）。三维空间中的每一个点，经过某段时间的运动之后会到达一个新的位置，而这个位移过程可以用运动场来描述，运动场实质上就是物体在三维真实世界中的运动。而光流场（Optical Flow Field）是指图像中所有像素点构成的一种二维瞬时速度场，它是一个二维矢量场。研究光流场就是为了从序列图像中近似计算出不能直接得到的运动场，是三维运动场在二维图像平面上（人的眼睛或者摄像头）的投影，如图 3.18 所示。在计算机视觉的空间中，计算机所接收到的信号往往是二维图像信息，由于缺少了一个维度的信息，因此不再适合以运动场来描述。三维空间运动到二维平面的投影所形成的光流，当描述部分像素时，称为稀疏光流，当描述全部像素时，则称为稠密光流。

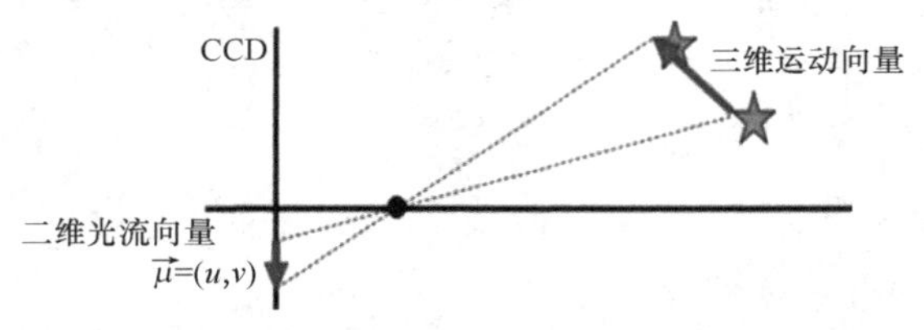

图 3.18　三维空间运动与二维光流形成示意

OpenCV 实现了不少光流算法，其中，Lucas-Kanade(L-K)是一种广泛使用的光流估计差分算法，它由布鲁斯·D.卢卡斯（Bruce D. Lucas）和金出武雄（Takeo Kanade）提出。L-K 算法假设光流在像素点的邻域是一个常数，然后使用最小二乘法对邻域中的所有像素点求解基本的光流方程。通过结合几个邻近像素点的信息，L-K 算法通常能够消除光流方程中的多义性。而且，与逐点计算的方法相比，L-K 算法对图像噪声不敏感。对于 L-K 算法，低速度、亮度不变以及区域一致性都是较强的假设，但是这些条件并不是很容易得到满足。当运动速度较快时，假设不成立，后续的假设也会有较大的偏差，使得最终求出的光流值有较大的误差。吉思—伊卡斯·布格（Jean-Yves Bouguet）提出了一种基于金字塔分层的算法，针对仿射变换的改进 L-K 算法，该算法最明显的优势在于，对于每一层的光流都会保持很小，但最终计算出的光流可进行累积，从而可有效地跟踪特征点。L-K 算法现已逐渐发展成为计算图像稀疏光流的重要方法。通过金字塔 L-K 算法计算稀疏光流的示例代码如下：

```
import numpy as np
import cv2 #导入 OpenCV 库
#设置 L-K 算法参数
lk_params = dict( winSize  = (15, 15),  #搜索窗口的大小
                  maxLevel = 2,         #最大金字塔层数
                  #迭代算法终止条件(迭代次数或迭代阈值)
                  criteria = (cv2.TERM_CRITERIA_EPS | cv2.TERM_CRITERIA_COUNT, 10, 0.03))
feature_params = dict( maxCorners = 500,    #设置最多返回的关键点(角点)数
                       qualityLevel = 0.3,  #角点阈值：反映一个像素点有多强才可成为角点
                       minDistance = 7,     #角点之间的最少像素点(欧氏距离)
                       blockSize = 7 )      #计算一个像素点是否为关键点时所取区域的大小

class App:
    #构造方法，初始化一些参数和视频路径
    def __init__(self, video_src):
        self.track_len = 10           #光流标记长度
        self.detect_interval = 5      # 帧检测间隔
        #跟踪点集合初始化，self.tracks 中值的格式是：(前一帧角点)(当前帧角点)
        self.tracks = []
        self.cam = cv2.VideoCapture(video_src) #视频源
        self.frame_idx = 0  #帧序列号初始化

    def run(self):           #运行光流方法
        while True:
            ret, frame = self.cam.read()#读取视频帧
            if ret == True:
                #将其转化为灰度图像
                frame_gray = cv2.cvtColor(frame, cv2.COLOR_BGR2GRAY)
                vis = frame.copy()
                #检测到角点后进行光流跟踪
                if len(self.tracks) >0:
                    img0, img1 = self.prev_gray, frame_gray
                    p0 = np.float32([tr[-1] for tr in self.tracks]).reshape(-1, 1, 2)
                    #将前一帧的角点和当前帧的图像作为输入得到角点在当前帧的位置
                    p1, st, err = cv2.calcOpticalFlowPyrLK(img0, img1, p0, None, **lk_params)
```

```
                #将当前帧跟踪到的角点及图像和前一帧的图像作为输入得到前一帧的角点位置
                p0r, st, err = cv2.calcOpticalFlowPyrLK(img1, img0, p1, None, **lk_params)
                #得到角点回溯与前一帧实际角点的位置变化关系
                d = abs(p0-p0r).reshape(-1, 2).max(-1)
                good = d<1 #判断d的值是否小于1，大于1的跟踪点被认为是错误的跟踪点
                new_tracks = []
                #将跟踪正确的点列为成功跟踪点
                for tr, (x, y), good_flag in zip(self.tracks, p1.reshape(-1, 2), good):
                    if not good_flag:
                        continue
                    tr.append((x, y))
                    if (len(tr) >self.track_len):
                        del tr[0]
                    new_tracks.append(tr)
                    cv2.circle(vis, (x, y), 2, (0, 255, 0), -1)
                self.tracks = new_tracks
                #以前一帧角点为初始点，以当前帧跟踪到的点为终点画线，开始轨迹标记
                cv2.polylines(vis, [np.int32(tr) for tr in self.tracks], False, (0, 255, 0))
                #每5帧检测一次特征点
    if (self.frame_idx % self.detect_interval == 0):
                mask = np.zeros_like(frame_gray)#初始化和视频尺寸大小相同的图像
                mask[:] = 255 #将mask赋值255，计算全部图像的角点
                for x, y in [np.int32(tr[-1]) for tr in self.tracks]:#跟踪的角点画圆
                    cv2.circle(mask, (x, y), 5, 0, -1)
                #利用goodFeaturesToTrack算法进行角点检测
                p = cv2.goodFeaturesToTrack(frame_gray, mask = mask, **feature_params)
                if p is not None:
                    for x, y in np.float32(p).reshape(-1, 2):
                        self.tracks.append([(x, y)])#将检测到的角点放在待跟踪序列中

            self.frame_idx += 1 #帧序列值递增
            self.prev_gray = frame_gray
            cv2.imshow("Lucas-Kanade 光流算法", vis)

        ch = 0xFF & cv2.waitKey(1)
        if ch == 27: #按“Esc”键退出
            break
def main():
    import sys #导入该模块用于处理命令行参数
    try: video_src = sys.argv[1] #从命令行参数获取视频源
    except: video_src = "globe.avi" #若缺省参数，则视频源指定为当前目录下的默认示例文件
    App(video_src).run() #运行主程序
    cv2.destroyAllWindows()

if __name__ == '__main__':
    main()
```

光流跟踪程序测试运行结果如图 3.19 所示，其中绿色线条为运动轨迹标记（因为本书为黑白印刷，因此绿色线条在图中显示不明显。彩色图片效果可以查看本书网络资料提供的图片）。

稠密光流算法是一种针对图像进行逐点匹配的图像配准算法。不同于稀疏光流算法只针对图像中若干个特征点，稠密光流算法计算图像上所有的点的偏移量，从而形成一个稠密的光流场。通过这个稠密的光流场，可以进行像素级别的图像配准，因此，其配准后的效果也明显优于稀疏光流算法配准的效果。但是其副作用也非常明显，由于要计算每个点的偏移量，其计算量也明显大于稀疏光流。在 OpenCV 中，CalcOpticalFlowFarneback()函数利用 Gunnar Farneback 算法进行全局性稠密光流计算，其函数原型和参数说明如下。

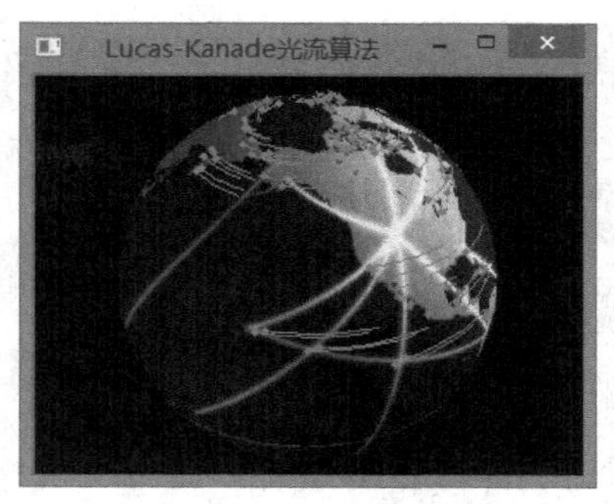

图 3.19　通过金字塔 L-K 算法计算稀疏光流

函数原型：

```
calcOpticalFlowFarneback(prevImg, nextImg, pyr_scale, levels, winsize, iterations, poly_n, poly_sigma, flags[, flow])
```

参数说明如下。

（1）prevImg：输入的 8bit 单通道前一帧图像。

（2）nextImg：输入的 8bit 单通道当前帧图像。

（3）pyr_scale：金字塔参数，0.5 为经典参数，每一层是下一层尺度的一半。

（4）levels：金字塔的层数。

（5）winsize：窗口大小。

（6）iterations：迭代次数。

（7）poly_n：像素邻域的大小，如果值较大则表示图像整体比较平滑。

（8）poly_sigma：高斯标准差。

（9）flags：可以为这些组合——OPTFLOW_USE_INITIAL_FLOW、OPTFLOW_FARNEBACK_GAUSSIAN，返回值为每个像素点的位移。

基于稠密光流算法的运动轨迹标记的示例代码如下：

```
from numpy import *
import cv2

#定义光流跟踪标记函数
def draw_flow(im,flow,step=16):
    h,w = im.shape[:2]
    y,x = mgrid[step/2:h:step,step/2:w:step].reshape(2,-1)
    fx,fy = flow[y,x].T

    #创建标记线条端点
    lines = vstack([x,y,x+fx,y+fy]).T.reshape(-1,2,2)
    lines = int32(lines)

    #创建图像和进行线条标记
    vis = cv2.cvtColor(im,cv2.COLOR_GRAY2BGR)
    for (x1,y1),(x2,y2) in lines:
        cv2.line(vis,(x1,y1),(x2,y2),(0,255,0),1)       #画线
        cv2.circle(vis,(x1,y1),1,(0,255,0), -1)        #画圆
    return vis
```

```
cap = cv2.VideoCapture(0) #开启摄像头
#读取视频帧
ret,im = cap.read()
#转化为灰度图像
prev_gray = cv2.cvtColor(im,cv2.COLOR_BGR2GRAY)

while True:
    #读取视频帧
    ret,im = cap.read()
    #转化为灰度图像
    gray = cv2.cvtColor(im,cv2.COLOR_BGR2GRAY)
    #光流计算
    flow = cv2.calcOpticalFlowFarneback(prev_gray, gray, None, 0.5, 3, 15, 3, 5, 1.2, 0)
    prev_gray = gray
    #绘制光流轨迹
    cv2.imshow('稠密光流算法',draw_flow(gray,flow))
    if cv2.waitKey(10) == 27: # 按"Esc"键退出
        break
```

程序运行结果如图 3.20 所示，其中绿色线条为运动轨迹标记（因为本书为黑白印刷，因此绿色线条在图中显示不明显。彩色图片效果可以查看本书配套资料提供的图片）。

图 3.20　基于稠密光流算法的运动轨迹标记

3.3.3　运动检测

运动检测（Motion Detection）是计算机视觉和视频处理中常用的预处理步骤，是指从视频中识别发生变化或移动的区域。运动检测最常见的应用场景是运动目标检测，也就是对摄像头记录的视频中的移动目标进行定位的过程，有着非常广泛的应用。实时目标检测是许多计算机视觉应用的重要任务，例如安全监控、增强现实应用、基于对象的视频压缩、基于感知的用户界面，以及辅助驾驶等。

运动目标检测算法根据目标与摄像机之间的关系可以分为静态背景下的运动目标检测和动态背景下的运动目标检测。静态背景下的运动目标检测，就是从序列图像中将实际的变化区域与背景区分开。在背景静止的大前提下进行运动目标检测的方法有很多，大多侧重于背景扰动小噪声的消除，如背景差分法(Background Difference Method，BDM)、帧间差分法(Inter-Frame Difference Method，IFDM)、光流法、高斯混合模型（Gaussian Mixed Model，GMM）、码本（Codebook）、自组织背景减除（Self-Organizing Background Subtraction，SOBS）、视觉背景提取（Visual Background Extractor，ViBE）以及这些方法的变种，如三帧差分法、五帧差分法，或者这些方法的结合。动态背景下的运动目标检测，相对于静态背景而言，算法的思路有所不同，一般更侧重于匹配，需要进行图像的全局运动估计与补偿，因为在目标和背景同时运动的情况下，无法简单地根据运动来判断。动态背景下的运动目标检测算法也有很多，例如块匹配（Block Matching，BM）和光流估计（Optical Flow Estimation，OFE）等。

帧间差分法是一种常用的运动目标检测算法，其基本原理是观测视频图像相邻帧之间的细微变化来判断物体是否在运动。摄像机采集的视频序列具有连续性，如果场景内没有运动目标，则连续帧的变化很小；如果存在运动目标，由于场景中目标的运动，目标的影像在不同图像帧之间的位置将会不同，从而导致连续帧之间会有显著变化。该算法通过对时间上连续的两帧或三帧图像进行差分运算，对不同帧对应的像素点灰度值相减，来判断灰度差的绝对值，当绝对值超过一定阈值时，则可判断其为运动目标，从而实现目标的检测功能。两帧差分法原理如图 3.21（a）所示。其中，F_n 和 F_{n-1} 分别为视频中第 n 帧和第 $n-1$ 帧图像，两帧图像对应的像素点灰度值分别为 $F_n(x,y)$ 和 $F_{n-1}(x,y)$，则其差分图像 D_n 可由公式 $D_n(x,y)=|F_n(x,y)-F_{n-1}(x,y)|$ 得到，也就是两帧图像对应灰度值相减并取绝对值。

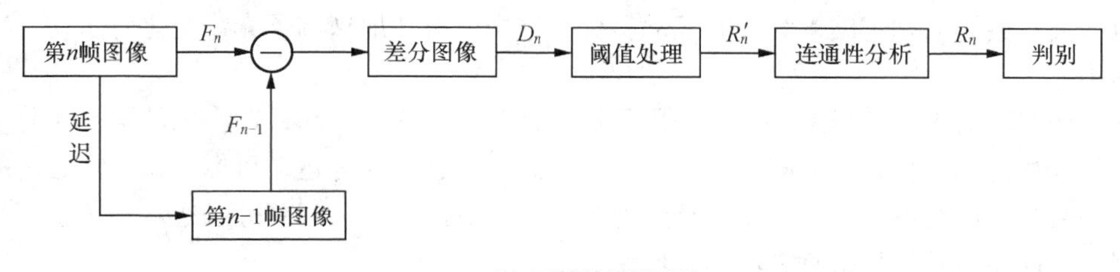

（a）两帧差分法原理

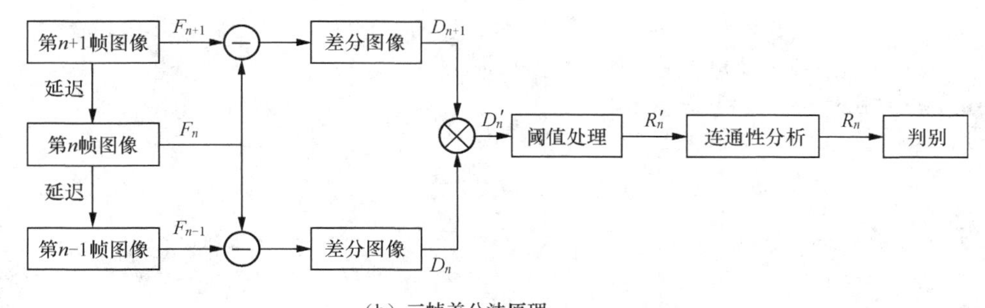

（b）三帧差分法原理

图 3.21　利用帧间差分法进行运动目标检测原理

在 OpenCV 中，上述图像差分运算可用 absdiff()函数来实现。

获取差分图像后，设定阈值 T，按照以下公式对每个像素点进行二值化处理，得到二值图像 R'_n。

$$R'_n(x,y)=\begin{cases}255 & D_n(x,y)>T\\ 0 & \text{其他}\end{cases}$$

其中，灰度值为 255 的点为前景点，也就是运动目标点，灰度值为 0 的点为背景点。对图像 R'_n 进行连通性分析，最终可得到含有完整运动目标的图像 R_n 。两帧差分法适用于目标运动较为缓慢的场景。当运动较快时，由于目标在相邻帧图像上的位置相差较大，两帧图像相减后并不能得到完整的运动目标。因此，在两帧差分法的基础上有了改进的三帧差分法，其原理如图 3.21（b）所示。其中，F_{n+1} 、F_n 和 F_{n-1} 分别为视频中第 $n+1$ 帧、第 n 帧和第 $n-1$ 帧图像，三帧图像对应的像素点灰度值分别为 $F_{n+1}(x,y)$ 、$F_n(x,y)$ 和 $F_{n-1}(x,y)$ ，由公式 $D_n(x,y)=|F_n(x,y)-F_{n-1}(x,y)|$ 可分别得到差分图像 D_{n+1} 和 D_n 。对 D_{n+1} 和 D_n 进行如下计算：

$$D'_n(x,y)=|F_{n+1}(x,y)-F_n(x,y)|\cap|F_n(x,y)-F_{n-1}(x,y)|$$

得到图像 D'_n ，然后再进行阈值处理以及连通性分析，最终提取出运动目标。

在帧间差分法中，阈值 T 的选择非常重要。如果 T 取值太小，则无法抑制差分图像中的噪声；如果 T 取值太大，则有可能掩盖差分图像中目标的部分信息。而固定的阈值 T 无法适应场景中光线变化等情况，为此，在判定条件中加入对整体光线敏感的添加项，将判定条件修改为：

$$\underset{(x,y)\in A}{\mathrm{Max}}|F_n(x,y)-F_{n-1}(x,y)|>T+\lambda\frac{1}{N_A}\sum_{(x,y)\in A}|F_n(x,y)-F_{n-1}(x,y)|$$

其中， N_A 为待检测区域中像素的总数目， λ 为光线的抑制系数， A 可设为整帧图像。添加项 $\lambda\frac{1}{N_A}\sum_{(x,y)\in A}|F_n(x,y)-F_{n-1}(x,y)|$ 表达了整帧图像中光线的变化情况。如果场景中的光线变化较小，则该项的值趋向于 0。如果场景中的光线变化明显，则该项的值明显增大，导致公式右侧判别条件自适应地增大，最终的判定结果为没有运动目标，这样就有效地抑制了光线变化对运动目标检测结果的影响。

帧间差分法原理简单、计算量小，能够用于快速检测场景中的运动目标。但从诸多实验结果来看，帧间差分法检测的目标不完整，内部含有“空洞”，这是因为运动目标在相邻帧之间的位置变化缓慢，目标内部在不同帧图像中重叠的部分很难检测出来。帧间差分法通常不单独用在运动目标检测中，往往与其他的检测算法结合使用。

利用帧间差分法进行运动目标检测的示例代码如下：

```
import argparse   #用于解析参数
import datetime   #用于日期和时间相关处理
import imutils    #用于图像相关处理
import cv2        #用于视频图像处理
#创建参数解析器并解析参数
ap = argparse.ArgumentParser()
ap.add_argument("-v", "--video", help="path to the video file")
ap.add_argument("-a", "--min-area", type=int, default=500, help="minimum area size")
args = vars(ap.parse_args())
#如果 video 参数为 None，那么我们从摄像头读取数据
if args.get("video", None) is None:
  camera = cv2.VideoCapture(0)
  if camera is None:
     print ("请检查摄像头连接")
     exit()
```

```
    time.sleep(0.25)
  #否则我们读取一个视频文件
  else:
    camera = cv2.VideoCapture(args["video"])
  """
  初始化视频流的第一帧。一般情况下，视频第一帧不会包含运动而仅仅是背景，因此我们可以利用第一帧来建立背
景模型
  """
  firstFrame = None
  # 遍历视频的每一帧
  while True:
  """
  获取当前帧并初始化显示文本。调用 camera.read()将返回一个二元组，元组的第一个值为 True 或 False，
表明是否成功从缓冲中读取了帧图像；元组的第二个值就是获取的当前帧图像的值
  """
      (grabbed, frame) = camera.read()
      text = "No Motion Detected"
      # 如果不能获取到帧，说明到了视频的结尾
      if not grabbed:
          break
  """
  调整帧的大小到 500 像素宽，是因为没有必要去直接处理视频流中的大尺寸原始图像。把图像转换为灰度图像，
是因为彩色数据对我们的运动检测算法没有影响。最后，使用高斯模糊来平滑图像，因为即使是相邻帧，也不是完全相
同的。由于数码相机传感器的微小变化，没有 100%相同的两帧数据，一些像素肯定会有不同的强度值。因此需要用高斯
平滑对像素强度进行平均，从而滤除可能使运动目标检测算法失效的高频噪声
  """
      frame = imutils.resize(frame, width=500) #调整帧图像大小
      gray = cv2.cvtColor(frame, cv2.COLOR_BGR2GRAY) #转为灰度图像
      gray = cv2.GaussianBlur(gray, (21, 21), 0) #高斯模糊处理
      #如果第一帧是 None，对其进行初始化
      if firstFrame is None:
          firstFrame = gray
          continue
      #将当前帧和第一帧图像对应的像素点的灰度值相减并求绝对值来计算两帧的不同
      frameDelta = cv2.absdiff(firstFrame, gray)
      #对差分图像进行阈值处理来显示图像中像素点的灰度值有显著变化的区域
      thresh = cv2.threshold(frameDelta, 25, 255, cv2.THRESH_BINARY)[1]
      # 扩展阈值图像填充空洞，然后找到阈值图像上的轮廓
      thresh = cv2.dilate(thresh, None, iterations=2)
  """
  cv2.findContours()函数返回 3 个值，第一个是所处理的图像，第二个是轮廓，第三个是每个轮廓对应的属性
  """
        thresh, contours, hierarchy = cv2.findContours(thresh.copy(), cv2.RETR_EXTERNAL,
cv2.CHAIN_APPROX_SIMPLE)
      #遍历轮廓
      for c in contours:
          # 过滤小的、不相关的轮廓。如果轮廓面积大于 min_area，则在前景和移动区域画边框线
          if cv2.contourArea(c) <args["min_area"]:
              continue
          #计算轮廓的边界框，在当前帧中画出该框并更新相应文本信息
          (x, y, w, h) = cv2.boundingRect(c)
```

```
            cv2.rectangle(frame, (x, y), (x + w, y + h), (0, 255, 0), 2)
            text = "Motion Detected"
        #在当前帧上写文本及时间戳
        cv2.putText(frame, "Room Status: {}".format(text), (10, 20),
            cv2.FONT_HERSHEY_SIMPLEX, 0.5, (0, 0, 255), 2)
        cv2.putText(frame, datetime.datetime.now().strftime("%A %d %B %Y %I:%M:%S%p"),
            (10, frame.shape[0] - 10), cv2.FONT_HERSHEY_SIMPLEX, 0.35, (0, 0, 255), 1)
        #显示当前帧并记录用户是否按了按键
        cv2.imshow("视频监控演示", frame)
        cv2.imshow("阈值轮廓图像", thresh)
        cv2.imshow("帧差分图像", frameDelta)
        key = cv2.waitKey(1)
        #按"q"键则跳出循环
        if key == ord("q"):
            break
    #释放摄像机资源并关闭打开的窗口
    camera.release()
    cv2.destroyAllWindows()
```

运行程序进行运动目标检测，结果如图 3.22 示。其中，图 3.22（a）为主监控窗口图像，图 3.22（b）为帧差分图像，图 3.22（c）为阈值轮廓图像。

（a）

（b）

（c）

图 3.22　利用帧间差分法进行运动目标检测

3.3.4 运动方向检测

在某些应用场合，检测出运动的物体之后，我们还需知道物体的运动方向，判断其是否进入或离开检测区域。对于运动方向的检测，一般通过检测图像的光流场估算图像的运动场来实现。根据传统估算方法，需要对图像中的每一个像素进行计算，算出图像每一点的运动场，然后得到整幅图像的运动场。

检测物体的运动方向，理论上也可在帧间差分法的基础上通过计算帧图像轮廓中点的变化来实现，但因每次检测出的轮廓数量不稳定，所以该方法会使得误差不可控。不过，OpenCV 中的 goodFeaturesToTrack()函数可用于获取图像中最大特征值的角点，我们可以此为契机重新设计物体运动方向检测算法，步骤如下。

① 对相邻两帧图像所有像素点通过 absdiff()函数进行差分运算得到差分图像。

② 将差分图像转化成灰度图像并进行二值化处理。

③ 利用 goodFeaturesToTrack()函数获取最大特征值的角点。

④ 计算角点的平均特征值，写入队列。

⑤ 维护一个长度为 10 的队列，队列满时计算队列中元素的增减情况，并以此来确定目标物体的运动方向。

利用上述改进算法进行物体运动方向检测的示例代码如下：

```
import cv2
import numpy as np
import Queue #导入该库主要用于队列处理

camera = cv2.VideoCapture(0) #打开摄像头获取视频
if camera is None:
    print ("请检查摄像头连接!")
    exit()
width = int(camera.get(3))
height = int(camera.get(4))

#参数初始化
firstFrame = None
lastDec = None
firstThresh = None

feature_params = dict( maxCorners = 100,      #设置最多返回的关键点(角点)数
                       qualityLevel = 0.3,    #角点阈值：响应最大值
                       minDistance = 7,       #角点之间的最少像素点(欧氏距离)
                       blockSize = 7 )        #计算一个像素点是否为关键点时所取区域的大小

# Lucas-Kanade 光流算法参数设置
lk_params = dict( winSize  = (15,15),         #搜索窗口的大小
                  maxLevel = 2,               #最大金字塔层数
                  #迭代算法终止条件(迭代次数或迭代阈值)
                  criteria = (cv2.TERM_CRITERIA_EPS | cv2.TERM_CRITERIA_COUNT, 10, 0.03))
color = np.random.randint(0,255,(100,3))
num = 0
```

```
#队列初始化
q_x = Queue.Queue(maxsize = 10)
q_y = Queue.Queue(maxsize = 10)

while True:
  #获取视频帧并转化为灰度图像
  (grabbed, frame) = camera.read()
  gray = cv2.cvtColor(frame, cv2.COLOR_BGR2GRAY)
  #图像高斯平滑滤波
  gray = cv2.GaussianBlur(gray, (21, 21), 0)

  if firstFrame is None:
    firstFrame = gray
    continue
  #通过计算相邻帧图像对应像素点数的差并取绝对值，获取帧差分图像
  frameDelta = cv2.absdiff(firstFrame, gray)
  #对图像进行阈值二值化
  thresh = cv2.threshold(frameDelta, 25, 255, cv2.THRESH_BINARY)[1]
  """
  下面是其他几种不同的图像二值化方法
  thresh= cv2.adaptiveThreshold(frameDelta,255,cv2.ADAPTIVE_THRESH_GAUSSIAN_C,\
         cv2.THRESH_BINARY,11,2)
  thresh = cv2.adaptiveThreshold(frameDelta,255,cv2.ADAPTIVE_THRESH_MEAN_C,\
         cv2.THRESH_BINARY,11,2)
  thresh = cv2.dilate(thresh, None, iterations=2)
  """
  #使用goodFeaturesToTrack算法进行图像特征角点识别
  p0 = cv2.goodFeaturesToTrack(thresh, mask = None, **feature_params)
  if p0 is not None:
    x_sum = 0
    y_sum = 0
    for i, old in enumerate(p0):
      x, y = old.ravel()
      x_sum += x
      y_sum += y
    #计算所有角点的平均值
    x_avg = x_sum / len(p0)
    y_avg = y_sum / len(p0)
    #写入固定长度的队列
    if q_x.full():
      #如果队列满了，就统计这个队列中元素的增减情况
      qx_list = list(q_x.queue)
      key = 0
      diffx_sum = 0
      for item_x in qx_list:
        key +=1
        if key<10:
          #队列中两个相邻元素相减
          diff_x = item_x - qx_list[key]
          diffx_sum += diff_x
```

```
        #diffx_sum<0 表明队列在递增
        if diffx_sum<0 and x_avg<500:
            print("Left") #运动方向为左
            #在图像中标记出运动方向相关信息
            cv2.putText(frame, "Left Motion Detected", (100,100), 0, 0.5, (0,0,255),2)
        else:
            print("Right")#运动方向为右
            cv2.putText(frame, "Right Motion Detected", (100,100), 0, 0.5, (255,0,255),2)
    q_x.get()
    q_x.put(x_avg)
    cv2.putText(frame, str(x_avg), (300,100), 0, 0.5, (0,0,255),2)
    frame = cv2.circle(frame,(int(x_avg),int(y_avg)),5,color[i].tolist(),-1)

  cv2.imshow("运动方向检测", frame)
  firstFrame = gray.copy()

  key = cv2.waitKey(1) & 0xFF
  # 按'q'键退出循环
  if key == ord('q'):
      break
#释放占用的摄像头资源结束程序
camera.release()
cv2.destroyAllWindows()
```

运行程序，对监控视频中目标左右移动方向进行检测，结果如图 3.23 所示。其中，视频和 Anaconda 控制台界面中显示的数字分别为物体移动方向及其对应的坐标值。

图 3.23　物体运动方向检测

3.4 基于 ImageAI 的图像识别

ImageAI 是一个面向计算机视觉编程的 Python 工具库，支持最先进的机器学习算法，主要用于图像预测、物体检测、视频对象检测与跟踪等多个应用领域。利用 ImageAI，开发人员可用很少的代码构建出具有包含深度学习和计算机视觉功能的应用系统。

ImageAI 目前支持在 ImageNet 数据集上对多种不同机器学习算法进行图像预测和训练。ImageNet 数据集项目始于 2009 年，它是一项持续的研究工作，旨在为世界各地的研究人员提供易于访问的图像数据库。该数据集涵盖 2 万多个类别，总共有 1400 多万幅图像，其中有超过 100 万幅图像有明确的类别标注和图像中物体位置的标注。ImageAI 还支持使用在 MS COCO（Microsoft Common Objects in Context）数据集上训练的 RetinaNet 模型进行对象检测、视频检测和对象跟踪。COCO 数据集是一个大型且丰富的物体检测、分割和字幕数据集，由 Microsoft 公司于 2014 年出资创建和标注。该数据集以场景理解（Scene Understanding）为目标，数据从复杂的日常场景中截取，图像中的目标通过精确的分割（Segmentation）进行位置的标定。

ImageAI 项目将为计算机视觉领域的研究提供更广泛和更专业化的支持，包括但不限于特殊环境和特殊领域的图像识别。ImageAI 工具库的安装比较简单，而在此之前我们需要安装 TensorFlow 1.4.0（及以上版本）、OpenCV、h5py 以及 Keras 2.0（及以上版本）等几个核心依赖项。ImageAI 安装文件可从其官方网站下载（参见本书提供的电子资源）。

安装文件下载完成后，打开 Anaconda 控制台，通过命令行进入该文件所在目录，输入以下命令即可完成 ImageAI 的安装（以 ImageAI 2.0.1 在 Anaconda 3 中的安装为例）：

```
pip install imageai-2.0.1-py3-none-any.whl
```

3.4.1 图像预测

图像预测（Image Prediction）是指利用由各种不同算法构建而成的预测器对输入图像或视频帧进行分析解构，并返回其中所包含的物体对象名及其相应的百分比概率（Percentage Probabilities）的过程。

ImageAI 提供了 4 种不同算法模型进行图像预测，并在 ImageNet 数据集上进行了训练。4 种算法模型分别如下。

（1）由 F.N.Iandola 团队提出的 SqueezeNet（预测速度最快，正确率中等）。

（2）由 Microsoft 公司提供的 ResNet50（预测速度快，正确率较高）。

（3）由 Google 公司提供的 InceptionV3（预测速度慢，正确率高）。

（4）由 Facebook 公司提供的 DenseNet121（预测速度最慢，正确率最高）。

ImageAI 可以对一幅或多幅图像进行预测。下面，我们将分别用两个简单的示例来进行讲解和演示。

1. 单图像预测

单图像预测主要用到的是 ImageAI 中 ImagePrediction 类的 predictImage()方法。其主要流程如下。

① 定义一个 ImagePrediction()的实例。

② 通过 setModelTypeAsResNet()设置模型类型以及通过 setModelPath()设置模型路径。

③ 调用 loadModel()函数载入模型。

④ 利用 predictImage()函数进行预测。该函数有两个参数，一个参数用于指定要进行预测的图像文件，另一个参数 result_count 则用于设置我们想要预测结果的数量（该参数的值 1～100 可选）。函数将返回预测的对象名及其相应的百分比概率。

在以下示例中，我们将预测对象模型类型设置为 ResNet。当然，我们也可用其他几个上文提及的算法模型进行图像预测。基于 ImageAI 的单图像预测的示例代码如下：

```
    from imageai.Prediction import ImagePrediction #导入 ImageAI 相关模块用于图像预测
    import os     #用于文件路径处理
    import time  #用于程序运行计时

    #开始计时
    start_time=time.time()
    #获取当前路径，其中包含需要预测的图像以及训练好的模型文件等
    execution_path = os.getcwd()
    #对 ImagePrediction 类进行实例化
    prediction = ImagePrediction()
    #设置算法模型类型为 ResNet
    prediction.setModelTypeAsResNet()
    #设置模型文件路径
    prediction.setModelPath(os.path.join(execution_path,\  "resnet50_weights_tf_dim_ordering_
tf_kernels.h5"))
    #加载模型
    prediction.loadModel()
    '''
    对图像进行测试并输出 5 个预测的可能结果
    result_count 用于设置想要的预测结果的数量(参数范围为[1, 100])
    predictImage()函数将返回预测的对象名和相应的百分比概率
    '''
    predictions, probabilities = prediction.predictImage(os.path.join(execution_path,
"sample.jpg"), result_count=5 )

    #结束计时
    end_time=time.time()
    #输出结果
    for eachPrediction, eachProbability in zip(predictions, probabilities):
       print(eachPrediction + " : " + str(eachProbability))
    print("Total time cost:",end_time-start_time)
```

运行程序，输入图 3.24 所示的图像。

图 3.24　图像预测示例

输出结果如下所示：

```
German_shepherd : 97.40846157073975
malinois : 2.0803509280085564
Great_Dane : 0.08406119304709136
muzzle : 0.0808132579550147
Airedale : 0.07096878252923489
Total time cost: 10.147140264511108
```

程序给出了 5 种可能的图像预测结果，其中最高百分比概率（约 97.4%）目标为德国牧羊犬（German Shepherd），与示例图像中展示的物体基本一致。

2. 多图像预测

对于多图像预测，我们可通过多次调用 predictImage()函数的方式来进行。而更简单的方式则是一次性调用 predictMultipleImages()。其主要工作流程如下。

① 定义一个 ImagePrediction()的实例。

② 通过 setModelTypeAsResNet()设置模型类型以及通过 setModelPath()设置模型路径。

③ 调用 loadModel()函数载入模型。

④ 创建一个数组并将所有要预测的图像的路径添加到数组。

⑤ 通过调用 predictMultipleImages()函数解析包含图像路径的数组并执行图像预测，通过解析 result_count_per_image（默认值为 2）的值来设定每个图像需要预测多少种可能的结果。

基于 ImageAI 的多图像预测的示例代码如下：

```
from imageai.Prediction import ImagePrediction #导入 ImageAI 相关模块用于图像预测
import os #用于文件路径处理

#获取当前目录
execution_path = os.getcwd()
# 初始化预测器
multiple_prediction = ImagePrediction()
#设置算法模型类型为 ResNet
multiple_prediction.setModelTypeAsResNet()
#设置模型文件路径
multiple_prediction.setModelPath(os.path.join(execution_path, "resnet50_weights_tf_dim_
ordering_tf_kernels.h5"))
#加载模型
multiple_prediction.loadModel()
'''
预测速度调节功能
prediction_speed 的值可为 normal（默认值）、fast、faster、fastest
但调整速度模式时，为了确保预测的准确度，最好使用具有更高精度的模型（DenseNet or InceptionV3），
或是预测图像是标志性的（明显的）
multiple_prediction.loadModel(prediction_speed="fast")
'''
#创建一个数组
all_images_array = []
#将所有要预测的图像的路径添加至数组
all_files = os.listdir(execution_path)
for each_file in all_files:
```

```
    #查找工作目录下所有“.png”以及“.jpg”格式的图像文件,并添加至图像数组
    if(each_file.endswith(".jpg") or each_file.endswith(".png")):
        all_images_array.append(each_file)
'''
调用 predictMultipleImages()函数。解析包含图像路径的数组并执行图像预测,
最终输出 3 个预测的可能结果(result_count_per_image 默认值为 2)
'''
results_array = multiple_prediction.predictMultipleImages\
(all_images_array, result_count_per_image=3)
#分组输出预测结果
for each_result in results_array:
    predictions, percentage_probabilities =\
            each_result["predictions"], each_result["percentage_probabilities"]
    for index in range(len(predictions)):
        print(predictions[index] + " : " + str(percentage_probabilities[index]))
print("------------------------")
```

运行程序，输入如图 3.25 所示的多幅图像。

图 3.25　多图像预测示例

程序输出结果如下所示：

```
pickup : 50.94400644302368
grille : 12.444116920232773
sports_car : 8.558999001979828
------------------------
beach_wagon : 35.9226256608963
car_wheel : 22.565463185310364
racer : 18.96021217107773
------------------------
aircraft_carrier : 99.98713731765747
liner : 0.0072351074777543545
warplane : 0.002235717147414107
------------------------
desktop_computer : 95.48795223236084
monitor : 2.685854770243168
screen : 0.5521566141396761
------------------------
patio : 43.607234954833984
lakeside : 10.130147635936737
picket_fence : 6.246301904320717
```

```
------------------------
notebook : 33.47362279891968
laptop : 25.107359886169434
desktop_computer : 15.305376052856445
```

对于每张输入图像，程序给出了 3 种最有可能的预测结果，从上述结果可知，其输出的物体描述基本与输入图像内容一致。

3.4.2 目标检测

ImageAI 提供了非常方便和强大的方法来对图像执行对象检测并从中提取出每个识别出的对象。在开始对象检测任务前，需要从其官网（参见本书提供的电子资源）下载各种算法的预训练模型文件。

1. 图像目标检测

基于ImageAI的图像目标检测，主要用到的是ObjectDetection类中的detectObjectsFromImage()方法。其主要流程与前面介绍的图像预测基本类似：首先初始化一个类的实例，然后设置模型类型并载入相关模型文件作为检测器，最后通过 detectObjectsFromImage()方法对图像进行目标检测并输出相关结果。示例代码如下：

```
from imageai.Detection import ObjectDetection #导入目标检测类
import os     #用于处理系统目录相关操作
import time  #用于时间处理

start=time.time() #开始计时
execution_path = os.getcwd() #获取当前目录
detector = ObjectDetection() #实例化一个 ObjectDetection 类

detector.setModelTypeAsRetinaNet()       #设置算法模型类型为 RetinaNet
detector.setModelPath( os.path.join(execution_path , "resnet50_coco_best_v2.0.1.h5"))
#设置模型文件路径
detector.loadModel()     #加载模型

#图像目标检测，百分比概率阈值设置为 30 可检测出更多物体(默认值为 50)
detections = detector.detectObjectsFromImage(input_image=os.path.join(execution_path,
"sample.jpg"), \
         output_image_path=os.path.join(execution_path , "samplenew.jpg"), minimum_
percentage_probability=30)
end=time.time() #结束计时
#显示检测结果
for eachObject in detections:
    print(eachObject["name"] , " : ", eachObject["percentage_probability"], \
              " : ", eachObject["box_points"] )
 print("Total Time cost:",end-start)
```

运行程序，输入如图 3.26（a）所示的待检测原图。

（a）待检测原图

（b）图像检测标记结果

图 3.26　基于 ImageAI 的图像目标检测

输出如图 3.26（b）所示的图像检测标记结果及如下对被检测出的对象的描述。

```
cell phone  :  42.410627007484436  :  [1708  792 1870  884]
mouse  :  33.169254660606384  :  [1708  792 1869  884]
laptop  :  42.6740288734436  :  [1520  575 1918  809]
tv  :  85.1510763168335  :  [2054  205 2733  808]
tv  :  39.428192377090454  :  [2664  215 3217 1155]
keyboard  :  82.43796825408936  :  [ 712  806 1458 1030]
keyboard  :  92.49433279037476  :  [1987  881 2611 1224]
tv  :  73.6144483089447  :  [ 575  222 1488  777]
chair  :  33.06445777416229  :  [3069   18 3624 1189]
chair  :  51.089268922805786  :  [  22  631  829 1819]
book  :  44.26451921463013  :  [2389 1187 3357 1680]
Total Time cost: 22.318276405334473
```

示例中用到的算法模型类型为 RetinaNet，如若使用 YOLOv3 或者 TinyYOLOv3，则将相应代码修改为如下即可。

```
detector.setModelTypeAsYOLOv3() #设置算法模型类型为 YOLOv3
detector.setModelPath( os.path.join(execution_path , "yolo.h5")) #设置模型文件路径
```

```
    detector.setModelTypeAsTinyYOLOv3() #设置算法模型类型为 TinyYOLOv3
    detector.setModelPath( os.path.join(execution_path , "yolo-tiny.h5")) #设置模型文件路径
```

此外，对图像目标进行检测时，参数 minimum_percentage_probability 可用于调节目标检测范围。该参数用于设定预测概率的阈值，其默认值为 50（范围为 0～100）。如果保持默认值，这意味着只有百分比概率大于或等于 50 时，该函数才会返回检测到的对象。使用默认值可以确保检测结果的完整性，但是在检测过程中可能会跳过许多对象。因此，可通过将该参数设置为较小的值来检测出更多的对象或设置为较大的值来检测更少的对象。

若要将检测出的物体分割存储为图片，则需设置参数 extract_detected_objects 为“True”。示例代码如下所示：

```
    detections, objects_path = detector.detectObjectsFromImage(input_image=os.path.join
(execution_path , "sample.jpg"), output_image_path=os.path.join(execution_path , "samplenew.
jpg"), extract_detected_objects=True)
    for eachObject, eachObjectPath in zip(detections, objects_path):
        print(eachObject["name"] + " : " + eachObject["percentage_probability"] )
        print("Object's image saved in " + eachObjectPath)
```

执行代码后，被检测出的目标物体图像将会被单独作为图片保存于指定的文件目录。

2. 视频目标检测

视频目标检测应用范围非常广泛，包括无人值守视频监控、动态目标跟踪、自动无人驾驶、人体步态识别等各种场景。由于视频中包含大量的时间和空间冗余信息，对视频中的目标对象进行检测是非常消耗硬件资源的，因此，建议使用安装了 GPU 硬件和 GPU 版 TensorFlow 深度学习框架的硬件设备来执行相关任务，而在 CPU 设备上进行视频目标检测将会慢很多。

视频目标检测需要用到 ImageAI 中 VideoObjectDetection 类的 detectObjectsFromVideo()方法。该方法有 4 个参数，其中 input_file_path 用于指定输入视频文件的路径，output_file_path 用于指定输出视频文件的路径（没有扩展名，默认保存为.avi 格式的视频），frames_per_second 用于指定输出视频每秒帧数（fps），log_progress 用于指定是否在控制台中输出检测进度。最后，该方法返回检测后所保存的视频路径，并在该视频中显示每个被矩形标记出的对象及其百分比概率。

基于 ImageAI 的视频目标检测的示例代码如下：

```
    from imageai.Detection import VideoObjectDetection #导入视频目标检测类
    import os
    import time
    start=time.time() #开始计时
    execution_path = os.getcwd() #获取当前目录
    detector = VideoObjectDetection()  #初始化视频目标检测类
    detector.setModelTypeAsRetinaNet() #设置算法模型类型为 RetinaNet
    #设置模型文件路径
    detector.setModelPath( os.path.join(execution_path, "resnet50_coco_best_v2.0.1.h5"))
    detector.loadModel() #加载模型
    #视频目标检测
    video_path = detector.detectObjectsFromVideo(input_file_path=os.path.join(execution_
path,\ "sample.mp4"), output_file_path=os.path.join(execution_path, "object_detected"),
frames_per_second=20, log_progress=True)
    print(video_path)
    end=time.time() #结束计时
```

```
    print("Total time cost:",end-start)
```

运行视频目标检测程序，输出视频截图结果如图 3.27 所示。其中，各矩形框用于标记被检测出的不同对象，其上的文字则是对该对象的描述及其百分比概率。

```
    Processing Frame :  1
    Processing Frame :  2
    …
    Processing Frame :  214
    Processing Frame :  215
    F:\PythonProjects\imageAI\object_detected.avi
    Total time cost: 213.75605392456055
```

图 3.27　基于 ImageAI 的视频目标检测

3.5　人脸识别

人脸识别（Face Recognition）是基于人的脸部特征信息进行身份识别的一种生物识别技术。该技术利用摄像头对含有人脸的图像或视频流进行数据采集，并自动从中检测和跟踪人脸，进而对检测到的人脸进行识到，通常也称为人像识别或面部识别。

人脸识别作为人工智能中的重要技术，在社会生活很多领域有着非常广泛的应用，而面向人脸识别技术的开源项目也有很多。其中，提供 Python 编程接口、应用较为广泛的有 Dlib 以及 Face_recognition 等。

3.5.1　基于 Dlib 的人脸识别

1. Dlib 的安装与配置

Dlib 是一个跨平台的 C++开源工具包，除了具有线程支持、网络支持、数据压缩、图形用户界面支持、提供测试工具等优点之外，Dlib 还是一个强大的机器学习库，其中包含基于 SVM 的分类和递归、多层感知机、深度学习等机器学习常用算法。同时，Dlib 也提供了诸多数值计算工具来处理矩阵、大整数、随机数等。此外，Dlib 因其经典的人脸检测和标记算法，以及其他大量的图形图像处理算法，成为目前常用的人脸识别工具之一。

Dlib 在 Windows 操作系统下的安装过程稍显复杂。因为安装 Dlib 一般需要先安装 Cmake，而 Cmake 需要用到 C++编译器，这就需要我们预先安装好 Microsoft Visual Studio（不同的操作系统要求不一样，一般建议安装 Visual Studio 2015 及以上版本）。对于 Visual Studio 和 Cmake 的安装，读者可自行参考官方文档，在此不赘述（相关安装文件和文档资料请参见本书提供的电子资源）。

准备工作完成后，可以直接打开 Anaconda 控制台，在命令行输入下列命令即可成功安装 Dlib 最新版本（本书使用的是 dlib-19.10.0，如图 3.28 所示）。

```
pip install dlib
```

```
(e:\ProgramData\Anaconda) E:\>pip install dlib
Collecting dlib
  Using cached https://files.pythonhosted.org/packages/54/ff/5781a11bc
Building wheels for collected packages: dlib
  Running setup.py bdist_wheel for dlib ... done
  Stored in directory: C:\Users\Administrator\AppData\Local\pip\Cache\
Successfully built dlib
Installing collected packages: dlib
Successfully installed dlib-19.10.0
```

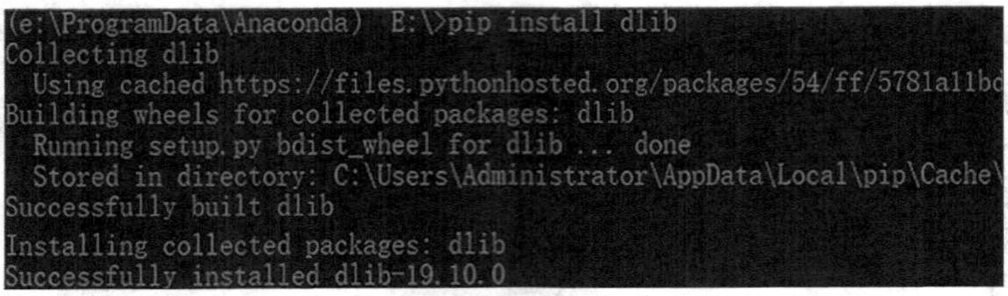

图 3.28　安装 Dlib

2. 基于 Dlib 的人脸检测与识别

人脸检测与识别技术近年来已经成为模式识别与计算机视觉应用领域重要的研究方向。人脸检测（Face Detection）是指对于任意输入的目标图像，通过一定的算法策略对其进行搜索来检测其中是否包含有人脸特征的图像区域，若有则返回其位置、大小和姿态。例如，使用高端的数码相机拍摄人物时会自动标注出人脸的位置。人脸检测是人脸识别的重要前置步骤。

人脸检测与识别算法主要有以下几种：基于几何特征的算法、基于模板的算法以及基于模型的算法。基于几何特征的算法是最早的传统算法，通常需要和其他算法结合才能有比较好的效果。基于模板的算法可以分为基于相关匹配的算法、特征脸算法、线性判别分析算法、奇异值分解算法、神经网络算法、动态连接匹配算法等。基于模型的算法则有基于隐马尔可夫模型、主动形状模型和主动外观模型的算法等。Dlib 库使用的是瓦希德·卡泽米（Vahid Kazemi）和约瑟芬·沙利文（Josephine Sullivan）在“*One Millisecond Face Alignment with an Ensemble of Regression Trees*”一文中提及的算法：集成回归树（Ensemble of Regression Trees，ERT）。这是一种基于梯度提高学习的回归树算法，简而言之，就是通过多级级联的回归树进行关键点回归，即通过建立一个级联的回归树来使人脸形状从当前形状逐步回归到真实形状。该算法首先需要使用一系列标定好的人脸图像数据作为训练集，然后生成一个模型。算法主要原理可表述为以下公式：

$$S^{(t+1)} = S^{(t)} + r_t(I, S^{(t)})$$

其中 t 表示级联序号，$S^{(t)}$ 表示第 t 级回归器的形状，r_t 表示第 t 级回归器的更新量，使用最小二乘法来最小化误差，I 为输入图像。算法中人脸关键点检测中所使用的训练器 shape_predictor_trainer 定义如下：

```
shape_predictor_trainer (
)
{
_cascade_depth = 10;
_tree_depth = 4;
_num_trees_per_cascade_level = 500;
```

```
    _nu = 0.1;
    _oversampling_amount = 20;
    _feature_pool_size = 400;
    _lambda = 0.1;
    _num_test_splits = 20;
    _feature_pool_region_padding = 0;
    _verbose = false;
}
```

参数说明如下。

（1）_cascade_depth：表示级联的级数。默认为 10。

（2）_tree_depth：树深。即树的叶子节点个数，默认为 2 个。

（3）_num_trees_per_cascade_level：每个级联包含的树的数目。默认为 500。

（4）_nu：正则项。_nu 越大，表示对训练样本拟合越好，当然也越有可能发生过拟合。_nu 取值范围为(0,1)，默认为 0.1。

（5）_oversampling_amount：扩大样本数目。例如，原有 N 幅训练图像，通过该参数的设置，训练样本数将变成 N*_oversampling_amount。通常，该值越大越好，但训练耗时也会越长。

（6）_feature_pool_size：特征池大小。在每级级联中，我们从图像中随机采样_feature_pool_size 个像素用来作为训练回归树的特征池，这种稀疏的采样能够保证复杂度相比用原图像所有像素进行训练的复杂度要低。该参数取值应大于 1。该参数值越大，通常精度越高，但训练耗时也会越长。

（7）_lambda：像素对强度差阈值。在回归树中，是否分裂节点是通过计算像素对的强度差是否满足阈值来决定的，如果所选像素对的强度差大于阈值，则表示回归树需要进一步分裂。这些像素对通过在上述特征池中随机采样得到，倾向于选择邻近的像素。该参数控制选择像素的远近程度，数值小表示倾向于选择近距离像素，数值大则表示并不太在意是否选择邻近的像素对。该参数取值范围(0,1)。

（8）_num_test_splits：分裂节点个数。在生成回归树时我们在每个节点随机生成_num_test_splits 个可能的分裂，然后从中选取最佳的分裂。该参数值越大则结果越精确，但训练耗时也会越长。

（9）_feature_pool_region_padding：特征池区域填充。当我们要从图像中随机采样像素来构建特征池时，我们会在特征点周围_feature_pool_region_padding 范围内进行特征采样。该参数值通常设置为 0。

通过以上对参数的理解，我们基本可以知道如何正确设置合适的参数值。

利用 Dlib 进行人脸识别的过程较为简单，因其内置了人脸检测器、训练好的人脸关键点检测器以及训练好的人脸识别模型等诸多工具，我们只需通过一系列步骤的接口调用即可轻松实现人脸检测与识别。在进行人脸检测与识别之前，我们要先做些准备工作，需从官方网站（参见本书提供的电子资源）下载训练好的人脸 68 特征点 landmark 模型，解压后放置于示例程序所在的目录中。

人脸 68 特征点定位识别算法来自 2013 年发表的一篇用于定位多个人脸特征点的论文“*Extensive Facial Landmark Localization with Coarse-to-Fine Convolutional Network Cascade*”。文中提到了实现 68 个人脸特征点的高精度定位算法，其中 51 个特征点（17～67 特征点）对应人脸五官特征，另外 17 个特征点（0～16 特征点）对应人脸的外轮廓。人脸主要特征点及其对应序号分别为：鼻尖——30、鼻根——27、下巴——8、左眼外角——36、左眼内角——39、右眼外角——45、右眼内角——42、嘴中心——66、嘴左角——48、嘴右角——54、左脸最外——0、右脸最外——6。

人脸 68 特征点标注的示例代码如下：

```
import dlib #导入人脸识别库 Dlib
import numpy as np
import cv2  #导入 OpenCV 库
detector = dlib.get_frontal_face_detector()#加载 Dlib 检测器
#载入数据模型
predictor = dlib.shape_predictor('shape_predictor_68_face_landmarks.dat')
path="./"
img=cv2.imread(path+"ljt.jpg") #读取图像
img_gray = cv2.cvtColor(img, cv2.COLOR_RGB2GRAY) # 将其转化为灰度图像
rects = detector(img_gray, 0) #人脸数
for i in range(len(rects)):
    landmarks = np.matrix([[p.x, p.y] for p in predictor(img, rects[i]).parts()])
    #遍历所有点，并用不同颜色标注出特征点和序号
    for idx, point in enumerate(landmarks):
        #68 个点的坐标
        pos = (point[0, 0], point[0, 1])
        #利用 cv2.circle 在每个特征点画一个圈，共 68 个
        cv2.circle(img, pos, 5, color=(0, 255, 0))
        #利用 cv2.putText 输出 0～67 序号
        font = cv2.FONT_HERSHEY_SIMPLEX
        cv2.putText(img, str(idx+1), pos, font, 0.8, (255, 255, 255), 1, cv2.LINE_AA)
cv2.namedWindow("人脸特征点标注", 2)
cv2.imshow("人脸特征点标注", img)
```

运行程序，结果如图 3.29 所示。其中，圆圈为标记出的人脸特征点，其旁边数字为特征点序号。

图 3.29　人脸 68 特征点标注

通过 Dlib 的人脸 68 特征点定位识别算法，我们可以很容易地在图像或视频中检测出人脸。以下示例代码演示了如何基于 Dlib 进行人脸检测与标记：

```
import dlib #导入该库用于人脸识别
from skimage import io #导入该库主要用于图像载入
import cv2
detector = dlib.get_frontal_face_detector()#加载 Dlib 检测器
img = io.imread("test.jpg")    #载入原图
dets = detector(img, 1)        #人脸检测
print("检测到的人脸数目: {}".format(len(dets)))
for d in dets:
    #使用 OpenCV 在原图上标出人脸位置
    left_top=(dlib.rectangle.left(d),dlib.rectangle.top(d)) #左上方坐标
    right_bottom=(dlib.rectangle.right(d),dlib.rectangle.bottom(d)) #右下方坐标
    cv2.rectangle(img,left_top,right_bottom,(0,255,0),2,cv2.LINE_AA) #画矩形
cv2.imshow("img",cv2.cvtColor(img,cv2.COLOR_RGB2BGR)) # 转成 BGR 格式显示
cv2.waitKey(0)
cv2.destroyAllWindows()
```

程序运行结果如图 3.30 所示，其中矩形框为检测出并作标记的人脸所在位置。

图 3.30　基于 Dlib 的人脸检测与标记

人脸特征点标注和人脸检测是人脸识别的关键前置步骤，在此基础上，人脸信息被提取为一个 128 维的向量，然后，根据不同向量之间的欧氏距离（Euclidean Metric）来判定是否为同一人脸。我们通常将判断阈值设为 0.6，若两个人脸向量的欧氏距离小于 0.6，则判定为同一个人，否则判定为非同一人。当然，该阈值也可按用户需求自行设定，以求达到更好的识别效果。欧氏距离计算公式如下：

$$2d\_distance=\sqrt{(x_1-x_2)^2+(y_1-y_2)^2}$$

$$3d\_distance=\sqrt{(x_1-x_2)^2+(y_1-y_2)^2+(z_1-z_2)^2}$$

其中，(x,y,z)分别为特征点在向量空间的坐标，$2d\_distance$ 和 $3d\_distance$ 分别为二维和三维向量欧氏距离计算公式，其他高维度直至 128 维计算公式以此类推。

下面，我们将通过一个简单的例子来演示如何利用 Dlib 提供的编程接口进行人脸识别。在此之前，我们需要进行下列准备工作。

① 准备候选人脸数据，如图 3.31（a）所示，并将它们置于“candidate-faces”文件夹中。

② 将如图 3.31（b）所示的待检测人脸数据置于“test_faces”文件夹中。

（a）候选人脸数据

（b）待检测人脸数据

图 3.31 人脸识别示例数据

③ 为了便于在命令行执行程序，减少输入，可将训练好的人脸关键点检测器“shape_predictor_

68_face_landmarks.dat”更名为“d1.dat”，将训练好的人脸识别模型“dlib_face_recognition_resnet_model_v1.dat”更名为“d2.dat”。

基于 Dlib 的人脸识别的示例代码如下：

```
import sys,os,glob,numpy  #用于程序运行参数检查等相关操作
from skimage import io    #用于图像读写操作
import dlib #人脸识别工具包
#检查程序运行命令行所需参数
if len(sys.argv) != 5:
    print ("请检查输入参数是否正确！")
    exit()
'''
参数 1 为人脸关键点检测器 shape_predictor_68_face_landmarks.dat,
为了便于输入，可更名为 d1.dat
'''
predictor_path = sys.argv[1] #获取命令行第 1 个参数
'''
参数 2 为人脸识别模型 dlib_face_recognition_resnet_model_v1.dat,
为了便于输入，可更名为 d2.dat
'''
face_rec_model_path = sys.argv[2] #获取命令行第 2 个参数
#参数 3 为候选人脸数据文件夹
faces_folder_path = sys.argv[3] #获取命令行第 3 个参数
#参数 4 为待检测人脸数据文件夹
img_path = sys.argv[4] #获取命令行第 4 个参数
# 加载人脸检测器
detector = dlib.get_frontal_face_detector()
# 加载人脸关键点检测器
sp = dlib.shape_predictor(predictor_path)
#加载人脸识别模型
facerec = dlib.face_recognition_model_v1(face_rec_model_path)
#候选人脸描述子 list
descriptors = []
#对文件夹下的每一幅图像进行如下操作:1.人脸检测; 2.关键特征点检测; 3.描述子提取
for f in glob.glob(os.path.join(faces_folder_path, "*.jpg")):
    print("人脸训练数据处理中...: {}".format(f))
    img = io.imread(f) #读取图像数据
    #人脸检测
    dets = detector(img, 1)
    print("检测到的人脸数目: {}".format(len(dets)))
    for k, d in enumerate(dets):
        #关键特征点检测
        shape = sp(img, d)
        #标记人脸区域和关键点，描述子提取(128 维向量)
        face_descriptor = facerec.compute_face_descriptor(img, shape)
        #转换为 NumPy 数组
        v = numpy.array(face_descriptor)
        descriptors.append(v)
```

```
    # 对需识别人脸进行同样处理，提取描述子
    img = io.imread(img_path)  #读取图像数据
    dets = detector(img, 1)    #进行人脸检测

    dist = []
    for k, d in enumerate(dets):
        shape = sp(img, d)
        face_descriptor = facerec.compute_face_descriptor(img, shape)
        d_test = numpy.array(face_descriptor)
        #计算欧氏距离
        for i in descriptors:
            dist_ = numpy.linalg.norm(i-d_test)
            dist.append(dist_)

    #候选人名单字典，确保与测试图像数据顺序一致,否则会导致结果出错
    candidate=['Guodong','Guoyang','Hansheng','Heling','Jiantao','Laofei','Liumin','Maolin',
'Unknown','Weijun','Xiaowei','Xuanxuan','Yonggang', 'Yuting','Zhucui']
    #将候选人与其欧氏距离一起构成一个字典
    c_d = dict(zip(candidate,dist))
    cd_sorted = sorted(c_d.iteritems(), key=lambda d:d[1])
    print ("\n 被检测人为: ",cd_sorted[0][0]) #输出检测结果
    dlib.hit_enter_to_continue() #提示按“Enter”键结束程序
```

打开 Anaconda 控制台，在命令行中输入下列命令执行上述示例人脸识别程序：

```
python dlib_face-recog.py d1.dat d2.dat ./candidate-faces ./test_faces/p1.jpg
```

其中，“dlib_face-recog.py”为示例程序文件名，“d1.dat”“d2.dat”分别为人脸关键点检测器和人脸识别模型，“candidate-faces”为候选人脸数据文件夹，“test_faces”为待检测人脸数据文件夹，“p1.jpg”为待检测人脸图像。

程序运行结果如下所示：

```
人脸检测处理中...: ./candidate-faces\Guodong.jpg
检测到的人脸数目: 1
人脸检测处理中...: ./candidate-faces\Guoyang.jpg
检测到的人脸数目: 1
人脸检测处理中...: ./candidate-faces\Hansheng.jpg
检测到的人脸数目: 1
人脸检测处理中...: ./candidate-faces\Heling.jpg
检测到的人脸数目: 1
......
人脸检测处理中...: ./candidate-faces\Yuting.jpg
检测到的人脸数目: 1
人脸检测处理中...: ./candidate-faces\Zhucui.jpg
检测到的人脸数目: 1
('被检测人为: ', 'Jiantao')
```

程序运行结果表明检测出的目标人脸完全与候选人脸数据一致。当然，该演示程序检测效率较低，每次识别待测目标图像皆需全面扫描检测候选人脸数据，有兴趣的读者可自行修改程序逻

辑以提高运行效率。

3.5.2　基于 Face_recognition 的人脸识别

1. 安装 Face_recognition

Face_recognition 的安装依赖于 Dlib 与 OpenCV，在上述两个依赖项安装配置好之后，打开 Anaconda 控制台中，在命令行中执行如下命令：

```
pip install face_recognition
```

等待片刻，即可完成 Face_recognition 的在线安装，如图 3.32 所示。如果安装时出现版本不兼容的错误信息，可以考虑从其官方网站（参见本书提供的电子资源）下载一个较低版本（例如 face_recognition 0.1.11）的扩展名为“.whl”的安装文件，通过如下命令重新安装即可：

```
pip install face_recognition-0.1.11-py2-py3-none-any.whl
```

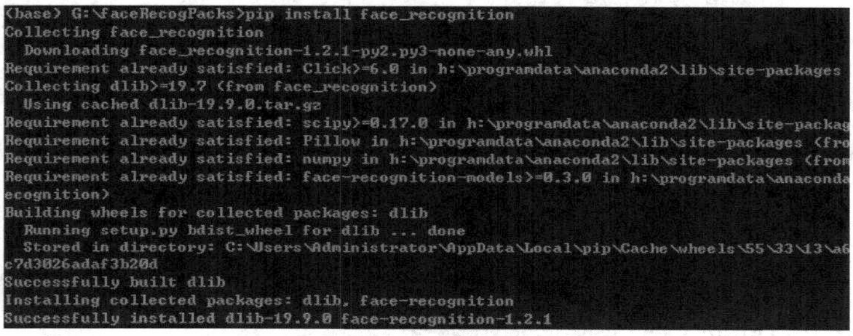

```
(base) G:\faceRecogPacks>pip install face_recognition
Collecting face_recognition
  Downloading face_recognition-1.2.1-py2.py3-none-any.whl
Requirement already satisfied: Click>=6.0 in h:\programdata\anaconda2\lib\site-packages
Collecting dlib>=19.7 (from face_recognition)
  Using cached dlib-19.9.0.tar.gz
Requirement already satisfied: scipy>=0.17.0 in h:\programdata\anaconda2\lib\site-packag
Requirement already satisfied: Pillow in h:\programdata\anaconda2\lib\site-packages (fro
Requirement already satisfied: numpy in h:\programdata\anaconda2\lib\site-packages (from
Requirement already satisfied: face-recognition-models>=0.3.0 in h:\programdata\anaconda
ecognition)
Building wheels for collected packages: dlib
  Running setup.py bdist_wheel for dlib ... done
  Stored in directory: C:\Users\Administrator\AppData\Local\pip\Cache\wheels\55\33\13\a6
c7d3026adaf3b20d
Successfully built dlib
Installing collected packages: dlib, face-recognition
Successfully installed dlib-19.9.0 face-recognition-1.2.1
```

图 3.32　安装 Face_recognition

2. Face_recognition 主要功能解析

利用 Face_recognition 库，通过少数几行代码就可轻松快捷地实现人脸检测与识别。Face_recognition 库主要函数如表 3-1 所示。

表 3-1　Face_recognition 库主要函数

函数	功能描述	参数说明	返回值
load_image_file(file, mode='RGB')	载入图像文件并转化为 NumPy 数组	file：要载入的图像文件或对象。 mode：要转换的图像格式。仅支持“RGB”（8 位 RGB，3 通道）和“L”（黑白）	以 NumPy 数组形式存储的图像
face_locations(img,number_of_times_to_upsample=1,model='hog')	以数组形式返回图像中被检测出的人脸位置的坐标	img：图像文件对象。 number_of_times_to_upsample： 检测人脸过程中对图像进行升采样次数。次数越大，找到较小的脸部的可能性越大。 model：人脸检测模式。“hog”模式运行速度快但是准确率稍低。“cnn”为更准确的深度学习模式，可利用 CPU/CUDA 进行加速（如果硬件提供的话）。默认为“hog”模式	包含检测到的人脸位置坐标数据，以元组列表的形式呈现
face_landmarks(face_image, face_locations=None)	输入一幅图像，返回图像中检测到的每个人脸的面部特征位置（眼睛、鼻子等）的字典	face_image：输入的图像。 face_locations：可选项，提供待检测的人脸位置列表	包含人脸特征位置的字典列表

续表

函数	功能描述	参数说明	返回值
face_encodings(face_image,\ known_face_locations= None, num_jitters=1)	输入一幅图像，找出图像中所有人脸，并返回其 128 维的编码数据	face_image：包含一个或多个人脸的输入图像。 known_face_locations：可选项。以矩形框标注出每个已知人脸的位置。 num_jitters：计算编码时要多次重采样人脸的次数。数值越高越准确，但速度会更慢	128 维人脸编码列表（图像中的每个人脸对应其中一个编码）
compare_faces(known_ face_encodings,\face_ encoding_to_check, tolerance=0.6)	将检测到的人脸编码列表与候选人脸编码进行比较，以查看它们是否匹配	known_face_encodings：已知人脸编码列表。 face_encoding_to_check：一个与编码列表进行比较的人脸编码。 tolerance：通过两个人脸之间的欧氏距离来判定是否匹配，距离越短表示越严格。0.6 是推荐的参数设置	一个真值列表
face_distance(face_encod ings, face_to_compare)	给定一个人脸编码列表，将它们与已知的人脸编码进行比较，并计算每组进行比对的人脸编码之间的欧氏距离，由欧氏距离的值可知脸部的相似度	faces：待比较的人脸编码列表。 face_to_compare：用于比较的人脸编码	以 NumPy 数组形式返回每组人脸比对的欧氏距离

3. 基于 Face_recognition 的人脸识别示例

通过 Face_recognition 提供的各种功能的组合，可以实现多种形式的人脸检测与识别。我们可在 Python 解释器中逐行输入命令来对 Face_recognition 的主要功能进行测试。示例代码如下：

```
#导入 Face_recognition 库
>>>import face_recognition
#载入待检测图像
>>>image = face_recognition.load_image_file("test_file.jpg")
#返回图像中人脸的位置坐标
>>>face_locations = face_recognition.face_locations(image)
#返回人脸特征值位置坐标
>>>face_landmarks_list= face_recognition.face_landmarks(image)
#下述指令通过载入两幅图像并对其进行编码，然后进行比对看是否匹配
>>>known_image = face_recognition.load_image_file("Jiantao.jpg")
>>>unknown_image = face_recognition.load_image_file("unknown.jpg")
#人脸编码
>>>jiantao_encoding = face_recognition.face_encodings(known_image)[0]
>>>unknown_encoding = face_recognition.face_encodings(unknown_image)[0]
#计算人脸编码之间的欧氏距离，距离越小，则相似度越大。可以设定阈值来判定是否匹配
>>> dist=face_recognition.face_distance([jiantao_encoding], unknown_encoding)
#通过人脸比对进行识别
>>>results = face_recognition.compare_faces([jiantao_encoding], unknown_encoding)
```

以下示例代码则是利用 Face_recognition 库提供的人脸检测功能标记出人脸位置，然后利用

OpenCV 提供的函数画出矩形框标记出人脸范围。

```
import face_recognition #导入 Face_recognition 人脸识别库
import time   #用于时间处理相关操作
import cv2    #导入 OpenCV 库

timeStart = time.clock()#记录程序运行时间
img = face_recognition.load_image_file("test.jpg") #读取图像
#检测并定位人脸在图像中的坐标
face_locations = face_recognition.face_locations(img)
print ("Face Location:",face_locations)#输出人脸位置

time_1 = time.clock() #开始时间
timeRec = time_1-timeStart #人脸检测所用时长
print ("Time for Detecting Face Location:",timeRec)

#调用 OpenCV 显示人脸
image = cv2.imread("test.jpg")
cv2.imshow("Original",image)

#遍历人脸，并用矩形框标记出位置
faceNum = len(face_locations)
for i in range(faceNum):
    top = face_locations[i][0]
    right = face_locations[i][1]
    bottom = face_locations[i][2]
    left = face_locations[i][3]
    start = (left,top)        #左上方坐标
    end = (right,bottom)      #右下方坐标
    color = (55,255,155)      #方框颜色
    thickness = 3             #线条宽度
    cv2.rectangle(image,start,end,color,thickness) #画矩形框
cv2.imshow("Recognized",image)

time_2 = time.clock() #结束时间
timeDraw = time_2 - time_1 #人脸标记所用时长
print ("Time for Marking Face:",timeDraw)
cv2.waitKey(0)
cv2.destroyAllWindows()
```

运行程序，输出结果如图 3.33 所示。其中矩形框为人脸位置标记，同时在 Anaconda 控制台界面显示检测出的人脸位置坐标以及人脸检测与标记所耗时长。

除了可以对静态图像中的人脸进行检测之外，Face_recognition 也常用于对动态视频进行人脸识别，示例代码如下所示。为了提高处理速度，示例程序将每帧图像缩小到原大小的 1/4 进行处理（但仍以全分辨率显示），而且只检测视频中每隔一帧图像中的人脸。

图 3.33　基于 Face_recognition 的人脸检测与标记

```
import face_recognition #导入 Face_recognition 人脸识别库
import cv2 #导入 OpenCV 库
video_capture = cv2.VideoCapture(0) #打开默认的摄像头
#加载第一个人脸图像样本并学习如何识别它
ljt_image = face_recognition.load_image_file("ljt.jpg")
ljt_face_encoding = face_recognition.face_encodings(ljt_image)[0]
# 加载第二个人脸图像样本并学习如何识别它
hl_image = face_recognition.load_image_file("heling.jpg")
hl_face_encoding = face_recognition.face_encodings(hl_image)[0]
#创建已知人脸编码的数组及其名称
known_face_encodings = [
    ljt_face_encoding,
    hl_face_encoding
]
known_face_names = [
    "Jiantao Lu",
    "He Ling"
]

#初始化部分变量
face_locations = []    #人脸位置
face_encodings = []    #人脸编码
face_names = []        #人脸名称
process_this_frame = True #是否处理该帧图像
while True:
    # 获取单帧图像
```

```
    ret, frame = video_capture.read()
    # 将图像调整为原大小的 1/4 以便更快地进行人脸识别处理
    small_frame = cv2.resize(frame, (0, 0), fx=0.25, fy=0.25)
    # 将图像从 BGR 颜色(OpenCV 使用)转换为 RGB 颜色(人脸识别使用)
    rgb_small_frame = small_frame[:, :, ::-1]
    # 每隔一帧来处理图像以节省时间
    if process_this_frame:
        # 查找当前图像中的所有人脸并对其进行编码
        face_locations = face_recognition.face_locations(rgb_small_frame)
        face_encodings = face_recognition.face_encodings(rgb_small_frame, face_locations)
        face_names = []
        for face_encoding in face_encodings:
            # 查看人脸是否与已知人脸匹配
            matches = face_recognition.compare_faces(known_face_encodings, face_encoding)
            name = "Unknown"
            # 如果在已知的编码中找到匹配，使用第一个匹配即可
            if True in matches:
                first_match_index = matches.index(True)
                name = known_face_names[first_match_index]
            face_names.append(name)
    process_this_frame = not process_this_frame #间隔帧处理标记
    #显示人脸识别结果
    for (top, right, bottom, left), name in zip(face_locations, face_names):
        #由于我们检测到的图像被缩小到原大小的 1/4，所以需要缩小后面的人脸部位
        top *= 4
        right *= 4
        bottom *= 4
        left *= 4
        #在检测到的人脸上画上矩形框
        cv2.rectangle(frame, (left, top), (right, bottom), (0, 0, 255), 2)
        # 在人脸下标注名称
        cv2.rectangle(frame, (left, bottom - 35), (right, bottom), (0, 0, 255), cv2.FILLED)
        font = cv2.FONT_HERSHEY_DUPLEX #设置字体
        cv2.putText(frame, name, (left + 6, bottom - 6), font, 1.0, (255, 255, 255), 1)
    # 显示结果图像
    cv2.imshow('Video Recognition', frame)
    # 按“q”键退出程序
    if cv2.waitKey(1) & 0xFF == ord('q'):
        break
# 释放摄像头资源
video_capture.release()
cv2.destroyAllWindows()
```

程序运行结果如图 3.34 所示，其中矩形框和下方文字分别为识别出的人脸及其预设的对应姓名。

图 3.34　基于 Face_recognition 的动态视频人脸识别

3.6　Tesseract OCR 与文本智能识别

Tesseract 是一款由惠普实验室开发并由 Google 维护的开源光学字符识别（Optical Character Recognition，OCR）引擎，通过它可快速搭建图文识别系统。

3.6.1　Tesseract OCR 的安装配置

Tesseract OCR 可以跨平台应用于 Windows、Linux、macOS 等不同操作系统。本书所用版本为 Tesseract 3.02，操作系统为 Windows 8.1 专业版（也可用于 Windows 10 操作系统）。

Tesseract OCR 的安装配置过程一般有以下几个步骤。

① 从项目官网中（参见本书提供的电子资源）找到适合自己计算机操作系统的版本并下载相应的安装文件（例如 tesseract-ocr-setup-3.02.02.exe）。

② 运行 tesseract-ocr-setup-3.02.02.exe，按照提示完成安装。

③ 配置环境变量。复制 Tesseract OCR 的安装地址（例如 G:\Tesseract-OCR）并将其添加到系统的环境变量 Path，保存后退出。

④ 打开 Anaconda 控制台，在命令行中输入 tesseract –v，如上述步骤都正确完成，则会显示如图 3.35 所示的 Tesseract 版本信息。

```
C:\>tesseract -v
tesseract 3.02
 leptonica-1.68 (Mar 14 2011, 10:43:03) [MSC v.1500 LIB Release 32 bit]
  libgif 4.1.6 : libjpeg 8c : libpng 1.4.3 : libtiff 3.9.4 : zlib 1.2.5
```

图 3.35　Tesseract 版本信息

⑤ Tesseract OCR 默认支持英文识别，如果要对其他语言进行识别，则需要下载相应的语言识别包。下载好之后存放于安装目录的子目录 tessdata 即可。

至此配置完成。

Tesseract OCR 安装好之后可单独使用进行字符识别。例如，在命令行中输入以下命令即可将图片中的文字识别出来：

```
tesseract test.jpg test.txt -l chi_sim
```

其中，test.jpg 为包含字符的示例图片，test.txt 为输出结果文件，-l 为语言包可选项，chi_sim 为中文识别包，如果缺省该选项则默认为英文识别包。

在 Python 编程环境中的字符识别通常需要用到 Pytesseract，它是 Python 的一个 OCR 识别库，实际上是对 Tesseract OCR 引擎所做的一层 Python API 封装。Pytesseract 可读取常见的图片格式文件（如“.jpg”“.gif”“.png”“.tiff”等）并解码成可读的语言文本，而且在解码识别处理期间不会创建任何临时文件。

安装 Pytesseract 库之前，必须安装它所依赖的 PIL 及 Tesseract OCR。其中 PIL 为图像处理库，在 Anaconda 中已经集成；而对于 Tesseract OCR 识别引擎，前文已详述了其安装过程。Pytesseract 在 Anaconda 中的安装，只需执行 pip install pytesseract 命令即可完成。

3.6.2　基于 Pytesseract 的字符识别

利用 Pytesseract 对图像中的字符进行识别，主要通过调用 image_to_string()函数来实现。以下几行代码即可实现简单的字符识别：

```
import pytesseract #载入 Tesseract OCR 识别引擎
from PIL import Image #载入图像处理模块
image = Image.open("images/engtest.jpg")#打开目标图像
#对图像进行识别并输出结果
result = pytesseract.image_to_string(image)
print (result)
```

运行程序，输入如图 3.36（a）所示的图像，输出如图 3.36（b）所示的字符识别结果。从结果可以看出，Pytesseract 对于规则英文字符，识别准确率非常高。

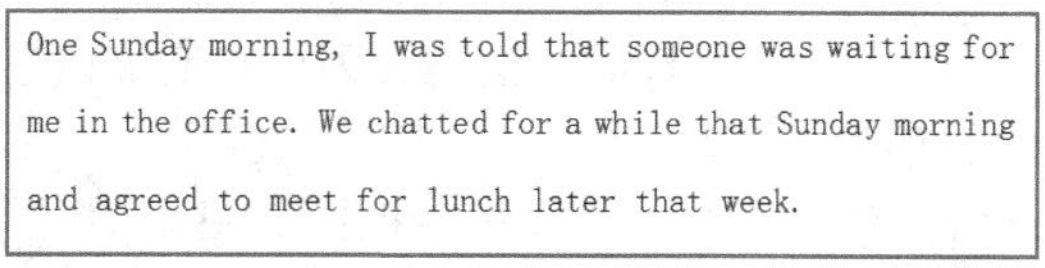

One Sunday morning, I was told that someone was waiting for
me in the office. We chatted for a while that Sunday morning
and agreed to meet for lunch later that week.

（a）输入图像

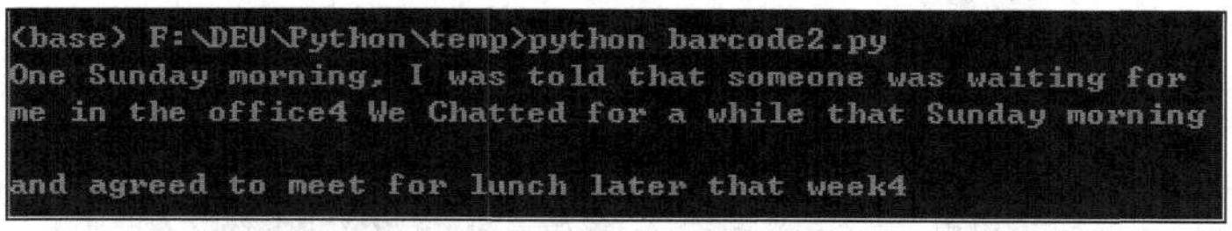

```
(base) F:\DEU\Python\temp>python barcode2.py
One Sunday morning, I was told that someone was waiting for
me in the office4 We Chatted for a while that Sunday morning

and agreed to meet for lunch later that week4
```

（b）字符识别结果

图 3.36　基于 Pytesseract 的英文字符识别

对于中文字符的识别，过程完全一致，只需要对 image_to_string()函数中的第二个参数 lang 指定其语言识别包为简体中文（chi_sim）即可，相应代码如下所示：

```
result= pytesseract.image_to_string(image, lang='chi_sim')
```

识别结果如图 3.37 所示，其中图 3.37（a）为待识别图像，图 3.37（b）为中文识别结果。从结果可以看出，对于规则中文字符，识别率接近 100%。

（a）待识别图像　　（b）中文字符识别结果

图 3.37　基于 Pytesseract 的中文字符识别

对于中英文混合字符的识别，不规则文字和图像背景会对识别率有一定的影响。例如，对如图 3.38（a）所示的图像进行字符识别测试，语言设置为简体中文（lang='chi_sim'），测试结果如图 3.38（b）所示，准确率显著降低。

（a）待识别图像　　（b）中英文混合字符识别结果

图 3.38　基于 Pytesseract 的中英文混合字符识别

3.6.3　条形码检测与识别

条形码（Barcode）也称为条码，是将宽度不等的多个黑条和白条，按照一定的编码规则进行排列，用以表达一组信息的图形标识符。常见的条形码是由反射率相差很大的黑条（简称条）和白条（简称空）排成的平行图案。条形码可以标出物品的生产国、制造厂家、商品名称、生产日期、图书分类号、邮件起止地点、类别、日期等信息，因而在商品流通、图书管理、邮政管理、银行系统等许多领域得到了广泛的应用。

条形码一般有如图 3.39 所示的 8 个区域：左侧空白区、起始符、左侧数据符、中间分隔符、右侧数据符、校验符、终止符、右侧空白区。

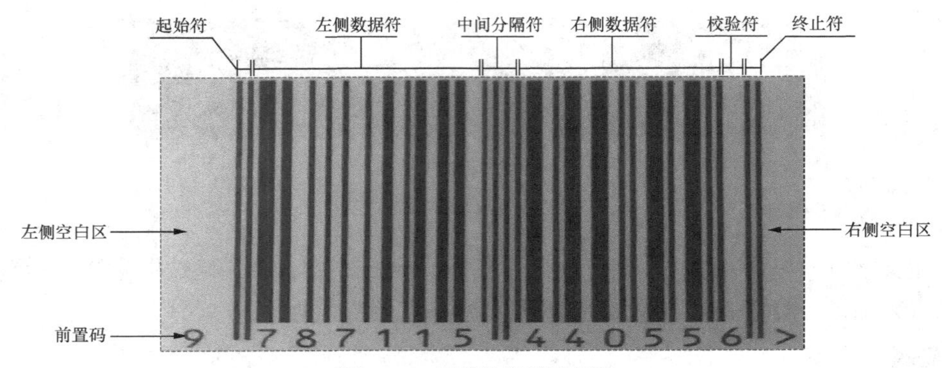

图 3.39　条形码编码示意图

条形码有多种，在我国广泛使用的是 EAN13 条形码（以下简称条形码）。该条形码一共有 13 位，前 2～3 位称为前缀，表示国家、地区或者某种特定的商品类型，例如，中国区条形码开头为 690～699；前缀后的 4～5 位称为厂商代码，表示产品制造商；厂商代码后 5 位称为商品代码，表示具体的商品项目；最后 1 位是校验码，根据前 12 位计算而出，可用来防伪以及识别校验。如果按照一定步骤处理识别出的前 12 位数据计算结果和识别出的校验结果相等，则表示识别正确；如果不相等，则需重新识别、纠错再校验，或提示识别失败。

图 3.40 所示的条形码的起始位为最右一位 4，即校验位，该校验码的计算方法如下。

① 偶位数数值相加并乘以 3（(0+2+0+8+1+9)×3=60）。

② 不含校验位的奇位数相加（7+4+7+9+3+6=36）。

③ 将前两步的结果相加（60+36=96）。

④ 用 10 减去上一步结果的个位数数值（10−6=4）。

⑤ 上一步结果的值即为校验码 4。

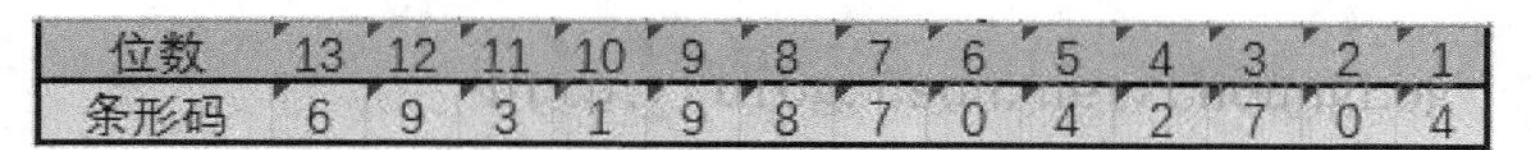

位数	13	12	11	10	9	8	7	6	5	4	3	2	1
条形码	6	9	3	1	9	8	7	0	4	2	7	0	4

图 3.40　校验码计算示例

以下示例代码可用于检测一幅图像中是否含有条形码：

```
import numpy as np
import argparse   #argparse 用于解析命令行参数
import cv2        #导入 OpenCV 库
import imutils    #OpenCV 辅助工具包

# 设置命令行参数，--image 是指包含条形码的待检测图像文件所在路径
ap = argparse.ArgumentParser()
ap.add_argument("-i", "--image", required = True,
    help = "path to the image file")
args = vars(ap.parse_args())

#载入待测图像并转化为灰度图像
image = cv2.imread(args["image"])
gray = cv2.cvtColor(image, cv2.COLOR_BGR2GRAY)

#用 Sobel 算子计算 x、y 方向上的梯度
ddepth = cv2.cv.CV_32F if imutils.is_cv2() else cv2.CV_32F
gradX = cv2.Sobel(gray, ddepth=ddepth, dx=1, dy=0, ksize=-1) #Sobel 算子横向边缘检测
gradY = cv2.Sobel(gray, ddepth=ddepth, dx=0, dy=1, ksize=-1) #Sobel 算子纵向边缘检测

"""
通过从 x-gradient 中减去 y-gradient 这一步减法操作，
最终得到包含高水平梯度和低垂直梯度的图像区域
"""
gradient = cv2.subtract(gradX, gradY)
gradient = cv2.convertScaleAbs(gradient)
```

```
    """
    使用 9*9 的内核对梯度图进行平均模糊，这将有助于平滑梯度表征的图像中的高频噪声。
    利用 OpenCV 中的 threshold（src,threah,maxral,cv2.THRESH_BINARY）函数将模糊化操作后的图像进行二值化处理。函数中的第一个参数为输入图像，第二个参数为设定的阈值，第三个参数均最大值，最后一个参数为方法选择，默认值为 0，即 cv2.THRESH_BINARY
    """
    blurred = cv2.blur(gradient, (9, 9))
    (_, thresh) = cv2.threshold(blurred, 225, 255, cv2.THRESH_BINARY)

    """
    在上面的二值化图像中，条形码的竖杠之间存在缝隙，为了消除这些缝隙，并使我们的算法更容易检测到条形码中的"斑点"状区域，我们需要进行一些基本的形态学操作：使用 cv2.getStructuringElement 构造一个长方形内核，该内核的宽度大于长度，因此可以消除条形码中垂直条之间的缝隙
    """
    kernel = cv2.getStructuringElement(cv2.MORPH_RECT, (21, 7))
    closed = cv2.morphologyEx(thresh, cv2.MORPH_CLOSE, kernel)

    """
    进行 4 次腐蚀(erosion)，然后进行 4 次膨胀(dilation)。腐蚀操作将会腐蚀图像中的白色像素，以此来消除小斑点，而膨胀操作将使剩余的白色像素扩张并重新增长回去。经过这一系列的腐蚀和膨胀操作，可以成功地移除小斑点并得到条形码区域
    """
    closed = cv2.erode(closed, None, iterations = 4)
    closed = cv2.dilate(closed, None, iterations = 4)

    #找到图像中条形码的轮廓
    cnts = cv2.findContours(closed.copy(), cv2.RETR_EXTERNAL,
        cv2.CHAIN_APPROX_SIMPLE)
    cnts = cnts[0] if imutils.is_cv2() else cnts[1]
    c = sorted(cnts, key = cv2.contourArea, reverse = True)[0]

    #为最大轮廓确定最小边框
    rect = cv2.minAreaRect(c)
    box = cv2.cv.BoxPoints(rect) if imutils.is_cv2() else cv2.boxPoints(rect)
    box = np.int0(box)
    #显示检测到的条形码
    cv2.drawContours(image, [box], -1, (0, 255, 0), 3)
    cv2.imshow("Barcode Detection", image)
    cv2.waitKey(0)
```

运行程序，测试结果如图 3.41 所示。其中，图 3.41（a）为原图的灰度图像，图 3.41（b）为灰度图像的梯度图，图 3.41（c）为经形态学操作处理后的二值化图，图 3.41（e）为经过腐蚀和膨胀操作后的二值化图，图 3.41（f）为检测出的二维码区域的原图。

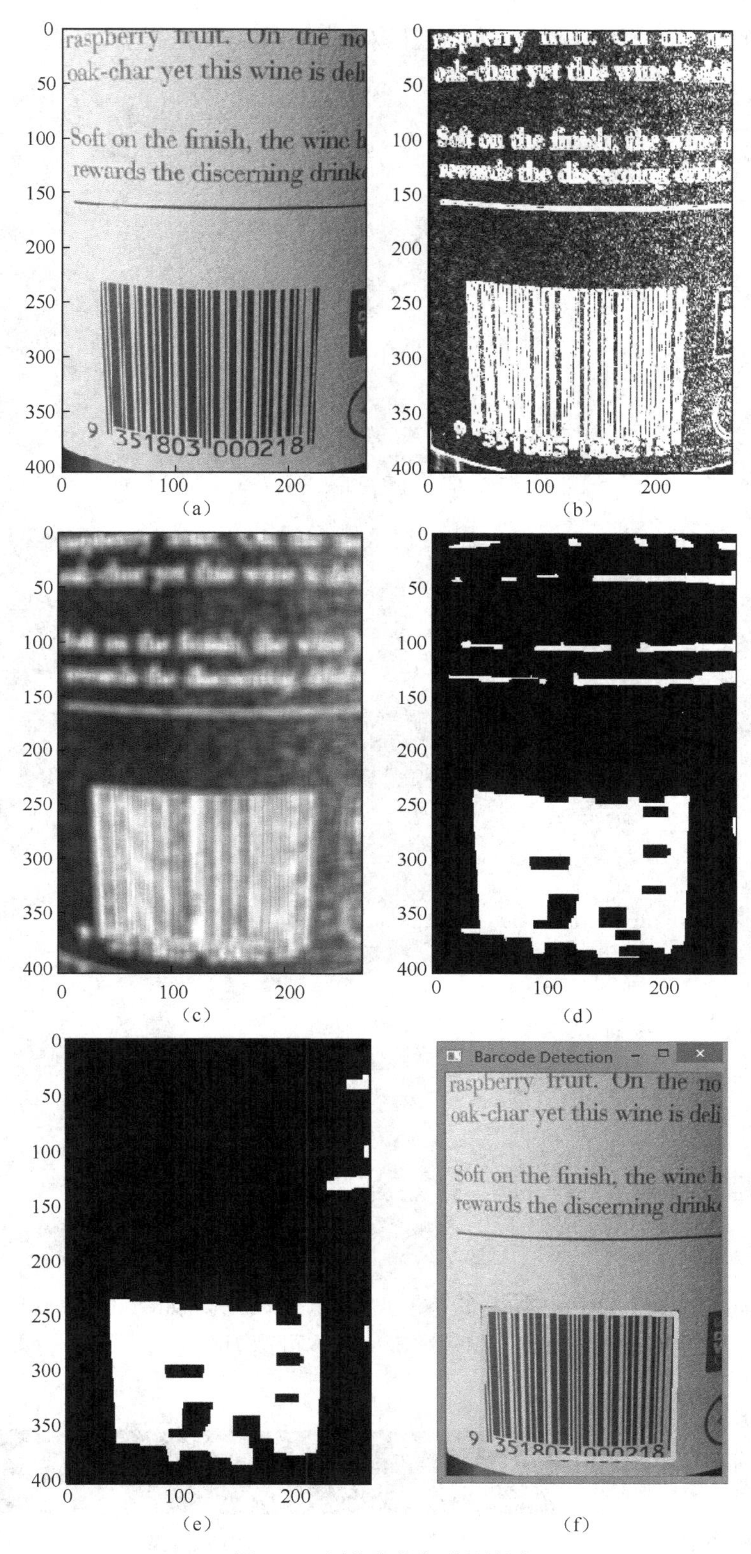

（a）（b）（c）（d）（e）（f）

图 3.41　图像中的条形码检测

对于检测出的条形码，可通过以下示例代码对其进行字符识别：

```
#导入 PIL 图像处理库
from PIL import Image
import pytesseract #载入 Tesseract OCR 识别引擎

threshold = 140 #采用阈值分割法进行二值化，threshold 为分割点
table = []
for i in range(256):
    if i<threshold:
        table.append(0)
    else:
        table.append(1)

#由于条形码皆由数字组成，对于误识别为字母的则采用下表进行修正
rep={'O':'0',
    'I':'1','L':'1',
    'Z':'2',
    'S':'8'
    };
def GetBarcode(name):
    im = Image.open(name)          #打开图像
    imgry = im.convert('L')        #转化为灰度图像
    imgry.save('g'+name)           #保存图像
    out = imgry.point(table,'1')   #图像二值化处理
    out.save('b'+name)
    #基于 Pytesseract 的字符识别
    text = pytesseract.image_to_string(out)
    #识别纠错处理
text = text.strip()          #去掉空格
    text = text.upper()      #字符大写
    for r in rep:
        text = text.replace(r,rep[r])
return text

#输入图像进行检测并输出结果
barcode = GetBarcode ('testbarcode.jpg')
print(barcode)
```

运行程序，输入如图 3.42（a）所示的条形码图像，识别结果如图 3.42（b）所示。从识别结果可以看出，该方法对条形码中的数字识别准确率基本可达 100%。

（a）输入条形码图像

```
(g:\Anaconda3) F:\DEV\Python\chapter3>python barcode.py
9787115440556
```

（b）检测结果

图 3.42 条形码识别

3.7　基于百度 AI 的智能图像识别

百度 AI 开放平台是一个面向第三方开发者的交互技术平台，该平台提供包括语音合成、文字识别、图像识别、身份验证、活体检测、文本审核等诸多语言 AI 编程接口以及相应的详细说明文档。通过这个开放平台，可大幅降低用户基于人工智能技术进行应用系统研发的门槛。

在使用百度 AI 开发测试的应用之前，需要进行以下几个步骤的准备工作。

① 注册百度 AI 开放平台账号。

② 登录百度 AI 开放平台，选择“产品服务”→“人工智能”→“图像识别”。

③ 在控制台创建应用，获取你个人唯一的 API Key 和 Secret Key，如图 3.43 所示。

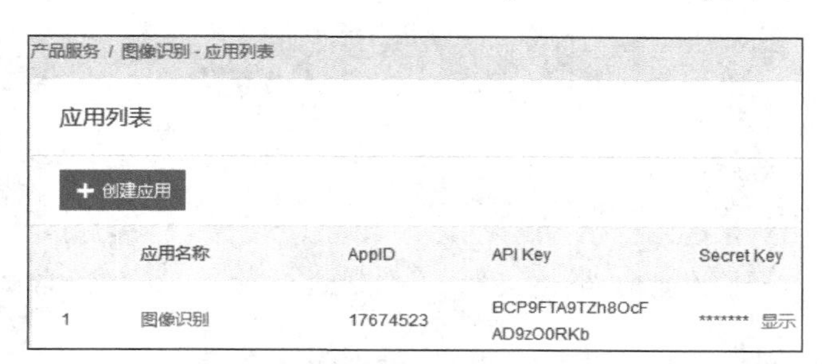

图 3.43　百度 AI 图像识别应用 AppID、API Key 和 Secret Key

百度 AI 图像识别引擎提供了如表 3-2 所示的极其丰富的 API，可用于各种场景的应用。

表 3-2　百度 AI 图像识别引擎的 API

API	API 功能简要说明
图像主体检测	识别图像中的主体具体坐标位置
通用物体和场景识别高级版	识别图片中的场景及物体标签，支持 10w+标签类型
菜品识别	检测用户上的菜品图片，返回具体的菜名、卡路里、置信度等信息
自定义菜品识别	入库自定义的单菜品图，实现上传多菜品图的精准识别，返回具体的菜名、位置、置信度信息
Logo 商标识别	识别图片中包含的商品 Logo 信息，返回 Logo 品牌名称、在图片中的位置、置信度
动物识别	检测用户上传的动物图片，返回动物名称、置信度信息
植物识别	检测用户上传的植物图片，返回植物名称、置信度信息
花卉识别	检测用户上传的花卉图片，返回花卉名称、置信度信息
果蔬识别	检测用户上传的果蔬类图片，返回果蔬名称、置信度信息
地标识别	检测用户上传的地标图片，返回地标名称
红酒识别	识别图像中的红酒标签，返回红酒名称、国家、产区、酒庄、类型、糖分、葡萄品种、酒品描述等信息
货币识别	识别图像中的货币类型，返回货币名称、代码、面值、年份信息，可识别百余种国内外常见货币
车型识别	检测用户上传的车辆图片，返回所属车型，包括车辆品牌及具体型号、颜色、年份、位置信息

在使用百度 AI 图像识别引擎之前，我们需要安装相应的 Python SDK，它目前支持 Python 2.7、Python 3 等多个版本。安装 Python SDK 有如下两种方式。

① 通过 pip 命令直接安装：pip install baidu-aip。本书截稿时最新版本为 baidu-aip-2.2.18.0。

② 从百度 AI 开放平台 SDK 下载链接（参见本书提供的电子资源）中下载相应版本的 SDK。解压下载文件，在命令行中进入压缩文件所在目录，并执行 python setup.py install 命令即可。

安装完成后，即可开始使用该 Python SDK 进行图像识别。下面我们通过几个简单的例子来演示如何利用百度 AI 图像识别引擎的 API 进行通用物体识别。

3.7.1 通用物体识别

通用物体识别要用到 AipImageClassify，它是基于百度 AI 图像识别引擎的 API，为图像识别应用开发人员提供了一系列的交互方法。利用 AipImageClassify 进行通用物体识别的示例代码如下：

```
from aip import AipImageClassify #导入通用物体识别引擎
#用户的 App_ID、API_KEY、SECRET_KEY
APP_ID = '1767423'
API_KEY = 'E7f9a22e83f3c5361cdf5b74cafa'
SECRET_KEY = '95a63077e38627ed90b459274f'

client = AipImageClassify(APP_ID, API_KEY, SECRET_KEY) #构建识别引擎对象

""" 读取输入图像 """
def get_file_content(filePath):
    with open(filePath, 'rb') as fp:
        return fp.read()
image = get_file_content('testobj.jpg')

ret=client.advancedGeneral(image) #调用通用物体识别接口并返回识别结果
print(ret)
```

运行示例程序，输入如图 3.44 所示的两个测试图像，其对应的输出结果如下所示，其中，score 为物体所属类别的概率，root 为目标物体所属大类别，keyword 为目标物体细分类别，result_num 为分类识别结果数目。

（a）　　　　　　（b）

图 3.44　输入测试图像

```
{'log_id': 4829924423375048716, 'result_num': 5, 'result': [{'score': 0.851688, 'root':
'动物-哺乳动物', 'keyword': '仓鼠'}, {'score': 0.639683, 'root': '动物-哺乳类', 'keyword': '
```

```
天竺鼠'}, {'score': 0.421266, 'root': '动物-哺乳类', 'keyword': '小家鼠'}, {'score': 0.231816, 'root': '动物-哺乳类', 'keyword': '三线仓鼠'}, {'score': 0.032778, 'root': '人物-人物特写', 'keyword': '人脸'}]}

    {'log_id': 7883020136465818572, 'result_num': 5, 'result': [{'score': 0.398045, 'root': '植物-花', 'keyword': '紫色郁金香'}, {'score': 0.299233, 'root': '植物-兰科', 'keyword': '蝴蝶兰'}, {'score': 0.206105, 'root': '商品-农用物资', 'keyword': '花卉'}, {'score': 0.112092, 'root': '植物-其他', 'keyword': '玫瑰花'}, {'score': 0.018997, 'root': '植物-百合科', 'keyword': '郁金香'}]}
```

3.7.2 车牌识别

车牌识别与上述通用物体识别流程基本一致，稍有不同的是用 AipOcr 对象替代 AipImageClassify 对象。AipOcr 对象主要用于字符识别，而车牌识别主要是一个对图像中的字符进行识别的过程。利用 AipOcr 对一幅图像中的多个车牌进行识别并对识别结果进行标记的示例代码如下：

```
    from aip import AipOcr #导入baidu OCR工具包
    import cv2 as cv #导入OpenCV用于图像显示和标记
    import numpy as np

    #用户的APP_ID、API_KEY以及SECRET_KEY
    APP_ID = '17674640'
    API_KEY = 'wvqOe2dTARBEF3kY1n4H59G4'
    SECRET_KEY = 'V0srpdwRKoF8o9TwiaU0ctGOeimpdEXf'

    client = AipOcr(APP_ID, API_KEY, SECRET_KEY) #构建一个识别引擎对象
    """ 读取输入图像 """
    def get_file_content(filePath):
        with open(filePath, 'rb') as fp:
            return fp.read()
    image = get_file_content('multidemo.jpg') #用于车牌识别的图像
    """ 如果有可选参数 """
    options = {}
    options["multi_detect"] = "true" #支持多车牌识别
    """ 带参数调用车牌识别 """
    ret = client.licensePlate(image, options) #调用API接口进行车牌识别
    result = ret['words_result'] #将车牌识别结果保存为一个字典,['words_result']包含车牌识别颜色、车牌号以及车牌位置坐标等信息
    img = cv.imread("multidemo.jpg") #读取车牌图像
    for i in range(len(result)): #如果图像中存在多个车牌，则分别识别和标记
        plate_num=result[i]["number"] #显示被识别出的车牌
        loc_coordinates=result[i]["vertexes_location"] #显示出车牌坐标
        print("Plate Number:",plate_num)
        print("Location",loc_coordinates)
        #用矩形来标记所识别的车牌位置
        cv.rectangle(img, (np.int(loc_coordinates[0]['x']), \
    np.int(loc_coordinates[0]['y'])), (np.int(loc_coordinates[2]['x']),\ np.int(loc_coordinates[2]['y'])), (0, 255, 0),2,cv.LINE_8,0)
```

```
    cv.imshow("result",img) #显示车牌图像并标记识别位置
cv.waitKey(0) #等待按任意键
cv.destroyAllWindows() #关闭窗口
```

运行程序，输入如图 3.45（a）所示的车牌图像，将输出如图 3.46（b）中绿色矩形框所标记的车牌位置以及车牌识别结果。

（a）输入车牌图像

（b）输出识别图像

图 3.45　车牌识别

```
Plate Number: 川A0HD39
Location [{'y': 204, 'x': 66}, {'y': 203, 'x': 471}, {'y': 297, 'x': 470}, {'y': 298, 'x': 66}]
Plate Number: 鄂BBW360
Location [{'y': 48, 'x': 53}, {'y': 38, 'x': 457}, {'y': 149, 'x': 460}, {'y': 160, 'x': 56}]
```

第 4 章 语音识别与 Python 编程实践

自动语音识别（Automatic Speech Recognition，ASR）是近 10 年来发展较快的技术之一。随着深度学习技术在 AI 领域的广泛应用，语音识别技术开始逐步从实验室走向市场。百度公司基于深度学习研发的新一代深度语音识别系统 Deep Speech 2，识别准确率可达 97%，美国著名杂志《MIT Technology Review》将它评为“2016 年十大突破技术”之一，并认为该技术在未来几年将会极大地改变人们的生活。

在人工智能领域，语音识别是非常重要的一个环节，因为语音是智能系统获取外界信息的重要途径之一，较之于键盘和鼠标等输入方式，语音输入更快捷、高效。近年来，智能手机等各种高端移动应用终端都集成了语音识别处理系统，使得这些设备智能化程度更高，使用起来也更方便。语音交互应用产品中具有代表性的有 Apple 公司的 Siri、Microsoft 公司的 Cortana、Amazon 公司的 Alexa、华为公司的小 E 和百度公司的小度等。随着语音识别处理技术的高速发展，各大软硬件厂商纷纷布局，在推出相关软硬件产品的同时，也开始关注智能语音芯片的研发和生产，智能音箱等 AI 产品成为下一个流量入口的趋势愈发明显。语音识别技术的广泛应用将会给人们的生活带来不可预知的各种变化和乐趣。

4.1 语音识别简介

4.1.1 语音识别的起源与发展

语音识别是一门复杂的交叉技术学科，通常涉及声学、信号处理、模式识别、语言学、心理学，以及计算机科学等多个学科领域。语音识别技术的发展可追溯至 20 世纪 50 年代，贝尔实验室首次实现 Audrey 英文数字识别系统（可识别 0～9 单个数字英文发音），并且识别准确率可达 90%以上。普林斯顿大学和麻省理工学院在同一时期也推出了少量词语的独立词识别系统。到 20 世纪 80 年代，隐马尔可夫模型（Hidden Markov Model，HMM）、N-gram 语言模型等重要技术开始被应用于语音识别领域，使得语音识别技术从孤立词识别发展到连续词识别。到 20 世纪 90 年代，大词汇量连续词识别技术持续进步，最小分类错误（Minimum Classification Error，MCE）以及最大互信息（Maximum Mutual Information，MMI）等区分性的模型训练方法开始被应用，使得语音识别的准确率逐步提高，尤其适用于长句子情形。与此同时，最大后验概率（Maximum A posteriori Probability，MAP）与最大似然线性回归（Maximum Likelihood Linear Regression，MLLR）等模型自适应方法也开始被应用于语音识别模型的训练。到了 21 世纪，随着深度学习技术的不断发展，神经网络之父杰弗里·辛顿（Geoffrey Hinton）提出深度置信网络（Deep Belief Network，DBN）。2009 年，辛顿和他的学生默罕默德（Mohamed）将深度神经网络应用于语音识别，在 TIMIT 语音库上进行的小词汇量连续语音识别任务获得成功。TIMIT 是由德州仪器（Texas Instruments，TI）、麻省理工学院和斯坦福国际研究院（SRI International）合作构建的声学-音素连续语音语料库。

4.1.2 语音识别的基本原理

语音是一种非常复杂的现象，很少人能理解它是如何产生和被感知的。我们通常的直觉是语音由单词构成，而单词又由各种音素（Phoneme）构成。然而事实上并非如此，语音本身是一个动态的过程，是一种连续的音频流，由一部分相当稳定的状态与诸多动态变化的状态混合而成。在这种状态序列中，人们可以定义或多或少类似的声音或音素。通过 Adobe Audition 等音频编辑软件进行录音并播放，可看到随时间变化的语音动态波形，如图 4.1 所示。

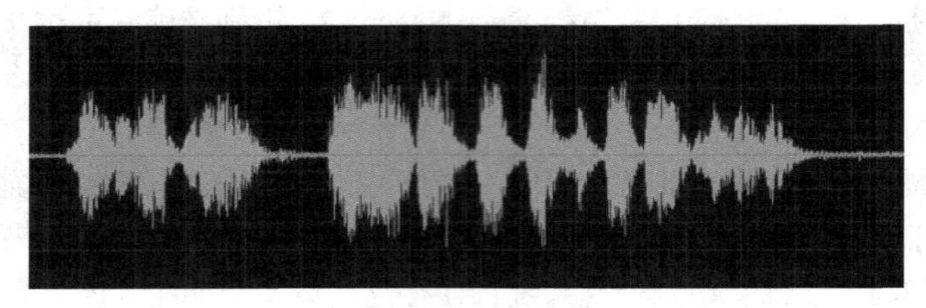

图 4.1 语音动态波形

一个典型的语音对话系统一般包括如下几个技术模块：对话管理器（Dialog Manager）、语音识别器（Speech Recognizer）、语言解析器（Language Parser）、语言生成器（Language Generator）和语音合成器（Speech Synthesizer）。其中，语音识别器（又可称为语言识别模块或者语言识别系统）主要用于将用户输入的语音转换为文本，这也是我们最关注的核心技术。语音识别系统由以下几个部分构成，如图 4.2 所示。

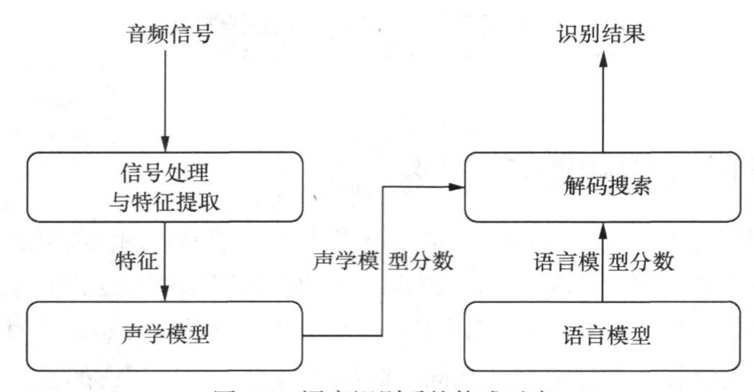

图 4.2 语音识别系统构成示意

语音识别是一个先编码后解码的过程。其中，信号处理（Signal Processing）与特征提取（Feature Extraction）是语音识别系统的开始，这是一个编码的过程。特征提取是指从原始的语音输入经过相应处理后得到语音特征向量（Eigenvector）。语音识别的一般方法是：首先，提取一个波形；然后，将其分解为语音片段并尝试识别每个语音片段中所包含的内容。通常情况下，要做到这一点，我们需要尝试将所有可能的单词组合与音频进行匹配，最后选择最佳匹配组合。在这个匹配过程中，由于参数的数量很大，需要对其进行优化。通常我们会将语音分成帧，然后，对于每帧

（通常时长为 10ms），提取出 39 个代表语音特征的数字，这些数字即语音特征向量。

图 4.2 中的信号处理与特征提取模块接收原始音频信号后，通过噪声消除和信道畸变（Channel Distortion）进行语音增强，将信号从时域转换为频域，并为后面的声学模型提取合适的、具有代表性的特征向量。在信号处理与特征提取步骤中，常用梅尔频率倒谱系数（Mel-Frequency Cepstral Coefficient，MFCC）或感知线性预测（Perceptual Linear Prediction，PLP）作为特征向量，然后使用混合高斯模型-隐马尔可夫模型（GMM-HMM）作为声学模型，再利用最大似然（Maximum Likelihood，ML）准则、序列鉴别性训练算法，例如，最小分类错误和最小音素错误（Minimum Phone Error，MPE）等对模型进行训练。

声学模型则以特征提取部分生成的特征为输入，为可变长特征序列（Variable-Length Feature Sequence）生成声学模型分数（Acoustic Model Score）。声学模型处理的问题主要在于特征向量序列的可变长和音频信号的丰富变化性。因为语音长度是不确定的，所以特征向量序列的长度也不确定。我们一般通过动态时间规整（Dynamic Time Warping，DTW）算法和隐马尔可夫模型来处理可变长语音特征序列。语言模型通过训练语料来学习词与词之间的相互关系，估计假设词序列的可能性，又称为语言模型分数。如果了解领域或任务相关的先验知识，语言模型分数通常可以估计得更准确。

解码搜索部分则是用于将声学模型分数与语言模型分数的结果综合起来，将总体输出分数最高的词序列作为识别结果。

4.2　语音识别 Python SDK

了解语音识别技术的基本原理之后，我们便可开始尝试利用许多基于 Python 的开源语音识别工具，进行语音识别应用编程。利用这些开源工具提供的 SDK 或 API，语音识别应用的实现将变得更容易、更高效。

4.2.1　Microsoft 语音识别框架 SAPI

SAPI 是 Microsoft 公司提供的语音接口框架，提供了应用程序和语音引擎之间的高级接口，实现了控制和管理各种语音引擎的实时操作所需的所有细节。SAPI 引擎主要由文本转语音（Text-To-Speech，TTS）系统和语音识别器构成。TTS 系统将文本字符串和文件合成为语音，语音识别器则是将人类的语音转换为可读的文本字符串和文件。

使用 SAPI 需要用到 Pywin32 模块，它主要用于调用 win32com 接口。导入相关模块的示例代码如下：

```
import win32com.client #载入 SAPI 语音识别模块
from win32com.client import constants
import pythoncom #主要用于 Python 调用 com 接口方法
```

载入 SAPI 语音处理模块并合成和输出指定语音的示例代码如下，程序执行成功则返回 1：

```
speaker = win32com.client.Dispatch("SAPI.SPVOICE") #载入 SAPI 语音处理模块
speaker.Speak("开启微软语音接口") #中文语音合成
speaker.Speak("Microsoft Speech API Initialized.") #英文语音合成
```

除了语音合成功能之外，SAPI 可通过以下示例代码开启语音识别模式：

```
win32com.client.Dispatch("SAPI.SpSharedRecognizer")
```

运行程序，将会弹出如图 4.3（a）所示窗口，表示系统正处于接受语音输入识别的状态。如果输入的语音关键词无法被系统识别，从而不知如何进行下一步操作，则会显示如图 4.3（b）所示窗口。

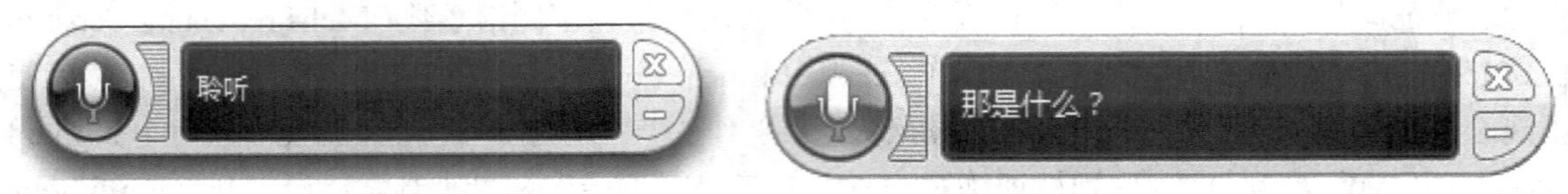

（a）接受语音输入识别的状态　　（b）无法识别输入语音关键词的状态

图 4.3　SAPI 语音识别窗口

以下为一个基于 Microsoft 语音识别框架 SAPI 的语音识别应用的完整示例代码：

```
import win32com.client #载入 SAPI 语音识别模块
from win32com.client import constants
import pythoncom #主要用于 Python 调用 com 接口方法

#定义语音识别对象并开启 SAPI 语音识别引擎
speaker = win32com.client.Dispatch("SAPI.SPVOICE")

#定义一个语音识别类
class SpeechRecognition:
    #用传入的单词列表初始化语音识别
     def __init__(self, wordsToAdd):
        #启动 TTS
        self.speaker = win32com.client.Dispatch("SAPI.SpVoice")
        #启动语音识别引擎，首先创建一个侦听器
        self.listener = win32com.client.Dispatch("SAPI.SpSharedRecognizer")
        #创建语音识别上下文
        self.context = self.listener.CreateRecoContext()
        #不允许自由识别单词——仅限命令和控制识别语法中的单词
        self.grammar = self.context.CreateGrammar()
        #为语法创建一个新规则，即顶级规则和动态规则(我们可以在运行时更改它)
        self.grammar.DictationSetState(0)
        self.wordsRule = self.grammar.Rules.Add("wordsRule", constants.SRATopLevel+\
constants.SRADynamic, 0)
        #清除规则(第一次不需要，但是如果我们动态地更改它则很有用)
        self.wordsRule.Clear()
        #浏览单词列表，将每个单词添加到规则
        [self.wordsRule.InitialState.AddWordTransition(None, word) for word in wordsToAdd]
        #将设置好的 wordsRule 规则激活
        self.grammar.Rules.Commit()
        self.grammar.CmdSetRuleState("wordsRule", 1)
        #提交对语法规则的更改
        self.grammar.Rules.Commit()
        #添加一个事件处理程序，该处理程序在语音识别发生时回调
        self.eventHandler = ContextEvents(self.context)
        #设置一个语音提示
        self.say("Successfully Started.")

    #定义一个函数进行 TTS 语音输出
```

```
    def say(self, phrase):
        self.speaker.Speak(phrase)

#处理语音对象引发的事件的回调类
class ContextEvents(win32com.client.getevents("SAPI.SpSharedRecoContext")):
    def OnRecognition(self, StreamNumber, StreamPosition, RecognitionType, Result):
        newResult = win32com.client.Dispatch(Result)
        print("You just said: ", newResult.PhraseInfo.GetText())
        speechstr=newResult.PhraseInfo.GetText()

        #定义语音识别关键词及其对应的语音输出信息
        if  speechstr=="您好":
            speaker.Speak("How are you doing?")
        elif  speechstr=="测试":
            speaker.Speak("This is a testing program for speech recognition.")
        elif  speechstr=="欢迎您":
            speaker.Speak("You are welcome to be here")
        elif  speechstr=="新年快乐":
            speaker.Speak("Happy  New Year in 2019")
        elif  speechstr=="作者":
            speaker.Speak("吕鉴涛先生")
        else:
            pass

if __name__ == '__main__':
    speaker.Speak("语音识别系统开启")
    wordsToAdd = ["您好","测试","欢迎您","新年快乐","作者",]
    speechReco = SpeechRecognition(wordsToAdd)
    while True:
        pythoncom.PumpWaitingMessages() #检查是否有任何事件在等待，然后调用适当的回调
```

程序运行后，先输出“语音识别系统开启”的语音提示，然后开启如图 4.3（a）所示的 SAPI 语音识别窗口，等待用户语音输入和进行识别。识别出由麦克风输入的语音之后，程序通过 TTS 引擎输出预先定义好的对应中英文语音。若识别出的语音关键词未在程序中进行定义，则识别窗口出现如图 4.3（b）所示的提示。

4.2.2　Speech

Speech 是一个智能语音模块，其主要功能包括语音识别、将指定文本合成为语音以及将语音信号输出等。我们在编程的时候，通常可利用它来将文本转化为语音输出，以此作为程序运行时的语音提示。

使用 Speech 模块之前，我们需要进行安装。安装过程很简单，打开 Anaconda 控制台，在命令行中输入 pip install speech 命令即可完成在线安装，如图 4.4 所示。

```
(base) C:\Users\Administrator>pip install speech
Collecting speech
  Downloading speech-0.5.2.tar.gz
Building wheels for collected packages: speech
  Running setup.py bdist_wheel for speech ... done
  Stored in directory: C:\Users\Administrator\AppData\
103b9947ef2f7640
Successfully built speech
Installing collected packages: speech
Successfully installed speech-0.5.2
```

图 4.4　安装 Speech 模块

Speech 安装完成后，我们可使用以下示例代码来启动和关闭语音系统：

```
import speech #导入语音识别处理模块
while True:
        phrase =speech.input() #循环等待语音输入
        speech.say("You said %s"%phrase) #语音输出
        if phrase =="turn off": #如果输入语音为“turn off”，则跳出循环并关闭系统
            break
```

运行程序，弹出如图 4.3（a）所示窗口，等待用户语音输入。由此可看出，Speech 模块建立在 Microsoft SAPI 语音识别处理模块基础之上。

下列示例代码演示了如何通过 Speech 模块调用 Microsoft SAPI 语音识别处理模块来对计算机进行简单的语音指令控制。当然，更多的控制命令可通过 elif 语句继续添加对应的操作命令。

```
import sys #用于系统相关操作
import speech #导入智能语音模块
import webbrowser #用于打开指定网络链接

def callback(phr):
    if phr =="关闭语音识别":
        speech.say("Goodbye,Speech Recognition system is closing.")#播放提示语音
        speech.stoplistening() #关闭 SAPI
        sys.exit() #退出程序

    elif phr =="播放电影":
        speech.say("I am preparing the movie for you.") #播放提示语音
        webbrowser.open_new("http://www.youku.com/")   #打开优酷网站

    elif phr =="看新闻":
        speech.say("I want to know what the world is going on") #播放语音提示
        webbrowser.open_new("http://news.baidu.com/") #打开百度新闻网站

    elif phr == "打开控制台":
        speech.say("打开 CMD") #播放语音提示
        os.popen("C:\\Windows\\System32\\cmd.exe") #打开相应可执行程序

while True:
    phr = speech.input() #语音输入
    speech.say("You said %s" % phr) #输入语音回放
    callback(phr) #调用回调函数，执行定义好的相关操作
```

4.2.3 Python_Speech_Features

Python_Speech_Features 工具库提供了诸如 MFCC、SSC、Filterbank 等进行语音识别处理的算法和工具。运行该库需要 NumPy 和 SciPy 的支持，不过在 Anaconda 3 中已经集成了上述依赖库。

Python_Speech_Features 的安装，可打开 Anaconda 控制台，在命令行中执行以下命令来完成：

```
pip install python_speech_features
```

Python_Speech_Features 库包含很多用于语音识别处理的函数，主要函数的功能及其参数说明如表 4-1 所示。

表 4-1　　Python_Speech_Features 库的主要方法、函数功能及其参数说明

函数	功能描述	参数说明	返回值
python_speech_features.base.mfcc(signal, samplerate=16000, winlen=0.025, winstep=0.01, numcep=13, nfilt=26, nfft=512, lowfreq=0, highfreq=None, preemph=0.97, ceplifter= 22, appendEnergy=True, winfunc=<function <lambda>>)	用于计算音频信号的 MFCC 特征	Signal：需要用来计算特征的音频信号，应该是一个 N × 1 的数组。 samplerate：用来工作的信号的采样率。 winlen：分析窗口的长度，按秒计，默认为 0.025s（25ms）。 winstep：连续窗口之间的步长，按秒计，默认为 0.01s（10ms）。 numcep：倒频谱返回的数量，默认为 13。 nfilt：滤波器组的滤波器数量，默认为 26。 nfft：FFT 的大小，默认为 512。 lowfreq：梅尔滤波器的最低边缘，单位为赫兹，默认为 0。 highfreq：梅尔滤波器的最高边缘，单位为赫兹，默认为采样率/2。 preemph：应用预加重过滤器和预加重过滤器的系数，0 表示没有过滤器，默认为 0.97。 ceplifter：将升降器应用于最终的倒谱系数。0 表示没有升降器，默认为 22。 appendEnergy：如果为 True，则将第 0 个倒谱系数替换为总帧能量的对数。 winfunc：分析窗口应用于每个框架。默认情况下不应用任何窗口。你可以在这里使用 NumPy 窗口函数，例如：winfunc=numpy.hamming	一个大小为 numcep 的 NumPy 数组，包含特征，每一行都包含一个特征向量
python_speech_features.base.fbank(signal, samplerate=16000, winlen=0.025, winstep=0.01, nfilt=26, nfft=512, lowfreq=0, highfreq=None, preemph=0.97, winfunc=<function <lambda>>)	用于从音频信号中计算滤波器组的能量特征	signal：需要用来计算特征的音频信号，应该是一个 N × 1 的数组。 samplerate：用来工作的信号的采样率。 winlen：分析窗口的长度，按秒计，默认为 0.025s（25ms）。 winstep：连续窗口之间的步长，按秒计，默认为 0.01s（10ms）。 nfilt：滤波器组的滤波器数量，默认为 26。 nfft：FFT 的大小，默认为 512。 lowfreq：梅尔滤波器的最低边缘，单位为赫兹，默认为 0。 highfreq：梅尔滤波器的最高边缘，单位为赫兹，默认为采样率/2。 preemph：应用预加重过滤器和预加重过滤器的系数，0 表示没有过滤器，默认为 0.97。 winfunc：分析窗口应用于每个框架。默认情况下不应用任何窗口	两个值。第一个是一个包含特征的大小为 nfilt 的 NumPy 数组，每一行都有一个特征向量；第二个是每一帧的能量

续表

函数	功能描述	参数说明	返回值
python_speech_features.base.logfbank(signal, samplerate=16000, winlen=0.025, winstep=0.01, nfilt=26, nfft=512, lowfreq= 0, highfreq=None, preemph=0.97)	用于从音频信号中计算滤波器组能量特征的对数	signal：需要用来计算特征的音频信号，应该是一个 N×1 的数组。 samplerate：用来工作的信号的采样率。 winlen：分析窗口的长度，按秒计，默认为 0.025s（25ms）。 winstep：连续窗口之间的步长，按秒计，默认为 0.01s（10ms）。 nfilt：滤波器组的滤波器数量，默认为 26。 nfft：FFT 的大小，默认为 512。 lowfreq：梅尔滤波器的最低边缘，单位为赫兹，默认为 0。 highfreq：梅尔滤波器的最高边缘，单位为赫兹，默认为采样率/2。 preemph：应用预加重过滤器和预加重过滤器的系数，0 表示没有过滤器，默认为 0.97	一个包含特征的大小为 nfilt 的 NumPy 数组，每一行都有一个特征向量
python_speech_features.base.ssc(signal, samplerate=16000, winlen=0.025, winstep=0.01, nfilt=26, nfft=512, lowfreq=0, highfreq=None, preemph=0.97, winfunc=<function <lambda>>)	该函数用于从一个音频信号中计算子带频谱质心（Sub-band frequency Spectrum Centriod, SSC）特征	signal：需要用来计算特征的音频信号，应该是一个 N×1 的数组。 samplerate：用来工作的信号的采样率。 winlen：分析窗口的长度，按秒计，默认为 0.025s（25ms）。 winstep：连续窗口之间的步长，按秒计，默认为 0.01s（10ms）。 nfilt：滤波器组的滤波器数量，默认为 26。 nfft：FFT 的大小，默认为 512。 lowfreq：梅尔滤波器的最低边缘，单位为赫兹，默认为 0。 highfreq：梅尔滤波器的最高边缘，单位为赫兹，默认为采样率/2。 preemph：应用预加重过滤器和预加重过滤器的系数，0 表示没有过滤器，默认为 0.97。 winfunc：分析窗口应用于每个框架。默认情况下不应用任何窗口。你可以在这里使用 NumPy 窗口函数	一个包含特征的大小为 nfilt 的 NumPy 数组，每一行都有一个特征向量
python_speech_features.base.hz2mel(hz)	用于将赫兹值转换为梅尔值	hz：一个单位为 Hz 的值，也可以是一个 NumPy 数组，转换按元素进行	一个单位为 Mels 的值，如果输入为矩阵，那么返回的也是对应大小的矩阵
python_speech_features.base.mel2hz(mel)	用于将梅尔值转化为赫兹	mel：一个单位为 Mels 的值，也可以是一个 NumPy 数组，转换按元素进行	一个单位为赫兹（Hz）的值。如果输入为矩阵，那么返回的也是对应大小的矩阵

续表

函数	功能描述	参数说明	返回值
python_speech_features.base.get_filterbanks(nfilt=20, nfft=512, samplerate= 16000, lowfreq=0, highfreq=None)	用于计算梅尔滤波器组。过滤器存储在行中，列对应于 FFT 箱。过滤器以大小为 nfilt × (nfft/2 + 1)的数组返回	nfilt：滤波器组的滤波器数量，默认为 20。 nfft：FFT 的大小，默认为 512。 samplerate：用来工作的信号的采样率。 lowfreq：梅尔滤波器的最低边缘，单位为赫兹，默认为 0。 highfreq：梅尔滤波器的最高边缘，单位为赫兹，默认为采样率/2	一个包含有滤波器的大小为 nfilt × (nfft/2 + 1)的数组，每一行都有一个过滤器
python_speech_features.base.lifter(cepstra, L=22)	用于将倒谱提升器应用于倒频谱的矩阵，具有增加高频 DCT 系数的幅度的效果	cepstra：梅尔倒谱矩阵，大小为 numframes* numcep。 L：提升器的系数，默认为 22，L≤0 禁用	经过非线性提升的梅尔倒谱矩阵
python_speech_features.base.delta(feat, N)	该函数用于从特征向量序列计算 delta 特征	feat：一个大小为特征数量的 NumPy 数组，每一行都有一个特征向量。 N：对于每一帧，计算 delta 特征根据前后 N 帧	一个大小为特征数量的 NumPy 数组，包含 delta 特征，每一行都有一个 delta 向量

其他部分函数，可参考其官方网站（参见本书提供的电子资源）提供的相关文档和说明。

我们载入一段音频，并基于 Python_Speech_Features 库提供的部分方法、函数，对其进行特征提取、计算滤波器组能量特征等操作，示例代码如下：

```
from python_speech_features import mfcc #导入语音识别处理相关模块
from python_speech_features import logfbank
import scipy.io.wavfile as wav #用于语音文件载入

(rate,sig) = wav.read("file.wav")  #载入扩展名为“.Wav”的音频文件
mfcc_feat = mfcc(sig,rate)         #MFCC 特征提取
fbank_feat = logfbank(sig,rate)    #计算滤波器组能量特征的对数
#输出结果
print("MFCC Features:")
print(mfcc_feat[1:3,:])
print("LogFBank Features:")
print(fbank_feat[1:3,:])
```

运行程序，输出结果如下所示：

```
MFCC Features:
[[ 10.71418724   0.65467587  12.66442497  12.20203622  10.21107416
    8.60331343   4.15082993   8.92520631  -1.34729738  -4.44255755
  -10.04150621  -3.74170936   2.32340972]
 [ 10.52898246  -0.016614    12.06239233  11.99754532  13.48851916
    3.41548684   6.84523438  -0.67434497  -6.44491038   4.96013413
   -0.9573767   -5.40463856  -1.91392023]]
LogFBank Features:
[[9.12842514 8.83600959 8.34390702 7.45612632 6.31059925 5.71884754
  5.94978788 6.10816139 6.66569151 6.10852763 4.88042298 6.40616337
  6.68031783 5.94260446 6.78643971 6.72003796 6.45653801 6.80945167
  6.81207465 6.71792311 7.13866121 7.38198516 7.25660432 7.44747711
```

```
7.40878833 6.84550136]
[8.60697189 8.96136863 8.29113402 7.07225727 6.26527379 6.52182022
 5.46403012 5.53323409 5.82334149 5.99619178 5.87892352 6.39742827
 6.47865925 5.95523106 6.1985363  6.99646722 7.04239614 7.18084387
 6.58547079 6.51003258 6.63541331 6.93989539 7.07855253 7.40274336
 7.6347817  7.32326388]]
```

4.2.4 SpeechRecognition

SpeechRecognition 是一个用于语音识别开发的 Python 库，它同时支持 Python 2 与 Python 3，支持联机或离线的多个引擎和 API。

打开 Anaconda 控制台，在命令行中执行以下命令即可完成 SpeechRecognition 的在线安装：

```
pip install speechrecognition
```

也可从其官方网站（参见本书提供的电子资源）下载安装文件，然后再进行本地安装。假设下载的安装文件为 SpeechRecognition-3.8.1-py2.py3-none-any.whl，打开 Anaconda 控制台，通过命令行进入文件所在目录，然后通过以下命令执行安装：

```
pip install SpeechRecognition-3.8.1-py2.py3-none-any.whl
```

为确保 SpeechRecognition 能正常工作，需要先安装 PyAudio 模块，因为话筒相关操作需要该模块的支持。安装完成后，可在命令行中输入以下命令进行测试：

```
python  -m speech_recognition
```

执行命令后将进行初始化，并显示以下内容，提醒用户进行语音输入。用户对着话筒等输入设备说话，系统开始进行语音识别。

```
A moment of silence, please…
Set minimum energy threshold to 61.47992657246595
Say something!
Got it! Now to recognize it…
```

该系统默认会启动 Google Speech Recognition 在线语音识别引擎。如果无法连接远程服务，将会显示以下类似文本内容。否则将直接显示语音识别结果，并继续显示文本提示，开启下一轮语音识别尝试。

```
Uh oh! Couldn't request results from Google Speech Recognition service; recognition connection failed: [WinError 10060]
```

该语音识别引擎支持以下几种不同的 API。

① CMU Sphinx。

② Google Speech Recognition。

③ Google Cloud Speech。

④ Microsoft Bing Voice Recognition。

⑤ IBM Speech to Text。

⑥ Houndify。

其中，CMU Sphinx 支持离线语音识别，其他诸如 Microsoft、Google 以及 IBM 等提供的语音识别引擎需在线联机工作。

下列示例代码演示了如何将 SpeechRecognition 和上述 API 联合使用来进行语音识别：

```
#导入 SpeechRecognition 库
```

```
    import speech_recognition as sr

    #从话筒获取语音识别的音频源
    r = sr.Recognizer()
    with sr.Microphone() as source:
        print("Say something!")
        audio = r.listen(source)

    #利用 Cmu Sphinx 进行语音识别
    try:
        print("Sphinx thinks you said " + r.recognize_sphinx(audio))
    except sr.UnknownValueError:
        print("Sphinx could not understand audio")
    except sr.RequestError as e:
        print("Sphinx error; {0}".format(e))

    #利用 Google Speech Recognition 进行语音识别
    try:
    """
    出于测试目的，我们使用默认的 API 密钥。若要使用其他 API 密钥，建议使用'r.recognize_google(audio,
key="GOOGLE_SPEECH_RECOGNITION_API_KEY")'，而不是使用'r.recognize_google(audio) '
    """
        print("Google Speech Recognition thinks you said " + r.recognize_google(audio))
    except sr.UnknownValueError:
        print("Google Speech Recognition could not understand audio")
    except sr.RequestError as e:
        print("Could not request results from Google Speech Recognition service;
{0}".format(e))
    """
    利用 Google Cloud Speech 进行语音识别。
    在 GOOGLE_CLOUD_SPEECH_CREDENTIALS 变量输入 GOOGLE CLOUD SPEECH JSON 凭据文件的内容
    """
    GOOGLE_CLOUD_SPEECH_CREDENTIALS = r"""INSERT THE CONTENTS OF THE GOOGLE CLOUD SPEECH
JSON CREDENTIALS FILE HERE"""
    try:
        print("Google Cloud Speech thinks you said " + r.recognize_google_cloud(audio,
credentials_json=GOOGLE_CLOUD_SPEECH_CREDENTIALS))
    except sr.UnknownValueError:
        print("Google Cloud Speech could not understand audio")
    except sr.RequestError as e:
        print("Could not request results from Google Cloud Speech service; {0}".format(e))

    # 利用 Microsoft Bing Voice Recognition 进行语音识别
    BING_KEY = "INSERT BING API KEY HERE"  # Microsoft Bing Voice Recognition API keys
32-character lowercase hexadecimal strings
    try:
        print("Microsoft Bing Voice Recognition thinks you said " + r.recognize_bing(audio,
key=BING_KEY))
    except sr.UnknownValueError:
        print("Microsoft Bing Voice Recognition could not understand audio")
    except sr.RequestError as e:
        print("Could not request results from Microsoft Bing Voice Recognition service;
{0}".format(e))
```

```
    #利用 Houndify 进行语音识别。Houndify 客户端 ID 是 Base64 编码字符串
    HOUNDIFY_CLIENT_ID = "INSERT HOUNDIFY CLIENT ID HERE"
    #加密客户端密钥是 Base64 编码字符串
    HOUNDIFY_CLIENT_KEY = "INSERT HOUNDIFY CLIENT KEY HERE"
    try:
        print("Houndify thinks you said " + r.recognize_houndify(audio, client_id=HOUNDIFY_CLIENT_
ID, client_key=HOUNDIFY_CLIENT_KEY))
    except sr.UnknownValueError:
        print("Houndify could not understand audio")
    except sr.RequestError as e:
        print("Could not request results from Houndify service; {0}".format(e))

    """
    利用 IBM Speech to Text 进行语音识别
    IBM Speech to Text 的用户名是格式为××××××××-××××-××××-××××-××××××××××××
的字符串
    """
    IBM_USERNAME = "INSERT IBM SPEECH TO TEXT USERNAME HERE"
    #IBM Speech to Text 密码是混合大、小写字母和数字的字符串
    IBM_PASSWORD = "INSERT IBM SPEECH TO TEXT PASSWORD HERE"
    try:
        print("IBM Speech to Text thinks you said " + r.recognize_ibm(audio, username=IBM_
USERNAME, password=IBM_PASSWORD))
    except sr.UnknownValueError:
        print("IBM Speech to Text could not understand audio")
    except sr.RequestError as e:
        print("Could not request results from IBM Speech to Text service; {0}".format(e))
```

运行程序，可从话筒获取语音，然后通过几种不同的语音识别引擎尝试进行识别。

我们也可从已有的音频文件中直接获取语音进行识别，除了获取语音的方式有所不同之外，识别过程基本相同。示例代码如下：

```
    from os import path #用于处理文件目录路径
    #获取与此 Python 文件位于同一文件夹中的测试音频文件的路径
    AUDIO_FILE = path.join(path.dirname(path.realpath(__file__)), "English.wav")
    # AUDIO_FILE = path.join(path.dirname(path.realpath(__file__)), "French.aiff")
    # AUDIO_FILE = path.join(path.dirname(path.realpath(__file__)), "Chinese.flac")

    # 使用音频文件作为语音识别的音频源
    r = sr.Recognizer()
    with sr.AudioFile(AUDIO_FILE) as source:
        audio = r.record(source)  # 读取整个音频文件
```

作为语音识别音频源的文件，除了常见的扩展名“.wav”，也可以是“.aiff”以及“.flac”等。通过话筒获取语音并存储为不同格式文件的示例代码如下：

```
    import speech_recognition as sr #导入语音识别模块
    r = sr.Recognizer() #从话筒获取语音
    with sr.Microphone() as source:
        print("Say something!")
        audio = r.listen(source)
    # 将音频写入.raw 格式文件
```

```
with open("microphone-results.raw", "wb") as f:
    f.write(audio.get_raw_data())
#将音频写入.wav 格式文件
with open("microphone-results.wav", "wb") as f:
    f.write(audio.get_wav_data())
#将音频写入.aiff 格式文件
with open("microphone-results.aiff", "wb") as f:
    f.write(audio.get_aiff_data())
#将音频写入.flac 格式文件
with open("microphone-results.flac", "wb") as f:
f.write(audio.get_flac_data())
```

语音识别对环境有一定的要求，环境噪声和干扰对语音识别有很大的影响。我们可通过以下示例代码来校准环境噪声级的识别器能量阈值：

```
r = sr.Recognizer()#从话筒获取语音
with sr.Microphone() as source:
    #倾听 1 秒以校准能量阈值
    r.adjust_for_ambient_noise(source)
    print("Say something!")
    audio = r.listen(source)
```

4.3　MFCC 语音特征值提取算法

特征值提取，在模式识别领域是很常见的一种算法和手段。特征值看上去好像很陌生，其实在我们日常生活中无处不在。我们使用的各种身份标志或者 ID，都可视为我们在不同系统中的特征值。例如，我们的身份证号码是一个由 18 位数字组成的特征值。正常情况下，通过该特征值，计算机对我们的身份进行识别的成功率是 100%。我们在微信、支付宝或 E-mail 等系统登录所用的账号皆为特征值。这些各种类型的特征值组合在一起，构成了识别我们网络身份的一个特征向量。

MFCC 在语音识别领域就是这样的一组特征向量，它通过对语音信号（频谱包络与细节）进行编码运算来得到。MFCC 有 39 个系数，其中包含 13 个静态系数、13 个一阶差分系数，以及 13 个二阶差分系数。差分系数用来描述动态特征，也就是声学特征在相邻帧间的变化情况。这些系数都是通过离散余弦变换（Discrete Cosine Transform，DCT）计算而来。

4.3.1　MFCC 语音特征值提取算法简介

MFCC 意为梅尔频率倒谱系数，顾名思义，MFCC 语音特征提取包含两个关键步骤：将语音信号转化为梅尔频率，然后进行倒谱分析。梅尔频谱是一个可用来代表短期音频的频谱，梅尔刻度（Mel Scale）则是一种基于人耳对等距的音高变化的感官判断而确定的非线性频率刻度。梅尔频率和正常的频率 f 之间的关系如公式 4.3.1 所示。

$$mel(f)=2595\lg\left(1+\frac{f}{700}\right) \quad \text{（公式 4.3.1）}$$

当梅尔刻度均匀分布，则对应的频率之间的距离会越来越大。梅尔刻度的滤波器组在低频部分的分辨率高，跟人耳的听觉特性比较相符，这也是梅尔刻度的物理意义所在。在梅尔频域内，人对音调的感知度为线性关系，如果两段语音的梅尔频率相差两倍，则人耳听起来两者的音调也相差两倍。

转化为梅尔频率时，首先对时域信号进行离散傅里叶变换，将信号转换到频域，然后再利用梅尔刻度的滤波器组对频域信号进行切分，使每个频率段对应一个数值。倒谱（Cepstrum）通过对一个时域信号进行傅里叶变换后取对数，并再次进行反傅里叶变换（Inverse Fast Fourier Transform，IFFT）得到。倒谱可分为复倒谱（Complex Cepstrum）、实倒谱（Real Cepstrum）和功率倒谱（Power Cepstrum）。倒谱分析可用于信号分解，也就是将两个信号的卷积转化为两个信号的相加。

MFCC 的物理含义，简而言之，可理解为语音信号的能量在不同频率范围的分布。如果将计算出的倒谱系数的低位部分进行反傅里叶变换，就可得到如图 4.5 虚线所示的代表语音低频信息的频谱包络，图中实线则为一段示例语音频谱。

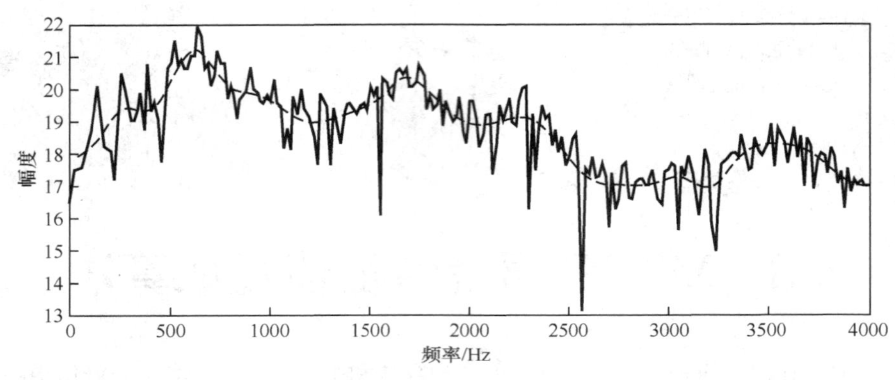

图 4.5　语音频谱示意图

人的发声过程可看成是肺里的气流通过声带这个线性系统。如果用 $e(t)$ 表示声音的输入激励（音高），$h(t)$ 表示声带的响应（也即我们需要获取的语音特征），那么听到的语音信号 $x(t)$ 即为二者的卷积：

$$x(t) = e(t) * h(t)$$

$x(t)$为时域信号，对其进行离散傅里叶变换则可得到其频域信号 $X(k)$，亦即频谱：

$$X(k)=DFT(x(t))$$

时域信号的卷积在频域内则可表示为二者的乘积：

$$X(k)= E(k) \cdot H(k)$$

通常，在频域分析中我们只关注频谱的能量而忽略其相位信息，即：

$$\|X(k)\|= \|E(k)\| \ \|H(k)\|$$

对频谱进行对数运算：

$$\log\|X(k)\|=\log \|E(k)\|+\log\|H(k)\|$$

然后进行反傅里叶变换：

$$c(n)=IFFT(\log\|X(k)\|)=IFFT(\log \|E(k)\|)+IFFT(\log\|H(k)\|)$$

$c(n)$即为倒谱系数，已经和原始的时域信号 $x(t)$不一样，并且时域信号的卷积关系已经转化成为频域信号的线性相加关系。总之，倒谱就是将时域语音信号经离散傅里叶变换成为频域信号（频谱），接着进行对数运算，再进行反傅里叶变换。该过程如图 4.6 所示。

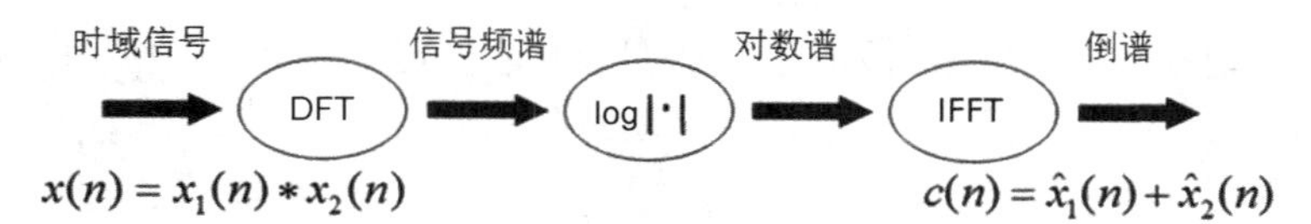

图 4.6　倒谱系数计算过程示意图

图 4.7 所示为一个音频信号频谱示意图。其中，上部为原始频谱信号，中部为频谱信号包络，下部为频谱信号细节。该信号可用其频谱包络与频谱细节两者的卷积来表示。

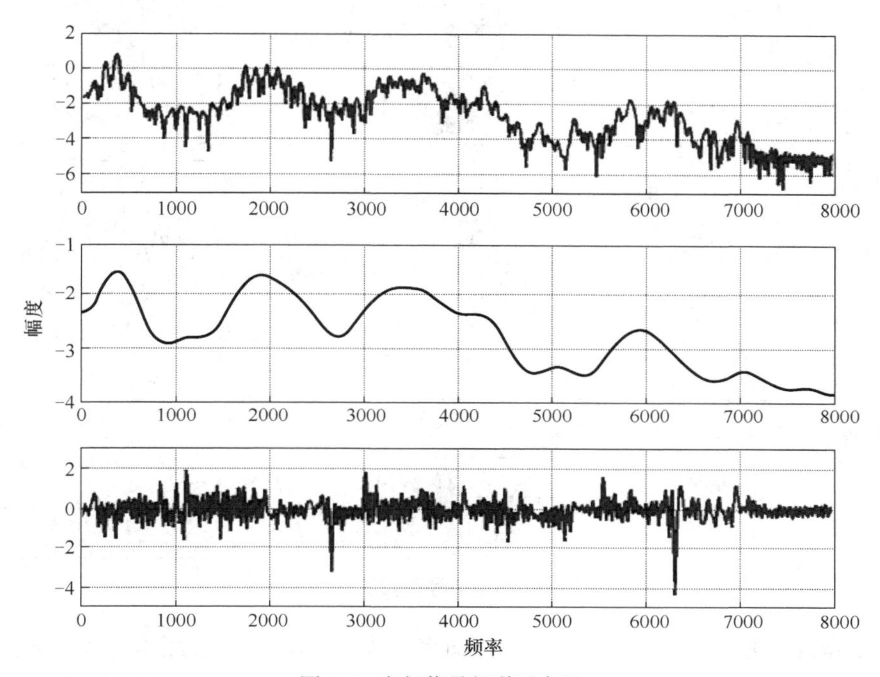

图 4.7　音频信号频谱示意图

频谱的峰值即为共振峰，它决定了信号频域的包络，包络部分对应的是频谱的低频信息，它是辨别声音的重要信息。进行倒谱分析的主要目的，就是获得频谱的包络信息。细节部分对应的是频谱的高频信息。因为倒谱分析已经将两部分对应的时域信号的卷积关系转化为频域信号的线性相加关系，所以，只需将倒谱通过一个低通滤波器即可获得包络部分对应的低频时域信号。

4.3.2　语音信号分帧

语音信号属于准稳态信号，这也意味着，在一定的短时长内信号会保持平稳状态。这个短时长一般为 10～30ms，在这一区间（即为帧）内，可将语音信号看成稳态信号，只有稳态的信号才能进行信号处理。

语音信号处理经常要达到的一个目标，就是要了解语音信号中各频率成分的分布情况。达到该目标的常用数学工具是傅里叶变换，而傅里叶变换要求输入信号必须是平稳的。因此，在对语音信号进行处理时，为了减少信号整体的非稳态、时变的影响，我们需要对信号进行分帧处理。

信号分帧示意如图 4.8 所示。信号分帧时一般会涉及一个加窗操作，即将原始信号与一个窗函数相乘。当我们用计算机进行信号处理时，不可能对无限长的信号进行测量和运算，而是取其有限的时间片段进行分析。通常的做法是，从信号中截取一个时间片段，然后用截取的信号时间片段进行周期延拓处理，得到虚拟的无限长的信号，接着就可对信号进行傅里叶变换等相关数学处理。

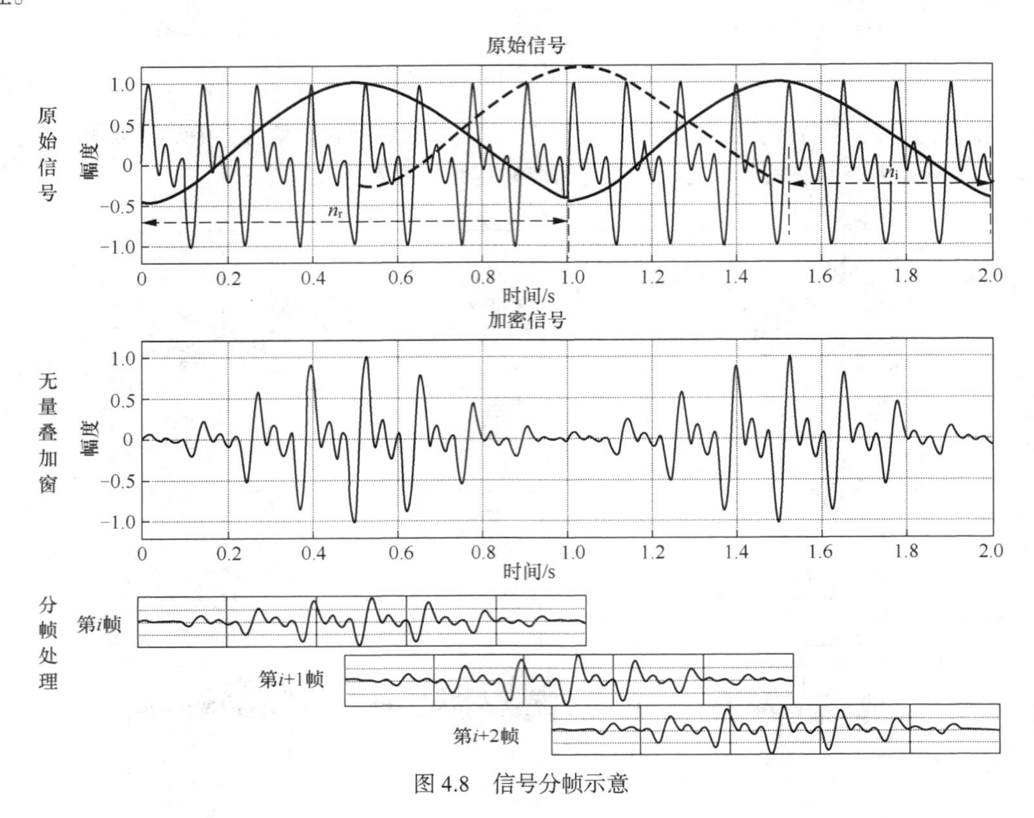

图 4.8 信号分帧示意

无限长的信号被截断以后，其频谱会发生畸变，从而导致频谱能量泄漏。为了减少这种能量泄漏，我们可采用不同的截取函数对信号进行截断。执行截断操作的函数称为窗函数，简称为窗。常用的窗函数有矩形窗、三角窗、汉明（Hamming）窗及汉宁（Hanning）窗等。

汉宁窗也叫升余弦窗，是很有用的窗函数。如果测试信号有多个频率分量、频谱表现非常复杂、测试目的更多在于关注频率点而非能量大小，则需选择汉宁窗。汉宁窗主瓣加宽并降低，旁瓣则显著减小，从减少泄漏的观点出发，汉宁窗明显优于矩形窗。但汉宁窗主瓣加宽，相当于分析带宽加宽，频率分辨率下降，它与矩形窗相比，泄漏以及波动等皆较小，选择性则相应较高。

汉明窗是用加权余弦形成的锥形窗，也称之为改进的升余弦窗，只是加权系数不同，其旁瓣更小，但其旁瓣衰减速度较之汉宁窗要慢。汉明窗是以著名的美国数学家理查德 · 卫斯里 · 汉明（Richard Wesley Hamming）的名字来命名的，其定义如下：

$$w(n) = 0.54 - 0.46\cos\left(\frac{2\pi n}{M-1}\right) \quad (0 \leqslant n \leqslant M-1) \qquad \text{（公式 4.3.2）}$$

以下示例代码演示了如何利用 SciPy.signal 信号处理工具包生成汉明窗和汉宁窗：

```
import pylab as pl #导入绘图工具包
import scipy.signal as signal #导入信号处理工具包
pl.figure(figsize=(6,2))
pl.plot(signal.hanning(512),"b-",label="Hanning")  #绘制汉宁窗
pl.plot(signal.hamming(512),"r--",label="Hamming") #绘制汉明窗
```

```
pl.title("Demo Hannming & Hamming Window") #显示标题
pl.legend() #显示图例
pl.show()
```

运行程序，显示如图 4.9（a）所示的结果。其中，实线代表汉宁窗，虚线代表汉明窗。

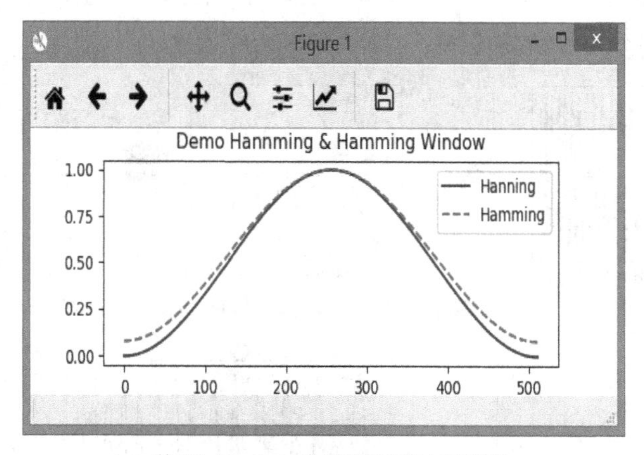

（a）基于SciPy.signal生成的汉宁窗与汉明窗

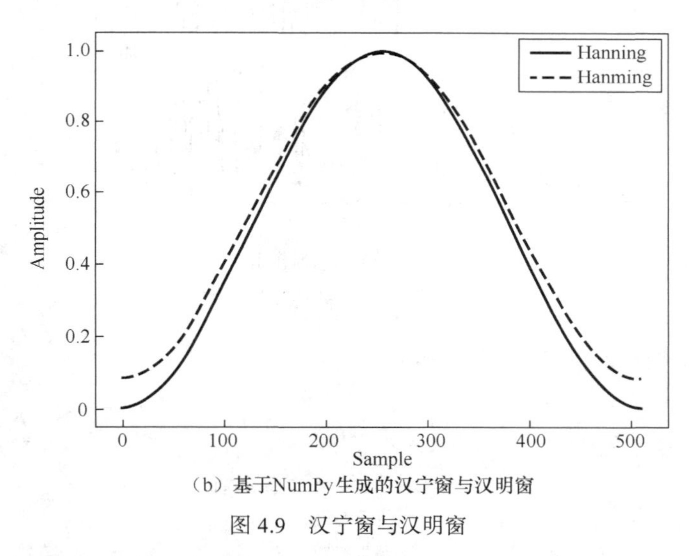

（b）基于NumPy生成的汉宁窗与汉明窗

图 4.9　汉宁窗与汉明窗

除了 SciPy.signal，我们也可用 NumPy 来生成汉宁与汉明窗，示例代码如下：

```
import matplotlib.pyplot as plt #导入绘图工具包
import numpy as np          #导入 NumPy 工具包
hanWin=np.hanning(512)      #定义汉宁窗
hamWin=np.hamming(512)      #定义汉明窗
plt.plot(hanWin,"y-",label="Hanning")   #绘制汉宁窗
plt.plot(hamWin,"b--",label="Hanming")  #绘制汉明窗
plt.title("Hamming & Hanning window")
plt.ylabel("Amplitude")     #y 轴名称
plt.xlabel("Sample")        #x 轴名称
plt.legend() #显示图例
plt.show()
```

运行程序，输出结果如图 4.9（b）所示。其中，实线代表汉宁窗，虚线代表汉明窗。

信号加窗，从数学本质上而言，就是将原始信号与一个窗函数相乘。进行加窗操作之后，我们就可以对信号进行傅里叶展开。加窗的代价是，一帧信号的两端部分将会被削弱，如图 4.10（a）所示。所以，在进行信号分帧处理时，帧与帧之间需要有部分重叠。相邻两帧重叠后，其起始位置的时间差称之为帧移，即步长（Stride）。

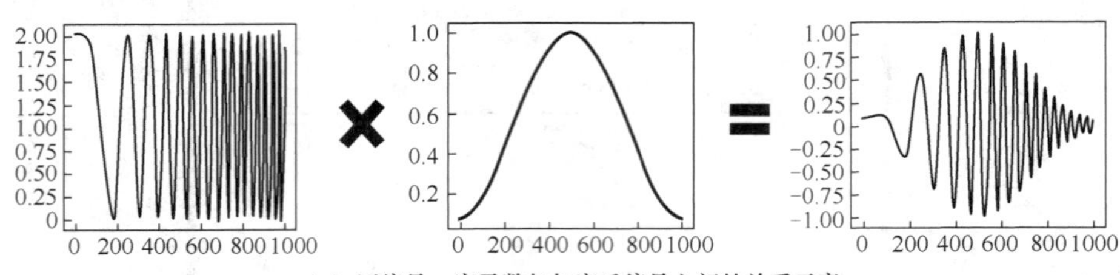

（a）原信号、窗函数与加窗后信号之间的关系示意

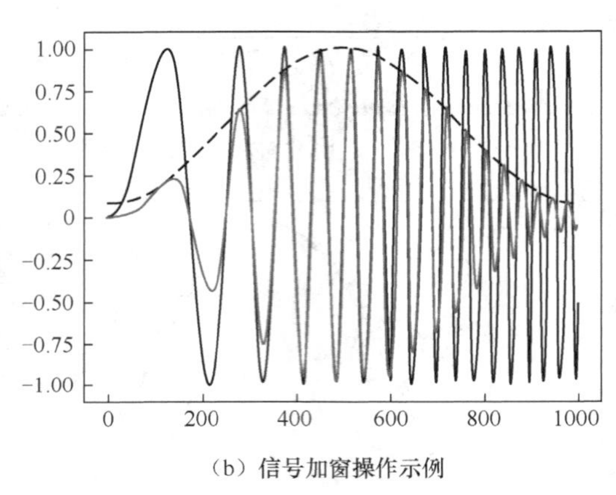

（b）信号加窗操作示例

图 4.10　信号加窗

以下代码为一个简单的信号加窗操作示例：

```
#导入相关处理模块
import numpy as np  #导入 NumPy 工具包
import matplotlib.pyplot as plt     #导入图像处理工具包
import scipy.signal as signal       #导入信号处理工具包
x = np.linspace(0, 10, 1000)   #定义 x 轴样本分布。样本编号从 0 开始，总数为 1000，间隔为 10
originWav=np.sin(x**2)         #定义一个示例原信号 sin(x**2)
win=signal.hamming(1000)       #定义一个窗函数，这里用的是汉明窗
winFrame=originWav*win         #原信号与窗函数相乘得到加窗信号
#结果可视化
plt.title("Signal Chunk with Hamming Window")
plt.plot(originWav)
plt.plot(win)
plt.plot(winFrame)
plt.legend()
plt.show()
```

运行程序，结果如图 4.10（b）所示。其中，蓝色波形为原信号，橙色波形为窗函数，绿色波形为加窗操作后的信号。

假设 x 为语音信号，w 为窗函数，则分帧信号如公式 4.3.3 所示。

$$y(n)=\sum_{n=-(N/2)+1}^{N/2} x(m)w(n-m) \qquad \text{（公式 4.3.3）}$$

其中，$w(n-m)$ 为窗口序列。当 n 取不同值时，窗口 $w(n-m)$ 沿 $x(m)$ 序列滑动。因此，$w(n-m)$ 是一个“滑动的”窗口。$y(n)$ 为短时傅里叶变换（SIFT）。由于窗口是有限长度的，满足绝对可和条件，所以这个变换的前提条件是存在的，这也是信号分帧的理论依据。

以下示例代码从指定文件夹读取一个音频文件，然后将该音频信号分帧并显示其中一个分帧信号的波形：

```
import matplotlib.pyplot as plt
import numpy as np
import wave   #导入波形处理工具包
import os     #导入 os 工具包用于文件目录处理

def audioSignalFrame(signal, nw, inc):
  '''
  该函数用于将音频信号分帧。
  参数说明。
  signal：原始音频信号。
  nw：每一帧的长度(这里指采样点的长度，即采样频率乘以时间间隔)。
  inc：相邻帧的间隔
  '''
  #信号总长度
  signal_length=len(signal)
  #若信号长度小于一个帧的长度，则帧数定义为 1
  if signal_length<=nw:
    nf=1
  #否则，计算帧的总长度
  else:
    nf=int(np.ceil((1.0*signal_length-nw+inc)/inc))
  #所有帧加起来总的铺平后的长度
  pad_length=int((nf-1)*inc+nw)
  #长度不够时使用 0 填补，类似于 FFT 中的扩充数组操作
  zeros=np.zeros((pad_length-signal_length,))
  #填补后的信号
  pad_signal=np.concatenate((signal,zeros))
  #相当于对所有帧的时间点进行抽取，得到 nf×nw 长度的矩阵
  indices=np.tile(np.arange(0,nw),(nf,1))+np.tile(np.arange(0,nf*inc,inc),(nw,1)).T
  #将 indices 转化为矩阵
  indices=np.array(indices,dtype=np.int32)
  #得到帧信号
  frames=pad_signal[indices]
  return frames

#定义一个函数用于读取音频文件
def readSignalWave(filename):
  f = wave.open(filename,'rb')
  params = f.getparams()
  nchannels, sampwidth, framerate, nframes = params[:4]
  #读取音频，字符串格式
```

```
    strData = f.readframes(nframes)
    #将字符串转化为 int
    waveData = np.fromstring(strData,dtype=np.int16)
    f.close()

    #信号幅值归一化
    waveData = waveData*1.0/(max(abs(waveData)))
    waveData = np.reshape(waveData,[nframes,nchannels]).T
    return waveData

if __name__=='__main__':
    #指定音频文件所在路径
    filepath = "./audio/"
    #获取文件夹下所有文件名
    dirname= os.listdir(filepath)
    #选择文件夹下的第一个文件
    filename = filepath+dirname[0]
    #读取音频文件
    data = readSignalWave(filename)

    #初始化每帧长度以及帧间隔
    nw = 512
    inc = 128
    #信号分帧
    Frame = audioSignalFrame(data[0], nw, inc)

    #显示原信号
    plt.plot(data[0])
    plt.title("Original Singal")
    plt.show()

    #显示第一分帧信号
    plt.plot(Frame[0])
    plt.title("First Frame")
    plt.show()
```

运行程序，输出结果如图 4.11 所示。其中，图 4.11（a）为原信号波形，图 4.11（b）为第一分帧信号波形。

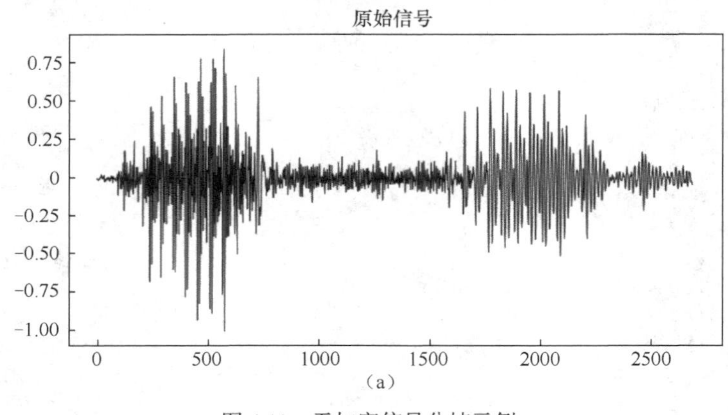

（a）

图 4.11　无加窗信号分帧示例

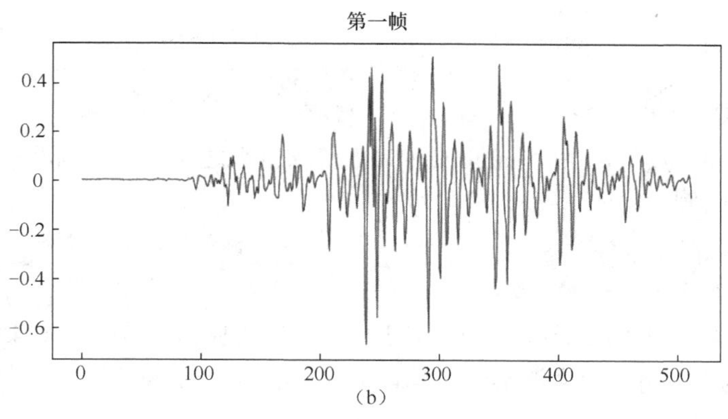

（b）

图 4.11　无加窗信号分帧示例（续）

上面的代码中，没有对信号进行加窗操作。若要执行信号加窗操作，只需将分帧函数audioSignalFrame(signal, nw, inc)稍作修改，按照以下示例代码，重新定义即可：

```
def audioSignalFrame(signal, nw, inc,winfunc):
  '''
  该函数用于将音频信号分帧。
  参数说明。
  signal：原始音频信号。
  nw：每一帧的长度（这里指采样点的长度，即采样频率乘以时间间隔）。
  inc：相邻帧的间隔
  '''
  #信号总长度
  signal_length=len(signal)
  #若信号长度小于一个帧的长度，则帧数定义为 1
  if signal_length<=nw:
    nf=1
  #否则，计算帧的总长度
  else:
    nf=int(np.ceil((1.0*signal_length-nw+inc)/inc))
  #所有帧加起来总的铺平后的长度
  pad_length=int((nf-1)*inc+nw)
  #长度不够的使用 0 填补，类似于 FFT 中的扩充数组操作
  zeros=np.zeros((pad_length-signal_length,))
  #填补后的信号
  pad_signal=np.concatenate((signal,zeros))
  #相当于对所有帧的时间点进行抽取，得到 nf×nw 长度的矩阵
indices=np.tile(np.arange(0,nw), (nf,1))+np.tile(np.arange(0,nf*inc,inc),(nw,1)).T
  #将 indices 转化为矩阵
  indices=np.array(indices,dtype=np.int32)
  #得到帧信号
  frames=pad_signal[indices]

#窗函数，这里默认取 1
  win=np.tile(winfunc,(nf,1))

  #返回加窗的帧信号矩阵
  return frames*win
```

主程序对 audioSignalFrame()函数的调用，因参数的增加也稍作如下调整，假设我们的窗函数

为汉明窗。

```
winfunc = signal.hamming(nw)
Frame = enframe(data[0], nw, inc, winfunc)
```

除了用信号处理工具包提供的 hamming()来定义窗函数之外，我们也可根据公式 4.3.2，来自定义汉明窗函数，示例代码如下：

```
def hamming(n):
return 0.54 - 0.46 * cos(2 * pi / n * (arange(n) + 0.5))
```

运行程序，结果如图 4.12 所示。其中，图 4.12（a）为原信号波形，图 4.12（b）为汉明窗函数，图 4.12（c）为第一分帧信号波形。

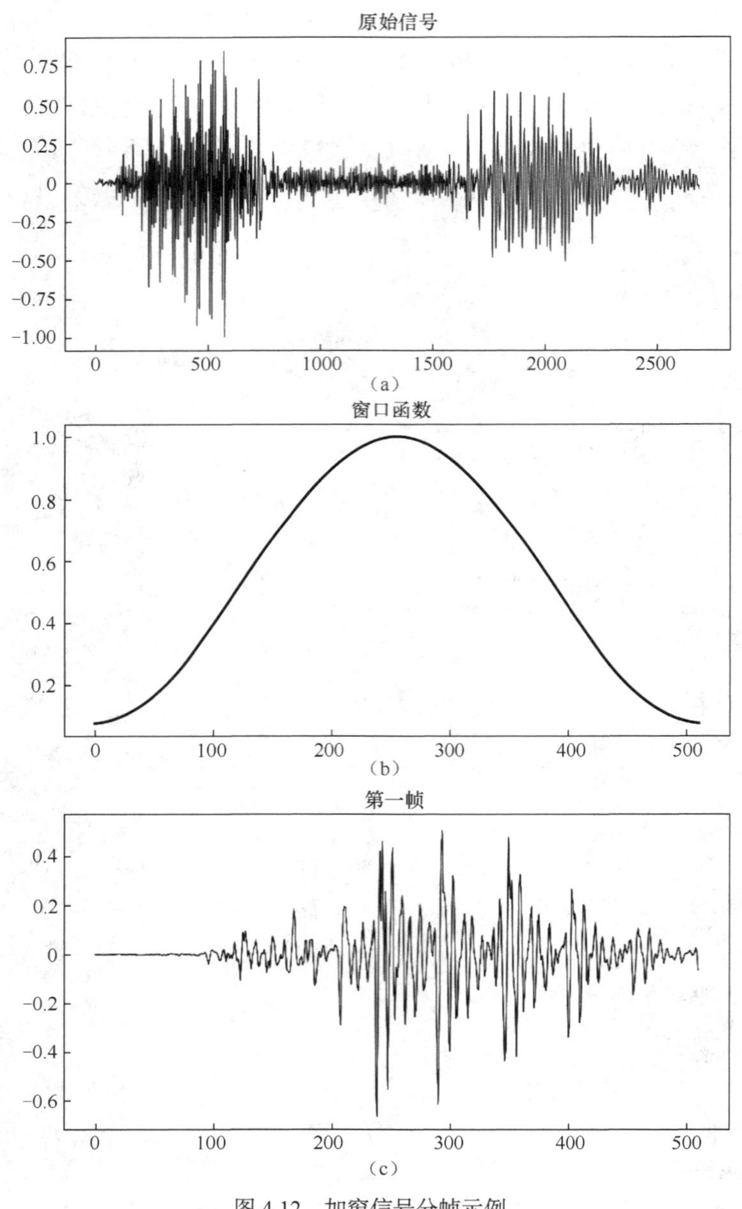

图 4.12　加窗信号分帧示例

语音信号在进行分帧之前，一般需要进行一个预加重操作。语音信号的预加重，是为了对语音的高频部分进行加重，使信号变得平坦，保持在低频到高频的整个频带中能用同样的信噪比求频谱。同时，也为了消除发声过程中声带和嘴唇的口唇辐射效应，补偿语音信号受到发音系统所抑制的高频部分，增加语音的高频分辨率。

我们一般通过一阶有限长单位冲激响应（Finite Impulse Response，FIR）高通数字滤波器来实现预加重。FIR 滤波器以 $H(z)=1-az^{-1}$ 作为传递函数，其中 a 为预加重系数，$0.9< a <1.0$。假设 t 时刻的语音采样值为 $x(t)$，经过预加重处理后的结果为 $y(t)=x(t)-ax(t-1)$。a 一般取默认值 0.95。

信号的预加重处理示例代码如下：

```
def preemphasis(signal, coeff=0.95):
"""
对输入信号进行预加重。
参数说明。
signal：要滤波的输入信号
coeff：预加重系数。0 表示无过滤，默认为 0.95。
返回值：滤波信号
"""
return numpy.append(signal[0], signal[1:] - coeff * signal[:-1])
```

4.3.3　计算 MFCC 系数

由于信号在时域上的变换通常很难被看出特征，因此，通常将它转换为频域上的能量分布以便于观察。不同的能量分布，代表不同语音的特征。语音原信号在与窗函数（例如汉明窗）相乘后，每帧还必须再经过快速傅里叶变换以得到在频谱上的能量分布。对语音信号分帧加窗后的各帧信号进行快速傅里叶变换得到各帧的频谱，然后对频谱进行取模平方运算后即为语音信号的功率谱。

对信号幅度谱、功率谱以及对数功率谱的计算示例代码如下：

```
def magspec(frames, NFFT):
"""计算帧中每个帧的幅度谱。如果帧为 N*D 的矩阵，则输出 N*(NFFT/2+1)。

参数说明。
frames：前面分帧函数得到的帧矩阵，每行为一帧。
NFFT：要使用的 FFT 长度. 如果 NFFT > 帧长度，则对帧进行 0 填充。
返回值：如果帧是 N*D 矩阵，则输出为 N*(NFFT/2+1)，每一行为相应帧的幅度谱
"""
  if numpy.shape(frames)[1] > NFFT:
  logging.warn(
  'frame length (%d) is greater than FFT size (%d), frame will be truncated. Increase
NFFT to avoid.',
  numpy.shape(frames)[1], NFFT)
  complex_spec = numpy.fft.rfft(frames, NFFT)
  return numpy.absolute(complex_spec)

def power_spectrum(frames,NFFT):
    '''计算每一帧傅里叶变换以后的功率谱，如果帧为 N*D 矩阵，则输出 N*(Nfft/2+1)。
    参数说明。
    frames：前面定义过的 audioSignalFrame()函数计算出来的帧矩阵，每行为一帧。
```

```
    NFFT：FFT的大小
    '''
    #功率谱等于每一点的幅度的平方/NFFT
    return 1.0/NFFT * numpy.square(spectrum_magnitude(frames,NFFT))

def log_power_spectrum (frames,NFFT,norm=1):
    '''计算每一帧的功率谱的对数形式。
    参数说明。
    frames：帧矩阵，即 audioSignalFrame()返回的矩阵。
    NFFT：FFT变换的大小。
    norm：范数，即归一化系数
    '''
    spec_power= power_spectrum (frames,NFFT)
    #为了防止出现功率谱等于0（因为0无法取对数）
    spec_power[spec_power<1e-30==1e-30
    log_spec_power=10*numpy.log10(spec_power)
    if norm:
        return log_spec_power-numpy.max(log_spec_power)
    else:
        return log_spec_power
```

此外，信号每一帧的音量（即能量），也是语音的重要特征，而且非常容易计算。因此，通常会再加上一帧的能量，使得每一帧基本的语音特征增加一个维度，包括一个对数能量和倒谱参数。标准的倒谱参数 MFCC，只反映了语音参数的静态特征，语音参数的动态特征可以用这些静态特征的差分谱来描述。

MFCC 的全部组成如下：N 维 MFCC 系数(N/3 MFCC 系数+ N/3 一阶差分系数+ N/3 二阶差分系数)+帧能量。以语音识别中常用的 39 维 MFCC 为例，即为：13 个静态系数 ＋13 个一阶差分系数（Delta 系数）＋13 个二阶差分系数（Delta-Delta 系数）。其中，差分系数用来描述动态特征，即声学特征在相邻帧间的变化情况。

在 MFCC 计算中还涉及频率与梅尔刻度之间的转换，其转换方式可参照公式 4.3.1，即 $m = 2595\lg\left(1+\frac{f}{700}\right)$ 来进行。示例代码如下：

```
def hz2mel(hz):
    '''将频率转化为梅尔刻度
    参数说明。
    hz：频率
    '''
    return 2595*numpy.log10(1+hz/700.0)
```

由公式 4.3.1 换算可得公式 4.3.4 如下：

$$f = 700(10^{m/2595} - 1) \quad \text{（公式 4.3.4）}$$

参照公式 4.3.4，即可实现梅尔刻度到频率（以 Hz 为单位）表示的转换，示例代码如下：

```
def mel2hz(mel):
    '''将梅尔刻度转化为频率
    参数说明。
    mel：梅尔刻度
```

```
    '''
    return 700* (10**(mel/2595.0)-1)
```

Delta 系数的计算如公式 4.3.5 所示。

$$d_t = \frac{\sum_{n=1}^{N} n(c_{t+n} - c_{t-n})}{2\sum_{n=1}^{N} n^2} \qquad \text{（公式 4.3.5）}$$

其中，d_t 为 Delta 系数，从帧 t 根据静态系数 c_{t-N} 到 c_{t+N} 计算得到，N 一般取值为 2。Delta-Delta（加速度）系数的计算方法相同，但它们是根据 Delta 而不是静态系数来进行计算得到的。计算 Delta 系数的示例代码如下：

```
def delta(feat, N):
    """从特征向量序列计算 Delta 系数。
    参数说明。
    feat：包含特征的大小为 NUMFRAMES 的 NumPy 的数组，其中，每行包含 1 个特征向量。
    N：对于每个帧，根据前面和后面的 N 帧来计算 Delta。
    返回值：包含 Delta 特征的大小为 NUMFRAMES 的 NumPy 数组，每行包含 1 个 Delta 特征向量
    """
    if N<1:
        raise ValueError('N must be an integer >= 1')
    NUMFRAMES = len(feat)
    denominator = 2 * sum([i**2 for i in range(1, N+1)])
    delta_feat = numpy.empty_like(feat)
    padded = numpy.pad(feat, ((N, N), (0, 0)), mode='edge')   # padded version of feat
    for t in range(NUMFRAMES):
        delta_feat[t]  =  numpy.dot(numpy.arange(-N,  N+1),  padded[t  :  t+2*N+1])  /
denominator   # [t : t+2*N+1] == [(N+t)-N : (N+t)+N+1]
          return delta_feat
```

当然，我们也可直接应用 Python_Speech_Features 工具包提供的 API，以更为方便和快捷的方式来实现上述诸多功能。具体的函数及其参数与功能描述在表 4-1 中已经详细介绍，在此不再赘述。

对一个给定的语音信号，其 MFCC 系数计算提取的过程如图 4.13 所示。对其中几个主要步骤，包括对语音信号进行预加重、短时傅里叶变换、定义滤波器组以及计算 MFCC 系数等，我们将分别辅以示例代码来阐述其实现方式。

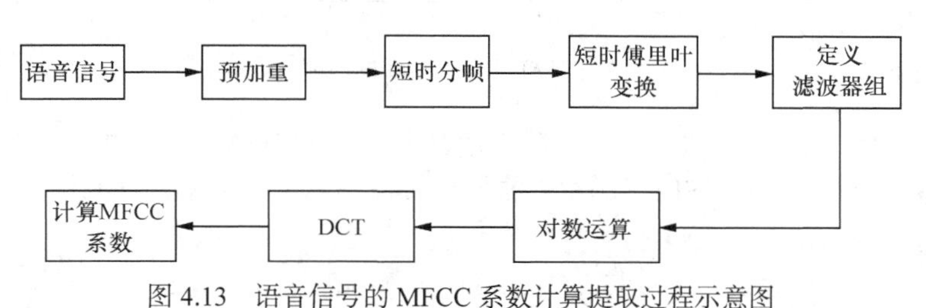

图 4.13　语音信号的 MFCC 系数计算提取过程示意图

1. 对语音信号进行预加重

```
import numpy as np
import matplotlib.pyplot as plt #绘图工具包
from python_speech_features.sigproc import * #语音处理工具包
from python_speech_features import *
```

```
from scipy.fftpack import dct
import scipy.io.wavfile as wav #导入信号处理工具包，主要用于波形信号处理

#从指定的目录位置读入语音信号
sample_rate, signal = wav.read('./audio/test.wav')
#保留语音信号的前 3.5 秒
sigal = signal[0:int(3.5 * sample_rate)]
#信号预加重
emphasized_signal=preemphasis(signal,coeff=0.95)
#显示信号
plt.plot(signal)
plt.title("Original Signal")
plt.show()

plt.plot(emphasized_signal)
plt.title("Preemphasis Signal")
plt.show()
```

运行程序，输出结果如图 4.14 所示。其中，深色为原信号波形，浅色为预加重信号波形。

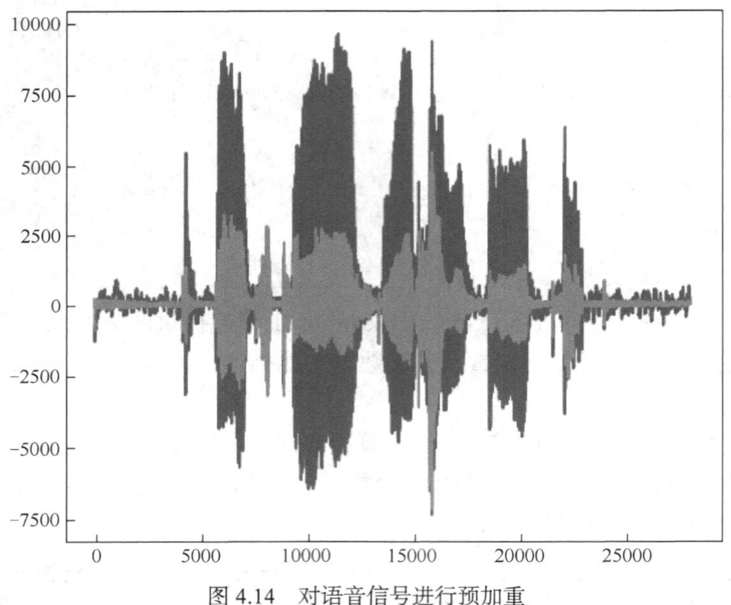

图 4.14　对语音信号进行预加重

上述示例代码中，对信号进行预加重使用的是 preemphasis(signal, coeff) 函数，它是 python_speech_features.sigproc 的内置函数。我们也可使用以下代码来实现同样的效果：

```
pre_emphasis = 0.95
emphasized_signal = numpy.append(signal[0], signal[1:] - pre_emphasis * signal[:-1])
```

2. 对语音信号进行短时傅里叶变换

在对语音信号进行处理之前，我们需要对不稳定的语音信号进行短时分帧以获取傅里叶变换必需的稳定信号。语音处理范围内的典型帧大小范围为 20ms～40ms，连续帧之间重叠 50%左右，因此一般将帧长度设置为 25 ms。短时傅里叶变换（Short-Time Fourier Transform，SIFT）在 MFCC 计算过程中主要用于短时分帧处理后，通过对信号进行时域到频域的转换来获取语音信号的频谱。

```
#对信号进行短时分帧处理
frame_size=0.025 #设置帧长
frame_stride=0.1 #设置帧移,即步长
#计算帧对应采样数(frame_length)以及步长对应采样数(frame_step)
frame_length, frame_step = frame_size * sample_rate, frame_stride * sample_rate
signal_length = len(emphasized_signal)        #信号总采样数
frame_length = int(round(frame_length))       #帧采样数
frame_step = int(round(frame_step))           #步长采样数
# num_frames 为总帧数。确保我们至少有一个帧
num_frames = int(numpy.ceil(float(numpy.abs(signal_length - frame_length)) / frame_step)) pad_signal_length = num_frames * frame_step + frame_length
z = numpy.zeros((pad_signal_length - signal_length))
#填充信号以确保所有帧的采样数相等,而不会从原始信号中截断任何采样
pad_signal = numpy.append(emphasized_signal, z)
"""
numpy.tile(A,reps)重复数组 A 来构建新数组,reps 决定 A 重复的次数
通过 numpy.tile 来构建一个矩阵,例如,构建一个 348×250 的矩阵。其中,348 为总帧数,250 为每帧 250ms 时间长度
"""
indices = numpy.tile(numpy.arange(0, frame_length), (num_frames, 1)) + numpy.tile(numpy.arange(0, num_frames * frame_step, frame_step), (frame_length, 1)).T
frames = pad_signal[indices.astype(numpy.int32, copy=False)] #矩阵索引的复制,即 frame:348*250
```

信号经过短时分帧之后，可通过短时傅里叶变换获得各种频谱。

```
NFFT = 512
#通过短时傅里叶变换获取信号的幅度谱
mag_frames = numpy.absolute(numpy.fft.rfft(frames, NFFT))
#信号功率谱
pow_frames = ((1.0 / NFFT) * ((mag_frames) ** 2))
#信号功率对数谱
log_pow_frames=logpowspec(pow_frames, NFFT, norm=1)

#显示频谱
plt.plot(mag_frames)
plt.title("Mag_Spectrum")
plt.show()

plt.plot(pow_frames)
plt.title("Power_Spectrum")
plt.show()

plt.plot(pow_frames)
plt.title("Log_Power_Spectrum")
plt.show()
```

运行程序，显示如图 4.15 所示的信号频谱。其中图 4.15（a）为幅度谱，图 4.15（b）为功率谱，图 4.15（c）为功率对数谱。

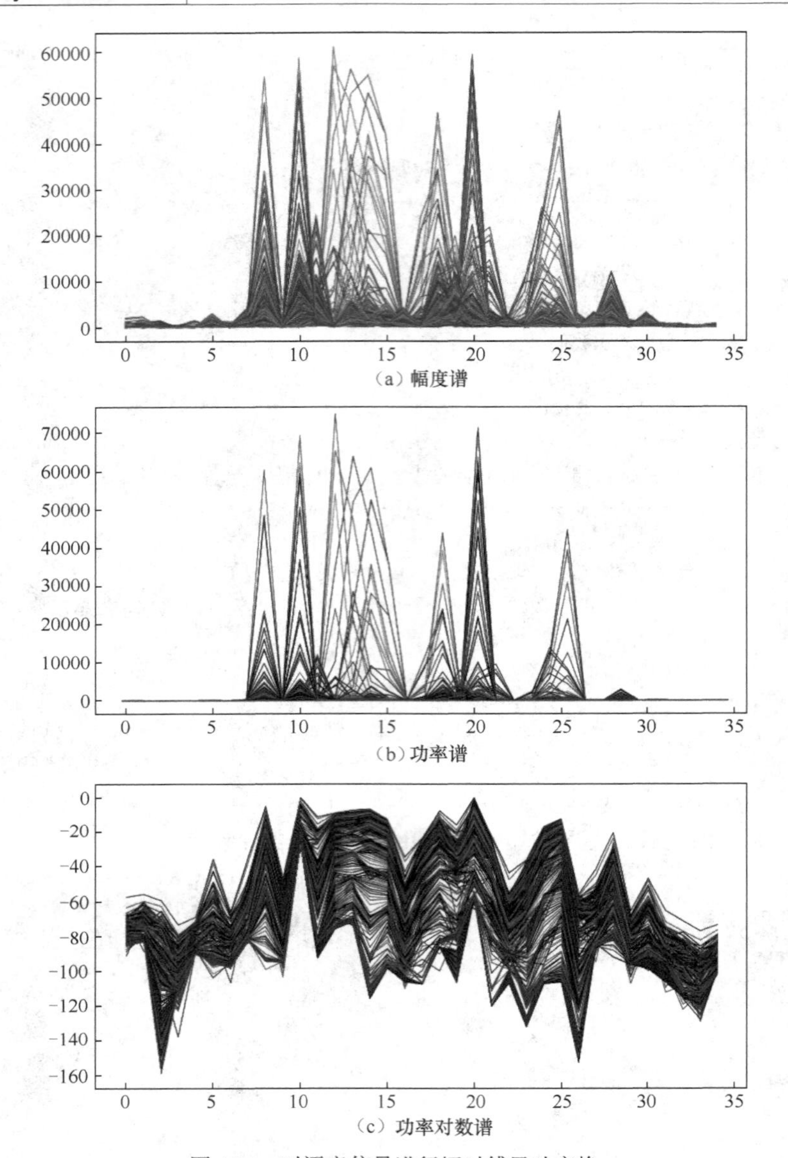

（a）幅度谱

（b）功率谱

（c）功率对数谱

图 4.15 对语音信号进行短时傅里叶变换

3. 定义滤波器组

将信号通过一组梅尔刻度的三角形滤波器组，采用的滤波器为三角形滤波器，中心频率为 $f(m)$，$m=1,2,\cdots,M$，M 通常取 22～26。各 $f(m)$ 之间的间隔随着 m 值的减小而缩小，随着 m 值的增大而增大，如图 4.16 所示。

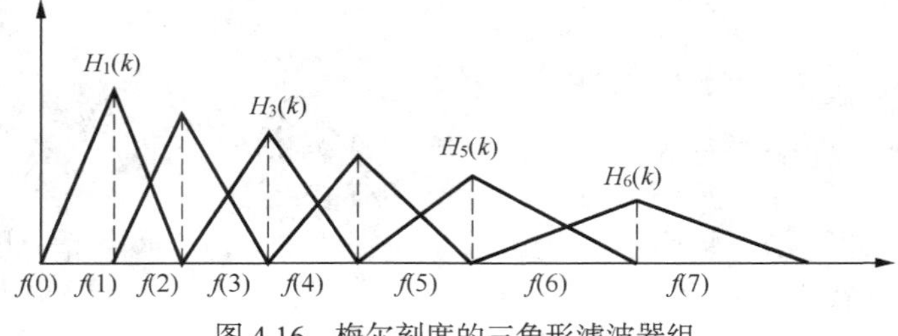

图 4.16 梅尔刻度的三角形滤波器组

三角形滤波器的频率响应定义如公式 4.3.6 所示。

$$H_m(k)=\begin{cases}0 & k<f(m-1)\\ \dfrac{2(k-f(m-1))}{(f(m+1)-f(m-1))(f(m)-f(m-1))} & f(m-1)\leqslant k\leqslant f(m)\\ 1 & k=f(m)\\ \dfrac{2(f(m+1)-k)}{(f(m+1)-f(m-1))(f(m)-f(m-1))} & f(m)\leqslant k\leqslant f(m+1)\\ 0 & k\geqslant f(m+1)\end{cases} \quad （公式 4.3.6）$$

式中 $\sum_{m=0}^{M-1}H_m(k)=1$。

定义梅尔刻度的三角形滤波器组的示例代码如下：

```
low_freq_mel = 0  #将频率转换为梅尔刻度
nfilt = 40        #窗的数目
#计算 m=2595*log10(1+f/700)
high_freq_mel = (2595 * numpy.log10(1 + (sample_rate / 2) / 700))
mel_points = numpy.linspace(low_freq_mel, high_freq_mel, nfilt + 2) #梅尔刻度的均匀分布
#计算 f=700(10**(m/2595)- 1), 梅尔刻度到频率表示的转换
hz_points = (700 * (10**(mel_points / 2595) - 1))
bin = numpy.floor((NFFT + 1) * hz_points / sample_rate)
fbank = numpy.zeros((nfilt, int(numpy.floor(NFFT / 2 + 1))))

#计算三角形滤波器频率响应
for m in range(1, nfilt + 1):
    f_m_minus = int(bin[m - 1])      #三角形滤波器左边频率 f(m-1)
    f_m = int(bin[m])                #三角形滤波器中间频率 fm
    f_m_plus = int(bin[m + 1])       #三角形滤波器右边频率 f(m-1)
    for k in range(f_m_minus, f_m):
        fbank[m - 1, k] = (k - bin[m - 1]) / (bin[m] - bin[m - 1])
    for k in range(f_m, f_m_plus):
        fbank[m - 1, k] = (bin[m + 1] - k) / (bin[m + 1] - bin[m])

#显示三角形滤波器组频率响应
plt.plot(fbank.T)
plt.show()
```

三角形滤波器有两个主要功能，其一，对频谱进行平滑并消除谐波的作用，突显原先语音的共振峰；其二，用以降低运算量。图 4.17 所示的滤波器组中的每个滤波器在中心频率处响应为 1，并朝着 0 线性减小，直至达到响应为 0 的两个相邻滤波器的中心频率。

4. 计算 MFCC 系数

如果计算出的滤波器组系数高度相关，则在某些机器学习算法中可能会存在问题。我们可用离散余弦变换对滤波器组系数进行去相关，并产生滤波器组的压缩表示。滤波器组输出的对数能量经离散余弦变换后，即可得到 MFCC 系数。示例代码如下：

```
    filter_banks = numpy.dot(pow_frames, fbank.T)
    filter_banks = numpy.where(filter_banks == 0, numpy.finfo(float).eps, filter_banks)
filter_banks = 20 * numpy.log10(filter_banks)
```

```
    num_ceps = 12 #取12个系数
    #通过DCT计算MFCC系数
    mfcc = dct(filter_banks, type=2, axis=1, norm='ortho')[:, 1 : (num_ceps + 1)]
    #对MFCC进行倒谱提升可以改善噪声信号中的语音识别
    (nframes, ncoeff) = mfcc.shape
    n = numpy.arange(ncoeff)
    cep_lifter =22 #倒谱滤波系数,定义倒谱所用到的滤波器组内滤波器个数
    lift = 1 + (cep_lifter / 2) * numpy.sin(numpy.pi * n / cep_lifter)
    mfcc *= lift
    mfcc -= (numpy.mean(mfcc, axis=0) + 1e-8)
    plt.imshow(numpy.flipud(mfcc.T), cmap=plt.cm.jet, aspect=0.2, extent=[0,mfcc.shape[0],0,
mfcc.shape[1]]) #绘制MFCC热力图
    plt.show()
```

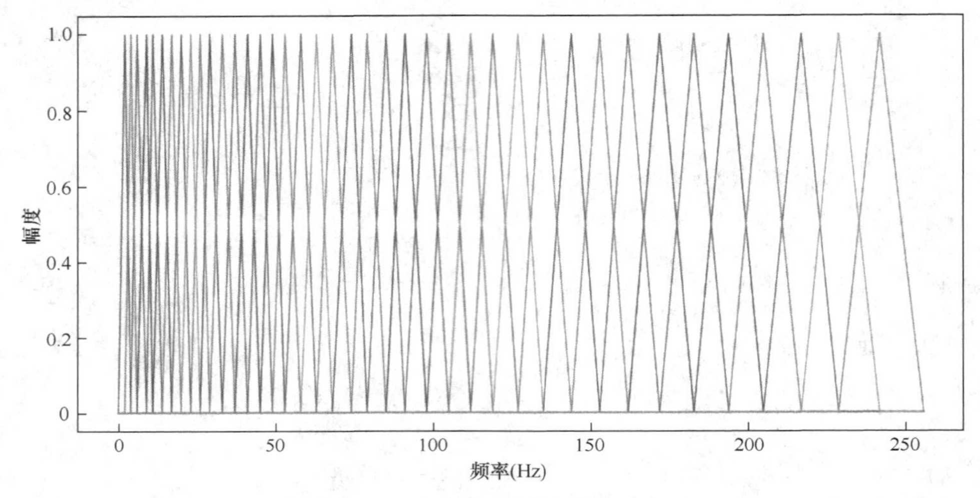

图 4.17　三角形滤波器组频率响应

MFCC 以热力图（Heat Map）方式显示，如图 4.18 所示。

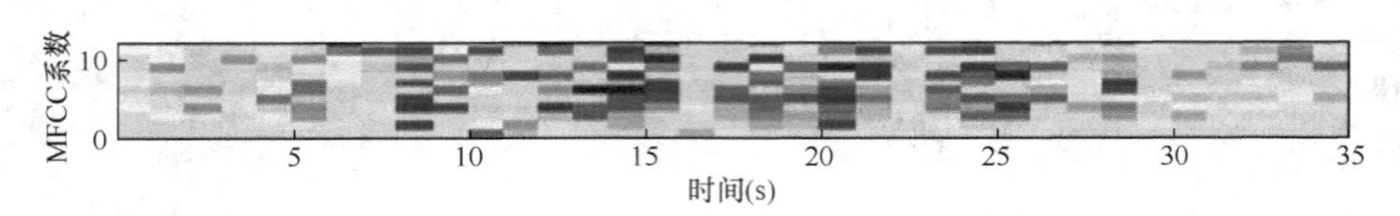

图 4.18　MFCC 热力图

对 MFCC 进行如下的归一化操作后，运行程序，其相应的热力图则如图 4.19 所示。

```
    #为了平衡频谱并提高信噪比，我们可以简单地从所有帧中减去每个系数的平均值
    filter_banks -= (numpy.mean(filter_banks, axis=0) + 1e-8)
    plt.imshow(numpy.flipud(filter_banks.T), cmap=plt.cm.jet, aspect=0.2, extent=[0,filter_
banks.shape[1],0,filter_banks.shape[0]]) #绘制MFCC热力图
    plt.show() #显示图像
```

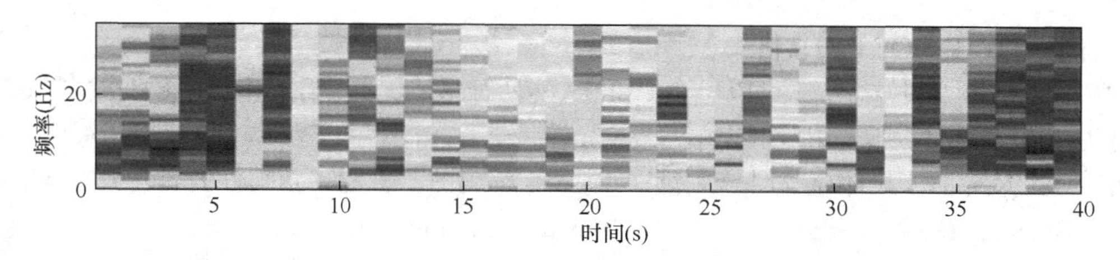

图 4.19　归一化的 MFCC 热力图

4.4　基于百度 AI 的语音识别

4.4.1　百度语音简介

百度语音是百度 AI 开放平台（网址参见本书提供的电子资源）提供的一个在线语音识别引擎。它通过 REST API 的方式给开发者提供了一个通用的 HTTP 接口。目前支持的语音包括普通话、粤语、四川话和英语等。利用百度语音进行在线识别时，需要上传完整的录音文件，而且录音文件时长不得超过 60s。

百度语音提供两种识别模型：搜索模型与输入法模型。搜索模型实现效果如同百度搜索的语音输入，适合短语识别场景，中间没有逗号；输入法模型则如同百度输入法的语音输入，适合长句识别场景，中间有逗号。在应用普通话搜索模型时，也可识别简单的常用英语语句。

百度语音适用于目前主流的多种操作系统和多种编程语言，只要可以对百度语音服务器发起 HTTP 请求，均可使用该接口。其所支持的语音格式包括：PCM（不压缩）、WAV（不压缩，PCM 编码）、AMR（压缩）。由于百度语音底层识别使用的是 PCM 编码，因此推荐直接上传“.pcm”文件。如果上传文件为其他格式，则会在服务器端被转码为 PCM 格式，调用接口的耗时将会增加。

在使用百度语音识别 API 开发测试自己的语音识别应用之前，用户同样需要登录自己的百度账号，并在控制台创建语音识别应用来获取 AppID、API Key 以及 Secret Key。具体过程可参见第 3 章相关部分的内容。

百度语音识别和合成通过 REST API 的方式为开发者提供一个通用的 API 接口，它封装了 Java、Python、PHP、C#、NodeJs、C++ 6 种开发语言的 SDK。

基于百度语音 API 接口进行语音识别编程的一般步骤如下。

1. 获取 Access Token

使用语音识别及合成的 REST API 需要获取 Access Token。Access Token 是用户身份验证和授权的凭证。获取 Access Token 需要用户在应用管理界面中新建应用，然后在应用列表中即可查看。

语音识别采用的是 Client Credentials 授权方式，即应用公钥、密钥获取 Access Token，适用于任何带 Server 类型的应用。通过此授权方式获取 Access Token 仅可访问平台授权类的接口。使用 Client Credentials 获取 Access Token，需要应用在其服务端发送请求（推荐用 POST 方法）到百度 OAuth 2.0 授权服务地址（参见本书提供的电子资源），并添加以下参数。

grant_type：必需参数，固定为“client_credentials”。

client_id：必需参数，应用的 API Key。

client_secret：必需参数，应用的 Secret Key。

2. 选择 HTTP POST 请求格式

如果你的音频文件在本地，可以 JSON 和 RAW 两种格式提交，需要将音频数据放在 body 中。这两种提交方式，均不属于浏览器表单的提交。

若以 JSON 格式上传本地文件，则读取 Base64 编码的二进制音频文件内容，放在 speech 参数内。使用 JSON 格式，header 为：Content-Type:application/json。

若以 RAW 格式上传本地文件，则 Content-Length 的值即音频文件的大小。由于使用 RAW 方式，采样率和文件格式需要填写在 Content-Type 中，例如，Content-Type: audio/pcm;rate=16000。

以上两种提交方式都返回统一的结果，并采用 JSON 格式进行封装。如果识别成功，则识别结果放在 JSON 的“result”字段中。如果使用(url, callback)方式进行 POST 请求，百度服务器会回调用户服务器的 callback 地址，并返回如表 4-2 所示结果。

表 4-2　百度语音识别返回的结果参数表

参数	数据类型	是否必填	描述
err_no	int	是	错误码
err_msg	String	是	错误码描述
sn	String	是	语音数据唯一标识，系统内部产生
result	Array([String, String,…])	否	识别结果数组，提供 1～5 个候选结果，优先使用第一个结果 UTF-8 编码

以下示例信息为识别成功并返回 JSON 格式的结果：

```
{"err_no":0,
"err_msg":"success.",
"corpus_no":"15984125203285346378",
"sn":"481D633F-73BA-726F-49EF-8659ACCC2F3D",
"result":["中国北京"]
}
```

如若识别失败，则返回以下类似信息：

```
{   "err_no": 2000,
    "err_msg": "data empty.",
    "sn": null
}
```

4.4.2　百度语音识别

1. 百度语音识别 Python SDK

百度语音识别 Python SDK 和 REST API 功能一致，需要联机在线调用 HTTP 接口。REST API 仅支持整段语音识别的模式，即需上传时长不超过 60s 的完整语音文件进行识别，支持自定义词库设置，没有其他额外功能。目前该 SDK 支持 Python 2.7 以及 Python 3.0 以上的各个版本。在第 3 章中，我们已经安装了 Baidu-aip，因此，无须再次安装该软件包即可使用百度 AI 开发平台提供的 API 接口实现语音识别。AipSpeech 是语音识别的 Python SDK 客户端，为使用语音识别的开发人员提供了一系列的交互方法。基于 AipSpeech 进行语音识别应用的示例代码如下：

```
from aip import AipSpeech #语音识别工具包
#用于访问远程服务器的 Token，即你的 AppID、API Key 和 Secret Key
APP_ID = '35346162'
```

```
API_KEY = '314dDv1QshHzCsSUgGWz'
SECRET_KEY = 'OUOYHi6EMYbrA04oH1OtaWGXt'
client = AipSpeech(APP_ID, API_KEY, SECRET_KEY)

#定义一个用于读取本地音频文件的函数
def get_file_content(filePath):
    with open(filePath, 'rb') as fp:
        return fp.read()
#上传本地音频文件至百度语音进行识别并显示结果
result=client.asr(get_file_content('demo.pcm'), 'pcm', 16000, {'dev_pid': 1536,})
print(result)
```

运行程序，返回结果如下所示：

```
{ 'corpus_no': '6649336547921073529',
      'err_msg': 'success.',
      'err_no': 0,
      'result': ['成都环球中心'],
      'sn': '436846413301548169308'
}
```

该结果显示，示例语音识别成功，文件中的语音被识别为“成都环球中心”。示例中所用文件为 16000 采样率、PCM 格式的语音文件。示例中使用的 Python SDK 语音识别函数原型为 client.asr(speech,format,rate,cuid,dev_pid)，其参数及其描述如表 4-3 所示。

表 4-3　　语音识别函数接口参数及其描述

参数	数据类型	是否必需	描述
speech	buffer	是	建立包含语音内容的 Buffer 对象，语音文件的格式为.PCM 或者.WAV 或者.AMR。不区分大小写
format	string	是	语音文件的格式为.PCM 或者.WAV 或者.AMR。不区分大小写。推荐使用.PCM 格式
rate	int	是	采样率，16000，固定值
cuid	string	否	用户唯一标识，用来区分用户，填写计算机 MAC 地址或 IMEI 码，长度为 60 个字符以内
dev_pid	int	否	默认为 1537（普通话，输入法模型），dev_pid 参数见表 4-4

其中 dev_pid 参数及其描述如表 4-4 所示。

表 4-4　　dev_pid 参数及其描述

dev_pid	语言	模型	是否有标点	备注
1536	普通话（支持简单的英文识别）	搜索模型	无	支持自定义词库
1537	普通话（纯中文识别）	输入法模型	有	不支持自定义词库
1637	粤语		有	不支持自定义词库
1737	英语		有	不支持自定义词库
1837	四川话		有	不支持自定义词库
1936	普通话远场	远场模型	有	不支持自定义词库

2. 基于语音识别的视频文本提取

视频文本信息是视频内容的重要线索，它对视频分段、视频检索和视频信息摘要等视频自动化处理有着重要的意义。利用 AipSpeech 语音识别引擎，我们可以很方便地从一个给定的视频文件中提取出其中的语音信息并转化为对应的语言文本。对于音频格式，百度语音识别 API 对其参数、格式等几个方面有着明确的要求。

① 参数：单声道、16000 采样率、16bit 深度。

② 格式：PCM（不压缩）、WAV（不压缩、PCM 编码）以及 AMR（压缩）。

③ 其他：完整语音文件，语音时长不超过 60s。

视频文本提取，主要包括视频转化为音频、音频切割分段，以及从音频中提取文本等几个主要步骤。

从视频转换为所需格式的音频可采用第三方专业软件来实现，例如，FFmpeg 音视频转换软件。因百度 API 最多支持 60s 时长的语音识别，我们必须将时长为 60s 以上的音频文件进行切割分段，然后分别进行语音识别，再综合处理输出结果文本。其中，从音频中提取文本，可以利用 AipSpeech 语音识别引擎来实现。

综上所述，基于语音识别的视频文本提取主要工作流程如图 4.20 所示。

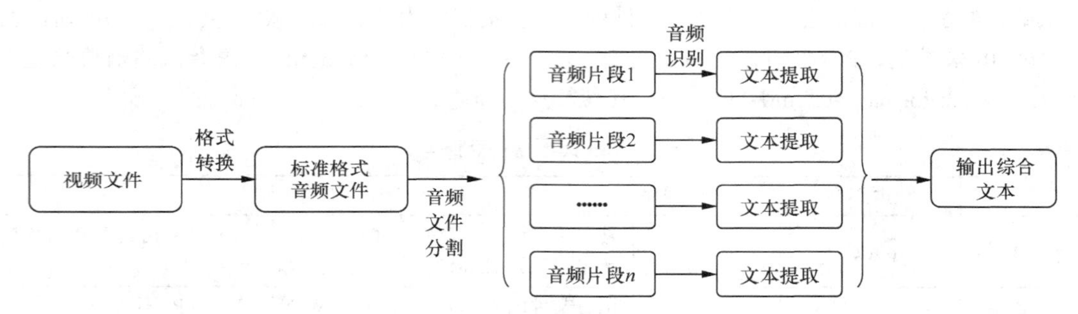

图 4.20　视频文本提取流程示意图

在开始编写代码之前，我们需要安装准备好用于音视频转换以及音频分割等相关操作的辅助工具。FFmpeg 是一个开源的音视频转码工具，它提供了录制、转换以及流化音视频的完整解决方案，可以转码、压制、提取、截取、合并和录屏等。我们将用它来实现视频到音频的格式转换。FFmpeg 分为 3 个版本：Static、Shared 以及 Dev。前两个版本可以直接在命令行中使用，包含 3 个可执行文件：ffmpeg.exe、ffplay.exe、ffprobe.exe。Static 版本中的可执行文件较大，因为相关的动态链接库都已经编译进可执行文件里。Shared 版本的可执行文件相对小很多，因为在它们运行的时候，还需要到相关的动态链接库中调用相应的功能。Dev 版本用于开发，包含库文件“*.lib”以及头文件“*.h”等。

读者可根据自己计算机的硬件配置和需求，下载合适的版本。下载文件解压后，将其中的 bin 目录添加至系统环境变量“Path”中。

打开系统控制台窗口，输入 ffmpeg 命令来运行程序，若无出错信息，则表明配置成功。例如，将 WAV 格式的音频文件转换为 16000 采样率、16bit 深度、单声道的 PCM 格式音频文件，可通过执行以下命令来实现：

```
ffmpeg -y -i test.wav -acodec pcm_s16le -f s16le -ac 1 -ar 16000 output.pcm
```

其中，“test.wav”为输入文件，“output.pcm”为输出文件。二者之间为各种参数设置。FFmpeg 软件的更多使用方法可参照其官方网站（参见本书提供的电子资源），查阅详细技术文档。在 Python

中，调用 FFmpeg 需要借助 ffmpy3 工具包，可通过打开 Anaconda 控制台，在命令行中执行 pip install ffmpy3 命令来进行在线安装。以下示例代码实现了从视频文件到指定格式音频文件的转换：

```
'''
视频转音频函数
通过调用 FFmpeg 将视频文件转换成 WAV 格式的音频文件
'''
def Video2Audio(file):
    inputfile=file #输入的视频文件
    file_type=file.split(".")[-1] #视频文件扩展名
    outputfile=inputfile.replace(file_type,"wav") #将原视频文件扩展名修改为.wav 作为输出文件名
    #调用 FFmpeg 功能实现视频到指定音频格式文件的转换
    ff=FFmpeg(inputs={inputfile:None}, # inputfile 为待转换的视频文件，其参数为空
            global_options=['-y'],     #全局参数，'-y'指的是允许覆盖已有文件
            # outputfile 是输出文件，其参数中对采样率、声道数以及文件格式等进行了指定
            outputs={outputfile:'-vn -ar 16000 -ac 1 -ab 192 -f wav'})
    ff.cmd   #打包 FFmpeg 命令
    ff.run() #执行 FFmpeg 命令
    return outputfile #返回转换后的音频文件
```

获取指定格式的音频文件之后，需要对其进行音频分割以满足百度语音识别 API 的处理要求。音频分割的关键是找出每段音频的起始点与结束点。为此，我们需要先获取整个音频文件的总长度，然后以 60s 为间隔进行切分，计算出每段音频开始和结束的秒数，并分割为不同的文件进行保存。

音频分割需要用到 Pydub 库。Pydub 是 Python 的一个高级音频处理库，以毫秒（ms）为单位进行工作。它支持 WAV 格式音频文件的直接读取、切片、增大或衰减音量、反向播放等相关操作。可打开 Anaconda 控制台，在命令行中执行 pip install pydub 命令在线安装 Pydub。利用 Pydub 提供的功能对音频文件进行分割的示例代码如下：

```
'''
音频分割函数
通过调用 Pydub 中的 AudioSegment 函数，将长音频文件分割为 60s 一段的音频文件
'''
def AudioSplit(file):
    inputfile=file #输入文件
    path=os.path.dirname(file)+'./wavefiles/'     #指定分割后音频文件的保存目录
    print("Audio files segmented into ",path)    #输出提示信息
    wav_len=int(float(mediainfo(inputfile)['duration'])) #获取音频时长
    wave=AudioSegment.from_mp3(inputfile)        #音频源文件加载
    seg_file_list=list()   #初始化一个列表用于保存分割音频文件名
    if wav_len>60:         #音频时长超过 60s 则分割文件
        n=wav_len//60      #每段音频时长 60s
        if n*60<wav_len:
            n+=1  #剩余时长不够 60s 的音频段也分割成一个文件

    for i in range(n):
        start_time=i*60*1000+1 #分割音频段的起始时间
        end_time=(i+1)*60*1000 #分割音频段的结束时间
```

```
            if end_time>wav_len*1000:
                end_time=wav_len*1000 #最后一段音频的实际结束时间
            seg=wave[start_time:end_time] #音频段截取
            #分割后音频段的文件名(包括其存储路径)
            seg_audio_filename='{}segaudio_{}.wav'.format(path,i)
            seg.export(seg_audio_filename,format="wav") #音频分割
            seg_file_list.append(seg_audio_filename) #分割后的音频段列表
    return seg_file_list
```

音频分割工作完成后，我们将进入文本提取这个最重要的环节。利用 AipSpeech 语音识别引擎，可轻松实现对语音文件进行文本提取。示例代码如下：

```
'''
音频转文本函数
通过 Baidu AI 提供的 ASR SDK 对音频文件进行语音识别，并返回识别的文本
'''
def Audio2Text(wavfile):
    #定义一个用于读取本地音频文件的函数
    def get_file_content(filePath):
      with open(filePath, 'rb') as fp:
              return fp.read()
#用于访问远程服务器的 Token，即你的 AppID、API Key 和 Secret Key
APP_ID = '35346162'
API_KEY = '314dDv1QshHCsSUgGWz'
SECRET_KEY = 'OUOYHi6EMYbrA4oH1OtaWGXt'
client=AipSpeech(APP_ID, API_KEY, SECRET_KEY)
    #由于示例是一个英文视频，因此 dev_pid 设置为 1737；若为普通话视频则设置为 1536 或 1537
    result=client.asr(get_file_content(wavfile),'wav',16000,{'dev_pid':1737})
return result['result'] #返回格式为 JSON，其中 result 字段包含语音识别结果
```

对多个音频进行文本提取后需要合并得到最终结果，示例代码如下：

```
def TextMerging():
    seg_audio_file_dir="./wavefiles/"           #分割文件的保存目录
    files=os.listdir(seg_audio_file_dir)      #遍历目录下的所有文件
    content="" #用于保存音频识别结果文本
    for file in files: #对所有文件进行遍历，并分别进行文本识别
        segaudiofile=seg_audio_file_dir+file
        txt=Audio2Text(segaudiofile) #对每个音频文件进行语音识别
        content+=str(txt) #合并保存所有音频文件的识别结果
    return content #返回提取出的文本
```

至此，基于百度语音识别引擎的视频文本内容提取工作基本完成。当然，要正确运行上述示例代码，还需引用以下相关工具库。

```
import os #用于目录、文件等相关处理操作
from ffmpy3 import FFmpeg #调用 FFmpeg 进行音频格式转换处理
import pydub #用于音频分割
from pydub import AudioSegment      #用于读取音频源文件
from pydub.utils import mediainfo  #用于获取音频时长等相关处理
from aip import AipSpeech #百度语音识别引擎
```

通过运行该示例程序发现，除少数文本与原视频不符以外，所获取的结果与原视频文件中的字幕内容基本一致。出现不符的主要原因可能在于音频分割时，会存在某一个读音被切分在相邻两段音频中的情况，从而在音频到文字的转换阶段产生一定的误差。采取按照语音停顿的方式进行分割，可在一定程度上解决此问题。利用 Pydub 实现基于语音停顿分割的核心示例代码如下：

```
#Pydub 库的语音停顿处理功能
from pydub.silence import split_on_silence
#基于语音停顿的音频分割
chunks = split_on_silence(sound,min_silence_len=700,silence_thresh=-70)
```

上述代码中的 silence_thresh 为语音停顿识别阈值。通过该设定的阈值，我们可将小于−70dBFS 的音频信号视为静音（Silence），而且，当小于−70dBFS 的信号超过 700ms，则进行语音分割。

4.5　基于音频指纹的音乐识别

现如今，很多移动端音乐播放程序，如 QQ 音乐、酷我音乐等都提供了一种名为“听歌识曲”的音乐识别功能。顾名思义，该功能就是用我们的移动设备“听”一段外部环境的歌曲旋律，然后告诉我们这首歌的具体名称，并随之播放出来。下面，我们将通过一个实例，来了解如何实现一个基于“音频指纹”的音乐识别系统。该示例程序的总体设计架构如图 4.21 所示。

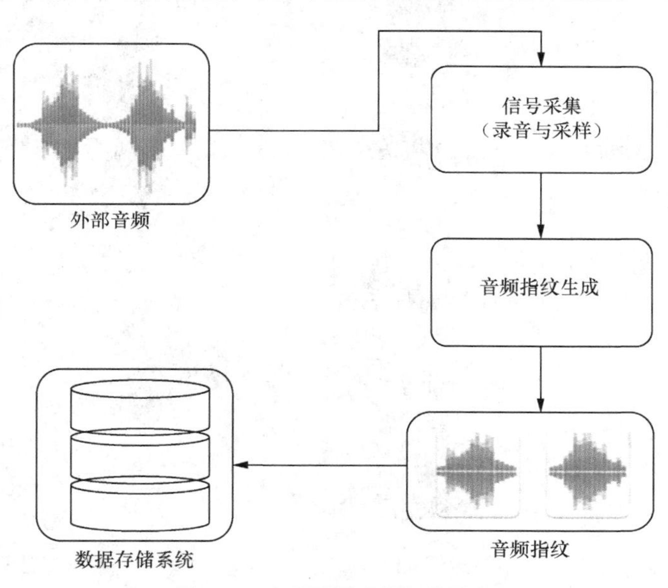

图 4.21　音乐识别系统架构示意

系统架构的核心模块包括信号采集、音频指纹（亦可称之为声纹）生成以及数据存储系统。其中，音频指纹生成算法的核心部分会采用傅里叶变换，而数据存储系统将用到支持 NoSQL 的 MongoDB 开源数据库系统。

4.5.1 音频信号采集与播放

"听歌识曲"首先是"听"，然后才可能"识"。"听"的过程，实际上就是一个音频采集（录音与采样）的过程。"识"的过程，是指将采集到的音频片段与曲库中的歌曲数据进行比对来获取歌曲信息的过程。曲库中保存着大量的歌曲数据，包括歌曲名称、歌曲存储位置、歌曲声纹等信息。曲库的构建，一般是通过载入本地歌曲数据，然后对音频数据进行声纹采集作为歌曲在数据库中的索引，并上传至数据库。也可通过录音方式直接采集音频数据并进行相应的处理后上传至数据库。录音和音频播放功能主要通过 PyAudio 模块来实现。可打开 Anaconda 控制台，在命令行中执行 pip install pyaudio 命令在线安装 PyAudio。

在本示例中，我们将定义一个 SoundProcessing 类，用于实现系统中几个核心模块功能，包括录音、播放以及声纹生成等。声纹生成方法将在 4.5.2 小节详细介绍，录音与播放方法的示例代码如下所示：

```
import wave         #用于语音文件处理
import pyaudio      #用于语音播放处理

class SoundProcessing():
'''
  定义一个音频处理类，包括录音、播放以及声纹生成等方法
'''
    def Record(self, CHUNK=44100, FORMAT=pyaudio.paInt16, CHANNELS=2, RATE=44100, RECORD_SECONDS=200, WAVE_OUTPUT_FILENAME="demoWave.wav"):
        '''
        定义音频采集(录音与采样)方法。
        参数说明如下。
        CHUNK：缓冲区大小。
        FORMAT：采样大小。
        CHANNELS：声道数。
        RATE：采样率。
        RECORD_SECONDS：录音时长。
        WAVE_OUTPUT_FILENAME：输出文件
        '''
        p = pyaudio.PyAudio()
        stream = p.open(format=FORMAT,
                        channels=CHANNELS,
                        rate=RATE,
                        input=True,
                        frames_per_buffer=CHUNK)
        frames = []
        for i in range(0, int(RATE/CHUNK * RECORD_SECONDS)):#录音时长控制
            data = stream.read(CHUNK)
            frames.append(data)
        stream.stop_stream()
        stream.close()
        p.terminate()
        wf = wave.open(WAVE_OUTPUT_FILENAME, 'wb')
        wf.setnchannels(CHANNELS)
        wf.setsampwidth(p.get_sample_size(FORMAT))
```

```
        wf.setframerate(RATE)
        wf.writeframes(b''.join(frames))
        wf.close()

    def Play(self, FILEPATH):
        '''
        定义音频播放方法
        参数说明如下。
        FILEPATH: 文件路径
        '''
        chunk = 1024
         wf = wave.open(filepath, 'rb')
        p = pyaudio.PyAudio()
        # 打开声音输出流
        stream = p.open(format=p.get_format_from_width(wf.getsampwidth()),
                        channels=wf.getnchannels(),
                        rate=wf.getframerate(),
                        output=True)
        #通过写入音频输出流进行歌曲播放
        while True:
            data = wf.readframes(chunk)
            if data == "": break
            stream.write(data)
        stream.close()
        p.terminate()

if __name__ == '__main__':
    snd = SoundProcessing() #类的实例化
    #录音并将其存储为 demoWave.wav 文件
    snd.Record(RECORD_SECONDS=30, WAVE_OUTPUT_FILENAME='demoWave.wav')
    snd.Play('demoWave.wav')
```

4.5.2 音频指纹生成

音频文件有很多种格式，诸如 MP3、WAV、PCM 等。其中，WAV 格式是 Microsoft 公司开发的一种音频格式文件，它符合资源交换文件格式（Resource Interchange File Format，RIFF）规范，用于保存 Windows 操作系统的音频信息资源，被 Windows 操作系统及其应用程序广泛支持。标准化的 WAV 文件采用 44100 采样率、16bit 深度进行编码。WAV 文件分为两个部分，第一个部分是 WAV 头文件，第二个部分是利用脉冲编码调制（Pulse Code Modulation，PCM）方式进行编码的音频数据。我们将以常见的 WAV 格式为例，来阐述如何生成音乐的音频指纹（声纹）。

声音本质上是一种波，一个音频文件对应一个波形图。我们可通过以下示例代码打开一个音频文件并显示其波形：

```
import wave #用于语音文件处理
import matplotlib.pyplot as plt #数据可视化相关处理
import numpy as np
import os

waveFile = wave.open("demo.wav",'rb')
params = waveFile.getparams()
nchannels, sampwidth, framerate, nframes = params[:4]
```

```
strData = waveFile.readframes(nframes)#读取音频文件并转为字符串格式
waveData = np.fromstring(strData,dtype=np.int16)#将字符串格式转化为 int 格式
waveData = waveData*1.0/(max(abs(waveData)))#wave 幅值归一化
#音频波形可视化
time = np.arange(0,nframes) *(1.0 / framerate)
plt.plot(time,waveData)
plt.xlabel("Time(X)")
plt.ylabel("Amplitude(Y)")
plt.title("Single Channel Wave")
plt.grid('on')
plt.show()
```

运行程序，显示如图 4.22 所示的单声道音频文件“demo.wav”的时域波形。其中，横坐标代表时间，纵坐标代表波幅。

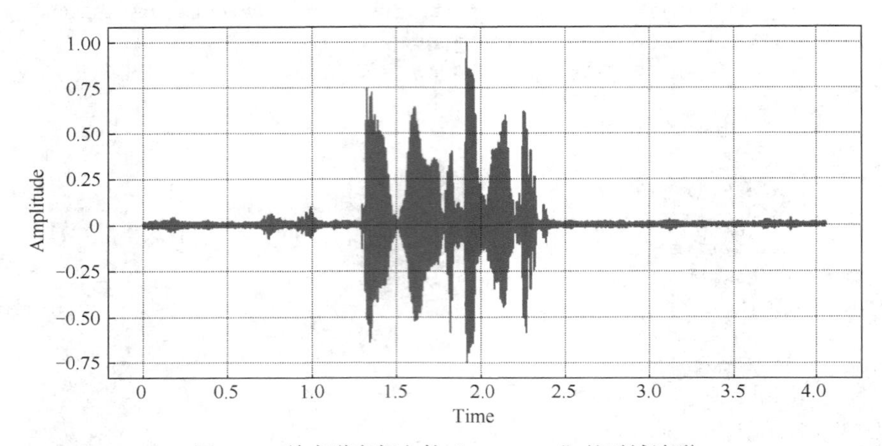

图 4.22　单声道音频文件“demo.wav”的时域波形

音频波形文件是连续的模拟信号，经过采样可形成数字信号。对于一个单声道音频文件而言，经采样后，实际上就生成了一个一维数组，每个元素是对应采样点的数值，例如[0,0,-3,-9,0,0,-1,-11,0,1,2,2,0.02,0.015,0.02…]。我们如何来区分不同歌曲呢？仅靠这个一维数组不同的数字或者是声音大小显然不太现实，当然，不排除有“超强大脑”的人具有这种“特异功能”，但对于普通人而言，这是不可能完成的任务。通常情况下，我们通过耳朵所听到的特有的频率组成的序列来记忆歌曲。因此，要实现“听歌识曲”这一功能，我们就要将注意力放在如何处理歌曲的音频频率序列（Audio Frequency Sequence，AFS）上。声音属于时域信号，我们需将其转化为频域信号以便于后续的信号分析与处理。以下示例代码通过傅里叶变换将图 4.22 中的音频时域信号变换成相应的频域信号：

```
#demo.wav 经 FFT 后形成的频域信号可视化
df = 1
freq = [df * n for n in range(0, len(waveData))] #x 轴频率分布
c=np.fft.fft(waveData) #傅里叶变换后形成的音频频谱信号
plt.plot(freq, abs(c),color='blue')
plt.xlabel("Frequency(Hz)")
plt.ylabel("Amplitude(Y)")
plt.title("Frequency Domain Signal")
plt.grid(True)
plt.show()
```

运行程序，显示如图 4.23 所示的频域信号图。其中，横坐标代表频率，纵坐标代表频率幅值。

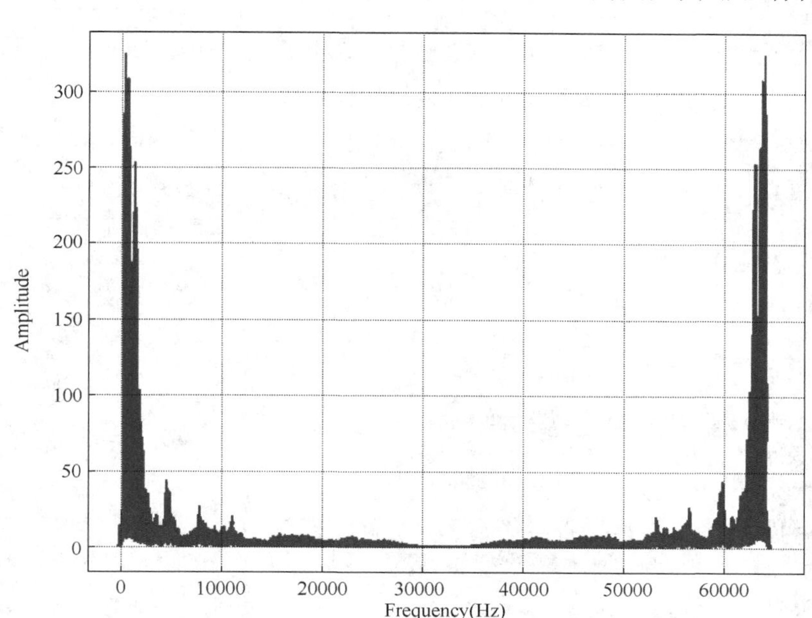

图 4.23　“demo.wav”经傅里叶变换后形成的频域信号图

音频信号经傅里叶变换之后，原本 x、y 轴分别为时间和波幅，现在则是频率以及频率幅值，与此同时，也改变了我们对音频构成的理解。从时域波形图观察，音频在每一个时间都有一个幅值，不同的幅值序列构成了特定的音乐。而从频域信号图观察，音乐则是由不同频率信号混合而成的。

在图 4.23 中，每一个信号都自始至终存在，并按照其各自的投影分量做贡献。我们可观察到这些频率的分量并非均匀分布，其中差异很大。图中明显凸起的峰值代表输出能量大的频率信号，这也意味着在这个音频中，该信号占有很高的地位。因此，我们可选择这些信号来提取歌曲的音频特征。然而，经傅里叶变换后，我们得到的只有整首歌曲的频率信息，而损失了歌曲频率序列所对应的时间关系。这对后续的音乐识别准确率会有极大的影响。当然，我们可以采取比较复杂的基于小波变换（Wavelet Transform）的算法来解决。不过在此示例中，为了便于阐述和更简单地进行编码实现，我们将采用一个“折中”的方法，将音频按照时间划分成一个个小区块，例如，每秒 40 个区块。这种操作既可保证在一定程度上保留了音频序列的时间信息，又可保证在该短时窗口内信号的平稳性。

对每一帧音频信号进行傅里叶变换之后，就可以开始构造声纹了，这是整个系统中最核心的部分。构造声纹最大的挑战，在于如何从众多频率中选出区分度最大的频率分量。直观上而言，选择具有最大幅值的频率（峰值）较为可靠。一首歌曲的幅值较大的频率跨度分布可能很广，从低音 C（32.70Hz）到高音 C（4186.01Hz）都有可能。

为了避免分析整个频谱，我们通常将频谱分成多个子带，从每个子带中选择一个频率峰值。低音子带为 30 Hz～40 Hz、40 Hz～80 Hz 和 80 Hz～120 Hz，中音和高音子带分别为 120 Hz～180 Hz 和 180 Hz～300 Hz（人声和大部分乐器的基频出现在这两个子带）。每个子带的最大频率就构成了这一帧信号的签名，这也就是我们最核心的“音频指纹”。我们提取出来的音频指纹为如下格式的元组（Tuple）数据：

```
(15, 41, 95, 140), (2, 71, 106, 143), (15, 44, 80, 133), …
(37, 59, 89, 126), (37, 59, 89, 126), (37, 67, 119, 126)
```

音频文件载入、音频指纹生成等功能的实现示例代码如下：

```
class SoundProcessing():
    '''
    定义一个音频处理相关操作的类
    '''
    SongName=""
    document=[] #存放歌曲指纹列表

    def DataLoad(self, FILEPATH):
        '''
        该函数用于载入音频文件并转换为音频指纹。
        参数说明。
        FILEPATH：文件路径。文件为 WAV 文件。
        返回值：如果无异常则返回 True，如果有异常则退出并返回 False。
        self.wave_data 内储存着多通道的音频数据，其中 self.wave_data[0]代表第一通道，
        具体通道数由 self.nchannels 决定
        '''

        filename_list=listdir(FILEPATH)

        for filename in filename_list:    #依次读入列表中的内容
            if filename.endswith('wav'): # 检查音频文件扩展名是否为“.wav”
                SoundProcessing.SongName=filename
                f = wave.open(FILEPATH+"\\"+filename, 'rb')#以只读方式打开音频文件
                params = f.getparams()
                self.nchannels, self.sampwidth, self.framerate, self.nframes = params[:4]
                str_data = f.readframes(self.nframes)
                self.wave_data = np.fromstring(str_data, dtype=np.short)
                self.wave_data.shape = -1, self.sampwidth
                self.wave_data = self.wave_data.T
                #通过对每组数据进行 FFT 来生成音频指纹(声纹)
                self.GenerateFingerPrint()
                self.name = os.path.basename(FILEPATH+"\\"+filename)  #记录下文件名
                return True
        f.close()

    def GenerateFingerPrint(self, frames=40):
        '''
        整体指纹提取的核心方法，将整个音频分块后分别对每块进行傅里叶变换，之后分子带抽取高能量点的下标
        frames 是指定每秒钟划分的区块数
        '''
        block = []
        fft_blocks = []
        self.high_point = [] #用于保存生成的音频指纹
        blocks_size = self.framerate / frames      # block_size 为每一块的 frames 数量
        blocks_num = self.nframes / blocks_size    # 将音频分块的数量
```

```
        for i in xrange(0, len(self.wave_data[0]) - blocks_size, blocks_size):
            block.append(self.wave_data[0][i:i + blocks_size])
            fft_blocks.append(np.abs(np.fft.fft(self.wave_data[0][i:i + blocks_size])))
            #按不同子带提取频率峰值
    self.high_point.append((np.argmax(fft_blocks[-1][0:40]),
                            np.argmax(fft_blocks[-1][40:80]) + 40,
                            np.argmax(fft_blocks[-1][80:120]) + 80,
                            np.argmax(fft_blocks[-1][120:180]) + 120,
                            ))

        song_fp="{'songname'"  +":'"+SoundProcessing.SongName+"','fingerprint'"+":"+
str(self.high_point[20:25])+"}"
        song_fp=eval(song_fp) #将 str 格式转化为 dict 格式
        SoundProcessing.document.append(song_fp)
        #输出音频指纹信息
        print SoundProcessing.document
```

上述代码中的列表类型变量 high_point 为核心数据，其中的元素是以元组形式保存的歌曲指纹。示例代码中子带划分为[0:40]、[40:80]、[80:120]、[120:180]　4 个区域，我们也可继续增加区域划分，但总体上对算法不会有太大影响。

在构造指纹的过程中，我们要特别注意的是，用户所处的环境非常复杂，所以录制的音频质量差异很大。若要提高识别率，需要通过引入模糊化操作等手段来提高算法的抗噪能力，否则会直接影响最终检索质量。

4.5.3　数据存储与检索

1. MongoDB 数据库安装与连接

MongoDB 是一个基于分布式文件存储的开源数据库系统。它适合存储一些关系简单、数据量很大的数据。MongoDB 集群部署相对简单、易于扩展和支持自动分片（Sharding）。它的查询与索引方式也非常灵活，是最像"SQL"的"NoSQL"。

在 Windows 操作系统中安装 MongoDB，需先从其官方网站（参见本书提供的电子资源）下载相应版本的安装程序并运行，然后按提示逐步完成安装。

MongoDB 安装完成后，我们需要手动创建一个数据存放目录（如 C:\MongoDB\data\db），因为启动 MongoDB 服务之前必须指定数据库文件的存放位置，否则服务可能无法正常启动。一切准备就绪后，打开命令控制台，进入 MongoDB 安装目录下的 bin 子目录（如 C:\MongoDB\bin），输入以下命令启动 MongoDB 服务：

```
mongod-dbpath C:\MongoDB\data\db
```

服务成功启动后，打开 IE 并在地址栏中输入 http://localhost:27017 (27017 为 MongoDB 的端口号)，若显示如下信息，则表明 MongoDB 安装、配置和运行皆正常。

```
It looks like you are trying to access MongoDB over HTTP on the native driver port.
```

Python 要连接至 MongoDB 数据库，需要 MongoDB 驱动 Pymongo。Python 3 的 Pymongo 的安装，只需打开 Anaconda 控制台，在命令行中执行以下命令：

```
pip install pymongo
```

而如果是 Python 2.7 则需输入以下命令进行在线安装：

```
python -m easy_install pymongo
```

也可从其官方网站（参见本书提供的电子资源）下载相应的版本，再运行上述命令进行本地安装。

安装完成后，进入 Python 解释器，输入以下示例代码：

```
>>>import pymongo
```

若无任何出错信息，则表明 Pymongo 模块已正确安装。

Pymongo 模块导入后，我们可利用它创建一个连接对象来访问 MongoDB 数据库服务器，示例代码如下：

```
>>>conn = pymongo.MongoClient(host='localhost', port=27017)
```

其中，host 参数用于指定主机地址（localhost 代表本机地址），port 则用于指定连接端口，一般默认为 27017。该代码也可写成如下形式：

```
>>>conn = pymongo.MongoClient('mongodb://localhost:27017/')
```

数据库连接成功后，我们就可通过 insert()、delete()、update()，以及 find()等方法对数据库进行增、删、改、查等操作了。

2. 音频指纹数据存储

MongoDB 数据库成功安装、连接之后，我们就可通过以下示例代码，将生成的音频指纹数据以基于 JSON 的 BSON 格式存储至数据库。其中，MusicDB 为我们定义的示例数据库，MusicFP 为该数据库中的其中一个数据表（在 MongoDB 中被称为 Collection），用于存储音乐指纹相关数据。

```
#导入 MongoDB 驱动连接模块
import pymongo
def SaveMusicFingerPrint(document):
    #连接至 MongoDB 数据库
    connection = pymongo.MongoClient('mongodb://localhost:27017/')
    db =  connection.MusicDB    #定义数据库(Database)
    collection = db.MusicFP     #定义数据表(Collection)
    ret = collection.insert(document)
    #数据存储成功提示信息
    if (ret>0):
      print(str(len(ret))+" records were inserted to the music database.")
```

示例代码中的 SaveMusicFingerPrint()函数是将前面提取到的各首歌曲的音频指纹等相关信息存储至数据库，其参数 document 为一个 List 类型的输入，内容格式如下：

```
[
{'songname': 'music01.wav', 'fingerprint': [(25, 49, 99, 124),…(25, 74, 98, 125)]},
{'songname': 'music02.wav', 'fingerprint': [(0, 40, 80, 120),…(0, 40, 80, 120)]},
…
{'songname': 'music100.wav', 'fingerprint': [(0, 40, 117, 157),…(2, 61, 81, 136)]}
]
```

该 List 每一行为一个 Dict 类型的元素，每个 Dict 元素中的“songname”为歌曲名称，而“fingerprint”则为该歌曲的音频指纹数据。

3. 音乐检索与识别

音乐检索与识别是一个声纹生成与比对的过程。首先用户通过话筒等语音采集设备获取一段音频文件并生成该音乐片段的声纹，然后将该声纹与数据库中的所有声纹进行比对。当找到匹配的声纹后，开始播放该歌曲。若没有找到任何匹配项，则表明当前数据库中并没有录入该歌曲的声纹。

为了便于理解和描述，我们的示例将采用一种简单的滑窗（Sliding Window）算法来计算两个进行比对的声纹之间的相似度。一般而言，用于检索的声纹序列来自片段音乐，较之于完整音乐要短得多，我们可将其作为窗口序列依次滑动比对。若两个序列中对应位置的声纹数值相同则相似值加 1，否则相似值加 0，直至完整的声纹序列比对完成。滑动过程中得到的最大相似值作为这两首歌的相似度。

假设声纹数据库中的其中一首歌曲的声纹序列为：23,47,91,47,20,80,13。检索音乐的声纹序列为：45,47,20,80。那么，对它们进行比对的过程如图 4.24 所示。

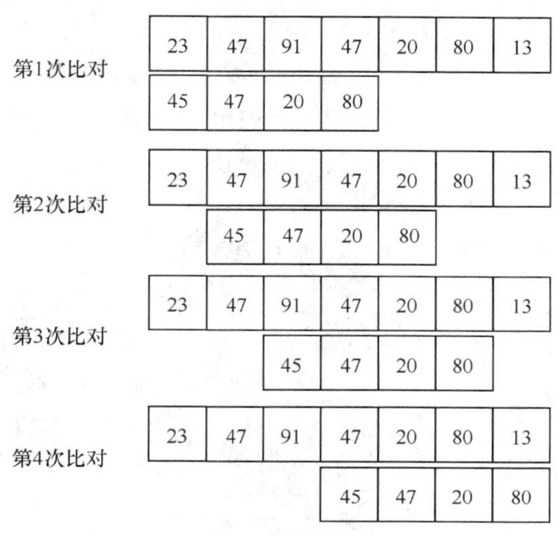

图 4.24　声纹序列比对过程示意

从图中可以看出，第 1 次比对时，只有第 2 个位置声纹相同，皆为 47，则此次比对相似值为 1。第 2 次比对无任何位置有相同声纹，故此次比对相似值为 0。第 3 次比对有 3 个位置声纹相同，分别为 47、20、80，故此次比对相似值为 3。第 4 次也是最后一次，其比对相似值为 0。综上所述，整个序列比对过程中，只有第 3 次的比对相似值最大，因此，完整的序列比对结果是两首歌的相似度为 3。依此类推，将检索声纹序列与曲库中所有歌曲声纹序列进行比对，相似度最高者为匹配歌曲。算法示例代码如下：

```
def SNCompare(clipSN,SongSN):
    '''
    对两个序列通过滑动进行同位置元素比较以获取相似值。
    参数说明。
    clipSN：检索音乐片段的声纹。
    SongSN：完整的歌曲声纹
    '''
    #如果音乐片段长度大于完整音乐长度，直接退出比较
    if(len(clipSN)>len(SongSN)):
        print("Clip music is longer than the whole music in the database!")
        sys.exit(0)
```

```
    #相似度
    similarity=0
    #如果两个序列长度相等，无须滑动窗口，直接比较
    if(len(clipSN) == len(SongSN)):
        for i in range(len(clipSN)):
                if (clipSN[i] == SongSN[i]):
                    similarity += 1
    #滑动窗口进行比较
    while (len(clipSN) <len(SongSN)):
            for i in range(len(clipSN)):
                if (clipSN[i] == SongSN[i]):
                    similarity += 1
            #通过弹出一个已经比较过的元素来实现窗口滑动
            SongSN.pop(0)
   #返回两个序列的相似值
   return similarity
```

有了上述相似度计算函数，我们可以输入一个示例声纹片段来进行测试，示例代码如下：

```
if __name__ == '__main__':
    #连接音乐声纹数据库
    conn = pymongo.MongoClient('mongodb://localhost:27017/')
    db = conn.DemoDB
    collection=db.musicDB

    #返回所有声纹信息
    ret=collection.find()

    #定义一个 List，用于存储音乐片段声纹与所有声纹比对的相似值
    similarity_list=[]

    fprint=[]        #用于存储检索出的所有声纹
    music_name=[] #用于存储检索出的所有的歌曲名称
    for song in ret:
        fprint.append(song["fingerprint"])
        music_name.append(song["songname"])
    #示例声纹序列片段
    clip=[2, 61, 81, 136, 25, 53]

    for i in range(len(fprint)):
       song=PackList(fprint[i])
       ret=SNCompare(clip,song)
       similarity_list.append(ret)

    #显示曲库中所有歌曲与测试序列比对后的相似值列表
    print(similarity_list)
    #找出与检索音乐片段声纹序列最大相似值所对应的歌曲序号
    song_idx=similarity_list.index(max(similarity_list))
print("音频指纹检索最大相似值所对应的歌曲为：" + music_name[song_idx])
```

运行程序，输出结果如下所示：

```
曲库检索相似值列表：[5, 0, 7, 2, 3, 1, 0, 4, 0, 3, 4, 0, 0, 0, 1, 1, 5, 0, 4, 0, 3, 4]
```

```
音频指纹检索最大相似值所对应的歌曲为：多情的土地
```

结果显示曲库中共存储了 22 个声纹序列，检索测试声纹序列与它们一一比对后，返回最大相似值（此处示例为 7）序号所对应的歌曲为：多情的土地。检索出结果后，可通过前面部分定义的音频播放方法来播放该歌曲。

通过 find()指令从 MongoDB 数据库检索出来的声纹序列为一个包含若干 List 元素的 List，格式如下：

```
[[49, 100, 32, 88], [0, 40, 80, 120], [4, 47, 81, 174]]
```

为了便于进行滑窗比对操作，需要将其合并为一个 List，即：

```
[49, 100, 32, 88, 0, 40, 80, 120, 4, 47, 81, 174]
```

该合并操作的函数定义如下：

```
def PackList(aList):
    '''
    合并一个由 List 元素构成的 List。
    参数说明。
    aList：一个 List，其元素为 List。
    例如：[[49, 100], [32, 88], [14, 35]]，合并操作后则为：[49, 100, 32, 88, 14, 35]
    '''
    T_List=[]
    for i in range(len(aList)):
        T_List+=aList[i]
return T_List
```

至此，一个较为完整的基于音频指纹相似度比对的音乐检索识别程序的所有模块都实现了。因其主要用于语音识别编程示范，所以该算法还比较“简陋”。如果要实现更高的识别准确率，可在音频指纹算法上进行改进。提取音频指纹的算法很多，主要有 3 大类：Echoprint、Chromaprint 和 Landmark 等。示例代码中的声纹提取算法参考了 Shazam 公司 2003 发表的论文“*An Industrial-Strength Audio Search Algorithm*”中提出的 Landmark 算法。

4.6　语音克隆技术简介

语音合成，是指文本到音频的人工转换，或给定一段文字让计算机自动生成对应的人类读音。通过 AI 语音技术，在极短的时间内“克隆”出目标人物的声音，是当代谍战大片中常有的桥段（前提是需要事先获取一段目标人物的语音片段）。据报道，2019 年初，有犯罪分子利用 AI 语音合成技术，模仿英国某能源公司 CEO 的声音给保险公司打电话，要求转账一笔约 20 万欧元的款项，结果成功获取信任，因为对方认可了这个声音。在第一次得手之后，犯罪分子准备故伎重演，但这次被操作员怀疑声音不对而拒绝，没能转账成功。据说，该事件是欧洲首个利用 AI 语音技术来实施诈骗的案件。

时至今日，语音合成技术已被广泛应用，基于 AI 的语音技术，在大众的日常生活中开始普及。不久前，一个名为“Real-Time Voice Cloning”的深度学习 AI 语音开源项目开始应用于简单快捷的语音克隆场景。“Real-Time Voice Cloning”是“*Transfer Learning from Speaker Verification to Multispeaker Text-To-Speech Synthesis(SV2TTS)*”论文的实现，它是一个三阶深度学习框架，可从几秒钟的音频片段中创建出一段数字化的语音，并用它来调节训练 TTS 模型，以推广应用到新的声音。

合成自然语音，需要对大量高质量的语音转录进行训练。若要支持多人语音通常需要对每个人的语音数据集进行数十分钟的训练，而为多人记录大量高质量的数据不太现实。该项目所采用的方法是，通过独立训练一个捕捉说话人特征空间（Space of Speaker Characterstics）的语音识别嵌入网络（Speaker-Descriminative Embedding Network），并在一个较小的数据集上训练一个高质量的 TTS 模型，从而将说话人建模与语音合成分离。解耦合网络使它们能够在独立的数据上进行训练，从而减少了获得高质量多峰训练数据的需要。我们在一个说话人验证任务上训练语音识别嵌入网络，以确定同一个说话人是否说了两个不同的语音。与子序列 TTS 模型相比，该网络是在含有大量说话人混响和背景噪声的未翻译语音上训练的。

该语音克隆系统由 3 个独立训练的神经网络组成，如图 4.25 所示。

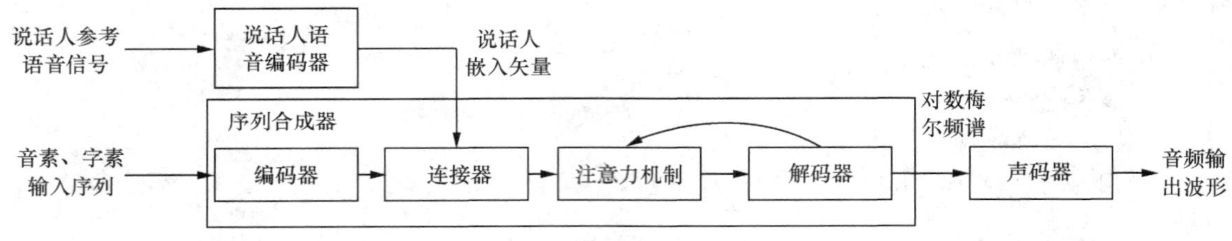

图 4.25　语音克隆系统模型示意图

1. 说话人语音编码器（Speaker Encoder）

它先从说话人那里获取一段参考语音信号（Speaker Reference Waveform），亦即说话人的音频小样本，然后从中计算出一个固定维矢量（Fixed Dimensional Vector）。

2. 序列合成器（Synthesizer）

它基于说话人嵌入矢量，根据一系列字素（Grapheme）或音素输入，预测出一个对数梅尔频谱（Log-Mel Spectrum）。也就是给定一段文本，将其编码为向量表示，然后，将语音与文本这两个向量结合起来解码成声谱图（Spectrogram）。

3. 声码器（Vocoder）

它将对数梅尔频谱转换成时域波形（Waveform）。也就是将声谱图转换成我们可以听到的音频波形。

详细的技术原理可参考该项目原始论文（参见本书提供的电子资源），项目研究团队将该系统基于 Python 的实现示例代码开源于 GitHub 上，用户可通过其项目网址（参见本书提供的电子资源）进行访问。要安装和使用示例代码，可单击页面上的绿色按钮（“Clone or Download”）直接下载所有源码至本机（需要事先注册一个 GitHub 账号然后登录），或者打开 Anaconda 控制台，在命令行中通过以下 Git 命令来实现代码仓库的克隆：

```
git clone https://github.com/CorentinJ/Real-Time-Voice-Cloning.git
```

然后，打开 Anaconda 控制台，在命令行中通过以下命令安装项目必需的依赖项：

```
pip install -r requirements.txt
```

需要注意的是，正确运行本项目代码需要 PyTorch 1.0.1 及其以上版本的支持。

在 README.md 文件中，可以找到下载预训练模型和数据集的链接，并尝试运行一些示例。示例程序则提供了 GUI 界面和命令行两种运行方式。运行 GUI 界面示例程序之前，建议从本书配套资源中的链接下载数据集，并解压至“<datasets_root>/LibriSpeech/train-clean-100”目录。其中，“<datasets_root>”是用户选定的一个文件目录。用户也可以不用下载任何数据集，但随后需自己提供所需的音频数据文件。进入“Real-Time Voice Cloning”项目所在目录，并在命令行中输入以下命令即可运行 GUI 界面的语音克隆示例程序：

```
python demo_toolbox.py -d <datasets_root>
```

程序运行界面如图 4.26 所示。

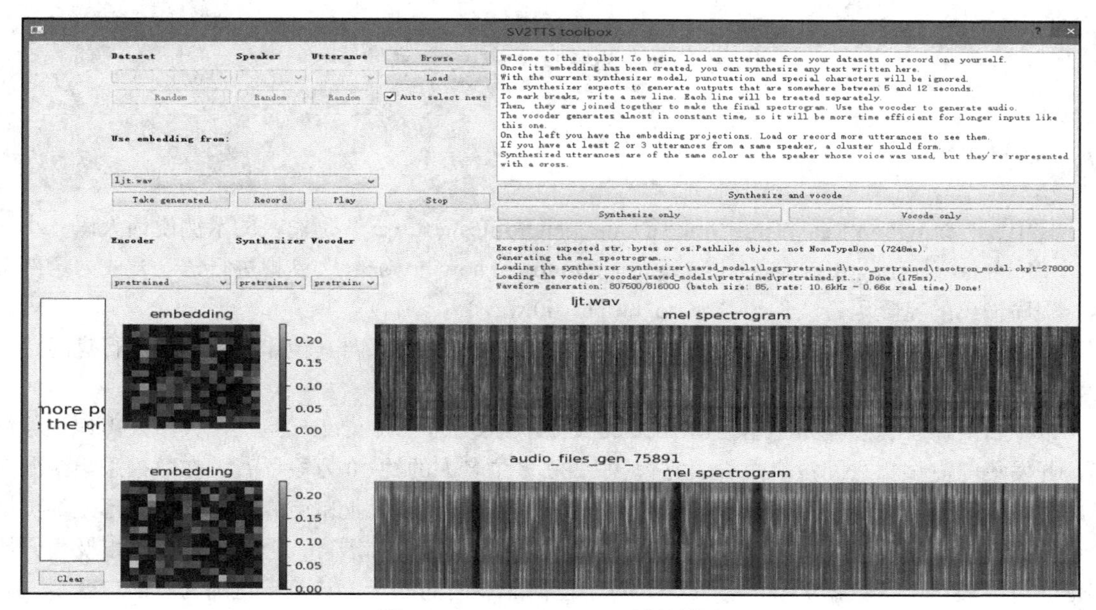

图 4.26　SV2TTS toolbox 运行界面

也可通过以下命令执行命令行版本的语音克隆程序，其中“demo_cli.py”为示例程序。

```
python demo_cli.py
```

运行程序，输出结果如下所示：

```
Running a test of your configuration...
Found 1 GPUs available. Using GPU 0 (GeForce GTX 1050 Ti) of compute capability 6.1 with 4.3Gb total memory.
Preparing the encoder, the synthesizer and the vocoder...
Loaded encoder "pretrained.pt" trained to step 1564501
Found synthesizer "pretrained" trained to step 278000
Building Wave-RNN
Trainable Parameters: 4.481M
Loading model weights at vocoder\saved_models\pretrained\pretrained.pt
Testing your configuration with small inputs.
    Testing the encoder...
    Testing the synthesizer... (loading the model will output a lot of text)
Arguments:
    enc_model_fpath:   encoder\saved_models\pretrained.pt
    syn_model_dir:     synthesizer\saved_models\logs-pretrained
    voc_model_fpath:   vocoder\saved_models\pretrained\pretrained.pt
...
All test passed! You can now synthesize speech.
```

```
    This is a GUI-less example of interface to SV2TTS. The purpose of this script is to
show how you can interface this project easily with your own. See the source code for an
explanation of what is happening.
    Interactive generation loop
    Reference voice: enter an audio filepath of a voice to be cloned (mp3, wav, m4a,
flac, ...):
    e:\python\Real_Time Voice Cloning\audiofiles\test.wav
    Loaded file successfully
    Created the embedding
    Write a sentence (+-20 words) to be synthesized:
    I am now testing this voice cloning program to see how it works.
    Created the mel spectrogram
    Synthesizing the waveform:
    {|███████76000/76800 |Batch Size:8 |Gen Rate: 1.3 khz |} float64
    Saved output as demo_output_00.wav
```

其中，“e:\python\Real_Time Voice Cloning\audiofiles\test.wav”是输入的示例说话人语音小样本，“I am now testing this voice cloning program to see how it works.”是拟进行语音合成的示例文本，程序输出的克隆语音文件为“demo_output_00.wav”。

多次实验结果表明，纯英文文本的语音克隆效果较好。如果对其他非英语语音进行克隆，则需要重新训练你自己的数据集，这个任务比较艰巨。

该项目的声音识别模型是基于 VoxCeleb 数据集实现的。VoxCeleb 是一个大型人声识别数据集，开发集与测试集之间没有重叠。它包含 1200 多位名人的约 10 万段语音，在数据采集来源上考虑了性别平衡（男性约占 55%）。这些名人有不同的口音、职业和年龄。VoxCeleb 不是纯英语语音数据集，语音编码器原则上亦可工作于英语以外的其他多种语言，但由于合成器以及声码器都是通过纯英语语音数据训练的，因此，对于任何非英语的语音（甚至不正确的英语口音），其语音克隆效果都不是很好。

第 5 章
自然语言处理与 Python 编程实践

自然语言，作为人类特有的信息编码方式，通常指的是一种自然地随着人类历史演化而来的语言，如汉语、英语、西班牙语和法语等，是人类智慧的结晶。自然语言处理（Natural Language Processing，NLP）是一种艺术和科学的结合，主要指的是如何让计算机理解、处理以及运用自然语言。NLP 是人工智能和语言学领域的一个重要分支学科。借助 NLP 技术，可以实现自动翻译、文本分类、情感分析、语义分析、自动摘要、信息检索和语音识别等诸多功能。

5.1 NLP 的发展趋势与关键技术

自然语言处理（NLP）技术起源于人们对机器翻译技术的研究，距今已有半个多世纪。随着计算机和互联网的广泛应用，各种信息量呈指数级增长。据统计，近 30 年来，人类社会产生的信息量已经远超过去 5000 年产生的信息量总和。《纽约时报》一周产生的信息量相当于 17 世纪一个学者毕生所能接触到的信息量的总和。一天之中，互联网产生的全部内容可以刻满 1.68 亿张 DVD，发出的邮件有 2940 亿封之多（相当于美国两年的纸质信件数量）。面向这些海量信息的文本挖掘、信息提取、跨语言信息处理以及人机交互等应用的数量持续高速增长，自然语言处理技术相关的研究将对人类社会的发展产生深远的影响。

5.1.1 NLP 的发展趋势

当前，自然语言处理研究领域的发展有以下几个趋势。

① 传统的基于句法-语义规则的理想方法受到质疑，随着语料库建设和语言学的崛起，大规模真实文本的处理成为自然语言处理的主要战略目标。

② 语义表示（Semantic Representation）从符号表示（Sign Representation）发展到分布表示（Distribution Representation）。词是承载语义的最基本的单元。自然语言处理一直以来都直接使用比较抽象的词和符号来表达概念，然而，使用符号存在很多问题。例如，两个词性相近但词形不匹配的词，计算机内部会认为它们是两个完全不同的词。Z.哈里斯（Z.Harris）于 1954 年提出了“上下文相似的词，其语义也相似”的分布假说（Distribution Hypothesis）理论。20 世纪 90 年代初期，统计方法在自然语言处理中逐渐成为主流，分布假说理论也再次被人关注。后来，很多其他研究人员总结完善了利用上下文分布表示词义的方法，并将这种表示用于词义消歧等任务，这类方法在当时被称为词空间模型（Word Space Model）。在此后的发展中，这类方法逐渐演化成为基于矩阵的分布表示方法。分布表示方法与神经网络的结合，成为 NLP 领域的一个重要研究方向。

③ 在自然语言处理应用中，开始大规模地使用机器自动学习的方法来获取语言知识。AlphaGo作为第一个战胜围棋世界冠军的 AI 程序，其开发过程从开始到最后，都没有围棋高手的介入。因为，它并不是简单地基于棋谱和对弈与人类学习，而是基于深度学习算法自动获取和升级知识。

④ 学习模式从浅层学习到深度学习。在从浅层到深度的学习模式中，浅层是分步骤进行的，可能每一步也用了深度学习的方法，但实际上各个步骤只是被简单地串接起来。而直接的深度学习是端到端“一步到位”的过程，虽然在此过程中确实有人为贡献知识的参与，其中包括网络该分几层、每层的表示形式以及规则等，但这些知识在深度学习过程中所占的比重已经很小，人为贡献主要体现在对深度学习网络结构的调整上。

⑤ NLP 技术逐步走向平台化，从封闭走向开放。NLP 领域提供的开放平台越来越多，很多相关的程序或数据资料彻底开放。这些开放的平台让 NLP 应用程序的开发门槛越来越低。

⑥ NLP 开始与各行业领域深度融合，为各行业创造更高的价值。预计 NLP 首先将会在医疗、金融、教育和司法等信息准备充分、服务方式本身即为知识和信息的领域产生突破。

5.1.2 NLP 的关键技术

自然语言处理的关键技术一般包括以下几个方面。

① 模式匹配技术。该技术主要是指计算机将输入的语言内容与其中设定的单词模式，以及输入表达式等进行匹配。例如，计算机辅导答疑系统、微信公众号里回复某些关键词即可自动获取和显示相关信息的自动机器人等。

② 语法驱动的分析技术。语法驱动的分析技术是指通过词形、词性、句子成分等，将输入的自然语言转化为相应语法结构的一种技术。该技术可分为上下文无关文法（Context-Free Grammar，CFG）、转换生成文法（Transformational-generative Grammar，TG）、扩充转移网络（Augmented Transition Network，ATN）文法等。CFG 是最简单并且应用最为广泛的语法，其规则产生的语法分析树可以翻译大多数自然语言，但由于其处理的词句无关上下文，因此，对于某些自然语言的分析不太适合。TG 克服了 CFG 中存在的一些缺点，它能够利用转换规则重新安排分析树的结构，既可形成句子的表层结构，又可分析句子的深层结构。ATNG 扩充了转移网络，加入了测试集和寄存器，它比 TG 能更准确地分析输入的自然语言。

深度学习技术在人工智能多个领域都取得了重大进展，在自然语言处理领域也同样斩获颇丰。越来越多的研究人员开始从输入到输出全部采用深度学习模型，并进行端到端的训练。基于神经网络的模型在各种语言相关任务上都取得了丰硕的成果。

5.2 NLP 工具集 NLTK

自然语言工具集（Natural Language Toolkit，NLTK）是由美国宾夕法尼亚大学（University of Pennsylvania）开发的一套基于 Python 的自然语言处理工具集。NLTK 是一个开源项目，包含用于自然语言处理的 Python 模块、数据集、相关教程以及图像演示和示例等。

5.2.1 NLTK 的安装

NLTK 的安装比较简单，在 Anaconda 终端界面通过执行以下 pip 命令即可实现在线安装：

```
pip install nltk
```

安装完成后，打开 Python 解释器并执行以下命令：

```
>>> import nltk #导入 NLTK 工具集
>>> print(nltk.__version__) #显示当前 NLTK 版本
3.2.5
>>> nltk.download() #打开 NLTK 下载管理器
```

其中，执行 nltk.download()命令会弹出图 5.1 所示的 NLTK 工具包管理器界面。在管理器中可以下载示例文档、语料库（Corpus）、训练模型等相关资源。

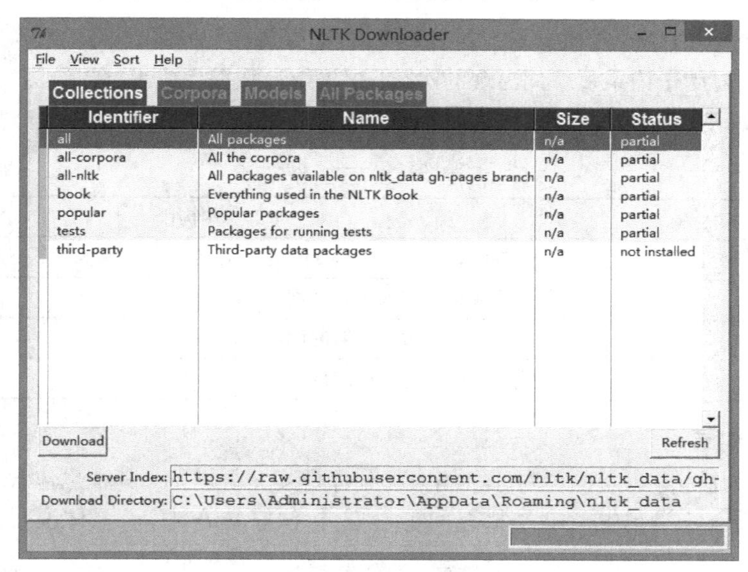

图 5.1　NLTK 工具包管理器界面

管理器提供的资源很多，我们可以选择性地下载所需资料用于研究和学习。

5.2.2　基于 NLTK 的简单文本分析

NLTK 集成了诸多用于自然语言处理的工具、模型，以及极其丰富的语料库。它提供了很多易于使用的接口和方法，可让用户很方便地对文本进行分类、标记、解析和语义推理等简单的文本分析操作。

1. Text 类和方法

Text 类用于对文本进行初级统计与分析。它接受一个词的列表作为参数。Text 类的主要方法及其作用如表 5-1 所示。

表 5-1　Text 类的主要方法及其作用

方法	作用
Text(words)	构造 Text 对象
concordance(word, width=79, lines=25)	显示 word 出现的上下文
similar(words，num)	搜索与 keyword 语境类似的词以及最多搜出的个数
collocations(num=20,window_size=2)	查找出现频率比预期频率更频繁的双连词
count(word)	word 在文本中出现的次数
dispersion_plot(words)	绘制各词在语料库中的分布情况

续表

方法	作用
vocab()	返回文章去重的词典
TextCollection([text1,text2,])	构造 Text 集合对象
idf(term)	即 Inverse Document Frequency，用于计算 term 在语料库中的逆文档频率
tf(term,text)	即 Term Frequency，用于统计 term 在 text 中的词频
tf_idf(term,text)	计算 term 在句子中的 tf_idf，即 tf*idf

2. FreqDist 类和方法

FreqDist 类主要用于记录每个词出现的次数，根据统计数据生成表格或绘图。FreqDist 类的主要方法及其作用如表 5-2 所示。

表 5-2　FreqDist 类主要方法及其作用

方法	作用
plot(title,cumulative=False)	绘制频率分布图，若 cumuLative 为 True，则为累积频率分布图
tabulate()	生成频率分布的表格形式
most_common()	返回出现次数最频繁的词与频率
hapaxes()	返回只出现过一次的词

3. NLTK 语料库

NLTK 工具集中包含大量的语料库，绝大部分都是英文语料库，其中也包含一个繁体中文语料库。在 nltk.corpus 工具包中，包含很多不同类别并标注好的语料库，具体说明如表 5-3 所示。

表 5-3　NLTK 常用语料库及其说明

语料库	说明
gutenberg	古腾堡语料库。大约有 36000 本免费电子图书，NLTK 中只包含了其中一部分，多为古典作品
webtext	网络小说、论坛、广告语料库
nps_chat	美国海军学院研究生收集的聊天会话语料库。包含上万条即时聊天消息记录
brown	布朗语料库。第一个百万词汇级的英语电子语料库，包含 500 个不同来源的文本，按文体进行分类
Reuters	路透社语料库。约有上万篇新闻文档，约有 100 万字，分 90 个主题，并分为训练集和测试集两组
Sinica_treebank	繁体中文语料库，包含 61087 个中文树图，361834 个词
WordNet	面向语义的英语词典，类似于传统字典

如需查阅更多语料库，可在 Python 解释器中通过 nltk.download()命令打开 NLTK 工具包管理器查看 corpus 目录。NLTK 提供了表 5-4 所示的诸多方法或函数用于语料库的处理。

表 5-4　NLTK 语料库处理方法或函数及其描述

NLTK 方法/函数	描述
fileids()	返回语料库中文件名列表
fileids[categories]	返回指定类别的文件名列表
words(filename)	返回指定文件名的单词列表

续表

NLTK 方法/函数	描述
words(catogories=[])	返回指定分类的单词列表
categories()	返回语料库的分类
categories([fileids])	返回文件对应的语料库分类
raw(fileids=[f1,f2..],categories=[c1,c2...])	返回对应文件和分类的原始内容。参数可以为空
words(fileids=[f1,f2..],categories=[c1,c2...])	返回对应文件和分类的词汇。参数可以为空
sents(fileids=[f1,f2..],categories=[c1,c2...])	返回指定文件名或分类的语句列表
abspath(fileid)	返回文件在磁盘的位置
encoding(fileid)	文件的编码
open(fileid)	打开文件流
root()	本地语料库的位置

4. 文本分析统计示例

当我们从 NLTK 管理器中下载所需的各类语料库、文本集等资源后，打开 Python 解释器，输入图 5.2 所示的命令，就会看到正常加载的文本资源列表。

```
>>> from nltk.book import *
*** Introductory Examples for the NLTK Book ***
Loading text1, ..., text9 and sent1, ..., sent9
Type the name of the text or sentence to view it.
Type: 'texts()' or 'sents()' to list the materials.
text1: Moby Dick by Herman Melville 1851
text2: Sense and Sensibility by Jane Austen 1811
text3: The Book of Genesis
text4: Inaugural Address Corpus
text5: Chat Corpus
text6: Monty Python and the Holy Grail
text7: Wall Street Journal
text8: Personals Corpus
text9: The Man Who Was Thursday by G . K . Chesterton 1908
```

图 5.2　NLTK 所包含的文本资源列表

执行命令后的输出信息中，text*N*（*N* 为 1～9）为文本的节点，我们可以通过相关命令对其进行文本搜索、字数统计、词集合统计、词频统计，以及上下文和近义词搜索等操作。例如：

```
>>>len(text2) #返回 text2 文本的总字数
1415767
>>>len(set(text2)) #返回 text2 文本的总词数
6833
>>>text5.count("the")#返回“the”在 text5 文本中出现的总次数
646
>>>text3.similar("people")#在 text3 文本中搜索与“people”相关的词
Land city lord men dream earth cattle father woman brother servants man children house
place sheep morning famine country day
>>>text6.concordance("holy")#将返回 text6 中 26 句包含“holy”的上下文
>>>fdist=FreqDist(text7) # text7 中高频词的频率分布
>>>fdist.plot(20) #显示前 20 个高频词的频率分布
```

从图 5.3 可看出，高频词大多是一些无意义的冠词、连词、介词等。

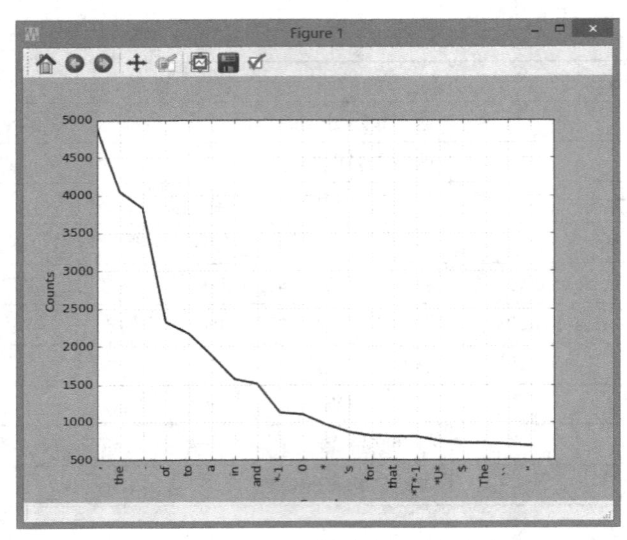

图 5.3　text7 中前 20 个高频词的频率分布

在自然语言处理任务中，我们经常会计算词汇在文本中的频率分布。以下示例代码用于显示指定列表中的词汇在 text7（华尔街新闻文本语料）中的频率分布，分析结果如图 5.4 所示。

```
>>>text7.dispersion_plot(["finance","economy","growth","people","investment","production"]) #列表中词汇在 text7 文档中的频率分布图
```

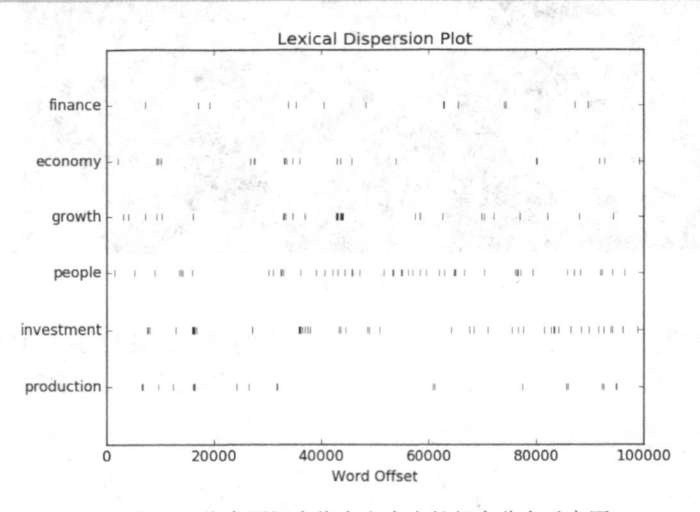

图 5.4　指定词汇在指定文本中的频率分布示意图

随着社会的发展和时间的推移，我们日常使用的词汇在表达方式和使用频率上也会发生相应的变化。以下示例代码显示了布朗语料库中“citizen”和“economy”两个词汇在不同时期的使用频率，其可视化结果如图 5.5 所示。

```
import nltk  #导入 NLTK 工具集
from nltk.corpus import brown #导入布朗语料库
cfd = nltk.ConditionalFreqDist((target, fileid[:4]) #文本出现的条件分布概率
    for fileid in brown.fileids()
    for w in brown.words(fileid)
    for target in ['citizen', 'economy']
```

```
    if w.lower().startswith(target))
cfd.plot()
```

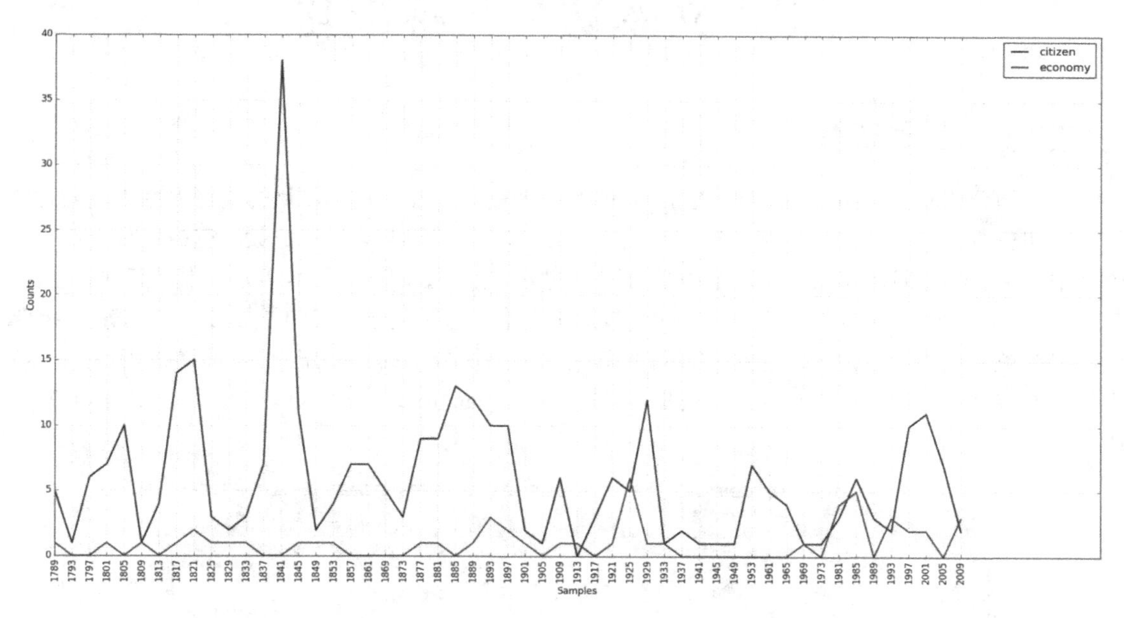

图 5.5　布朗语料库中“citizen”和“economy”两个词汇在不同时期的使用频率

以下示例代码用于读取一段英文歌词文本，并对文本进行分词，同时显示图 5.6 所示的歌词文本词汇频率分布。

```
text = open(r'MyHeartWillGoOn.txt','r').read()  #载入示例英文歌词文本
fdist = nltk.FreqDist(nltk.word_tokenize(text)) #对文本进行分词
#显示词汇频率分布
fdist.plot(30,cumulative=True)
```

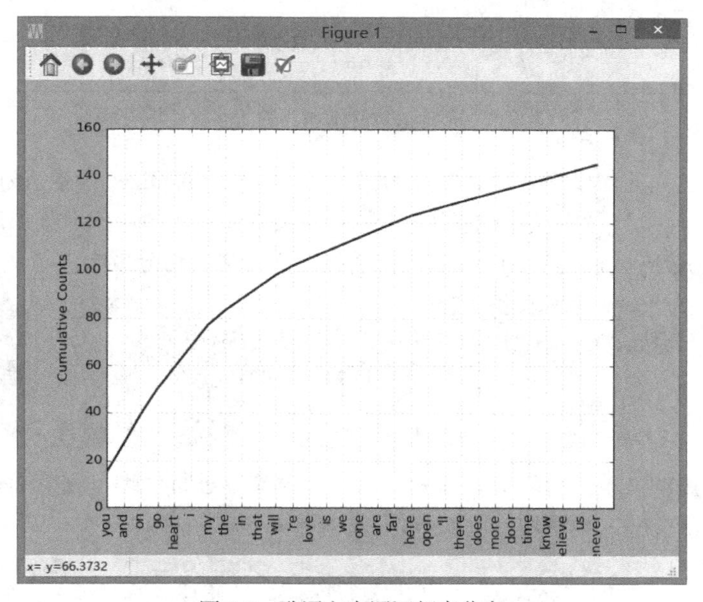

图 5.6　歌词文本词汇频率分布

5.3 文本切分与标准化

5.3.1 文本切分

文本切分（Text Segmentation）是 NLP 中的一个重要内容，其主要目的是将大量无分割标志的文本切分成更小的单元或者标识符。在英文书面文本中，词与词之间一般用空格进行分割。在中文中，由于词与词之间在书面文本中没有明显的分割标志，因此，文本切分就很具有现实意义。

NLTK 中提供了很多文本切分的方法，包括将文本切分为句子、将句子切分为单词等。NLTK 除了支持英文文本切分之外，也提供了许多其他语言的切分工具，但需要提前加载相应的 pickle 文件。这些文件一般位于 Anaconda 安装目录的“nltk_data\tokenizers\punkt”子目录中，如图 5.7 所示。

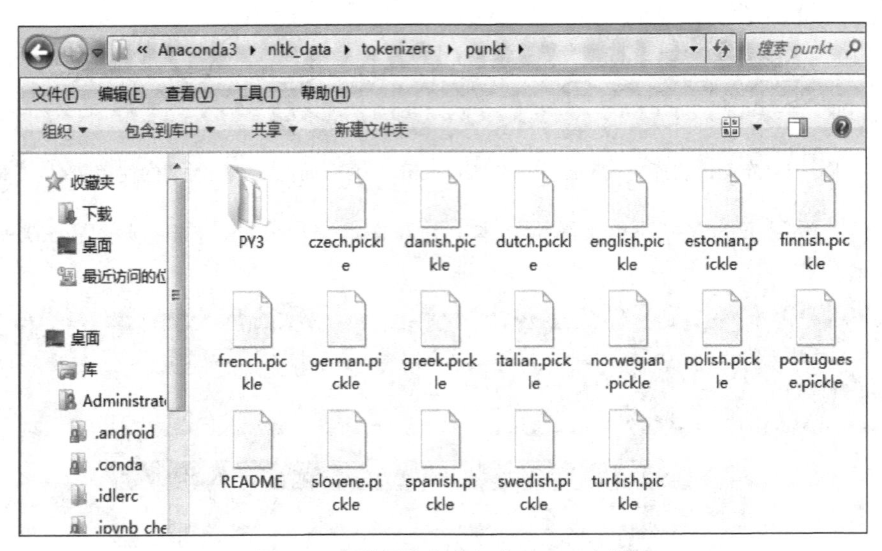

图 5.7 多种语言文本切分 pickle 文件

将文本切分为独立的句子主要用到的是 NLTK 中的 sent_tokenize()函数。该函数的主要功能是根据句子的结束符号(“.” “!”等)来分割文本（针对英文文本）。当然，如果所有句子结束标志皆为“.”，也可使用 Python 内置的 split()函数达到同样的文本切分效果。示例代码如下：

```
>>>import nltk
>>>from nltk.tokenize import sent_tokenize #导入分词工具包
>>>text="My name is Jiantao Lu. I come from China. I will be staying here for 2 days."
>>>sent_tokenize (text)
['My name is Jiantao Lu. ', 'I come from China. ', 'I will be staying here for 2 days. ']
```

如果要对大批量的文本进行切分，或者对其他语言文本进行处理，则需通过以下示例代码加载相应语言的 pickle 文件，然后用 tokenize()函数进行切分。

```
import nltk.data
Tokenizer=nltk.data.load('tokenizers/punkt/spanish.pickle')
Tokenizer.tokenize(text)
```

文本处理通常需要将文本切分为句子，然后将句子切分为单词。将独立的句子进行单词切分的过程称为分词。对于中文而言，分词就是将连续的文字序列按照一定的规范重新组合成词序列的过程。

在 NLTK 中，一般使用 word_tokenize()函数对句子进行分词，也可使用 TreebankWordTokenizer 类的 tokenize()函数实现分词。示例代码如下：

```
>>>from nltk import word_tokenize #导入 word_tokenize 分词工具包
>>>text ="I have a lot of money long long ago"
>>>print word_tokenize(text)
['I', 'have', 'a', 'lot', 'of', 'money', 'long', 'long', 'ago']
>>>from nltk.tokenize import TreebankWordTokenizer #导入 TreebankWordTokenizer 分词工具包
>>>Tokenizer= TreebankWordTokenizer()
>>>Tokenizer.tokenize(text)
['I', 'have', 'a', 'lot', 'of', 'money', 'long', 'long', 'ago']
```

5.3.2　中文分词

因中文语法以及文本书写的方式不同，中文分词的过程相对于英文等分词的过程更为复杂。很多第三方开发的中文分词工具有不错的分词效果，其中较著名的有 Jieba、THULAC、PKUSeg、SnowNLP、NLPIR 等。上述几个分词工具都已经在 GitHub 上开源。

1. 中文分词方法

现有的中文分词方法可分为 3 大类：基于字符串匹配的分词方法、基于理解的分词方法，以及基于统计的分词方法。

（1）基于字符串匹配的分词方法

基于字符串匹配的分词方法又称机械分词方法，它是按照一定的策略将待分析中文文本与一个很大的机器词典中的词条进行匹配，若在词典中找到某个字符串，则匹配成功（识别出一个词）。

按照扫描方向的不同，基于字符串匹配的分词方法可以分为正向匹配和逆向匹配。按照不同长度优先匹配，可分为最大（最长）匹配和最小（最短）匹配。按照是否与词性标注过程相结合，可分为单纯分词方法和分词与词性标注相结合的一体化方法。常见的基于字符串匹配的分词方法有以下几种。

① 正向最大匹配法（从左到右的方向）。

② 逆向最大匹配法（从右到左的方向）。

③ 最小切分（每一句中切出的词数最小）。

④ 双向最大匹配（进行从左到右、从右到左两次扫描）。

基于字符串匹配的分词方法的优点是速度快，时间复杂度可以保持在 $O(n)$，实现简单，效果尚可，但对歧义和未登录词的处理效果不佳。

（2）基于理解的分词方法

基于理解的分词方法是通过让计算机模拟人对句子的理解，以达到识别词的效果。其基本思想是在分词的同时进行句法、语义分析，利用句法信息和语义信息来处理歧义现象。这种分词方法通常包括 3 个部分：分词子系统、句法语义子系统、总控子系统。在总控子系统的协调下，分词子系统可以获得有关词、句子等的句法和语义信息，通过模拟人对句子的理解过程来对分词歧义进行判断。这种分词方法需要使用大量的语言知识和信息。由于中文的复杂性，难以将各种语言信息组织成计算机可直接读取的形式，因此目前基于理解的分词系统大多处在试验阶段。

（3）基于统计的分词方法

基于统计的分词方法是在给定大量已分词文本的前提下，利用机器学习统计模型来学习词语切分的规律，从而实现对未知文本的切分。例如，最大概率分词方法和最大熵分词方法就属于基于统计的分词方法。随着大规模语料库的建立、统计机器学习方法的研究和发展，基于统计的分词方法逐渐成为主流方法。常见的统计模型有 N 元文法模型（N-gram）、隐马尔可夫模型、最大熵模型（Maximum Entropy Model，MEM），以及条件随机场（Conditional Random Fields，CRF）模型等。

在实际的应用中，基于统计的分词系统都需要使用词典来进行字符串匹配分词，同时使用统计方法识别一些新词。这种分词系统将字符串频率统计和字符串匹配结合起来，既发挥了匹配分词方法切分速度快、效率高的特点，又利用了无词典分词方法结合上下文识别生词、自动消除歧义等优点。

2. 常用中文分词工具

（1）Jieba 中文分词器

Jieba 中文分词器也称为结巴中文分词器，是目前使用最多的中文分词工具之一。结巴中文分词器的主要特点如下。

① 支持 3 种模式。

- 精确模式：对句子进行精确切分，适用于文本分析。
- 全模式：将句中所有可以成词的词语都扫描出来，速度非常快，但不能解决歧义。
- 搜索引擎模式：在精确模式的基础上，对长词再次切分，提高召回率（Recall Rate），适用于搜索引擎分词。

② 支持繁体中文分词。

③ 支持自定义词典。

④ MIT 授权协议。

结巴中文分词器在分词的过程中主要涉及以下几种算法。

① 基于前缀词典进行高效的词图扫描，生成句中汉字所有可能成词情况构成的有向无环图（DAG）。

② 采用动态规划方法查找最大概率路径，找出基于词频的最大切分组合。

③ 对于未登录词，采用基于汉字成词能力的 HMM，并采用 Viterbi 算法进行计算。

④ 基于 Viterbi 算法进行词性标注。

⑤ 基于 TF-IDF 和 TextRank 模型抽取关键词。

结巴中文分词器对 Python 2 和 Python 3 均兼容，安装方式如下。

① 全自动安装。打开 Anaconda 控制台，在命令行中执行命令 easy_install jieba 或 pip install jieba 皆可自动完成结巴中文分词器的安装。

② 半自动安装。先从官方网站（参见本书提供的电子资源）下载安装文件，解压后进入解压文件所在目录，打开 Anaconda 控制台，在命令行中运行以下命令即可完成结巴中文分词器的安装：

```
python setup.py install
```

③ 手动安装。下载 Jieba 文件并解压，将解压后的文件放置于测试程序同一目录或 Anaconda 安装目录下的“\Lib\site-packages”子目录中。

结巴中文分词器安装完成后，可通过 import jieba 语句进行引用。结巴中文分词器的主要功能通过 jieba.cut()、jieba.cut_for_search()以及 jieba.Tokenizer()等几个函数来实现。函数说明如表 5-5 所示。

表 5-5 结巴中文分词器主要函数说明

函数	功能参数说明
jieba.cut(str, cut_all，model=HMM)	函数有 3 个输入参数。str 为需要分词的字符串，cut_all 参数用来控制是否采用全模式，HMM 参数用来控制是否使用 HMM
jieba.cut_for_search(str, model=HMM)	函数有两个输入参数。str 为需要分词的字符串，HMM 参数用来控制是否使用 HMM。 该函数适合用于搜索引擎构建倒排索引的分词，粒度比较细。 待分词的字符串可以是 Unicode 或 UTF-8 字符串、GBK 字符串。注意：不建议直接输入 GBK 字符串，可能无法预料地错误解码成 UTF-8 字符串
jieba.Tokenizer(dictionary=DEFAULT_DICT)	新建自定义分词器，可用于同时使用的不同词典。jieba.dt 为默认分词器，所有全局分词相关函数都是该分词器的映射

利用结巴中文分词器进行中文分词的示例代码如下：

```
import jieba #导入分词器
#全模式分词
seg_list = jieba.cut("我曾任职于加拿大联邦政府为高级研究员", cut_all=True)
print('全模式分词:',file=f)
print("Full Mode: " + "/ ".join(seg_list),file=f)
#精确模式分词
seg_list = jieba.cut("我曾任职于加拿大联邦政府为高级研究员", cut_all=False)
print('精确模式分词:',file=f)
print("Default Mode: " + "/ ".join(seg_list),file=f)
#默认分词为精确模式
seg_list = jieba.cut("何卓玲女士是美资公司资深业务咨询理事")
print('默认模式分词:',file=f)
print(", ".join(seg_list),file=f)
#搜索引擎模式分词
seg_list = jieba.cut_for_search("区块链技术是一种分布式记账技术，其去中心化的思想成为价值互联
网的核心")
print('搜索引擎模式分词:',file=f)
print(", ".join(seg_list),file=f)
```

运行程序，返回结果如下所示：

```
全模式分词:
Full Mode: 我/ 曾/ 任职/ 于/ 加拿/ 加拿大/ 联邦/ 联邦政府/ 邦政府/ 政府/ 为/ 高级/ 研究/ 研究员
精确模式分词:
Default Mode: 我/ 曾/ 任职/ 于/ 加拿大/ 联邦政府/ 为/ 高级/ 研究员
默认模式分词:
何卓玲, 女士, 是, 美资, 公司, 资深, 业务, 咨询, 理事
搜索引擎模式分词:
区块, 链, 技术, 是, 一种, 分布, 布式, 分布式, 记账, 技术, ，, 其去, 中心, 中心化, 的, 思想, 成为,
```

价值，互联，联网，互联网，的，核心

（2）THULAC 分词工具包

THULAC（THU Lexical Analyzer for Chinese）是由清华大学自然语言处理与社会人文计算实验室研制推出的一套中文词法分析工具包，具有中文分词和词性标注功能。THULAC 具有以下几个特点。

① 分词能力强。利用目前世界上规模最大的人工分词和词性标注中文语料库（约含 5800 万字）训练而成，模型标注能力强大。

② 准确率高。该工具包在标准数据集 Chinese Treebank（CTB5）上分词的 F1 分数（F1 Scorce，指的是精度和召回率的调和平均数）可达 97.3%，词性标注的 F1 分数可达 92.9%。

③ 运行速度快。同时进行分词和词性标注的速度为 300KB/s，每秒可处理约 15 万字。单独进行分词的速度可达到 1.3MB/s。

THULAC Python 版的安装有以下两种方式。

① 从项目的 GitHub 网址（参见本书提供的电子资源）下载 THULAC 文件以及模型文件。将 THULAC 文件放到程序运行目录下，通过 import thulac 语句进行引用。用户可以登录其官方网站（参见本书提供的电子资源），填写个人信息后下载分词和词性标注所需的模型，解压后放到 THULAC 的根目录即可，或使用参数 model_path 指定模型的位置。

② 打开 Anaconda 控制台，在命令行中执行 pip install thulac 命令，可进行在线安装。

THULAC 词性标注集（通用版）如表 5-6 所示。

表 5-6　THULAC 词性标注集

标注符	代表含义
n/	名词
np/	人名
ns/	地名
ni/	机构名
nz/	其他专有名词
m/	数词
q/	量词
mq/	数量词
t/	时间词
f/	方位词
s/	处所词
v/	动词
a/	形容词
d/	副词
h/	前接成分
k/	后接成分
i/	习语
j/	简称
r/	代词

续表

标注符	代表含义
c/	连词
p/	介词
u/	助词
y/	语气助词
e/	叹词
o/	拟声词
g/	语素
w/	标点
x/	其他

我们可通过以下示例代码来测试 THULAC 中文分词的效果：

```
import thulac #导入 THULAC 模块
f=open('result.txt','w')   #创建一个文本文件用于保存分词结果
thu = thulac.thulac()       #默认模式,分词的同时进行词性标注
text = thu.cut("成都是个好地方，是一个你来了就不想走的城市！")
print("词性标注分词模式：\n"+text,file=f)
thu = thulac.thulac(seg_only=True) #只进行分词,无标注
text = thu.cut("成都是个好地方，是一个你来了就不想走的城市！")
print("无标注分词模式：\n"+text,file=f)
f.close() #关闭文件
```

运行程序，结果如下所示：

```
词性标注分词模式：
[['成都', 'ns'], ['是', 'v'], ['个', 'q'], ['好', 'a'], ['地方', 'n'], ['，', 'w'], ['是', 'v'], ['一个', 'm'], ['你', 'r'], ['来', 'v'], ['了', 'u'], ['就', 'd'], ['不', 'd'], ['想', 'v'], ['走', 'v'], ['的', 'u'], ['城市', 'n'], ['！', 'w']]
无标注分词模式：
[['成都', ''], ['是', ''], ['个', ''], ['好', ''], ['地方', ''], ['，', ''], ['是', ''], ['一个', ''], ['你', ''], ['来', ''], ['了', ''], ['就', ''], ['不', ''], ['想', ''], ['走', ''], ['的', ''], ['城市', ''], ['！', '']]
```

（3）PKUSeg 分词工具包

PKUSeg 是由北京大学语言计算与机器学习研究组研发的一套全新的多领域中文分词（Multi-Domain Chinese Word Segmentation）工具包。该分词工具包简单易用、支持细分领域分词，并有效提高了中文分词的准确率。PKUSeg 的主要特点如下。

① 多领域分词。不同于以往的通用中文分词工具包，此工具包可为不同领域的数据提供个性化的预训练模型（Pretrained Models）。根据待分词文本的领域特点，用户可以自由地选择不同的模型。PKUSeg 目前提供新闻领域、网络领域、医药领域、旅游领域，以及混合领域等的分词预训练模型。在使用中，如果用户明确知晓待分词文本的领域，可加载对应的模型进行分词。如果用户无法确定具体领域，则推荐使用在混合领域上训练的通用模型。

② 更高的分词准确率。相比其他的分词工具包，当使用相同的训练数据和测试数据时，PKUSeg 可以取得更高的分词准确率。根据测试结果，PKUSeg 分别在示例数据集 MSRA（Microsoft

亚洲研究院提供的中文分词语料库）和 CTB8（宾夕法尼亚大学提供的中文树库）上降低了 79.33%和 63.67%的分词错误率。

③ 支持用户自训练模型。支持用户使用全新的标注数据进行训练。

④ 支持词性标注。

PKUSeg 目前仅支持 Python 3。打开 Anaconda 控制台，在命令行中输入以下命令可进行在线安装：

```
pip install pkuseg
```

或通过以下命令更新到最新版本：

```
pip install-U pkuseg
```

若官方 PyPI 源的下载速度不理想，建议使用清华镜像源加快安装速度。对于初次安装，可打开 Anaconda 控制台，在命令行中执行以下命令：

```
pip install -i https://pypi.tuna.tsinghua.edu.cn/simple pkuseg
```

若只是更新版本，则在命令行中执行以下命令：

```
pip install -i https://pypi.tuna.tsinghua.edu.cn/simple -U pkuseg
```

如果不使用 pip 安装方式，也可从其 GitHub 网址（参见本书提供的电子资源）下载相关文件，然后进入下载文件所在目录，在命令行中执行以下命令进行安装：

```
python setup.py build_ext -i
```

其 GitHub 中的项目文件并不包括预训练模型，因此，需要用户自行下载或训练模型，使用时需通过"model_name"参数指定模型文件。

利用 PKUSeg 工具包进行各种不同形式的中文分词以及模型训练的示例代码如下：

```
import pkuseg  #导入 PKUSeg 分词工具包
if __name__ == '__main__':
        #使用默认配置进行分词
        seg = pkuseg.pkuseg() #如果用户无法确定分词领域，则以默认配置加载分词模型
        text = seg.cut('热烈庆祝中华人民共和国成立七十周年')  #进行分词
        print("默认模型分词：")
        print(text)

        #细分领域分词
        seg = pkuseg.pkuseg(model_name='news')  #程序将会自动下载所对应的细分领域模型
        text = seg.cut('热烈庆祝中华人民共和国成立七十周年')
        print("细分领域模型分词：")
        print(text)

        #分词的同时进行词性标注
        seg = pkuseg.pkuseg(postag=True)  #开启词性标注功能
        text = seg.cut('热烈庆祝中华人民共和国成立七十周年') #进行分词和词性标注
        print(text)

        '''
        对文件进行分词
        input.txt：待分词的输入文本文件
```

```
    output.txt: 分词输出结果保存文件
        nthread=20: 同时开启 20 个进程进行分词
        '''
        pkuseg.test('input.txt', 'output.txt', nthread=20)

        #使用用户自定义词典
        seg = pkuseg.pkuseg(user_dict='my_dict.txt') #给定用户词典为当前目录下的"my_dict.txt"
        text = seg.cut('热烈庆祝中华人民共和国成立七十周年')
        print(text)

        '''
        使用自训练模型分词（以 CTB8 模型为例）
        假设用户已经下载了 CTB8 模型并放在'./ctb8'目录下,通过设置 model_name 加载该模型
        '''
        seg = pkuseg.pkuseg(model_name='./ctb8')
        text = seg.cut('热烈庆祝中华人民共和国成立七十周年')
        print(text)

        '''
        训练新模型(模型随机初始化)
        msr_training.utf8:训练文件
        msr_test_gold.utf8: 测试文件
        ./models: 训练好的模型文件的保存目录
        nthread=20: 同时开启 20 个进程进行分词
        训练模式下，会保存最后一轮模型作为最终模型
        目前仅支持 UTF-8 编码,训练集和测试集要求所有单词以单个或多个空格分开
        '''
        pkuseg.train('msr_training.utf8', 'msr_test_gold.utf8', './models', nthread=20)

        '''
        fine-tune 训练（从预加载的模型继续训练）
        train.txt:训练文件
        test.txt: 测试文件
        ./pretrained: 模型加载目录
        ./models: 训练好的模型文件的保存目录
        train_iter=10: 对模型进行 10 轮训练
        '''
        pkuseg.train('train.txt','test.txt','./models',train_iter=10,\ init_model=
'./pretrained')
```

（4）SnowNLP 分词器

SnowNLP 是一个用 Python 编写的类库，可以很方便地处理中文文本内容。它是开发人员受 TextBlob 的启发而被编写的，但是与 TextBlob（一个用 Python 编写的开源文本处理库，可用来执行很多 NLP 任务）不同的是，它没有用到 NLTK，所有的算法都独立实现，并自带已经训练好的字典。SnowNLP 主要包括以下几个功能。

① 中文分词。主要算法为基于字符的生成模型（Character-Based Generative Model）。

② 词性标注（3-Gram HMM）。基于 3 元隐马尔可夫模型算法实现词性标注。

③ 情感分析。训练数据主要来自网上交易的评价。

④ 文本分类。基于朴素贝叶斯（Naive Bayes，NB）算法实现文本分类。

⑤ 文字转换成拼音。基于前缀树（Trie）的最大匹配算法实现拼音转换。

⑥ 繁简字体转换。基于前缀树的最大匹配算法实现繁简字体转换。

⑦ 文本关键词和文本摘要提取。基于 TextRank 算法实现文本关键词和文本摘要提取。

⑧ 文本相似度计算。基于 BM25 算法计算文本相似度。

⑨ 文档词频（Term Frequency，TF）和逆向文档频率（Inverse Document Frequency，IDF）计算。

⑩ 将文本分割成句子。

SnowNLP 的最大特点是易于上手，但不少功能比较简单，还有待进一步的完善。可打开 Anaconda 控制台，在命令行中执行以下命令在线安装 SnowNLP：

```
pip install snownlp
```

在 Python 解释器中，利用 SnowNLP 分词器对中文文本进行简繁体转换、文档词频与逆向文档频率计算、词性标注、情感分类、文本分类、句子分割、提取文本关键词与文本摘要，以及文本相似度计算的示例代码如下：

```
>>>from snownlp import SnowNLP #导入 SnowNLP 分词器
#初始化处理文本
>>> s = SnowNLP(u'网云三维科技股份有限公司是一个很好的从事 3D 打印与人工智能的高科技企业。')
>>>s.words #中文分词
['网', '云', '三', '维', '科技', '股份', '有限公司', '是', '一个', '很', '好', '的', '从事', '3D', '打印', '与', '人工', '智能', '的', '高', '科技', '企业', '。']
>>>s.sentiments #情感分析 positive 的概率
0.9895893605757065
>>>s.tags #进行分词和词性标注
('网', 'j'),('云', 'j'),('三', 'm'),('维', 'q'),
('科技', 'n'),('股份', 'n'),('有限公司', 'n'),
('是', 'v'),('一个', 'm'),('很', 'd'),('好', 'a'),
('的', 'u'),('从事', 'v'),('3D', 'vd'),('打印', 'v'),
('与', 'p'),('人工', 'b'),('智能', 'n'),('的', 'u'),
('高', 'a'),('科技', 'n'),('企业', 'n'),('。', 'w')
>>>s.pinyin #中文示例文本转换为拼音
['wang', 'yun', 'san', 'wei', 'ke', 'ji', 'gu', 'fen', 'you', 'xian', 'gong', 'si', 'shi', 'yi', 'ge', 'hen', 'hao', 'de', 'cong', 'shi', '3D', 'da', 'yin', '与', 'ren', 'gong', 'zhi', 'neng', 'de', 'gao', 'ke', 'ji', 'qi', 'ye', '。']
>>> s=SnowNLP(u'繁體中文是中華傳統文化所使用的書寫體系') #繁体中文示例文本
>>>s.han #繁体字转换为简体字
繁体中文是中华传统文化所使用的书写体系
>>>s = SnowNLP([[u'中国', u'世界'], [u'大国', u'文明'], [u'强国梦']])
>>>s.sim([u'中国']) #计算两个文本之间的相似度
[0.4686473612532025, 0, 0]
>>>s.tf #计算文档词频
[{'中国': 1, '世界': 1}, {'大国': 1, '文明': 1}, {'强国梦': 1}]
>>>s.idf #计算逆向文档频率
{'中国': 0.5108256237659907, '世界': 0.5108256237659907, '大国': 0.5108256237659907, '
```

```
文明': 0.5108256237659907, '强国梦': 0.5108256237659907}
    >>>text = u'''人工智能是计算机科学的一个分支，是研究、开发用于模拟、延伸和扩展人的智能的理论、方法、技术及应用系统的一门新的技术科学。它企图了解智能的实质，并生产出一种新的能以人类智能相似的方式做出反应的智能机器，该领域的研究包括机器人、语言识别、图像识别、自然语言处理和专家系统等。人工智能从诞生以来，理论和技术日益成熟，应用领域也不断扩大，可以设想，未来人工智能带来的科技产品，将会是人类智慧的"容器"。人工智能可以对人的意识、思维的信息过程进行模拟。人工智能不是人的智能，但能像人那样思考，也可能超过人的智能。'''
    >>>s = SnowNLP(text)
    >>>s.keywords()  #提取文本关键词
    ['智能', '人', '人工', '新', '人类']
    >>>s.summary() #提取文本摘要
    ['人工智能可以对人的意识、思维的信息过程进行模拟', '方法、技术及应用系统的一门新的技术科学', '是研究、开发用于模拟、延伸和扩展人的智能的理论、', '人工智能不', '理论和技术日益成熟']
    >>>s.sentences  #文本分割成句子
    ['人工智能是计算机科学的一个分支', '是研究、开发用于模拟、延伸和扩展人的智能的理论、', '方法、技术及应用系统的一门新的技术科学', '它企图了解智能的实质', '并生产出一种新的能以人类智能相', '似的方式做出反应的智能机器', '该领域的研究包括机器人、语言识别、图像识别、自然语言处理和专家系', '统等', '人工智能从诞生以来', '理论和技术日益成熟', '应用领域也不断扩大', '可以设想', '未来人工智能带来', '的科技产品', '将会是人类智慧的"容器"', '人工智能可以对人的意识、思维的信息过程进行模拟', '人工智能不', '是人的智能', '但能像人那样思考，也可能超过人的智能']
```

（5）NLPIR 分词系统

NLPIR 分词系统是一整套对原始文本集进行处理和加工的软件，提供了中间件处理效果的可视化展示，也可作为小规模数据的处理加工工具，主要包括中文分词、词性标注、命名实体识别、用户词典、新词发现与关键词提取等功能。

PyNLPIR 是 NLPIR 分词系统的 Python 版本，在 Anaconda 中对 PyNLPIR 进行在线安装的命令为：

```
pip install pynlpir
```

安装完成后，在 Python 解释器中执行以下命令来测试安装和使用是否正常：

```
>>>import pynlpir #载入模块
>>>pynlpir.open() #打开分词器
```

需要注意的是，如果打开分词器时，提示 License 过期，则退出 Python 解释器，在 Anaconda 命令行中执行 pynlpir update 命令更新 License。

基于 PyNLPIR 进行分词和词性标注的示例代码如下：

```
import pynlpir #导入 PyNLPIR 工具包
pynlpir.open() #打开 PyNLPIR 分词系统
text ='红日初升，其道大光，河出伏流，一泻汪洋。' #示例文本
f=open('result.txt','w')  #打开一个文件以便写入中文分词的结果
seg1 = pynlpir.segment(text) #进行分词。默认打开分词和词性标注功能
print ('1.默认分词模式:\n' + str(seg1),file=f)
seg2 = pynlpir.segment(text,pos_english=False) #将词性标注语言变为汉语
print ('2.汉语标注模式:\n' +str(seg2),file=f)
seg3 = pynlpir.segment(text,pos_tagging=False) #关闭词性标注
print ('3.无词性标注模式:\n' + str(seg3),file=f)
f.close()#关闭文件
```

运行程序，结果如下所示：

```
1.默认分词模式:
[('红', 'adjective'), ('日', 'classifier'), ('初', 'noun of locality'), ('升', 'verb'),
('，', 'punctuation mark'), ('其', 'pronoun'), ('道', 'classifier'), ('大', 'adjective'),
('光', 'noun'), ('，', 'punctuation mark'), ('河', 'noun'), ('出', 'verb'), ('伏流', 'noun'),
('，', 'punctuation mark'), ('一', 'adverb'), ('泻', 'verb'), ('汪洋', 'status word'), ('。
', 'punctuation mark')]
2.汉语标注模式:
[('红', '形容词'), ('日', '量词'), ('初', '方位词'), ('升', '动词'), ('，', '标点符号'), ('
其', '代词'), ('道', '量词'), ('大', '形容词'), ('光', '名词'), ('，', '标点符号'), ('河', '名
词'), ('出', '动词'), ('伏流', '名词'), ('，', '标点符号'), ('一', '副词'), ('泻', '动词'), ('
汪洋', '状态词'), ('。', '标点符号')]
3.无词性标注模式:
['红', '日', '初', '升', '，', '其', '道', '大', '光', '，', '河', '出', '伏流', '，', '
一', '泻', '汪洋', '。']
```

5.3.3 标准化

在自然语言处理过程中，文本数据大多是非结构化形式，其中包含各种各样的噪声。如果不对原始文本进行预处理和标准化，后续的分析处理将举步维艰。文本标准化的目的是移除噪声，规范化文本对象。任何与数据上下文和最终输出无关的文本皆可视为噪声。标准化操作主要涉及去除标点符号、去除停止词（Stopword）、单词替换、大小写转换以及词汇规范化等。

1. 去除标点符号

标点符号基本上不包含有效信息，所以需要在文本预处理的过程中尽量去除。中文文本中的标点符号比较丰富，而英文文本中的标点符号相对少很多，对这两种不同的文本进行处理的方法也因此稍有不同。常见的中文标点符号如下：

```
！？。＂＃＄％＆＇（）＊＋，－／：；＜＝＞＠［＼］＾＿｀｛｜｝～｟｠｢｣､、〃《》「」『』【】〔〕〖〗〘〙
〜〝〞〟〰〾〿–—''‛“”„‟…‧﹏.
```

调用 Zhon 工具包中的 zhon.hanzi.punctuation()函数即可去除这些中文标点符号。Zhon 是一个中文汉字处理的 Python 工具包，可在 Anaconda 中通过 pip install zhon 命令进行在线安装，兼容 Python 2 和 Python 3。

```
from zhon.hanzi import punctuation #导入中文文本处理模块
import re #导入正则表达式处理模块
line = "【测试符号消除（重点内容！）】：很不错的一本书《区块链技术白皮书》" #示例文本
#通过正则表达式匹配，输出消除了所有标点符号的文本
print (re.sub("[{}]+".format(punctuation), "", line))
```

运行程序，输出如下所示的去除了所有标点符号的文本：

```
测试符号消除重点内容很不错的一本书区块链技术白皮书
```

除上述方法之外，我们也可以通过直接提取文本中的所有汉字，间接剔除所有的标点符号。在 ISO 10646 及 Unicode 标准编码中，4E00H～9FFFH 为中日韩认同表意文字区，总计收录了 20902 个中日韩汉字。通过正则表达式匹配该区域范围内所有字符，也就意味着消除文本中标准编码区

中的汉字以外的其他所有标点符号。对汉字进行正则匹配的示例代码如下：

```
line=''.join(re.findall(u'[\u4e00-\u9fff]+', line))
```

对于英文文本中的标点符号，可以通过以下方式进行正则匹配予以消除：

```
>>>import string
>>>string.punctuation
!"#$%&'()*+,-./:;<=>?@[\]^_`{|}~
>>>text="I,the one,will save the world! Just kidding : )" #示例文本
#对示例文本进行正则匹配来消除标点符号
>>>str = re.sub("[\s+\.\!\/_,$%^* +\"\')+|[+——！，。：？?、~@#￥%……&*)]+", " ",text)
>>>print(str)
I the one will save the world  Just kidding
```

2. 去除停止词

停止词（Stopword）主要是指英文中的冠词、连词、副词，以及介词等常用的高频词。因为这些词在自然语言处理中对句子整体的意义并没有太多的影响而需要去除。在中文中也同样有许多类似的词，因为这些词的使用频率非常高，几乎在每个文本中都大量存在，所以在开发搜索引擎时，同样需要将这些词去除，否则，建立索引的工作量将非常巨大。

NLTK 中提供了对多种语言停止词进行处理的工具。以下示例代码演示了如何去除文本中的停止词：

```
from nltk.corpus import stopwords          #从 NLTK 中引入 stopwords 类
stoplist=stopwords.words('english')        #选择处理的语言，此处为英语
text='This is just a test string'          #测试文本
#先对测试文本进行分词，然后一一对比停止词表，看分词是否在其中
text_after_removal=[word for word in text.split() if word not in stoplist]
#输出去除停止词后的剩余词语
print(text_after_removal)
```

运行程序，输出结果如下所示：

```
['test', 'string']
```

去除中文停止词，可使用前文已介绍过的结巴中文分词器，该分词器可自定义中文停止词表。此外，互联网上也有诸多其他停止词表可供下载，例如，中国科学院、哈尔滨工业大学、百度公司、四川大学机器智能实验室等都提供了各具特色、不同版本的停止词表。

3. 单词替换

在各类文本中，经常会含有不出现在任何标准词典里的词语和短语，搜索引擎和分词模型都无法正常识别。例如，首字母缩略词、词语附加标签，以及网络通俗用语等。通过正则表达式和人工定义的数据词典，该类型的文本噪声可以被消除。以下示例代码利用词典查找的方法将文本中的社交俚语替换为正式用语：

```
#自定义俚语词典
slang_dict={'fyi':'for your insormation','e1':'Everyone','byw':'by the way','dm':'direct message','plz':'Please','thx':'Thanks'}
#定义处理俚语替换的函数
def slang_substitution(input_text):
    #将输入的文本通过 split()函数分词
    words = input_text.split()
```

```
    formal_words=[]
    #将分词与词典进行比较,找出是否含有俚语
    for word in words:
      if word.lower() in slang_dict:
        word=slang_dict[word.lower()]
        formal_words.append(word)
    new_text=" ,".join(formal_words)
    #返回被替换为正式表达的词语字符串
    return new_text
#测试文本
formal_words_collection=slang_substitution("hi, el FYI plz send me dm byw thx")
print ("Substituted slang:",formal_words_collection) #输出正式表达的文本
```

运行程序，输出结果如下所示：

```
Everyone, for your information, Please, direct message, Thanks
```

除上述方法之外，也可用正则表达式来完成文本替换。以下示例代码演示了如何用正则表达式将单词的缩略形式替换为其扩展形式。将示例代码保存为 abbreviationEx.py 并放置于 Python 当前执行目录下。

```
import re
#定义基于正则表达式的文本替换规则
replace_patterns=[
    (r'i\'m','i am'),
    (r'you\'re','you are'),
    (r'we\'re','we are'),
    (r'ain\'t','is not'),
    (r'aren\'t','are not'),
    (r'can\'t','can not'),
    (r'won\'t','will not'),
    (r'couldn\'t','could not'),
    (r'(\w+)\'ll','\g<1> will'),
    (r'(\w+)n\'t','\g<1> not'),
    (r'(\w+)\'ve','\g<1> have'),
    (r'(\w+)\'s','\g<1> is'),
    (r'(\w+)\'re','\g<1> are'),
    (r'(\w+)\'d','\g<1> would'),
    ]
#定义一个用于处理缩略语扩展的类
class AbbrExpand(object):
    def __init__(self, patterns=replace_patterns):
        self.patterns = [(re.compile(regex),repl) for (regex,repl)
                         in
                         patterns]

    def expand(self,text):
        s = text
        for (pattern,repl) in self.patterns:
            (s,count) = re.subn(pattern, repl, s)
```

```
        return s
```

打开 Python 解释器（确保 abbreviationEx.py 文件已置于当前目录下），执行以下代码，测试文本中的缩略语替换功能：

```
#导入我们前文自定义的缩略语替换处理的 AbbrExpand 类并初始化
>>>from abbreviationEx import AbbrExpand
>>>rp=AbbrExpand()
#缩略语替换示例语句
>>>rp.expand("I've got to go now. Otherwise I'll miss the train")
I have got to go now. Otherwise I will miss the train.
```

4. 大小写转换

大小写转换是文本规范化最常用的手段之一。Python 的两个内置函数 lower()和 upper()可被用于文本的大小写转换，示例代码如下：

```
>>>str="Be honest rather clever." #示例文本
>>>str.upper() #将示例文本全部转换为大写
'BE HONEST RATHER CLEVER.'
>>>str.lower() #将示例文本全部转换为小写
' be honest rather clever. '
>>>str.lower().upper() #将示例文本先转为小写，然后将文本转换为大写
'BE HONEST RATHER CLEVER.'
```

5. 词汇规范化

同一个词所产生的多种表示形式，是一种比较常见的文本噪声。例如，“Play”“Player”“Playing”“Played” “Plays”，这些词皆由“Play”变化而来，虽然意义不尽相同，但置于上下文中都是相似的。词汇规范化，就是把一个词的不同展现形式转化为其规范化形式。规范化是文本特征工程中起中枢作用的一步，因为它将高维数据（N 个不同的特征）转化为对任何机器学习模型都很理想的低维数据（1 个特征）。

最常见的词汇规范化方法是词干提取（Stemming）和词形还原（Lemmatization）。词干提取，是指抽取词的词干或词根形式（不一定能表达完整语义）；词形还原，是指把一个任何形式的语言词汇还原为一般形式（能表达完整语义）。这两者皆可达到有效归并词形的目的，两者之间既有联系，也有区别。

NLTK 提供了 3 种最常用的词干提取器，即 Porter Stemmer、Lancaster Stemmer 以及 Snowball Stemmer。

（1）Porter Stemmer 词干提取器

利用 Porter Stemmer 词干提取器对不同类型词汇进行词干提取的示例代码如下：

```
#导入 PorterStemmer 并初始化
>>> from nltk.stem.porter import PorterStemmer
>>> porter_stemmer = PorterStemmer()
#测试不同类型词汇的词干提取
>>> porter_stemmer.stem('going ')
u'go'
>>> porter_stemmer.stem('lovely')
u'love'
>>> porter_stemmer.stem('played')
u'play'
```

```
>>> porter_stemmer.stem('diversion')
u'divers'
```

（2）Lancaster Stemmer 词干提取器

利用 Lancaster Stemmer 词干提取器对不同类型词汇进行词干提取的示例代码如下：

```
#导入 LancasterStemmer 并初始化
>>> from nltk.stem.lancaster import LancasterStemmer
>>> lancaster_stemmer = LancasterStemmer()
#测试不同类型词汇的词干提取
>>> lancaster_stemmer.stem('maximum')
u 'maxim'
>>> lancaster_stemmer.stem('probably')
u 'prob'
>>> lancaster_stemmer.stem('multiply')
u 'multiply'
>>> lancaster_stemmer.stem('diversion')
u'divert'
>>> lancaster_stemmer.stem('duplicated')
u'duply'
```

（3）Snowball Stemmer 词干提取器

利用 Snowball Stemmer 词干提取器对不同类型词汇进行词干提取的示例代码如下：

```
#导入 SnowballStemmer
>>> from nltk.stem import SnowballStemmer
#初始化 SnowballStemmer 词干提取器并为处理的文本选择语言，此处示例为英语
>>> snowball_stemmer = SnowballStemmer("english")
#测试不同类型词汇的词干提取
>>> snowball_stemmer.stem ('maximum')
u 'maxim'
>>> snowball_stemmer.stem ('probably')
u 'probabl'
>>> snowball_stemmer.stem ('multiply')
u 'multipli'
>>> snowball_stemmer.stem ('diversion')
u'divers'
>>> snowball_stemmer.stem ('duplicated')
u'duplic'
>>> snowball_stemmer.stem ('candy')
u'candi'
```

词形还原可以使用 NLTK 工具集中的 WordNetLemmatizer 类进行处理，示例代码如下：

```
#导入 WordNetLemmatizer 并初始化
>>>From nltk.stem.wordnet import WordNetLemmatizer
>>>lem=WordNetLemmatizer()
>>>word= "advertising" #定义一个待处理词 word
>>>lem. lemmatize(word,"v") #将 word 还原为动词
u'advertise'
>>>lem. lemmatize(word,"n") #将 word 还原为名词
u'advertising'
```

5.4　词性标注

词性（Part-of-Speech，PoS）是词汇基本的语法属性。词性标注（Part-of-Speech Tagging），又称为词类标注或者简称标注，是指为分词结果中的每个单词标注一个正确的词性的过程，也就是确定每个词是名词、动词、形容词或是其他词性的过程。词性标注是很多自然语言处理任务的预处理步骤。例如，在进行句法分析时，文本经过词性标注后会给后续分析处理带来极大的便利，但该步骤并不是不可或缺的。

词性标注算法一般是基于规则和统计的方法，常见的主要算法有基于最大熵的词性标注、基于统计最大概率输出词性标注以及基于隐马尔可夫模型的词性标注。NLTK 已经内置了多种词性标注工具包。

利用 NLTK 提供的工具进行词性标注的示例代码如下：

```
>>>import nltk.tag.hmm  #导入 NLTK 中的 HMM 词性标注工具包
>>>nltk.tag.hmm.demo_pos()#HMM 内置演示程序，输出结果如下所示
HMM POS tagging demo
Training HMM...
Testing...
Test: the/AT fulton/NP county/NN grand/JJ jury/NN said/VBD friday/NR an/AT investigation/NN of/IN atlanta's/NP$ recent/JJ primary/NN election/NN produced/VBD ''/'' no/AT evidence/NN ''/'' that/CS any/DTI irregularities/NNS took/VBD place/NN ./.
Untagged: the fulton county grand jury said friday an investigation of atlanta's recent primary election produced '' no evidence '' that any irregularities took place .
HMM-tagged: the/AT fulton/NP county/NN grand/JJ jury/NN said/VBD friday/NR an/AT investigation/NN of/IN atlanta's/NP$ recent/JJ primary/NN election/NN produced/VBD ''/'' no/AT evidence/NN ''/'' that/CS any/DTI irregularities/NNS took/VBD place/NN ./.
Entropy: 18.7331739705
…
```

NLTK 中最简单的默认词性标注工具 nltk.DefaultTagger 是将所有词都标注为指定的词性，如 NN（名词），这种词性标注准确率极低，没有太多的实用价值。利用 NLTK 默认词性标注器对示例文本进行标注的示例代码如下：

```
>>>import nltk #导入 NLTK 工具集
>>>from nltk.corpus import brown #载入 brown 语料库
#载入默认的词性标注工具，并指定词性为 NN
>>>default_tagger = nltk.DefaultTagger('NN')
>>>sentence = 'I am from China'
>>>print default_tagger.tag(sentence)
[('I', 'NN'), ('am', 'NN'), ('from', 'NN'), ('China', 'NN')
>>>tagged_sentence = brown.tagged_sents(categories='news')
>>>print default_tagger.evaluate(tagged_ sentence)
0.130894842572
```

从上述示例来看，词性标注准确率只有 13.09%，非常低。为了提高词性标注的准确率，可加入一些既定规则，例如，对结尾为“ed”“s”“ing”的词分别标注为 VBD（动词过去式）、NNS（复数名词）和 VBG（动词现在进行时）等，其他未定义的则仍标注为 NN，示例代码如下所示：

```
pattern =[
```

```
        (r'.*ing$','VBG'),        #动词现在进行时
        (r'.*ed$','VBD'),         #动词过去式
        (r'.*es$','VBZ'),         #第三人称单数动词
        (r'.*\'s$','NN$'),        #单数名词
        (r'.*s$','NNS'),          #复数名词
        (r'.*', 'NN')             #未定义的仍标注为 NN
        ]
    sents = 'Rabbits like eating carrots.' #示例文本
    tagger = nltk.RegexpTagger(pattern)     #基于既定规则的词性标注
    print(tagger.tag(nltk.word_tokenize(sents))
```

运行程序，输出结果如下所示：

```
    [('Rabbits', 'NNS'), ('like', 'NN'), ('eating', 'VBG'), ('carrots', 'NNS'), ('.',
'NN')]
```

从结果来看，添加规则后，词性标注的准确率明显高于默认词性标注工具。然而，对于大量的文本而言，这种规则显得过于简单，仍然无法从根本上解决问题。为此，我们可以利用基于查表的词性标注算法来继续提高准确率。该算法的基本思路是统计部分高频词的词性，比如，经常出现的 100 个词的词性，然后，利用对单个词的词性的统计知识来进行词性标注。这也正是 NLTK 中的一元（Unigram）标注器词性标注模型的核心思想。示例代码如下：

```
    #返回 brown 语料库中 news 语料的词频统计
    fdist = nltk.FreqDist(brown.words(categories='news'))
    common_word = fdist.most_common(100) #100 个高频词
    #通过条件概率分布函数,查看每个单词在 brown 语料库中各 news 语料中出现的次数
    cfdist = nltk.ConditionalFreqDist(brown.tagged_words(categories='news'))
    #找出最常用的 100 个词的最多标记
    table= dict((word, cfdist[word].max()) for (word, _) in common_word)
    #使用(单词-标记)字典 table 作为模型,生成查询标注器进行词性标注
    uni_tagger=ltk.UnigramTagger(model=table,backoff=nltk.DefaultTagger('NN'))
    print (uni_tagger.evaluate(tagged_sents))
```

运行程序，输出结果如下所示：

```
    0.581776955666
```

利用 100 个高频词的历史统计数据，可使词性标注准确率上升到 58%以上。通过实验得知，如果将词的个数增加到 1000 左右，准确率将达 73%左右；继续增加到 8000，则准确率可达 90%左右。

Unigram 标注器不需要我们自己去统计每个单词最有可能的标记。使用同一个数据集作为训练集和测试集，可能会导致训练出来的标注器模型产生过拟合（Overfitting），为此，我们需要分离训练集和测试集。例如，我们可将整个数据集的 90%作为训练集，用于标注器模型的训练；10%作为测试集，用于测试训练出来的标注器模型。基于 Unigram 标注器模型对中文文本进行词性标注的示例代码如下：

```
    import nltk  #导入 NLTK 工具集
    import json  #导入 JSON 工具包用于数据输出格式标准化
    #RenminData.txt_utf8 为人民日报语料库
    lines = open('RenminData.txt_utf8').readlines() #获取语料库中所有文本行
        all_tagged_sents = []
```

```
for line in lines: #遍历文本行
    line = line.decode('utf-8') #文本解码
    sent = line.split() #将文本按照空格切分为句子
    tagged_sent = []
    for item in sent:
        pair = nltk.str2tuple(item) #将字符转换为元组
        tagged_sent.append(pair)
    if len(tagged_sent)>0:
        all_tagged_sents.append(tagged_sent)

    #将被标注的所有句子的 90%作为训练数据集
    train_size = int(len(all_tagged_sents)*0.9) #训练集的大小为总数据集的 90%
    x_train = all_tagged_sents[:train_size]      #训练数据集
    x_test = all_tagged_sents[train_size:]       #测试数据集
    tagger= nltk.UnigramTagger(train=x_train,backoff=nltk.DefaultTagger('n'))
    #生成标注器
    tokens = nltk.word_tokenize(u'沂蒙山 位于 我国 山东省 是 一个 著名 的 革命 老区') #分词
    tagged = tagger.tag(tokens) #用训练好的标注器进行词性标注
    print (json.dumps(tagged,encoding='UTF-8', ensure_ascii=False)) #格式化输出结果
    print (tagger.evaluate(x_test)) #标记准确率
```

运行程序，输出结果如下所示，其词性标注的准确率达到了 87%以上。

```
[["沂蒙山", "n"], ["位于", "V"], ["我国", "N"], ["山东省", "NS"], ["是", "V"], ["一个", "M"], ["著名", "A"], ["的", "U"], ["革命", "VN"], ["老区", "N"]]
0.871242524485
```

5.5　文本分类

自然语言处理中，文本分类（Text Categorization）是最广泛的应用之一。文本数据是互联网时代极为常见的数据形式，新闻报道、网页、博客、电子邮件、学术论文、评论留言、聊天以及交易记录等都是常见的文本数据类型。文本分类的目标，是在既定的分类体系下，根据文档内容自动确定一个关联的类别。文本分类的一般过程是先给每篇文章一个标签，构建文档的特征；然后，通过各种不同的机器学习算法来学习特征和标签之间的映射关系；最后，对未知文本进行标签预测。从数学角度来看，文本分类是一个映射的过程，它将未标明类别的文本映射到已有的类别，该映射可以是一对一的关系，也可以是一对多的关系。

文本分类是机器学习的范畴，其一般步骤如下。

① 定义分类体系，即确定分类类别。

② 将预先分类的文档作为训练集，对文档进行分词、去除停止词等预处理工作。

③ 确定表达模型，对文档空间矩阵进行降维，提取训练集中最有用的特征值。

④ 应用具体的分类模型和分类算法训练出目标文本分类器。在训练阶段，利用各种分类算法对转化后的文本向量估计模型。常用的分类算法有朴素贝叶斯、*K* 最邻近（K-Nearest Neighbor，KNN）、决策树（Decision Tree，DT）、最大期望（Expectation Maximization，EM）、神经网络（Neural Network）以及支持向量机（Support Vector Machine，SVM）等。

⑤ 在测试集中测试并评价分类器的性能。对分类器性能的评价主要涉及精度、召回率和 F1 分数等几个指标。

例如，在表 5-7 所示的检索系统中：

$$精度 = \frac{A}{A+B}$$

$$召回率 = \frac{A}{A+C}$$

$$F1分数 = 2\times\frac{精度\times召回率}{精度+召回率}$$

表 5-7　　检索系统示例

	True	False
Positive	*A*	*B*
Negative	*C*	*D*

精度和召回率是互相影响的，理想的目标是使得两者都高。但在一般情况下，精度高，召回率就低。反之，召回率低，则精度就高。F1 分数也被称为精度和召回率的调和平均数。

⑥ 应用性能最好的分类模型对文档进行分类预测。

综上所述，对文本进行分类的一般流程如图 5.8 所示。其中，通过采用不同算法生成词汇文档矩阵（Term Document Matrix，TDM）是至关重要的一步。TDM 中的行 D_n 对应语料库中所有文档，列 T_t 对应所有文档中经过预处理后抽取的词，w_{tn} 代表词 t 在文档 n 中出现的次数（权重）。

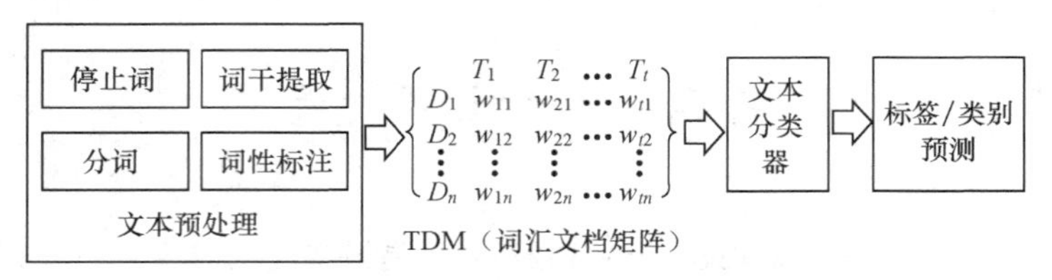

图 5.8　文本分类流程示意

sklearn 是一个常用的 Python 第三方模块，它主要应用于数据挖掘和机器学习等领域，包含了大部分传统的机器学习方法。主要功能包括分类（Classification）、回归（Regression）、聚类（Clustering）、降维（Dimension Reduction）、预处理（Preprocessing）和模型选择（Model Selection）等。

sklearn 的安装有以下两种方式。

① 打开 Anaconda 控制台，在命令行中执行 pip install sklearn 命令进行在线安装。

② 从 sklearn 官方网站（参见本书提供的电子资源）下载安装文件包，文件解压后进入安装目录，在命令行中执行 python setup.py install 命令，即可完成安装。

sklearn 集成了很多数据集，其中包括鸢尾花数据集、波士顿房价数据集、糖尿病数据集、手写数字数据集等小数据集，以及新闻分类数据集、带标签的人脸数据集和路透社语料数据集等大数据集。小数据集可以直接调用，大数据集需要在调用时自动下载（只需下载一次）。

我们将会以 sklearn 自带的数据集为例进行文本分类测试。sklearn 中的 classification_report() 函数用于显示主要分类指标的文本报告，在报告中显示每个类别的精度、召回率、F1 分数等信息。其函数原型及参数说明如下。

函数原型：

```
    classification_report(y_true,y_pred, labels=None, target_names=None, sample_weight=None,
digits=2)
```

参数说明如下。

（1）y_true：目标值。

（2）y_pred：分类器返回的估计值。

（3）labels：报告中包含的标签索引的可选列表。

（4）target_names：与标签匹配的可选显示名称。

（5）sample_weight：样本权重。该参数为可选项。

（6）digits：输出浮点值的位数。

以下示例代码演示了一个简单的分类与性能评估应用。“y_true”可看作已分类的文本，其中 0、1、2 为不同的类别，其类别名称分别为“label-0”“label-1”和“label-2”。“y_pred”可看作是分类器对待分类文本的预测类别。

```
from sklearn.metrics import classification_report #载入 sklearn 分类工具包
y_true = [0, 1, 2, 2, 2, 1, 0] #已分类文本
y_pred = [0, 0, 2, 2, 2, 1, 2] #预测类别
target_names = ['label-0', 'label-1', 'label-2']
print (classification_report(y_true, y_pred, target_names=target_names))
```

运行程序，输出结果如下：

```
                precision   recall   f1-score   support
    label-0        0.50      0.50      0.50        2
    label-1        1.00      0.50      0.67        2
    label-2        0.75      1.00      0.86        3
    avg/total      0.75      0.71      0.70        7
```

其中，列表左边的一列为分类的标签名，右边“support”列为每个标签的出现次数。“avg/total”行为各列的均值（“support”列为总和）。“precision”“recall”“f1-score”3 列分别代表各个类别的精度、召回率以及 F1 分数。

我们下面将用 sklearn 自带的新闻分类数据集来进行文本分类与评估。该数据集由 20 个类别、约 18000 条新闻组成。我们将这些数据分成两个子集，一组用于训练，一组用于测试评估。用于操作该新闻分类数据集的函数原型及参数说明如下。

函数原型：

```
    sklearn.datasets.fetch_20newsgroups(data_home=None, subset='train', categories=None,
shuffle=True, random_state=42, remove=(), download_if_missing=True)
```

参数说明如下。

（1）data_home：指定下载或缓存数据集的目录，如果为 None，则所有的数据默认存储在 \scikit_learn_data 子目录中。可选项，默认为 None。

（2）subset：以随机排序的方式选择载入的数据集分别为训练集、测试集或两者同时载入。可选项，train、test 或 all。

（3）categories：None 或字符列表。如果为 None，则载入所有的类别，否则将载入列表中指定的类别。

（4）shuffle：用于指定是否对数据进行洗牌重组。可选项，Bool 类型。

（5）random_state：随机数生成器或种子，用于数据洗牌。

（6）remove：可以包含任何“页头”“页脚”“引号”等子集，这都是将要从新闻组帖子中检测和删除的文本，防止分类器过度拟合元数据、元组。

（7）download_if_missing：若指定为 False，如果数据没有缓存在本机，而试图从源站点下载数据，则抛出 IOError 异常。可选项，默认为 True。

示例代码如下：

```
#导入新闻分类数据集
from sklearn.datasets import fetch_20newsgroups
#分别定义训练数据集和测试数据集，用于分类模型训练和文本分类预测
newsgroups_train = fetch_20newsgroups(subset='train', categories=categories, shuffle=
True, random_state=42)
newsgroups_test = fetch_20newsgroups(subset='test', categories=categories, shuffle=
True, random_state=42)
#显示新闻数据所有 20 个类别
print list(newsgroups_train.target_names)
['alt.atheism',
 'comp.graphics',
 'comp.os.ms-windows.misc',
 'comp.sys.ibm.pc.hardware',
 'comp.sys.mac.hardware',
 'comp.windows.x',
 'misc.forsale',
 'rec.autos',
 'rec.motorcycles',
 'rec.sport.baseball',
 'rec.sport.hockey',
 'sci.crypt',
 'sci.electronics',
 'sci.med',
 'sci.space',
 'soc.religion.christian',
 'talk.politics.guns',
 'talk.politics.mideast',
 'talk.politics.misc',
 'talk.religion.misc']

#为了节省程序运行时间，选取 20 个类别中的 5 个
categories=['alt.atheism','comp.graphics','comp.windows.x','sci.space','talk.polit
ics.misc']

#将文档表示成特征向量，向量中每个元素表示词典中相关元素在文档中出现的次数
from sklearn.feature_extraction.text import CountVectorizer
count_vect = CountVectorizer()
X_train_counts = count_vect.fit_transform(newsgroups_train.data)

#构建 TF-IDF 特征
from sklearn.feature_extraction.text import TfidfTransformer
tf_transformer = TfidfTransformer().fit(X_train_counts)
X_train_tf = tf_transformer.transform(X_train_counts)
```

```
#构建朴素贝叶斯分类器并训练数据
from sklearn.naive_bayes import MultinomialNB
classifier = MultinomialNB()
classifier.fit(X_train_tf, newsgroups_train.target)

#利用测试集进行结果测试和评估
predicted=classifier.predict(tf_transformer.transform(count_vect.transform(newsgroups_
test.data)))
from sklearn import metrics
print metrics.classification_report(newsgroups_test.target,
predicted, target_names= newsgroups_test.target_names)
```

运行程序，输出结果如下所示：

```
                    precision    recall  f1-score   support
       alt.atheism       0.93      0.94      0.93       319
     comp.graphics       0.85      0.84      0.85       389
    comp.windows.x       0.90      0.84      0.87       395
         sci.space       0.83      0.97      0.90       394
talk.politics.misc       0.97      0.85      0.91       310
       avg / total       0.89      0.89      0.89      1807
```

我们在程序中用到朴素贝叶斯分类器（NB Classifier）来进行文档分类。NB 分类器的基本思想是，利用特征项和类别的联合概率来估计给定文档的类别概率。NB 分类器假设文本是基于词的一元模型，也就是说，词与词之间是独立的。根据贝叶斯公式，文档 D 属于 C_j 类别的概率为：

$$P(C_j|D)=\frac{P(D|C_j)\times P(C_j)}{P(D)}$$

其中，$P(D|C_j)=P(D(f_1)|C_j)\times P(D(f_2)|C_j)\times\cdots\times P(D(f_n)|C_j)$，$P(D)$ 为常数，$P(C_j)=\dfrac{N(C_j)}{N}$。$P(D(f_1)|C_j)=\dfrac{N(f_j,C_j)+1}{N(C_j)+M}$，其中 $N(C_j)$ 表示训练文本中属于 C_j 类别的文本数量，N 为训练文本集总数量，$N(f_j,C_j)$ 表示类别 C_j 中包含特征 f_j 的训练文本数量，M 表示训练文本集中特征项的总个数。计算出目标文本对于所有类别的概率 $P(C_j|D)$，最大值所在类别即为文本的分类所属类别。

在进行文档特征提取时，用到了 TF-IDF 词频倒排索引算法。在一个给定的文档中，词频指的是某个词语在该文档中出现的频率。TF 的计算是对词数（Term Count）的归一化（Normalization），以防它偏向于更长的文档（同一个词在长文档里可能会比短文档有更大的词数，而不管该词重要与否）。TF-IDF 算法的主要思想为：若某个词或短语在文档中出现的频率高，并且在其他文档中很少出现，则认为此词或者短语具有很好的类别区分能力，适合用于文档分类。对于在某一特定文档里的词语来说，其重要性可表示为 $TF_{w,d}=\dfrac{N_{w,d}}{\sum_k N_{w,d}}$（特别说明：此处的公式用于定性分析，说明原理，不涉及具体计算，因此求和符号不设置具体的上下限。后续的公式也有类似的情况）。其中，$N_{w,d}$表示单词w在文档d中出现的次数，$\sum_k N_{w,d}$ 则表示文档 d 中所有单词的总数。

逆向文档频率是一个词语普遍重要性的度量。某一特定词语的 IDF，可以由总文档数目除以包含该词语的文档数目，再将得到的商取对数得到。*IDF* 计算公式如下。

$$IDF_i = \log\frac{|D|}{|\{j : t_i \in d_j\}|}$$

其中，$|D|$为语料库中的文档总数，$|\{j : t_i \in d_j\}|$为包含词语的文档数目，如果该词语不在语料库中，就会导致分母为 0，因此一般情况下使用$|\{j : t_i \in d_j\}|+1$作为分母。分别计算出 *TF* 和 *IDF* 后，则可得 *TF_IDF*=*TF*×*IDF*。如果某一词语在特定文档内的 *TF* 较高，然而该词在整个文档集合中的 *TF* 较低，则有可能产生出高权重的 *TF_IDF*。因此，*TF_IDF* 倾向于过滤常见的词，保留重要的词。

中文文档的分类，与英文文本分类的过程基本一致，较之稍微复杂的步骤是中文分词和构建词语向量空间的过程。下面，我们将采用复旦大学计算机信息与技术系国际数据库中心自然语言处理小组提供的中文文本分类语料库（下载地址参见本书提供的电子资源）来进行中文文档的分类。该语料库包含测试文档 9833 篇以及训练文档 9804 篇。这些语料文档分为 20 个类别，分别是 C11-Space、C15-Energy、C16-Electronics、C17-Communication、C19-Computer、C23-Mine、C29-Transport、C3-Art、C4-Literature、C5-Education、C6-Philosophy、C7-History、C31-Enviornment、C32-Agriculture、C34-Economy、C35-Law、C36-Medical、C37-Military、C38-Politics 和 C39-Sports。

准备好语料文档之后，我们需要对这些文档进行一些预处理。首先要做的是要对这些文档进行分词，示例代码如下：

```
import jieba  #导入结巴中文分词器
#定义函数用于保存文件
def savefile(savepath, content):
    with open(savepath, "wb") as fp:
        fp.write(content)
#定义函数用于读取文件
def readfile(path):
    with open(path, "rb") as fp:
        content = fp.read()
    return content
#对语料库所有文档进行分词并保存至指定目录
def corpus_segment(corpus_path, seg_path):
    '''''
    corpus_path 是未分词分类语料库路径
    seg_path 是分词后的分类语料库路径
    '''
    # 获取 corpus_path 下的所有子目录
    catelist = os.listdir(corpus_path)
    # 获取每个目录（类别）下的所有文件
    for mydir in catelist:
        # 分类子目录的路径
        class_path = corpus_path + mydir + "/"
        # 分词后存储的对应目录路径
        seg_dir = seg_path + mydir + "/"
        # 判断是否存在分词目录，如果没有则创建该目录
        if not os.path.exists(seg_dir):
            os.makedirs(seg_dir)
        # 获取未分词语料库中某一类别中的所有文本
```

```
        file_list = os.listdir(class_path)
        # 遍历类别目录下的所有文件
        for file_path in file_list:
            #文件名全路径
            fullname = class_path + file_path
            # 读取文件内容
            content = readfile(fullname)
            '''''
              content 存储了原文档中的所有字符，对多余的空格、空行、回车等字符，
              没有意义的字符需要全部剔除，变成只有标点符号作间隔的紧凑的文本内容
            '''
            #删除换行
            content = content.replace("\r\n", "")
            #删除空行以及多余的空格
            content = content.replace(" ", "")
            #利用结巴中文分词器对文档进行分词
            content_seg = jieba.cut(content)
            #将处理后的文件保存到分词后语料目录
             savefile(seg_dir + file_path, " ".join(content_seg))
    print "Corpus Segmentation Completed!"
if __name__ == "__main__":
    #未分词的分类语料库路径
    corpus_path = "./train/"
    #分词后的分类语料库路径
    seg_path = "./train_corpus_seg/"
    #对训练集进行分词
    corpus_segment(corpus_path, seg_path)
    #未分词的分类语料库路径
    corpus_path = "./test/"
    #分词后的分类语料库路径
    seg_path = "./test_corpus_seg/"
    #对测试集进行分词
    corpus_segment(corpus_path, seg_path)
```

语料库分词完成后，需要对文档进一步处理，以去除停止词等影响文本分类的噪声因素。预处理完成之后，就需要对这些文档进行特征提取，构建相应的文档特征向量空间。示例代码如下：

```
#载入 sklearn 和其他相应的工具包
from sklearn.datasets.base import Bunch
import cPickle as pickle
from sklearn.feature_extraction.text import TfidfVectorizer

#读取文件
def _readfile(path):
    with open(path, "rb") as fp:
        content = fp.read()
    return content
'''
bunch 对象有 4 个参数。
```

```
    target_name：存放的是整个数据集的类别集合。数据类型为 List
    label：存放的是所有文本的标签（文本类别）。数据类型为 List
    filenames：存放的是所有文本文件的名字。数据类型为 List
    contents：分词后的文本文件。数据类型为 List
    '''
    #读取 bunch 对象
    def _readbunchobj(path):
        with open(path, "rb") as file_obj:
            bunch = pickle.load(file_obj)
        return bunch

    #将文档转换为 bunch 对象并写入指定文件
    def _writebunchobj(path, bunchobj):
        with open(path, "wb") as file_obj:
            pickle.dump(bunchobj, file_obj) #对象序列化存储

    #创建特征向量空间
    def vector_space(stopword_path,bunch_path,space_path,train_tfidf_path=None):
        #读取停止词文件
        stpwrdlst = _readfile(stopword_path).splitlines()
        #读取分词后的词向量空间的 bunch 对象
        bunch = _readbunchobj(bunch_path)
        #基于 TF-IDF 策略构建特征向量空间
        tfidfspace = Bunch(target_name=bunch.target_name, label=bunch.label, filenames=
bunch.filenames, tdm=[], vocabulary={})
        if train_tfidf_path is not None:
            #读取训练集词向量空间的 bunch 对象
            trainbunch = _readbunchobj(train_tfidf_path)
            #vocabulary 为词向量空间索引
            tfidfspace.vocabulary = trainbunch.vocabulary
            #计算 TF-IDF 权重
            vectorizer   =   TfidfVectorizer(stop_words=stpwrdlst,   sublinear_tf=True,
max_df=0.5,vocabulary=trainbunch.vocabulary)
            '''
            词汇文档矩阵为一个二维权重矩阵，tdm[i][j]表示第 j 个词（即词典中的序号）在第 i 个类别中的
TF-IDF 权重值
            '''
            tfidfspace.tdm = vectorizer.fit_transform(bunch.contents)
        else:
            vectorizer = TfidfVectorizer(stop_words=stpwrdlst, sublinear_tf=True, max_df=0.5)
            tfidfspace.tdm = vectorizer.fit_transform(bunch.contents)
            tfidfspace.vocabulary = vectorizer.vocabulary_

        #保存词向量空间的对象
        _writebunchobj(space_path, tfidfspace)
        print "if-idf Word Vector Space Instance Created Successfully!"

    if __name__ == '__main__':
        #停止词文件路径
        stopword_path = "./hlt_stop_words.txt"
```

```
    #训练集 bunch 对象文件路径
    bunch_path = "./train_word_bag/train_set.dat"
    #训练集向量空间文件路径
    space_path = "./train_word_bag/tfdifspace.dat"
    #构建训练集文档特征向量空间
    vector_space(stopword_path,bunch_path,space_path)

    #测试集 bunch 对象文件路径
    bunch_path = "./test_word_bag/test_set.dat"
    #测试集向量空间文件路径
    space_path = "./test_word_bag/testspace.dat"
    #训练集词向量空间文件路径
    train_tfidf_path= "./train_word_bag/tfdifspace.dat"
    #构建测试集文档特征向量空间
    vector_space(stopword_path,bunch_path,space_path,train_tfidf_path)
```

对文档进行特征提取和基于 TF-IDF 策略构建特征向量空间完成之后，我们可以通过不同的分类算法或分类模型来进行文档分类测试与效果评估。示例代码如下：

```
#载入多项式朴素贝叶斯分类器
from sklearn.naive_bayes import MultinomialNB
# 读取 bunch 对象
def _readbunchobj(path):
    with open(path, "rb") as file_obj:
        bunch = pickle.load(file_obj)
    return bunch

#导入训练集
trainpath = "./train_word_bag/tfdifspace.dat"
train_set = _readbunchobj(trainpath)
#导入测试集
testpath = "./test_word_bag/testspace.dat"
test_set = _readbunchobj(testpath)
#训练分类器：输入词向量和分类标签，alpha 越小则迭代次数越多，精度越高
clf = MultinomialNB(alpha=0.001).fit(train_set.tdm, train_set.label)
#预测分类结果
predicted = clf.predict(test_set.tdm)

for flabel,file_name,expct_cate in zip(test_set.label,
                                       test_set.filenames,predicted):
    if flabel != expct_cate:
        print file_name,":RealLabel:",
                             flabel," -->Predicted Label:",expct_cate
print "Prediction Accomplished!"

#分类器分类效果测试评估
from sklearn import metrics
def metrics_result(actual, predict):
    print'Precision:{0:.3f}'.format(metrics.precision_score(actual,
                    predict,average='weighted'))
```

```
    print 'Recall:{0:0.3f}'.format(metrics.recall_score(actual,
                predict,average='weighted'))
    print 'f1-score:{0:.3f}'.format(metrics.f1_score(actual,
                  predict,average='weighted'))
    metrics_result(test_set.label, predicted)
```

程序运行结果如下：

```
./test_corpus_seg/C11-Space/C11-Space0005.txt:RealLabel:C11-Space  -->
                                        Predicted Label: C19-Computer
./test_corpus_seg/C11-Space/C11-Space0041.txt:RealLabel:C11-Space  -->
                                        Predicted Label: C19-Computer
./test_corpus_seg/C11-Space/C11-Space0073.txt:RealLabel:C11-Space  -->
                                        Predicted Label: C19-Computer
……
Precision:0.890
Recall:0.890
f1-score:0.883
```

在上例中，我们采用的文本分类器是 MultinomialNB（多项式朴素贝叶斯），它通过训练集的 TF-IDF 权重矩阵和标签进行训练，然后通过测试集的权重矩阵对标签进行预测。贝叶斯分类器除了上述 MultinomialNB 之外，还有 GaussianNB（高斯朴素贝叶斯）、BernoulliNB（伯努利朴素贝叶斯）等。在 sklearn 中，还集成了诸如 KNN、SVM 等其他分类器，只需分别通过下列命令载入相应的工具包，然后调用其相应分类器即可。

```
from sklearn.neighbors import KNeighborsClassifier #KNN 分类器
from sklearn import svm #SVM 分类器
```

5.6 语言检测识别

在项目开发、自动化测试、软件国际化等应用场景中，为了提高软件的配置质量，经常会检测应用程序中显示的语言是否和当前系统语言一致。这就需要用到语言检测与识别技术。

5.6.1 基于 Langdetect 的语言检测

Langdetect 是一个用于判断文本所属语言的 Python 模块，支持 55 种不同语言类型的检测。Langdetect 语言检测工具包的安装方式有以下两种。

① 打开 Anaconda 控制台，在命令行中输入以下命令进行在线安装：

```
pip install langdetect
```

② 从官方网站（参见本书提供的电子资源）下载安装包，解压之后，进入安装文件所在目录，然后执行以下命令进行在线安装：

```
python setup.py install
```

安装完成后，打开 Python 解释器界面，输入下列示例代码就可以执行简单的语言种类检测：

```
>>>from langdetect import detect #单一语言检测
>>>from langdetect import detect_langs #从多种语言中找出可能语言的概率
>>>detect("中国成都")
```

```
'zh-cn'
>>>detect("I love this place")
'en'
>>>detect_langs("pyTorch 编程实践")
[pl:0.571427263555268,vi:0.2857138360784749,en:0.14285838036992743]
```

用 Langdetect 进行语言检测时，如果被检测文本太短或太模糊，则每次运行时都可能得到不同的结果。为了得到一致的结果，需要在第一次语言检测之前调用以下代码：

```
from langdetect import DetectorFactory
DetectorFactory.seed=0
```

5.6.2　基于 Langid 的语言检测

Langid 是一款开源的轻量级语言种类检测工具，目前支持 97 种不同类别语言的检测。Langid 的部署方便快捷，而且与 WSGI 兼容，可部署在 WSGI 网络服务器上，实现并行计算。

Langid 安装方式有以下两种。

① 从其官方网站（参见本书提供的电子资源）下载源文件压缩包，解压后放置于运行目录即可。

② 打开 Anaconda 控制台，在命令行中输入以下命令就可方便快捷地进行在线安装：

```
pip install langid
```

安装完成后，打开 Python 解释器，输入下列示例代码就可以执行简单的语言种类检测：

```
>>> import langid  #导入语言检测模块
>>> langid.classify("This is a test") #开始语言检测
('en', 0.99999999099035441)
```

检测输出结果为一个二元组，第 1 项表示该测试文本所属语种，第 2 项表示该文本属于第 1 项所代表的语种的概率。以下示例演示了如何从输入文件中去除所包含的中文文本而保留剩余的其他语种的文本，代码如下：

```
import langid #导入 Langid 语言种类识别模块
def PurgeText(inputfile, outputfile): #文本去除方法的定义
    fin = open(inputfile, 'r') #以只读的方式打开输入文件
    fout = open(outputfile, 'w')  #以写的方式打开输出文件
    #依次读入输入文件每一行来判断文本语言类别
    for eachLine in fin:
        #去除每行的首位空格
        line = eachLine.strip()
        #调用 Langid 的分类函数 classify()来对该行进行语言检测
        lineTuple = langid.classify(line)
        #如果该行语言大部分为中文，则不进行任何处理
        if lineTuple[0] == "zh":
            continue

        outstr = line   #如果该行语言非中文，则准备输出
        fout.write(outstr.strip()+ '\n') #输出非中文的行
    fin.close() #关闭输入文件
    fout.close() #关闭输出文件
if __name__ == '__main__': #执行主程序
    PurgeText ("source.txt", "Output.txt")
```

source.txt 示例输入文本内容如下：

```
我们来测试一下基于 Langid 的语言检测
程序将保留除中文外的其他语言文字。
Langid 目前支持 97 种不同语言的检测。
Firstly, we need to import langid module.
Then we will detect each line of the source file.
If we found any Chinese in a line,then we will ignore it and continue.
```

运行程序，输出文件 output.txt 的内容如下所示。很显然，所有包含中文字符的文本行都被剔除了。

```
Firstly, we need to import langid module.
Then we will detect each line of the source file.
If we found any Chinese in a line,then we will ignore it and continue.
```

5.6.3 基于 N-gram 算法的语言检测

N-gram 是一种统计语言模型，它被广泛应用于语种识别、文本压缩、拼写检查、字符串查找、机器翻译、信息检索以及文本分类等。通常 N-gram 取自文本或语料库，组成元素可以是音节、字母、单词或碱基对等。N=1 时称为 Unigram，N=2 时称为 Bigram，N=3 时称为 Trigram，以此类推。N-gram 可想象成一个水平滑动的宽度为 w 的窗口在文本上顺序移动，每次移动都会截取 w 个字符而形成一个字符串。例如，假设有一个字符串为“China Wuhan”，则其 Trigram 为“Chi”“hin”“ina”“na”“a W”“Wu”“Wuh”“uha”“han”。

通过对印欧语系（Indo-European Language Family）中的英语、法语、德语等不同语言进行观察研究可知，这些语言文本的字符组合皆有其各自特色。N-gram 语言检测算法正是源于“不同语言具有不同特色的字符组合”这一思路。

我们以 Trigram 为例，从一个或多个文本文件获取其中所有的 3 个字符组合序列，并计算其出现的频率，将其看作一个向量，然后将该向量与其他待测文本按同样方式获取的向量进行比较。当作为向量处理时，两个向量之间的差异，可视为它们之间的夹角 θ，如图 5.9 所示。$\cos\theta$ 的值介于 0～1。当 $\cos\theta=1$，代表两个不同文本的向量之间夹角 θ 为 0°，这就说明两者是重合的，也就意味着两个文本之间的语言是一致的，或者说两者的语言构成基本没有差异。同样地，当 $\cos\theta=0$，代表两个不同文本的向量之间夹角 θ 为 90°。此时，两个向量是互相垂直的，也就意味着两者的文本语言构成是完全不同的。在实际情形中，例如，英语与法语、西班牙语、意大利语等不同语言之间的文本向量进行比较，$\cos\theta=0$ 或 $\cos\theta=1$ 的极限状况不大可能出现。$\cos\theta$ 的值应该是介于两者之间，我们可通过设定阈值的方式来判断语言之间的差异性。例如，当 $\cos\theta=0.97$ 时，则基本上可判断两个文本的语言构成一致。而当 $\cos\theta=0.12$ 时，则基本可断定两个文本的语言构成不同。两个向量间的余弦值可通过欧氏点积（Euclidean Dot Product）公式来计算：

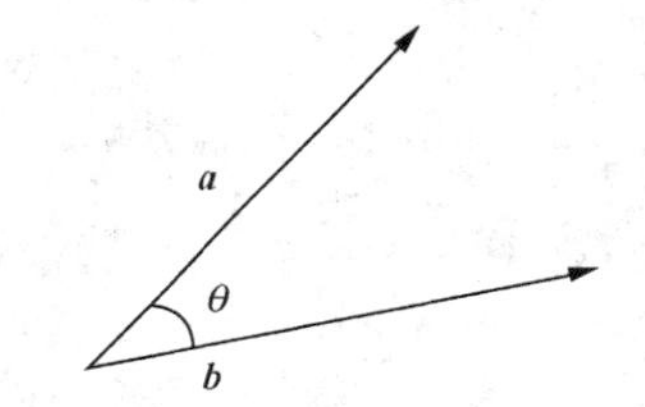

图 5.9 文本向量余弦相似度示意

$$\boldsymbol{a}\cdot\boldsymbol{b}=\|\boldsymbol{a}\|\|\boldsymbol{b}\|\cos\theta$$

给定两个属性向量，$\boldsymbol{A}$ 和 $\boldsymbol{B}$，其余弦相似度（Similarity）通过它的点积与向量长度（模长）计算得出，计算公式如下：

$$Similarity = \cos\theta = \frac{\boldsymbol{A}\cdot\boldsymbol{B}}{\|\boldsymbol{A}\|\|\boldsymbol{B}\|} = \frac{\sum_{i=1}^{N}\boldsymbol{A}_i \times \boldsymbol{B}_i}{\sqrt{\sum_{i=1}^{N}(\boldsymbol{A}_i)^2} \times \sqrt{\sum_{i=1}^{N}(\boldsymbol{B}_i)^2}}$$

基于 Trigram 算法的语言检测示例代码如下：

```
from urllib.request import urlopen #导入该工具包用于处理超链接

class Trigram:
"""
定义一个类用于处理 N-gram 相关的操作。本示例代码要求用于语言检测的文本之间编码要一致，例如 UTF-8 或
ISO-8859-1 等，若文本的编码不一致，可先转换为 Unicode
"""
  length = 0
  #类的初始化
  def __init__(self, ttype, fn=None):
      self.lut = {}
      if fn is not None:
         self.parseFile(fn, ttype)
  #定义文本解析方法
  def parseFile(self, fn, ttype):
      pair = '  '
      flag = False
      if ttype == 'link': #文本来自超链接
         print("We are trying to fetch text from target url, please wait…")
         f = urlopen(fn)
      elif ttype == 'file': #文本来自其他文件
         f = open(fn)
         print(f)
      elif ttype == 'text': #文本直接来自文本类型文件
         f = fn.split('\n')
         flag = True
      else:
         print ("Source type unknown")
      for z, line in enumerate(f):
         for letter in line.strip() + ' ':
            d = self.lut.setdefault(pair, {})
            d[letter] = d.get(letter, 0) + 1
            pair = pair[1] + letter
      if not flag:
         f.close()
      self.measure()

def measure(self):
"""
计算 Trigram 向量的标量长度，即模长，并将其存储在 self.length 中
"""
      total = 0
      for y in self.lut.values():
         total += sum([ x * x for x in y.values() ])
      self.length = total ** 0.5

def similarity(self, other):
"""
```

```
计算两个文本之间 Trigram 向量的余弦相似度，返回值为 0～1
返回值为 1，则表示两个文本 Trigram 比例相等。返回值为 0，则表示两个文本之间没有相同的 Trigram
"""
        if not isinstance(other, Trigram):
            raise TypeError("can't compare Trigram with non-Trigram")
        lut1 = self.lut
        lut2 = other.lut
        total = 0
        for k in lut1.keys():
            if k in lut2:
                a = lut1[k]
                b = lut2[k]
                for x in a:
                    if x in b:
                        total += a[x] * b[x]

        return float(total) / (self.length * other.length)

    def __sub__(self, other):
    """
    重载“-”运算符，用于比较两个文本之间的差异
    返回值介于 0～1。其中 0 表示两个文本的 Trigram 完全一致
    """
        return 1 - self.similarity(other)

def test():
    en = Trigram('./text/English.txt')          #已知的英语文本
    fr = Trigram('./text/French.txt ')          #已知的法语文本
    en1 = Trigram('./text/English1.txt ')       #已知的另外一个英语文本
    untxt= Trigram('./text/unknown.txt')        #未知语言构成的文本
    print "Calculating difference between texts:"
    print("en - fr is %s" % (en - fr))          #计算英语与法语文本之间的差异性
    print("en-en1 is %s" % (en-en1))            #计算两个不同英语文本之间的差异性
    print("unknown-en is %s" % (unknown-en))#计算待测目标文本与英语文本之间的差异性
    print("unknown-fr is %s" % (unknown-fr))#计算待测目标文本与法语文本之间的差异性
    #计算待测目标文本与法语文本之间的余弦相似度

    print("Unknown text's similarity to French is:", untxt.similarity(fr))
    #计算待测目标文本与英语文本之间的余弦相似度
    print("unknown Text's similarity to English is:", untxt.similarity(en))

 if __name__ == '__main__': #运行主程序
    test()
```

运行程序，输出结果为：

```
Calculating difference between texts:
en - fr is 0.7207377235835921
en - en1 is 0.026975818182697342
unknown - en is 0.7151542233413036
unknown - fr is 0.08376524447280753
unknown Text's similarity to French is: 0.9162347555271925
unknown Text's similarity to English is: 0.28484577665869637
```

从上述结果可以看出，未知文本的语言构成为法语。因其与法语文本之间的余弦相似度约为 0.92，而与已知英文文本之间的余弦相似度则约为 0.28，显然，该未知文本的语言构成与前者更加接近。

5.7 情感分析

情感分析（Sentiment Analysis）是自然语言处理的一个重要应用方向，也称为倾向性分析和意见挖掘（Opinion Mining），已经成为社交媒体分析和研究的热点。情感分析，是一个对带有情感色彩的主观性文本进行分析、处理、归纳和推理的过程，它还可以细分为情感极性（倾向性）分析、主客观分析、情感程度分析等。例如，对于给定的一段话，分析它属于主观描述还是客观描述，所表达的是积极情绪还是消极情绪等。当然，我们也可以根据手头的不同问题添加更多类别，这项技术通常用于了解人们对特定产品、品牌或主题的看法。情感分析经常被用于分析市场营销行为、意见调查、社交媒体的表现，以及电子商务网站上的产品评价等。

5.7.1 简易情感分类器示例

我们先用一个简单的例子来了解情感分析的基本步骤。在该示例中，我们会用到 NLTK 工具集内置的朴素贝叶斯分类器来对数据进行分类。

首先，我们需要导入必需的模块：

```
import nltk
from nltk.classify import NaiveBayesClassifier #导入朴素贝叶斯分类器模块
```

接着，我们需要定义一个简单的训练集，该训练集包含若干行示例文本：

```
s1 = 'He is a good Boy'
s2 = 'This is a fantastic book'
s3 = 'That is a bad guy'
s4 = 'This is a terrible book'
s5 = 'It is a terrific story'
s6 = 'It seems ugly'
s7 = 'I hate this movie'
s8 = 'Today is a nice day'
s9 = 'I am in good mood'
```

在使用分类器进行分类之前，我们一般需要先将所有原始语料文本转化为特征表示的形式。以“这本书很好看！”为例，在 NLTK 中，如果选择所有词为特征，其形式如下：

```
[{“这”：True, “本”：True, “书”：True, “很”：True, “好”：True, “看”：True, “！”：
True},positive]
```

如果选择双词作为特征，则其形式如下：

```
[{“这本”：True, “本书”：True, “书很”：True, “很好”：True, “好看”：True, “看！”：
True},positive]
```

如果选择信息量丰富的词作为特征，则其形式如下：

```
[{“好看”：True},positive]
```

NLTK 需要使用字典和数组两种数据类型，True 表示对应的元素为特征。无论使用何种特征选择方法，其形式皆为：

```
[{ "特征 1" : True, "特征 2" : True, "特征 N" : True,},分类标签]
```

选择所有词皆为特征词的特征提取方法的示例代码如下：

```
#从单词输入列表中提取特征
def extract_features(words):
    return dict([word,True] for word in words)
```

基于该特征词提取方法，我们将上述训练集转换成标准形式，示例代码如下：

```
training_data = [ [extract_features(s1), 'pos'],
                  [extract_features(s2), 'pos'],
                  [extract_features(s3), 'neg'],
                  [extract_features(s4), 'neg'],
                  [extract_features(s5), 'pos'],
                  [extract_features(s6), 'neg'],
                  [extract_features(s7), 'neg'],
                  [extract_features(s8), 'pos'],
                  [extract_features(s9), 'pos'],
                ]
#显示出转换后的训练集
print("Training data with label:")
for i in range(len(training_data)):
   print(training_data[i])
```

用训练集来训练朴素贝叶斯分类器，并用训练好的模型对新的文本数据进行情感分类，示例代码如下：

```
#训练模型
model = NaiveBayesClassifier.train(training_data)
#用训练好的模型对新的文本数据进行情感分类
test1='That is a bad book'
test2='I am in good mood'
print("\nSentiment classification for new data:")
print(test1 + " >> ",model.classify(feature_extract(test1)))
print(test2 + " >> ",model.classify(feature_extract(test2)))
```

运行程序，输出结果如下所示：

```
Training data with label:
[{'He': True, 'is': True, 'a': True, 'good': True, 'Boy': True}, 'pos']
[{'This': True, 'is': True, 'a': True, 'fantastic': True, 'book': True}, 'pos']
[{'That': True, 'is': True, 'a': True, 'bad': True, 'guy': True}, 'neg']
[{'This': True, 'is': True, 'a': True, 'terrible': True, 'book': True}, 'neg']
[{'It': True, 'is': True, 'a': True, 'terrific': True, 'story': True}, 'pos']
[{'It': True, 'seems': True, 'ugly': True}, 'neg']
[{'I': True, 'hate': True, 'this': True, 'movie': True}, 'neg']
[{'Today': True, 'is': True, 'a': True, 'nice': True, 'day': True}, 'pos']
[{'I': True, 'am': True, 'in': True, 'good': True, 'mood': True}, 'pos']

Sentiment classification for new data:
That is a bad book >>  neg
I am in good mood >>  pos
```

以上示例演示了情感分析的几个基本步骤：准备数据、训练模型以及用训练好的模型对新的数据进行预测与分类。在 5.7.2 小节中，我们将通过一个较为详细的例子来阐述如何使用 NLTK 工具集来进行情感分析。

5.7.2 基于 NLTK 的电影评论情感分类

NLTK 附带了情感分析的一些基本工具：一个带有 POS(Positive，积极评论)和 NEG(Negative，消极评论) 类别标签的电影评论语料库，以及一些可训练的分类器。若在此之前没有下载过电影评论语料库，则需要在 Python 解释器中，通过以下代码先行完成下载任务：

```
>>>import nltk #导入 NLTK 工具集
>>>nltk.download('movie_reviews') #下载电影评论语料库
```

下面，我们仍以 NaiveBayesClassifier 为例，来对电影评论语料库进行情感分析。首先，我们需要从语料文本中提取所有独特的单词，分类器需要以字典的形式排列这些数据。一旦我们将文本数据划分为训练集和测试集，我们将训练选定的 NaiveBayesClassifier，将评论分为积极评论（POS）和消极评论（NEG）。输出结果中还将包含那些具有大信息量的词（Informative Words），以表示积极或消极评论。对电影评论语料库进行情感分析的示例代码如下：

```
#导入电影评论语料库
from nltk.corpus import movie_reviews
#导入朴素贝叶斯分类器
from nltk.classify import NaiveBayesClassifier
#导入分类器准确率评价工具包
from nltk.classify.util import accuracy as nltk_accuracy

#从语料库中载入带标签的电影评论
fields_pos = movie_reviews.fileids('pos')
fields_neg = movie_reviews.fileids('neg')

#特征词提取
def extract_features(words):
    return dict([word,True] for word in words)

#定义主程序
if __name__ == '__main__':
    #从语料库中载入带标签的电影评论
    fileids_pos=movie_reviews.fileids("pos") #积极评论
    fileids_neg=movie_reviews.fileids("neg") #消极评论

    #从电影评论中提取特征
    features_pos=[(extract_features(movie_reviews.words(fileids=[f])),'Positive')
for f in fileids_pos]
    features_neg=[(extract_features(movie_reviews.words(fileids=[f])),'Negative')
for f in fileids_neg]

    #定义训练集和测试集。在本示例中，我们将评论数据的 80%作为训练集，20%作为测试集
    threshold=0.8
    num_pos=int(threshold*len(features_pos)) #积极评论的个数
```

```
    num_neg=int(threshold*len(features_neg)) #消极评论的个数

    #创建训练集：包含 80%的积极评论和 80%的消极评论
    features_train=features_pos[:num_pos]+features_neg[:num_neg]
    #创建测试集：包含 20%的积极评论和 80%的消极评论
    features_test=features_pos[num_pos:]+features_neg[num_neg:]

    #显示训练和测试数据的个数
    print('\nNumber of training datapoints:',len(features_train))
    print('\nNumber of testing datapoints:',len(features_test))

    #训练朴素贝叶斯分类器
    classifier=NaiveBayesClassifier.train(features_train)
    #通过测试集来测试分类器的准确率
    print('\nAccuracy of the classifier:',nltk_accuracy(classifier,features_test))

    #显示出前 N 个最具信息量的词
    N=10
    print('\nTop '+str(N) + ' most informative words:')
    for i,item in enumerate(classifier.most_informative_features()):
        print(str(i+1) + '.' +item[0])
        if (i==N-1):
            break

    #测试输入的新电影评论并给出合适的分类和相关概率
    input_reviews=[
    'the costumes in this movie were great',
    'I think the story was terrible and the characters were weak.',
    'People say that the director of this movie is amazing',
    'This is such an idiotic movie. I will not recommend it to anyone.',
    'That a fantastic movie I have ever seen.'
    ]

    #遍历示例评论数据并给出相应的分类
    print('\nMovie review predictions:')
    for review in input_reviews:
        print('\nReview:',review)
        #计算出每个分类的概率
        probabilities=classifier.prob_classify(extract_features(review.split()))
        #找出概率中的最大值
        predicted_sentiment=probabilities.max()
        #显示情感分类结果与概率
        print('Predicted sentiment:',predicted_sentiment)
        print('probability:',round(probabilities.prob(predicted_sentiment),2))
```

运行程序，输出结果如下所示：

```
Number of training datapoints: 1600
Number of testing datapoints: 400
Accuracy of the classifier: 0.735

Top 15 most informative words:
```

```
1.outstanding
2.insulting
3.vulnerable
4.ludicrous
5.uninvolving
6.avoids
7.astounding
8.fascination
9.affecting
10.darker
11.seagal
12.animators
13.anna
14.symbol
15.idiotic

Movie review predictions:
Review: I like this movie very much.
Predicted sentiment: Positive
probability: 0.52

Review: the costumes in this movie were great
Predicted sentiment: Positive
probability: 0.59

Review: I think the story was terrible and the characters were weak.
Predicted sentiment: Negative
probability: 0.77

Review: People say that the director of this movie is amazing
Predicted sentiment: Positive
probability: 0.59

Review: This is such an idiotic movie. I will not recommend it to anyone.
Predicted sentiment: Negative
probability: 0.87

Review: That is a fantastic movie I have ever seen.
Predicted sentiment: Positive
probability: 0.81
```

从输出结果可以看出，对新的电影评论的情感分类基本上是正确的。通过对给出的概率值进行分类，可以提供更多的参考信息，对以后判断评论的效用也比单纯给出类别更有帮助。

第 6 章 深度学习与 Python 编程实践

深度学习（Deep Learning）一词近年来在 AI 热词榜上一直居高不下。无论是在学术研究还是在实际生活中，深度学习技术的应用都迎来了爆发式的增长。深度学习的概念源于人工神经网络的研究，由“神经网络之父”杰弗里·辛顿（Geoffrey Hinton）于 2006 年提出。2013 年，辛顿加入 Google 公司并带领一个 AI 研发团队，将“深度学习”从边缘课题变成了 Google 公司等互联网“巨头”依赖的核心技术，并将反向传播（Back Propagation）算法应用至神经网络与深度学习领域。

深度学习，作为机器学习（Machine Learning）的一个重要分支，是一种基于对数据进行表征学习的方法。它将原始数据通过一些简单的非线性模型转变成更高层次、更加抽象的表达，通过多次各类转换的组合，非常复杂的函数亦可被学习。深度学习的主要目的在于建立模拟人脑进行分析学习的神经网络，并模仿人脑的运行机制来解释图像、声音和文本等不同类型的数据。

深度学习分为监督学习（Supervised Learning）和无监督学习（Unsupervised Learning）。监督学习，也就是常说的分类（Classification），即通过已有的训练样本（已知数据及其对应的输出）去训练得到一个最优模型，再利用该模型将所有的输入映射为相应的输出，并对输出进行简单的判断从而实现分类的目的。监督学习具有对未知数据进行分类的能力。无监督学习（也叫非监督学习）则是另一种研究得较多的学习方法，它与监督学习的不同之处在于没有任何事先训练的样本，就直接对数据进行建模。无监督学习最典型的应用就是聚类（Clustering）。

深度学习技术的飞速进展，解决了 AI 领域多年来悬而未决的诸多问题。此外，深度学习已经被证实擅长发现高维数据中的复杂结构，因此，它在科学、商业等许多领域有着广泛的应用。除了在图像识别、语音识别等领域打破纪录之外，它还在其他很多领域大放异彩，包括预测潜在的药物分子的活性、分析粒子加速器数据、重建大脑回路以及预测在非编码 DNA 突变对基因表达和疾病的影响等。深度学习在自然语言处理的各项任务中也取得了非常可观的成绩，特别是主题分类、情感分析、自动问答和语言翻译等。

在深度学习初始阶段，每个深度学习研究者都需要编写大量的重复代码。为了提高工作效率，研究者将这些代码通过优化重组等方式形成一个个软件框架。随着时间的推移，这些框架被大量应用从而流行起来，让后来者减少重复劳动而极大提高了他们的工作效率。到目前为止，著名的深度学习框架有 TensorFlow、Theano、PyTorch 和 Caffe 等，在本书后文中，我们将会陆续介绍其中几个框架及其应用。

6.1 深度学习常用算法

深度学习是一个用数学模型对真实世界中的特定问题进行建模，以解决该领域内相似问题的过程。深度学习与神经网络（Neural Networks）算法密不可分，“深度”体现在神经网络的层数上，一般而言，神经网络的层数越多（或者说越深），则学习效果越好。

感知机（Preceptron）是神经网络的起源，它是一种二分类的线性分类模型，其输入为实例的特征向量，输出为实例的类别。感知机可用如下公式表示：

$$f(x)=sign(w\cdot x+b)$$

其中，x 为输入空间，$f(x)\in\{-1,1\}$，w 和 b 为感知机模型参数。即 $f(x)$ 由模型参数集合 (w,b) 决定和表示。w 为权重（Weight）或权重向量（Weight Vector），b 叫作偏置（Bias），$w\cdot x$ 表示 w 和 x 的内积，$sign$ 为符号函数，其定义如下：

$$sign(x)=1 \quad x\geqslant 0$$

$$sign(x)=-1 \quad x<0$$

深度学习模型大多基于多层感知机模型、深度神经网络模型和递归神经网络模型等。卷积神经网络（Convolutional Neural Network，CNN）和递归神经网络（Recurrent Neural Network，RNN）则是深度学习领域常用的经典算法。

6.1.1 卷积神经网络

作为深度学习领域最具代表性的算法之一，卷积神经网络是分析语音、图像等多维度信号的最佳技术之一。近年来，CNN 在多个领域被广泛应用并取得了非常不错的成绩，包括在语音识别、人脸识别、物体识别、运动分析、自然语言处理甚至脑电波分析方面均有突破。CNN 模型最早由美国工程院院士杨立昆（Yann LeCun）创建，随后被广泛应用于计算机视觉与语音识别领域，它最初在手写数字识别上的应用至今仍然保持着无人打破的最高识别率纪录。

CNN 与普通神经网络的区别在于，CNN 包含一个由卷积层（Convolution Layer）和子采样层（Subsampling Layer）构成的特征抽取器（Feature Extractor）。在 CNN 的卷积层中，一个神经元只与部分邻层神经元连接。在 CNN 的一个卷积层中，通常包含若干个特征平面（Feature Map），每个特征平面由一些以矩形排列的神经元组成，同一特征平面的神经元共享权重，这里共享的权重就是卷积核（Convolution Kernel）。卷积核通常以随机小数矩阵的形式进行初始化，在网络的训练过程中卷积核将学习得到合理的权重。共享权重带来的直接好处是减少了网络各层之间的连接，同时也降低了过拟合导致的风险。子采样也称为池化（Pooling），它是一种特殊的卷积过程，通常有均值池化（Mean Pooling）和最大池化（Max Pooling）两种形式。卷积和池化很大程度上简化了模型，同时也减少了模型的参数。

目前，许多深度学习网络框架中已经提供了基于 CNN 的 API。为了深入和详细了解该技术的一些细节，我们将通过实例来展示如何从头开始构建一个 CNN 模型。在本例中，我们将创建 3 个层，即卷积层、线性整流单元（Rectified Linear Unit，ReLU）层和最大池化层。传统神经网络算法中最常用的激活函数是 Sigmoid。ReLU 相对于 Sigmoid 而言降低了运算量，同时，在输入信号较强时，仍可保留信号之间的差别。建立 CNN 模型涉及大量的矩阵运算，其中包括误差反向传播、梯度计算和更新等。例如，$y=w\cdot x+b$，其中所有变量都以矩阵形式呈现，因此，我们通常会将 w 和 b 称为参数矩阵。

一般说来，矩阵运算效率较高且也易于操作。NumPy 是 Python 的一个扩展库，支持多维数组与矩阵运算。此外，NumPy 内部解除了 Python 的全局解释器锁（Global Interpreta Lock，GIL），运算效率极高，是许多机器学习框架的基础库之一。NumPy 在实现内部运算的时候，对矩阵运算过程进行了优化，且优化效果特别明显。我们的示例将基于 NumPy 来创建一个 CNN 模型，主要包含以下几个步骤。

1. 读取输入图像

```
import matplotlib.pyplot as plt # 导入Matplotlib库用于数据可视化
from PIL import Image #导入图像处理相关模块
import numpy as np    #导入NumPy库
im=Image.open('ljt.jpg').convert('L') #读取图像并将其转换成灰度图像
im_array=np.array(im) #将图像转换为NumPy数组
print(im_array.shape) #显示数组大小
#显示转换后的灰度图像
plt.imshow(im)
plt.show()
```

运行程序，由原输入图像转换而成的灰度图像如图 6.1 所示。

图 6.1　由原输入图像转换而成的灰度图像

2. 准备滤波器

在神经网络中，经常会使用滤波器（Filter）对图像的特征进行提取。滤波器实际上是一个大小为 $M \times N$ 的矩阵，不同滤波器可用于检测图像的不同特征，例如图像边缘、角点等。我们对整个图像进行一次卷积时，得到的结果中，特征区域及其周边的值将会很高，其他区域的值则相对要低得多。对 CNN 卷积层的训练实际上是对一系列滤波器的训练，目的是让这些滤波器对特定的模式有较高的激活（Activation），以便于利用 CNN 来对图像等进行分类和识别。

对于第一卷积层，我们的滤波器组将根据输入图像的维度来确定。创建滤波器组主要考虑以下几个因素。

① 滤波器的个数。

② 第一个维度的大小。

③ 第二个维度的大小。

④ 第三个维度的大小。

……以此类推。

因为输入的图像为灰度图像，所以，我们的滤波器只有表征二维图像的宽度和高度，而没有代表色彩通道的深度。以下示例代码将创建两个 3×3 的滤波器：

```
"""
Layer1_filter 为第一层滤波器组。
其中指定的 3 个参数 2、3、3 分别代表滤波器的数目以及滤波器的行数、列数
"""
Layer1_filter = numpy.zeros((2,3,3))
#用于图像垂直边缘检测的滤波器
Layer1_filter[0, :, :] = numpy.array([[[-1, 0, 1],
                                      [-1, 0, 1],
                                      [-1, 0, 1]]])
#用于图像水平边缘检测的滤波器
Layer1_filter[1, :, :] = numpy.array([[[1,   1,  1],
                                      [0,   0,  0],
                                      [-1, -1, -1]]])
```

如果输入为彩色图像（具有 R、G、B 3 个通道），也就是没有将输入图像转换为灰度图像，则

上述代码中的参数将变成 4 个，依次分别为滤波器个数、宽度、高度以及通道数。滤波器组的大小由自己指定，一般采用随机初始化。以下示例代码用于随机创建 2 个 5×5 的 3 通道彩色图像滤波器：

```
Layer1_filter = numpy.random.rand(2, 5, 5, 3)
```

3. 创建卷积层

构建好滤波器后，卷积层使用滤波器对输入图像执行卷积操作并返回结果，主要用于图像特征提取。定义卷积层及其相关操作的示例代码如下：

```
"""
定义卷积条件检测函数 convolution(img,conv_filter)。
第一个参数为输入图像，第二个参数为滤波器。该函数本身并不进行卷积操作，而主要用于检测图像和滤波器的通道个数是否匹配、滤波器的大小是否为奇数（行、列数为奇数）且每个滤波器的大小是否一致等多个条件。若条件不满足，则程序显示相应的出错信息并退出
"""
def convolution(img, conv_filter):
#判断图像通道是否和滤波器深度匹配
    if len(img.shape) >2 or len(conv_filter.shape) >3:
        if img.shape[-1] != conv_filter.shape[-1]:
            print("Error: 图像通道数和滤波器深度必须匹配！")
            sys.exit()
    #检查滤波器维度是否相等，亦即滤波器为行数、列数相等的矩阵，否则报错
    if conv_filter.shape[1] != conv_filter.shape[2]:
      print('Error: 滤波器矩阵必须为行数、列数相等的矩阵！')
        sys.exit()
    if conv_filter.shape[1]%2==0: #检查滤波器大小是否为奇数
        print('Error: 滤波器矩阵行、列数必须为奇数！')
        sys.exit()

    #定义一个空特征图（特征映射），用于保存滤波器与图像卷积的输出（即图像的特征）
    feature_maps = numpy.zeros((img.shape[0]-conv_filter.shape[1]+1,
                               img.shape[1]-conv_filter.shape[1]+1,
                               conv_filter.shape[0]))

    #循环遍历滤波器并与图像进行卷积
    for filter_num in range(conv_filter.shape[0]):
        print("Filter ", filter_num + 1)
        curr_filter = conv_filter[filter_num, :] #更新滤波器状态
        """
        如果输入图像不止一个通道，则滤波器必须具有同样的通道数目，否则卷积过程不能正常进行。检查每个滤波器中是否有多重通道，若有，则每个通道与图像进行卷积，随后将其求和并返回单个特征映射
        """
        if len(curr_filter.shape) > 2:
            #保存所有特征图之和的数组
            conv_map = convolution (img[:, :, 0], curr_filter[:, :, 0])
            #对图像每个通道进行卷积并求和的结果
            for ch_num in range(1, curr_filter.shape[-1]):
                conv_map = conv_map + convolution (img[:, :, ch_num],
                                curr_filter[:, :, ch_num])
        #若滤波器中只有一个单通道，则用当前滤波器保存特征图
        else:
            conv_map = convolution (img, curr_filter)
        feature_maps[:, :, filter_num] = conv_map
```

```
    #返回所有特征图
    return feature_maps
    """
    定义卷积函数 conv-（img, conv_filter）。
    第一个参数为输入图像，第二个参数为滤波器。该函数进行图像与滤波器之间的循环卷积操作并输出结果
    """
    def conv_(img, conv_filter):
        filter_size = conv_filter.shape[1]
        result = numpy.zeros((img.shape))
        #对图像进行循环卷积运算
        for r in numpy.uint16(numpy.arange(filter_size/2.0,
                          img.shape[0]-filter_size/2.0+1)):
            for c in numpy.uint16(numpy.arange(filter_size/2.0,
                                      img.shape[1]-filter_size/2.0+1)):
                """
                获取要与过滤器相乘的当前区域。
                如何基于图像和滤波器大小遍历图像并获取区域是卷积中最棘手的部分。
                每个滤波器在图像上迭代卷积的尺寸相同，通过以下代码实现
                """
                curr_region = img[r:r+filter_size, c:c+filter_size]
                #当前区域与滤波器之间的对位相乘
                curr_result = curr_region * conv_filter
                #相乘结果求和
                conv_sum = numpy.sum(curr_result)
                #在卷积层特征图中保存求和结果
                result[r, c] = conv_sum
        #剪裁结果矩阵中的异常值
        final_result=   result[numpy.uint16(filter_size/2):result.shape[0]-numpy.uint16
(filter_size/2),numpy.uint16(filter_size/2):result.shape[1]-numpy.uint16(filter_size/2)]
        #返回结果
        return final_result
```

4. 定义 ReLU 层

在神经元模型中，输入通过加权并求和后，还使用了一个函数进行处理，这个函数就是激活函数（Activation Function），如图 6.2 所示。因此，在 CNN 中卷积层后一般紧接着一个激活函数层。若不使用激活函数，则每一层的输出皆为上层输入的线性函数，无论神经网络有多少层，输出都是输入的线性组合。而激活函数则为神经元模型引入了非线性因素，使得神经网络可以任意逼近任何非线性函数，这样一来，神经网络就可应用于众多的非线性模型。

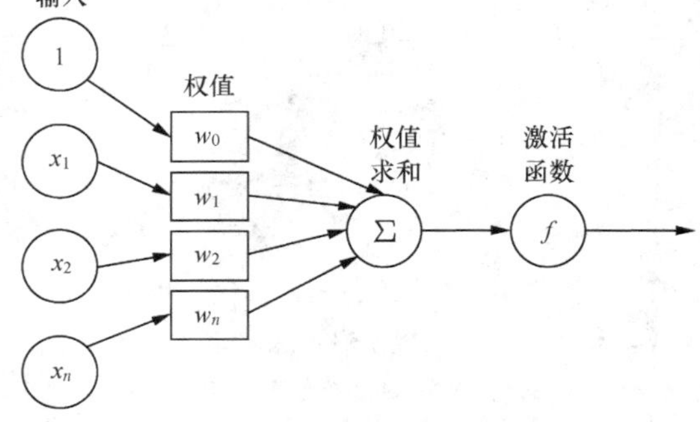

图 6.2　神经元模型示意图

在本示例的激活函数层中，我们将 ReLU 激活函数应用于卷积层输出的每个特征图上，示例代码如下：

```
def relu(feature_map):
    #准备 ReLU 激活函数的输出
    relu_out = numpy.zeros(feature_map.shape) #特征图维度
```

```
    for map_num in range(feature_map.shape[-1]): #遍历特征图所有元素
        for r in numpy.arange(0,feature_map.shape[0]):
            for c in numpy.arange(0, feature_map.shape[1]):
                relu_out[r, c, map_num] = numpy.max([feature_map[r, c, map_num], 0])
return relu_out
```

ReLU 的思路是将特征图中的每个元素 i 与 0 进行比较，若 $i>0$，则保留该元素值；若 $i\leq0$，将 i 设置为 0。ReLU 会使一部分神经元的输出为 0，这样就形成了网络的稀疏性，并且减少了参数之间的相互依存关系，减轻了过拟合导致的影响。

5. 定义最大池化层

池化层主要是对输入的特征图进行压缩，一方面使特征图变小，简化计算复杂度，另一方面则是进行特征压缩，用于提取主要特征。ReLU 层的输出作为最大池化层的输入，也就是在 ReLU 层的输出上应用池化操作。实现最大池化函数的示例代码如下：

```
"""
定义最大池化函数 max_pooling(feature_map, size=2, stride=2)。
该函数有 3 个参数，分别为 ReLU 层的输出、池化掩膜的大小和步幅（stride）。
首先创建一个空数组，用于保存该函数的输出，数组的大小根据输入特征图的尺寸、掩膜大小以及步幅来确定
"""
def max_pooling(feature_map, size=2, stride=2):
 #准备池化操作的结果
 pool_out = numpy.zeros((numpy.uint16((feature_map.shape[0]-size+1)/stride+1),
                         numpy.uint16((feature_map.shape[1]-size+1)/stride+1),
                         feature_map.shape[-1]))
 for map_num in range(feature_map.shape[-1]):
     r2 = 0
     for r in numpy.arange(0,feature_map.shape[0]-size+1, stride):
         c2 = 0
         #对每个输入特征图通道都进行最大池化操作，返回该区域中的最大值
         for c in numpy.arange(0, feature_map.shape[1]-size+1, stride):
             pool_out[r2, c2, map_num] = numpy.max([feature_map[r:r+size,  c:c+size]])
             c2 = c2 + 1
         r2 = r2 +1
return pool_out
```

进行最大池化操作后，图像尺寸将远小于原始输入图像。池化层输出结果如图 6.3 所示。

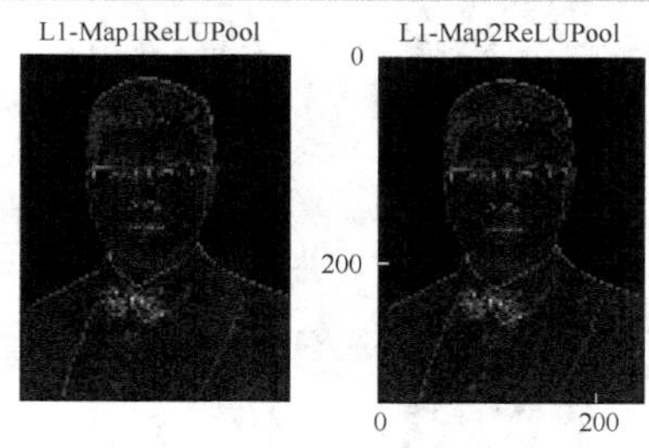

图 6.3　池化层输出结果

6. 堆叠卷积层、ReLU 层和最大池化层来构建 CNN

上述各部分模块构成了卷积神经网络的基本功能：卷积层、ReLU 激活函数以及最大池化操作等。我们将这些模块堆叠在一起就构成了一个完整的 CNN 模型。堆叠各功能层以构建 CNN 模型的示例代码如下：

```
#第一卷积层
print("\n 第一卷积层")
l1_feature_map = numpycnn.conv(img, l1_filter)
print("\nReLu 激活")
l1_feature_map_relu = numpycnn.relu(l1_feature_map)
print("\n 池化操作")
l1_feature_map_relu_pool = numpycnn.pooling(l1_feature_map_relu, 2, 2)
```

```
print("第一卷积层结束\n")

#第二卷积层
l2_filter = numpy.random.rand(3, 5, 5, l1_feature_map_relu_pool.shape[-1])
print("\n 第二卷积层")
l2_feature_map = numpycnn.conv(l1_feature_map_relu_pool, l2_filter)
print("\nReLu 激活")
l2_feature_map_relu = numpycnn.relu(l2_feature_map)
print("\n 池化操作")
l2_feature_map_relu_pool = numpycnn.pooling(l2_feature_map_relu, 2, 2)
print("第二卷积层结束\n")

#第三卷积层
l3_filter = numpy.random.rand(1, 7, 7, l2_feature_map_relu_pool.shape[-1])
print("\n 第三卷积层")
l3_feature_map = numpycnn.conv(l2_feature_map_relu_pool, l3_filter)
print("\nReLU 激活")
l3_feature_map_relu = numpycnn.relu(l3_feature_map)
print("\n 池化操作")
l3_feature_map_relu_pool = numpycnn.pooling(l3_feature_map_relu, 2, 2)
print("第三卷积层结束\n")
```

上述示例代码中，l2 表示第二卷积层，该卷积层使用的卷积核为（3,5,5），即 3 个 5×5 大小的卷积核（滤波器）。如图 6.4 所示，对每个操作的结果进行可视化，第一层的输出分别与第二层 3 个滤波器进行卷积操作得到 3 个特征图（L2-Map1、L2-Map2、L2-Map3），接着通过 ReLU 激活函数对输出进行非线性化操作，最后，进行最大池化操作并输出第二卷积层计算结果。

第三卷积层使用的卷积核为（1,7,7），即 1 个 7×7 大小的滤波器与第二卷积层的输出进行卷积操作，得到 1 个特征图，然后进行 ReLU 激活以及最大池化操作。第三卷积层输出结果如图 6.5 所示。

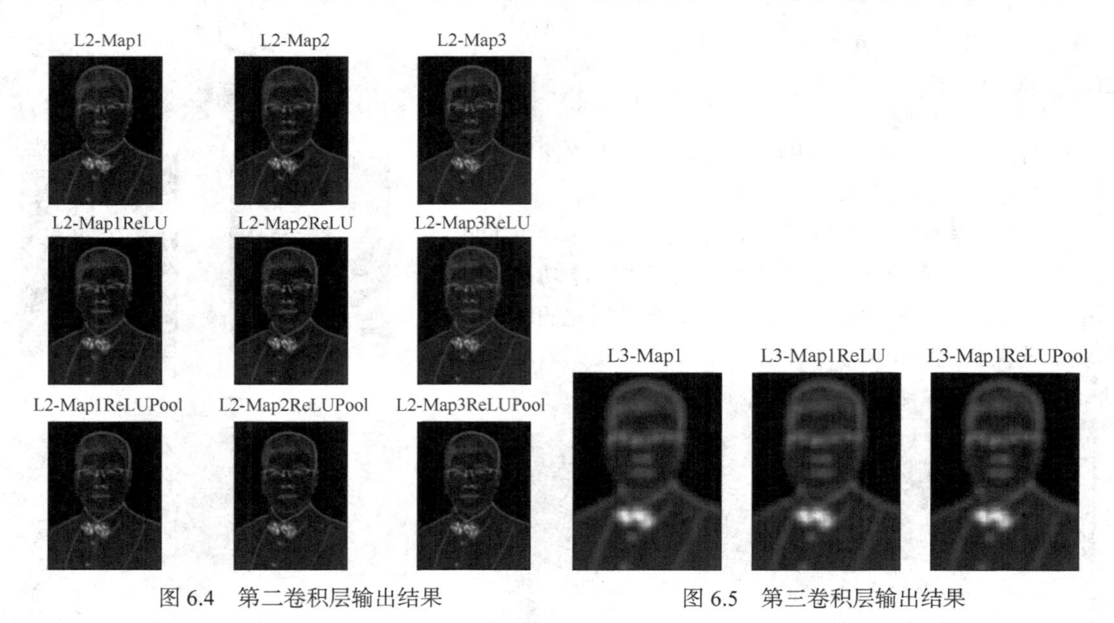

图 6.4　第二卷积层输出结果

图 6.5　第三卷积层输出结果

6.1.2　循环神经网络

循环神经网络是一种节点定向连接成环的人工神经网络，主要用于处理序列数据。所谓序列数据是指在不同时间点上收集到的数据，这类数据反映了某一事物、现象等随时间的变化状态或程度。序列数据的显著特点是前后数据之间有着密切的关系。因为 RNN 的内部状态可以展示动态时序行为，我们可利用它内部的记忆来处理任意时序的输入序列，让它可易于应用至不分段的手写识别、语音识别等领域。

通常而言，一个基础的神经网络包含输入层、隐含层以及输出层，并通过激活函数控制输出，层与层之间通过权重进行连接。激活函数一般是事先定义好的。神经网络模型通过训练将学到的东西蕴含于权重中。基础的神经网络只在层与层之间建立权重连接（Weight Connection），RNN 最大的不同之处在于，每层的神经元之间也建立了权重连接，如图 6.6 所示。

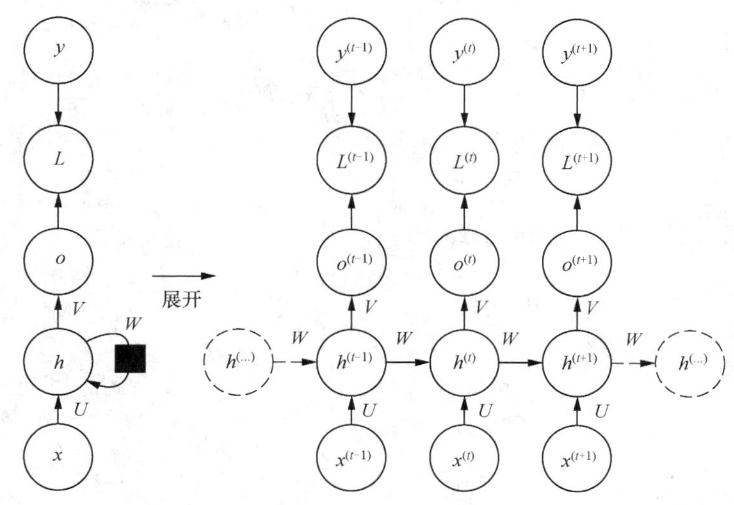

图 6.6　RNN 结构示意图

在图 6.6 中，每个箭头代表一次带有权重的变换。右侧为 RNN 模型的展开结构样式。左侧为折叠结构样式，其中，y 代表样本给出的确定值、L 代表损失函数（Loss Function）、o 代表输出、h 代表隐含层、x 代表输入，h 旁的箭头代表此结构中的“循环”体现在隐含层。标准的 RNN 模型中，权重是共享的，图中的 W、U 和 V 是相同的。每一个输入值都只与它本身的那条路线建立权重连接，而不会和其他神经元建立连接。

下面，我们将通过一个示例来演示如何应用 RNN 模型进行自动文本生成。因为 RNN 主要是对序列数据进行建模，所以它允许我们输入、输出向量序列。样本的序列性在于样本之间存在着顺序关系，每个样本与其之前的样本存在关联，在有意义的文本中，每个字或词与前面的字或词是相关的。我们正是基于这种思路来通过 RNN 模型生成有关联意义的相关文本。在本示例中，我们将通过训练 RNN 模型来生成古体诗。为了简化代码量，示例中将会用到 TensorFlow 框架，我们在后续章节将详细介绍该框架的安装和使用方法。

1. 数据生成及预处理

训练数据来自 40000 多首全唐诗文本。在开始训练模型之前，我们需要对原始数据进行一些必要的相关预处理，示例代码如下：

```
    #获取训练数据并对相关数据进行预处理
    def get_poetrys(self):
            poetrys = list()
            f = open(self.filename,"r", encoding='utf-8')
            #获取古诗内容
            for line in f.readlines():
                #返回古诗的标题和内容，由于不需要使用标题，所以这里用_代替
                _,content = line.strip('\n').strip().split(':')
                #去掉古诗中的空格
                content = content.replace(' ','')
                #过滤含有特殊符号的古诗
                if(not content or '_' in content or '(' in content or '（' in content or "□"
in content  or '《' in content or '[' in content or ':' in content or '：'in content or '_'
in content):
                    continue
                #过滤较长或较短的古诗
                if len(content) <5 or len(content) >79:
                    continue
                #用|代替古诗中的标点符号
                content_list = content.replace('，', '|').replace('。', '|').split('|')
                flag = True
                #过滤既非五言也非七言的古诗
                for sentence in content_list:
                    slen = len(sentence)
                    if 0 == slen:
                        continue
                    if 5 != slen and 7 != slen:
                        flag = False
                        break
                if flag:
                    #每首古诗以'['开头、以']'结尾
                    poetrys.append('[' + content + ']')
            return poetrys
```

在对原始数据集进行预处理后，我们需要将其向量化，也就是将训练数据中所有的字生成一个词袋（Bag-of-Words），并将所有的古诗按行进行分割转化为数字表示，示例代码如下：

```
    def gen_poetry_vectors(self):
            #取前多少个常用字
            words = sorted(set(''.join(self.poetrys) + ' '))
            #数字 id 到每个字的映射
            id_to_word = {i: word for i, word in enumerate(words)}
            #每个字映射为一个数字 id
            word_to_id = {v: k for k, v in id_to_word.items()}
            to_id = lambda word: word_to_id.get(word)
            #将古诗文本转化为向量形式
            poetry_vectors = [list(map(to_id, poetry)) for poetry in self.poetrys]
            return poetry_vectors,word_to_id,id_to_word
```

古诗数据向量化之后，将生成的数据按照模型参数设置进行切分，每次取一定量的古诗（这里设置为 100）进行训练。x_batches 作为输入，y_batch 作为标签。诗词生成模型根据上一个字符

生成下一个字符，因此，标签数据应该与输入数据的格式一致，但序列字符后移一位。示例代码如下：

```
batch_size = 100 #每次训练数据切分的大小
n_chunk = len(poetrys_vector) // batch_size
x_batches = [] #输入数据
y_batches = [] #输出标签
for i in range(n_chunk):
    start_index = i * batch_size
    end_index = start_index + batch_size
    batches = poetrys_vector[start_index:end_index]
    length = max(map(len,batches))
    xdata = np.full((batch_size,length), word_num_map[' '], np.int32)
    for row in range(batch_size):
        xdata[row,:len(batches[row])] = batches[row]
        ydata = np.copy(xdata)
        ydata[:,:-1] = xdata[:,1:]
        x_batches.append(xdata)
        y_batches.append(ydata)
```

2. 模型初始化

模型的初始化主要包括 RNN 模型的初始化以及变量定义等相关步骤，示例代码如下：

```
def __init__(self):
    #诗词生成
    self.poetry = Poetry()
    #单个 cell 训练序列个数
    self.batch_size = self.poetry.batch_size
    #所有出现字符的数量
    self.word_len = len(self.poetry.word_to_int)
    #定义隐含层的数量
    self.rnn_size = 128
    #输入句子长短不一致，用 None 自适应
    inputs = tf.placeholder(tf.int32, shape=(self.batch_size, None), name='inputs')
    #输出为预测某个字后续字符，故输出也不一致
    targets = tf.placeholder(tf.int32, shape=(self.batch_size, None), name='targets')
    #防止过拟合
    keep_prob = tf.placeholder(tf.float32, name='keep_prob')
```

3. 模型计算图定义

TensorFlow 是一个通过计算图（Computational Graph）的形式来表述计算的编程系统，计算图也叫数据流图，可以将计算图视为一种有向图。TensorFlow 先构建一个图，然后通过外部运算优化得到结果。优化的过程就是不断向模型输送数据，然后给出不断优化的对象并根据损失函数的走势不断优化模型得到结果。TensorFlow 中的所有计算都会转化为计算图中的节点，而节点之间的边描述了计算之间的依赖关系。示例代码如下：

```
import tensorflow as tf
def rnn_graph(self, batch_size, rnn_size, word_len, lstm_inputs, keep_prob):
        #本例选择的是基础 cell，亦可选择其他 cell 类型
        lstm = tf.nn.rnn_cell.BasicLSTMCell(num_units=rnn_size)
```

```
        drop = tf.nn.rnn_cell.DropoutWrapper(lstm, output_keep_prob=keep_prob)
        #多层 cell 中前一层 cell 作为后一层 cell 的输入
        cell = tf.nn.rnn_cell.MultiRNNCell([drop] * 2)
        #初始状态生成(h0)默认为 0
        #initial_state.shape ==> (64, 128)
        initial_state = cell.zero_state(batch_size, tf.float32)
        '''
        使用 dynamic_rnn 自动进行时间维度推进，且可以使用不同长度的时间维度，因为我们使用的句子长度
        不一致
        '''
        lstm_outputs,final_state=tf.nn.dynamic_rnn(cell,lstm_inputs,initial_state=
initial_state)
        seq_output = tf.concat(lstm_outputs, 1)
        x = tf.reshape(seq_output, [-1, rnn_size])
        # softmax 用于计算概率
        w, b = self.soft_max_variable(rnn_size, word_len)
        logits = tf.matmul(x, w) + b
        prediction = tf.nn.softmax(logits, name='predictions')
        return logits, prediction, initial_state, final_state
```

4. **权重及偏置定义**

为了训练 RNN 模型，我们需定义一个指标来对模型进行评估。这里，我们通过训练 Softmax 损失函数的参数 *w* 和 *b* 来尽量使得该指标的值最小化。示例代码如下：

```
    def soft_max_variable(rnn_size, word_len):
        #共享变量
        with tf.variable_scope('soft_max'):
            w = tf.get_variable("w", [rnn_size, word_len])
            b = tf.get_variable("b", [word_len])
        #返回权重 w 和偏置 b
        return w, b
```

RNN 与 CNN 不同的一点在于，RNN 的权重及偏置在所有 cell 中是一样的。这里使用了共享变量（Shared Variable）。

5. **模型训练**

根据前面初始化的参数设置开始模型训练，并通过训练逐步降低学习率。示例代码如下：

```
saver = tf.train.Saver()   #保存模型，先要创建一个 Saver 对象
sess = tf.Session()        #创建会话
sess.run(tf.global_variables_initializer()) #全局变量初始化
step = 0
new_state = sess.run(initial_state) #状态（state）初始化
'''
一个完整的数据集通过了神经网络并且返回了一次，这个过程称为一个 epoch，它代表的是迭代的次数，如果过少会欠拟
合（Underfitting），如果过多则会过拟合
'''
for i in range(epoch):
    #训练数据生成器
    batches = self.poetry.batch()
    #通过对模型进行训练，逐步降低学习率
```

```
        sess.run(tf.assign(learning_rate, 0.001 * (0.97 ** i)))
        for batch_x, batch_y in batches:
            feed = {inputs: batch_x, targets: batch_y, initial_state: new_state, keep_prob: 0.5}
            batch_loss, _, new_state = sess.run([loss, optimizer, final_state], feed_dict=feed)
            print(datetime.datetime.now().strftime('%c'), ' i:', i, 'step:', step, ' batch_loss:', batch_loss)
            step += 1
    #训练模型并保存到指定位置
    model_path = os.getcwd() + os.sep + "poetry.model"
    saver.save(sess, model_path, global_step=step)
    sess.close()
```

6. 文本生成

利用训练好的模型来生成古诗的示例代码如下：

```
    def gen(self, poem_len):
        def to_word(weights):
            t = np.cumsum(weights)
            s = np.sum(weights)
            sample = int(np.searchsorted(t, np.random.rand(1) * s))
            return self.poetry.int_to_word[sample]

        #句子长短不一致，用 None 自适应
        self.batch_size = 1 #每个批次的大小
        #创建输入占位符
        inputs = tf.placeholder(tf.int32, shape=(self.batch_size, 1), name='inputs')
        '''
        定义 keep_prob 参数用于防止过拟合，其取值范围为(0,1)。
        在训练过程引入 Dropout 策略，Dropout 层保留节点比例为 keep_prob，每批数据输入时神经网络中的每个单元会以 1-keep_prob 的概率不工作，防止过拟合
        '''
        keep_prob = tf.placeholder(tf.float32, name='keep_prob') #创建 keep_prob 占位符
        lstm_inputs = self.embedding_variable(inputs, self.rnn_size, self.word_len)
        #载入 RNN 训练模型
        _,prediction,initial_state,final_state= self.rnn_graph(self.batch_size, self.rnn_size, self.word_len, lstm_inputs, keep_prob)
        saver = tf.train.Saver()      #创建一个 Saver 对象用于保存模型
        with tf.Session() as sess:  #上下文管理
            sess.run(tf.global_variables_initializer()) #运行会话，进行全局变量初始化
            #从指定的数据路径恢复保存的模型
            saver.restore(sess, tf.train.latest_checkpoint('.'))
            new_state = sess.run(initial_state)
            #在所有字中随机选择一个作为开始
            x = np.zeros((1, 1))
            x[0,0]=self.poetry.word_to_int[self.poetry.int_to_word[random.randint(1, self.word_len-1)]] #字到数字的映射
            feed = {inputs: x, initial_state: new_state, keep_prob: 1} #定义字典型占位符
            #计算新状态和预测
            predict, new_state = sess.run([prediction, final_state], feed_dict=feed)
```

```
        word = to_word(predict) #预测下一个字
        poem = '' #诗词文本赋值
        while len(poem) <poem_len: #如果没有达到指定格式的诗词字数
            poem += word  #继续预测完成后续诗词文本
            x = np.zeros((1, 1))
            x[0, 0] = self.poetry.word_to_int[word] #字到数字的映射
            feed = {inputs: x, initial_state: new_state, keep_prob: 1}
            predict, new_state = sess.run([prediction, final_state], feed_dict=feed)
            word = to_word(predict)
        return poem #返回所有诗词文本
```

每次运行程序，得到的结果皆不相同，以下为其中的一种结果。

```
千年一芸部填河，绿镇东沈刻大仙。
湖外坛边复于倖，炉中相见日通州。
江山重夏正堪过，猿梦论论两行满。
幽殿近邑无鳞迹，桃李春晴迢海天。
```

从形式上而言，生成的诗符合七言律诗格式，但内容让人几乎不知所云。不过，相邻字词之间的关联性还是较强。

6.1.3 生成对抗网络

生成对抗网络（Generative Adversarial Networks，GAN）的概念自 2014 年由伊恩·古德费罗（Ian Goodfellow）提出以来，已成为深度学习领域最具潜力的研究方向之一。GAN 的核心思想是同时训练两个相互协作又相互竞争的深度神经网络来处理无监督学习的相关问题。2018 年，“MIT Technology Review”杂志揭晓了“全球十大突破性技术”，GAN 位列其中。

GAN 应用场景的建模为博弈论中的极大极小博弈，整个过程被称为对抗性过程（Adversarial Process），它是一种两个神经网络互相竞争的特殊对抗过程。第一个网络用于生成数据，第二个网络则试图区分真实数据与第一个网络创造出来的假数据，并生成一个 0～1 的预测值，代表数据为真的概率。由此可知，一个生成对抗网络至少由两个基本部分构成：生成器（Generator，G）与鉴别器（Discriminator，D）。从字面上理解亦可看出该模型的核心在于“对抗”，也就是 G 和 D 之间的互相博弈。例如，如图 6.7（a）所示，我们输入任意噪声信号通过 G 生成一幅图片，然后 D 则通过数据训练模型来鉴别该图片是否为真实图片。G 的任务是生成让 D 无法鉴别真伪的样本图片，而 D 的任务则是让 G 生成的伪图片无所遁形，二者就此产生“对抗”，生成对抗网络也因此而得名。

GAN 的运作方式可被看作是两名玩家之间的零和游戏。在伊恩·古德费罗（Ian Goodfellow）的论文中的类比如图 6.7（b）所示。生成器就像一个造假币的团伙，试图用假币蒙混过关。而鉴别器则像警察，其目标是查出其中的假币。生成器想方设法要骗过鉴别器，而鉴别器则尽量努力不上当。当两组模型不断训练，生成器不断生成新的结果进行尝试，它们的能力互相提高，直到生成器生成的样本看起来与真实样本几乎没有区别为止。

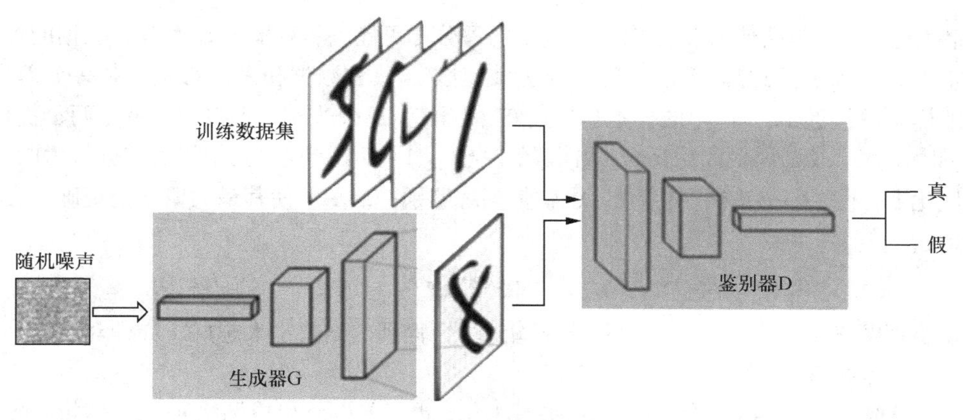

（a）GAN图片生成示意图

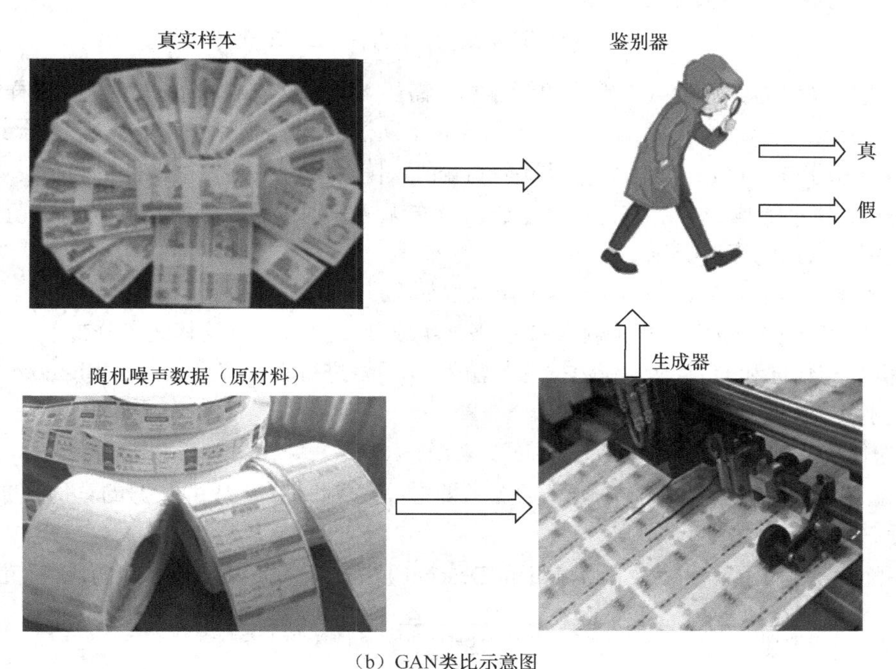

（b）GAN类比示意图

图 6.7　GAN 基本原理

1. GAN 结构解析

下面用书面语言来描述生成对抗网络：生成网络 G 和鉴别网络 D 的训练是关于值函数 $V(G, D)$ 的二元极小极大值博弈问题，其数学表达如以下公式所示：

$$\min_{G}\max_{D} V(D,G) = E_{x\sim P_{data}(x)}[\log D(\boldsymbol{x})] + E_{z\sim P_{g}(z)}[\log(1-D(G(z)))]$$

其中，E 指的是期望（Expectation）。所谓期望，在概率论中，是指将实验中每次可能产生的结果的概率乘以其结果的总和，它反映随机变量平均取值的大小，根据随机变量的取值范围不同，分为离散型和连续型。$P_{data}(\boldsymbol{x})$ 为真实图片数据集的分布，$\boldsymbol{x}$ 是一个真实样本图片向量，该向量集合的分布就是 P_{data}。z 为随机噪声数据，$D(\boldsymbol{x})$和 $G(z)$分别代表鉴别网络和生成网络。生成网络 $G(z)$从概率分布 P_z 中接收输入 z 并生成数据提供给鉴别网络 $D(\boldsymbol{x})$。值函数 V 的第一部分表示 D 对来自真实分布的数据的评分的期望，第二部分表示 D 对来自 G 生成的数据的评分与 1 的差的期望。最大化 V，就是要使 D 对来自真实数据的评分尽可能高，对来自 G 生成的数据的评分尽可能低（即让 1−$DG(z)$尽可能高）。V 越大，表示 D 对来自真实数据和来自 G 的数据评分差异越大，即真实的样本越接近 1，G 产生的样本越接近 0。因此，上述公式实际上对应的就是两个优化过程：优化 D 和优化 G，或者说最大化 $\log D(\boldsymbol{x})$ 和最小化 $\log(1-D(G(z)))$。我们将公式拆解为两个部分，其一为优化 D，使 $V(G,D)$结果最大化，也就是训练鉴别网络 D，使其最大概率地正确分类训练样本的标签：

$$\max_D V(D,G)=E_{x\sim P_{\text{data}}(x)}[\log D(\boldsymbol{x})]+E_{z\sim P_g(z)}[\log(1-D(G(z)))]$$

优化鉴别网络 D，目的在于当真样本 x 输入时，得到的结果越大越好（亦即对于真样本的预测结果概率非常接近 1）。

其二为优化生成网络 G，使 $V(G,D)$结果最小化，也就是训练生成网络 G，使其能生成“欺骗”鉴别网络 D 的数据，最大化 D 的损失：

$$\min_G V(D,G)=E_{z\sim P_g(z)}[\log(1-D(G(z)))]$$

优化生成网络 G，则是对于生成的假样本，需要 V 结果越小越好（亦即对于假样本的预测结果概率非常接近 0）。GAN 的目的就是将随机噪声 z 通过 G 网络得到一个和真实数据分布 $P_{data}(\boldsymbol{x})$ 差不多的生成分布 $P_g(G(z))$，这个过程就是 G 和 D 相互博弈的过程。GAN 的目标函数 $V(G,D)$在博弈过程中，G 希望减少 V 的值让自己生成的分布无法识别，而 D 则希望增大 V 的值让自己可以高效地鉴别出数据的真假类别。

综上所述，一个 GAN 模型的基本工作流程如下。

① 从噪声 z 进行随机抽样，输入 G 网络，生成新数据 $G(z)$以及其概率分布 $P_g(G(z))$。

② 将真实数据和 G 生成的新数据一起输入 D 网络进行真假鉴别，通过 Sigmoid 等函数来输出判定类别。

③ 迭代优化 D 和 G 损失函数，根据 D 来调整 G。

④ 直到 D 和 G 达到收敛（Converge），即 D 无法判断 G 生成的数据的真伪，亦即 $P_g(G(z))$ 非常逼近 $P_{data}(x)$。

使用随机梯度下降（Stochastic Gradient Descent）法训练生成对抗网络的伪代码如图 6.8 所示。

Algorithm 1 Minibatch stochastic gradient descent training of generative adversarial nets. The number of steps to apply to the discriminator, k, is a hyperparameter. We used $k=1$, the least expensive option, in our experiments.

for number of training iterations **do**
  for k steps **do**
    • Sample minibatch of m noise samples $\{\boldsymbol{z}^{(1)},\cdots,\boldsymbol{z}^{(m)}\}$ from noise prior $p_g(\boldsymbol{z})$.
    • Sample minibatch of m examples $\{\boldsymbol{x}^{(1)},\cdots,\boldsymbol{x}^{(m)}\}$ from data generating distribution $p_{\text{data}}(\boldsymbol{x})$.
    • Update the discriminator by ascending its stochastic gradient:

$$\nabla_{\theta_d}\frac{1}{m}\sum_{i=1}^{m}\left[\log D\left(\boldsymbol{x}^{(i)}\right)+\log\left(1-D\left(G\left(\boldsymbol{z}^{(i)}\right)\right)\right)\right].$$

  end for
  • Sample minibatch of m noise samples $\{\boldsymbol{z}^{(1)},\cdots,\boldsymbol{z}^{(m)}\}$ from noise prior $p_g(\boldsymbol{z})$.
  • Update the generator by descending its stochastic gradient:

$$\nabla_{\theta_g}\frac{1}{m}\sum_{i=1}^{m}\log\left(1-D\left(G\left(\boldsymbol{z}^{(i)}\right)\right)\right).$$

end for
The gradient-based updates can use any standard gradient-based learning rule. We used momentum in our experiments.

图 6.8　使用随机梯度下降法训练生成对抗网络的伪代码

2. GAN 实例应用

基于上述对生成对抗网络的分析，无论使用复杂的卷积神经网络还是简单的二层神经网络，我们定义一个 GAN 模型时，都至少需要两个网络，即生成网络 G 和鉴别网络 D。为了简化示例代码和更好地描述 GAN 原理与运行过程，我们将使用 TensorFlow 和一个简单的二层神经网络来实现二次函数的拟合。

使用 TensorFlow 之前，需要通过以下代码导入模块：

```
import tensorflow as tf
```

随机噪声 z 则可由如下代码生成：

```
z = tf.placeholder(tf.float32, [None, LENGTH],name='z')
```

生成网络 G，根据噪声 z 生成新数据分布：

```
with tf.variable_scope('Generator Networks'):
    z = tf.placeholder(tf.float32, [None, LENGTH])
    G_l1 = tf.layers.dense(inputs=z, units=128, activation=tf.nn.relu) #全连接层
    G_out = tf.layers.dense(G_l1, ART_COMPONENTS)
```

鉴别网络 D，根据真实数据 x 和生成数据 z 来鉴别其分类：

```
with tf.variable_scope('Discriminator Networks'):
    #真实样本数据的概率分布
    x = tf.placeholder(tf.float32, [None, ART_COMPONENTS], name='real_in')
    D_l0 = tf.layers.dense(inputs=x, units=128, activation=tf.nn.relu, name='l')
    prob_real = tf.layers.dense(D_l0, 1, tf.nn.sigmoid, name='out')
    #G 网络的概率分布
    D_l1 = tf.layers.dense(inputs=G_out, units=128,  activation=tf.nn.relu, name='l',
                        reuse=True)
    prob_generate = tf.layers.dense(D_l1, 1, tf.nn.sigmoid, name='out', reuse=True)
```

定义 G 网络与 D 网络的损失函数：

```
D_loss = -tf.reduce_mean(tf.log(prob_real) + tf.log(1-prob_generate))
G_loss = tf.reduce_mean(tf.log(1-prob_generate))
```

对 G 网络与 D 网络的优化：

```
train_D = tf.train.AdamOptimizer(Learning_D).minimize(
          D_loss,var_list=tf.get_collection(tf.GraphKeys.TRAINABLE_VARIABLES,
          scope='Discriminator'))
train_G = tf.train.AdamOptimizer(Learning_G).minimize(
          G_loss,var_list=tf.get_collection(tf.GraphKeys.TRAINABLE_VARIABLES,
          scope='Generator'))
```

在模型训练开始之前，我们需要进行如下初始化设置：

```
tf.set_random_seed(1) #设置图级随机数种子
np.random.seed(1)     #设置操作级随机数种子，与上述种子一起确定随机序列
BATCH_SIZE = 64       #设置训练批次样本个数
LENGTH = 5            #序列长度
Learning_G = 0.0001   #G 网络的学习率
Learning_D = 0.0001   #D 网络的学习率
ART_COMPONENTS = 15   #设定 Canvas 点数
```

```
#生成曲线绘制点
PAINT_POINTS = np.vstack([np.linspace(-1, 1, ART_COMPONENTS) for _ in range(BATCH_SIZE)])
```

GAN 模型的训练（5000 次迭代）示例代码如下：

```
epoch = 5000 #迭代次数
    for step in range(epoch):
      input_x = gan_networks()  #生成真实数据
      noise_z = np.random.randn(BATCH_SIZE, LENGTH)  #生成噪声数据
      G_paintings, prob_real_value, d_loss_value = sess.run([G_out, prob_real, D_loss, 
train_D, train_G],feed_dict={z: noise_z, x: input_x})[:3]
      if step % 50 == 0:
              print('iteration:{}, d_loss:{}, d_accuracy:{}'.format(step, d_loss_value, 
prob_real_value.mean()))
        plt.cla() #清除当前图形中的当前活动轴,其他轴不受影响
        #数据可视化。动态绘制生成曲线以及上下边界曲线
        plt.plot(PAINT_POINTS[0], G_paintings[0], c='#4AD631', lw=3, label='Generated 
Curve', )
        plt.plot(PAINT_POINTS[0], 2 * np.power(PAINT_POINTS[0], 2) + 1, c='#74BCFF', lw=3, 
label='upper bound')
        plt.plot(PAINT_POINTS[0], 1 * np.power(PAINT_POINTS[0], 2) + 0, c='#FF9359', lw=3, 
label='lower bound')
        plt.text(-.5, 2.3, 'D accuracy=%.2f (0.5 for D to converge)' % prob_real_ value.mean(), 
fontdict={'size': 15})
        plt.text(-.5, 2, 'D score= %.2f (-1.38 for G to converge)' % -d_loss_value, 
fontdict={'size': 15})
        plt.ylim((0, 3))
        plt.legend(loc='upper right', fontsize=12) #图例置于右上角
        plt.draw()
        plt.pause(0.01) #绘制曲线时，暂停一定时间以达到比较好的动态绘图效果
```

运行程序，结果如下所示。其中，图 6.9 中红色曲线（实线）为通过 GAN 算法拟合出的二次曲线，蓝色曲线（虚线）和绿色曲线（点画线）分别为上下边界曲线。

```
iteration:0, d_loss:1.495896339416504, d_accuracy:0.4600179195404053
iteration:0, d_loss:1.495896339416504, d_accuracy:0.4600179195404053
iteration:50, d_loss:1.2397087812423706, d_accuracy:0.6256951093673706
……
iteration:4800, d_loss:1.3728259801864624, d_accuracy:0.5039139986038208
iteration:4850, d_loss:1.3732900619506836, d_accuracy:0.5033498406410217
iteration:4900, d_loss:1.3734869956970215, d_accuracy:0.5088515281677246
iteration:4950, d_loss:1.3759567737579346, d_accuracy:0.5138512849807739
```

从程序运行结果可知，G 网络生成的分布（绿色曲线）已非常逼近真实分布（蓝色曲线），且 D 网络的鉴别能力逼近 50%，G 网络的最优值逼近 1.38，达到了很好的收敛效果。

3. GAN 的优势与缺陷

与其他生成式网络模型相比，GAN 模型具有以下几个方面的优势。

① 从理论上而言，GAN 模型可用于训练任何一种生成器网络。大部分其他模型需要该生成器网络有一些特定的函数形式。

② 从实际效果上看，较之于其他模型，GAN 模型生成了更好的样本（例如，图像更清晰等）。

③ GAN 无须设计遵循任何类型的因式分解模型，任何生成器网络和任何鉴别器网络皆可。

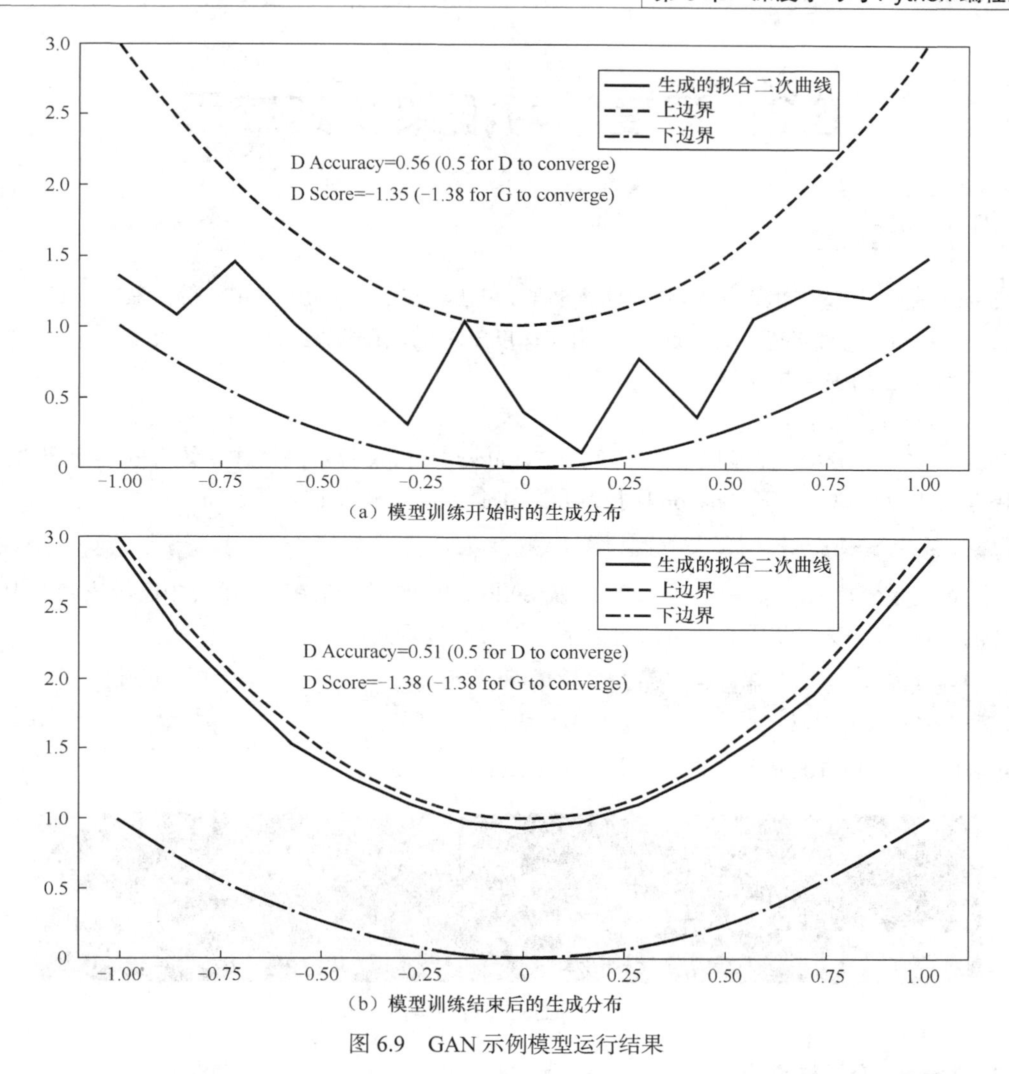

图 6.9　GAN 示例模型运行结果

④ 无须利用马尔可夫链进行反复采样，且无须在学习过程中进行推断，回避了近似计算棘手的概率等难题。

虽然 GAN 有上述诸多优势，但也存在以下一些缺陷。

① GAN 理论上应在纳什均衡（Nash Equilibrium）上有卓越的表现，然而梯度下降只有在凸函数（Convex Function）的情况下方可保证实现纳什均衡。当博弈双方皆由神经网络表示时，在没有实际达到均衡之前，让其永远保持对自己策略的调整是可能的。

② GAN 模型被定义为极小极大问题，没有损失函数，在训练过程中很难区分是否正在取得进展。GAN 的学习过程可能发生崩溃，生成器开始退化，总是生成同样的样本点，使得学习过程无法继续。当生成模型崩溃时，鉴别模型也会对相似的样本点指向相似的方向，导致训练无法继续。

③ GAN 无须预先建模，则模型可能因过于自由而导致不可控。与其他生成模型相比，GAN 这种对抗竞争的方式不再要求一个假设的数据分布，而直接使用一种分布进行采样，从而真正达到理论上可以完全逼近真实数据，这也是 GAN 最大的优势。然而，这种不需要预先建模的方式太过自由，对于较大的图片，在像素较多的情形下，基于简单 GAN 生成的方式可能会不太可控。

6.2 深度学习框架及其应用

6.2.1 Theano

Theano 是一个基于 Python 的科学计算框架，它在集成了 NumPy、SciPy 等工具模块的基础上，实现了对 GPU 的透明支持。Theano 常被用作深度学习的基础框架。

1. Theano 的安装与使用

（1）Theano 的安装

Theano 支持 Python 2.7 及以上版本，可在 Windows、Linux 等不同操作系统上安装使用。Theano 的安装方式比较简单，打开 Anaconda 控制台，在命令行中输入如下命令即可：

```
pip install theano
```

要注意的是，Theano 依赖于 NumPy 以及 SciPy，因此，要确保当前系统中已经安装好上述两个工具包。Theano 安装完成后，可通过以下示例代码进行测试：

```
import theano #导入 Theano 工具包
theano.test() #输出 Theano 工具包的测试信息
```

若输出类似图 6.10 所示的信息，则表明 Theano 安装成功。

```
>>> theano.test()
Theano version 1.0.2
theano is installed in g:\Anaconda3\lib\site-packages\theano
NumPy version 1.13.3
NumPy relaxed strides checking option: True
NumPy is installed in g:\Anaconda3\lib\site-packages\numpy
Python version 3.6.3 |Anaconda, Inc.| (default, Oct 15 2017, 07:29:16) [MSC v.1900 32 bit (Intel)]
nose version 1.3.7
```

图 6.10 Theano 工具包的测试信息

（2）Theano 变量与函数

在介绍 Theano 框架之前，我们先对标量（Scalar）、向量（Vector）、矩阵（Matrix）以及张量（Tensor）等概念进行一个基本的了解。一个标量就是一个单独的数。一个向量就是一列数，而这些数是有序排列的。通过序列来索引，我们可确定其中每个元素，向量可视为一系列标量的集合，一般可用一维数组来表示。矩阵是一个二维数组，其中的每一个元素可用两个索引（行与列）进行定位。矩阵可形象地理解为一系列向量的集合。张量则是基于向量和矩阵的推广，一般用高维数组来表示，亦可形象地理解为一系列矩阵的集合。它们之间的形象关系如图 6.11 所示。

标量 0维张量

8

向量 1维张量

5
3
1
9

矩阵 2维张量

4	3	1	7
3	3	6	8
1	0	9	5
4	3	5	2

矩阵数组 3维张量

4	5	1	9
2	6	7	8
1	4	0	1
6	5	7	2

图 6.11 标量、向量、矩阵以及张量的形象关系

在 Theano 中，其基础数据结构包含在 theano.tensor 中，主要数据类型包括 float、double、int 和 uchar 等。Theano 常用的数据类型如下。

数值标量：iscalar（int 类型的标量）、fscalar（float 类型的标量）。

1 维向量：ivector（int 类型的向量）、fvector（float 类型的向量）。

2 维矩阵：fmatrix（float 类型的矩阵）、imatrix（int 类型的矩阵）。

3 维 float 类型的矩阵：ftensor3。

4 维 float 类型的矩阵：ftensor4。

……

一般情况下，我们在调用一个函数时，需要先对其自变量进行初始化赋值，然后才可以作为函数输入去计算因变量的值。然而，在使用 Theano 时，我们一般只需先声明自变量而无须赋值，然后在调用函数时直接为自变量赋值即可，如下列示例代码所示：

```
import theano #加载 Theano 工具包
x=theano.tensor.fscalar('x') #定义一个 float 类型的变量 x
y=x**2+1  #定义变量 y=x^2+1
f=theano.function([x],y) #定义一个以 x 为自变量、y 为因变量的函数 f
print(f(3)) #输出函数结果
```

运行程序，输出结果为：

```
array(10.0,dtype=float32)
```

我们也可通过 theano.function 来定义具有多个自变量和因变量的函数，示例代码如下：

```
import theano.tensor as T    #导入 theano.tensor，主要用于变量定义
from theano import function as Function   #导入该模块主要用于函数定义
x, y=T.iscalars('x', 'y')    #定义两个 int 类型的变量 x、y
z=x**2+y**2   #定义变量 z
h=5*(x+y)           #定义变量 h
f=Function([x,y],[z,h])    #定义一个以 x、y 为自变量，z、h 为因变量的函数
print(f(2,3))
```

运行程序，输出结果为：

```
[array(13),array(25)]
```

在 Theano 深度学习框架的应用实践中，经常会涉及共享变量的使用。因为深度学习的大量计算过程需要利用多线程等并行机制来提高运算效率，而多线程机制经常要用共享变量来实现进程间的同步。在实践中，我们通常会将神经网络参数 w、b 等定义为共享变量以使每个线程都可对其进行访问和更新。我们可通过 set_value()和 get_value()方法来设置和获取共享变量的值。在 theano.function 中，可通过 updates 参数来对变量实行更新，updates 是一个包含两个元素的 Python 列表（List）或元组（Tuple）。变量更新方式为 updates=[old_value,new_value]，当函数被调用时，new_value 将替换 old_value 从而实现数据更新。以下示例代码演示了 Theano 的共享变量的定义与参数更新：

```
import Theano
w= theano.shared(1)   #定义一个共享变量 w，并初始化赋值为 1
x=theano.tensor.iscalar('x')  #定义一个 int 类型的变量 x
#定义一个自变量为 x，因变量为 w 的函数。当函数执行完毕后，更新参数 w=w+x
```

```
f=theano.function([x], w, updates=[[w, w+x]])
print(f(3))  #函数输出 x=3 时 w 的值
print (w.get_value())  #获取共享变量 w 更新后的值，此时 w=w+x=1+3=4
```

2. 基于 Theano 的手写数字识别

在了解了 Theano 的基本原理与用法之后，我们将利用它来实现一个基于 MNIST 数据集的逻辑回归（Logistic Regression）分类器。

（1）MNIST 数据集

MNIST 数据集（下载地址请参见本书配套的电子资源）来自美国国家标准与技术研究院（National Institute of Standards and Technology，NIST）。MNIST 训练集（Training Set）由 250 个不同的人手写的数字构成，其中 50%来自高中学生，50%来自人口普查局（the Census Bureau）的工作人员。其测试集（Test Set）也是同样比例的手写数字数据。数据集中包含有 4 个不同文件，其具体含义以及文件格式如下。

① 训练集标签文件（train-labels-idx1-ubyte）。

```
[offset]     [type]        [value]          [description]
0000     32 bit integer 0x00000801(2049)  magic number (MSB first)
0004     32 bit integer 60000              number of items
0008     unsigned byte   ??                label
0009     unsigned byte   ??                label
...
xxxx     unsigned byte   ??                label
```

标签值（label）为 0～9。

② 训练集图像文件（train-images-idx3-ubyte）。

```
[offset]     [type]        [value]             [description]
0000     32 bit integer 0x00000803(2051)     magic number
0004     32 bit integer 60000                number of images
0008     32 bit integer 28                   number of rows
0012     32 bit integer 28                   number of columns
0016     unsigned byte  ??                   pixel
0017     unsigned byte  ??                   pixel
...
xxxx     unsigned byte  ??                   pixel
```

像素值（pixel）按行排列，其取值范围为 0～255，0 代表背景（白色），255 代表前景（黑色）。

③ 测试集标签文件（t10k-labels-idx1-ubyte）。

```
[offset]     [type]        [value]          [description]
0000     32 bit integer 0x00000801(2049)   magic number (MSB first)
0004     32 bit integer 10000               number of items
0008     unsigned byte   ??                 label
0009     unsigned byte   ??                 label
...
xxxx     unsigned byte   ??                 label
```

标签值（label）为 0 ~ 9。

④ 测试集图像文件（t10k-images-idx3-ubyte）。

```
[offset]     [type]        [value]           [description]
0000     32 bit integer 0x00000803(2051)    magic number
0004     32 bit integer 10000               number of images
0008     32 bit integer 28                  number of rows
```

```
0012    32 bit integer 28           number of columns
0016    unsigned byte   ??            pixel
0017    unsigned byte   ??            pixel
...
××××    unsigned byte   ??            pixel
```

像素值（pixel）按行排列，其取值范围为 0～255，0 代表背景（白色），255 代表前景（黑色）。

训练集共包含有 60000 个实例，测试集有 10000 个实例。测试集的前 5000 个实例取自原始 MNIST 训练集，后 5000 个取自原始 MNIST 测试集。

在 MNIST 数据集中的每张图片皆由 28 × 28=784 个像素点构成，每个像素点用一个灰度值表示。在原始的数据集里每一个像素的值为 0～255，0 代表白色，255 代表黑色，以及在这之间的任何不同灰度。将 28 像素 × 28 像素展开为一个一维的行向量，这些行向量就是图片数组里的行（每行 784 个值，代表一张图片），具体数据格式如图 6.12 所示。其中，数据内容是由两个元素构成的元组。第一个元素是测试图片的集合，是一个 10000×784 的 numpy ndarray 格式的数组（其中 10000 指的是测试集的大小，784 就是一个数据的维度（这里指的是像素））。第二个元素就是一个测试图片的标签集，是一个 10000×1 的 numpy ndarray 格式的数组，数组每行代表的是图片所对应的数字标签（0～9）。

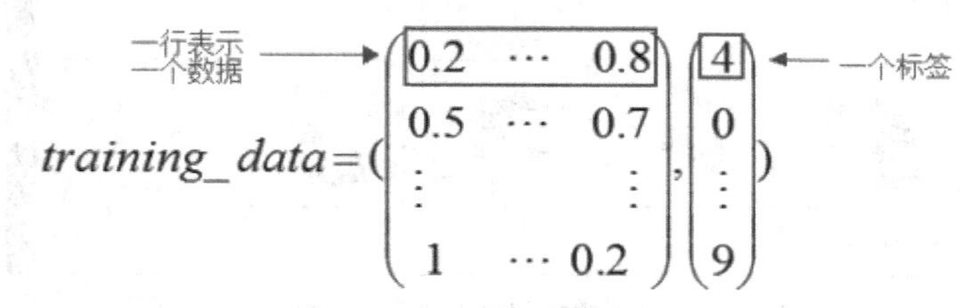

图 6.12　MNIST 测试集数据格式

为了解 MNIST 数据集中图片的具体内容，可将数据集的图像特征矩阵（Feature Matrix）中 784 个像素值表示的图片向量重新调整（Reshape）为原始的 28×28 矩阵表示的形状，并利用 Matplotlib 等工具提供的可视化手段，将这些手写数字样本的分类标签显示出来。示例代码如下：

```
#导入相关的模块
import matplotlib.pyplot as plt
import tensorflow as tf #导入 TensorFlow 库
from tensorflow.examples.tutorials.mnist import input_data
#载入 MNIST 数据集，并将一维特征矩阵调整为 28 × 28 的图像矩阵
mnist = tf.contrib.learn.datasets.load_dataset("mnist")
x_train, y_train = mnist.train.images,mnist.train.labels
x_test, y_test = mnist.test.images, mnist.train.labels
x_train = x_train.reshape(-1, 28, 28,1).astype('float32')
x_test = x_test.reshape(-1,28, 28,1).astype('float32')
#设置 Matplotlib 显示模式
fig, ax = plt.subplots(nrows=2, ncols=5, sharex=True, sharey=True, )
ax = ax.flatten()
#遍历所有的手写标签，其中 i 代表手写数字样本标签（0～9）
for i in range(10):
    img = x_train[y_train == i][0].reshape(28, 28)
    ax[i].imshow(img, cmap='Greys', interpolation='nearest')
```

```
#显示结果
ax[0].set_xticks([])
ax[0].set_yticks([])
plt.tight_layout()
plt.show()
```

运行程序，显示的手写数字样本标签如图 6.13 所示。

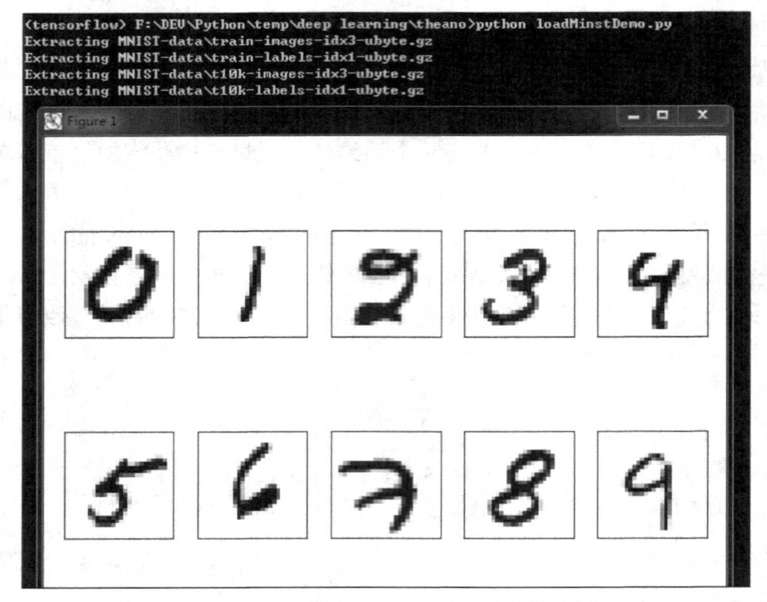

图 6.13　MNIST 数据集中的手写数字样本标签

此外，我们也可以通过以下示例代码查看同一数字标签的不同手写样本，结果如图 6.14 所示。

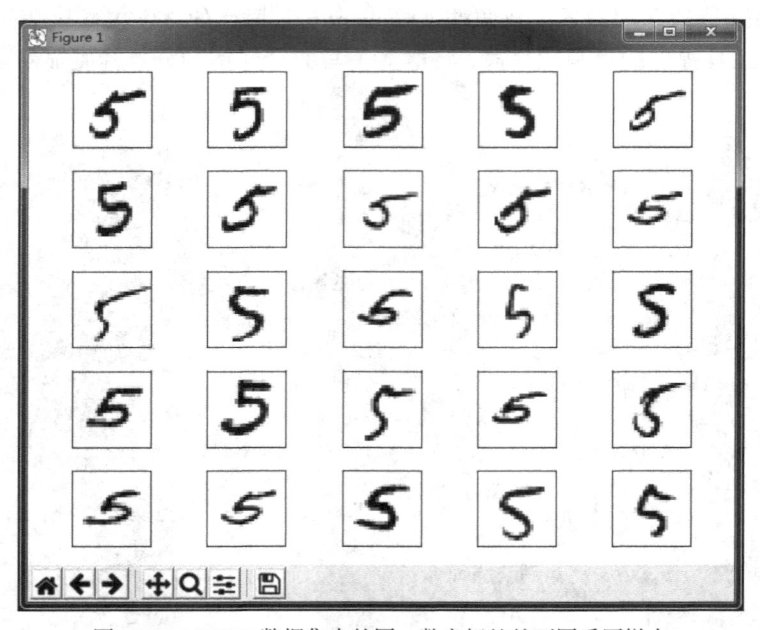

图 6.14　MNIST 数据集中的同一数字标签的不同手写样本

```
fig, ax = plt.subplots( nrows=5,  ncols=5, sharex=True, sharey=True, )
ax = ax.flatten()
for i in range(25):
    #标签 5 的不同手写样本展示
    img = x_train[y_train == 5][i].reshape(28, 28)
    ax[i].imshow(img, cmap='Greys', interpolation='nearest')
ax[0].set_xticks([])
ax[0].set_yticks([])
plt.tight_layout()
plt.show()
```

除了上述介绍的 ubyte 版本格式，MNIST 数据集也有其他几种格式，其中较为常见的是“.pkl”版本（下载地址请参见本书配套的电子资源）。下载后的文件为 mnist.pkl.gz，数据格式与图 6.12 类似。对“.pkl”版本的 MNIST 数据集进行读取和显示的示例代码如下：

```
#载入相关模块
import matplotlib.pyplot as plt
import pickle
import gzip
#数据集文件所在路径
data_load_path='./data/mnist.pkl.gz'
#打开数据集文件
dataset =gzip.open(data_load_path, 'rb')
'''
文件对象反序列化操作，将数据集文件中的数据解析为 train_set（训练集）、
valid_set（验证集）和 test_set（测试集）
'''
train_set,valid_set,test_set=pickle.load(dataset)
#关闭文件对象
dataset.close()

x_train, y_train = train_set[0],train_set[1]
x_train = x_train.reshape(-1, 28, 28,1).astype('float32')

fig, ax = plt.subplots(nrows=2, ncols=5, sharex=True, sharey=True, )
ax = ax.flatten()

for i in range(10): #循环读取手写样本图片
    img = x_train[y_train == i][0].reshape(28, 28) #图片数组恢复为原始的 28×28 格式以便于显示
    ax[i].imshow(img, cmap='Greys', interpolation='nearest')
#显示结果
ax[0].set_xticks([])
ax[0].set_yticks([])
plt.tight_layout()
plt.show()
```

运行上述示例代码，读取出来如下所示的 3 个数据集：

```
name: data  ; type: tuple; size: 3  ; value:
0   tuple  2   (numpy.array-float32 (50000,784),numpy.array-int64 (50000,))   训练集
1   tuple  2   (numpy.array-float32 (10000,784),numpy.array-int64 (10000,))   验证集
2   tuple  2   (numpy.array-float32 (10000,784),numpy.array-int64 (10000,))   测试集
```

图片显示结果和图 6.13 一致。

（2）建立逻辑回归模型

回归分析是对统计关系进行定量描述的一种数学模型，也是一种预测性的建模技术，它主要研究因变量和自变量之间的关系。我们通常使用不同的曲线来拟合数据点，让曲线到实际数据点之间的距离差异达到最小。常用的回归分析有线性回归（Linear Regression）、多项式回归（Polynomial Regression）以及逻辑回归（Logistic Regression）等。

逻辑回归是一种多变量分析的概率型非线性回归模型，主要研究二分类观察结果 y 与一些影响因素$(x_1, x_2, \cdots, x_n)$之间的关系。逻辑回归模型在线性回归的基础上，套用了一个逻辑函数 $Sigmoid = \frac{1}{1+e^{-z}}$，也正是因为这个逻辑函数，让它在机器学习领域引人瞩目。Sigmoid 函数之所以称为 Sigmoid，是因为其函数图像类似于字母 S。从图 6.15 所示的函数图像上我们可以观察到一些直观的特性：函数的取值为 0～1，且在 0.5 处中心对称，越靠近 x=0 处，斜率越大。

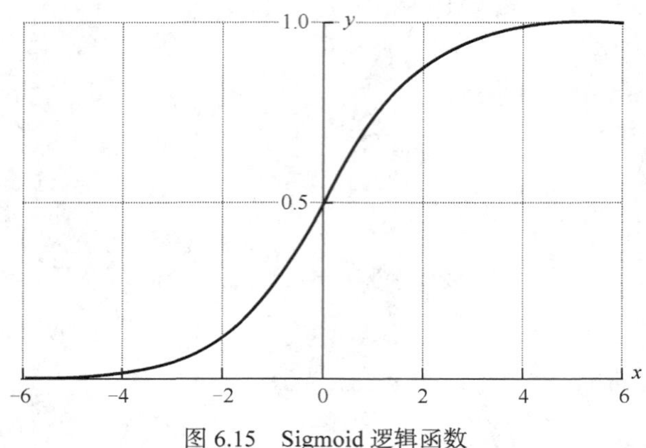

图 6.15　Sigmoid 逻辑函数

从逻辑回归的目的上来看，在选择函数时必须满足以下两个条件。

① 函数取值范围为(0,1)。

② 对于一个事件的发生概率，50%是其结果的分水岭，大于 50%的归为 1 类，小于 50%的归为 0 类。选择函数应该在 0.5（即 50%概率）处对称。

由此可见，Sigmoid 函数非常符合逻辑回归模型的要求。

一个逻辑回归模型一般由输入节点 $\boldsymbol{x}$、权重矩阵（Weight Matrix）$\boldsymbol{W}$、偏置向量（Bias Vector）$\boldsymbol{b}$ 以及输出节点组成，如图 6.16 所示。

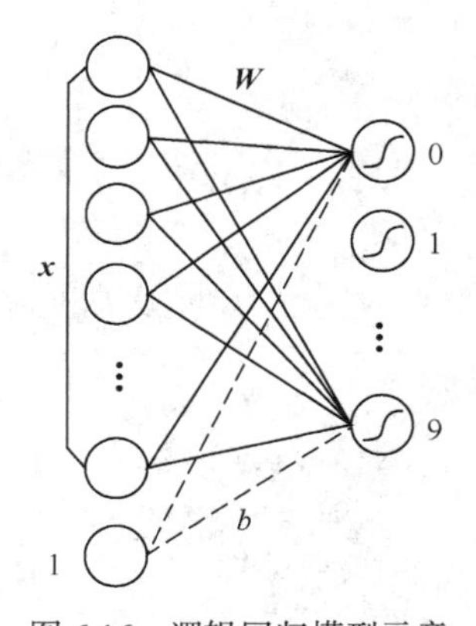

图 6.16　逻辑回归模型示意

使用该模型进行分类则是通过将输入向量（Input Vector）映射到一组超平面（Hyperplane）上完成的，每个超平面对应一个类别。输入向量与超平面之间的距离反映了输入属于相应类别的概率。在数学上，一个输入向量 $\boldsymbol{x}$ 属于类别 i（概率变量 Y 的值）的概率可表示为：

$$P(Y=i|\boldsymbol{x},\boldsymbol{W},\boldsymbol{b}) = softmax_i(\boldsymbol{W}_x+\boldsymbol{b}) = \frac{e^{W_i x+b_i}}{\sum_j e^{W_j x+b_j}} \quad \text{（公式 6.2.1）}$$

其中，$\boldsymbol{W}$ 和 $\boldsymbol{b}$ 是参数，$P(Y=i|\boldsymbol{x})$ 是条件概率，意思是在变量 $\boldsymbol{x}$ 的条件下，$Y=i$ 的概率。

$softmax_i(W_x+b)$ 可以理解为 $\boldsymbol{x}$ 属于 i 的概率，即 $\boldsymbol{x}$ 与 $\boldsymbol{W}$ 点乘，再与 $\boldsymbol{b}$ 矩阵或向量相加，然后把结果传入 $softmax$ 分类器，得到分类结果为 i 。$E^{W_ix+b_i}$ 可以理解为 $\boldsymbol{x}$ 属于第 i 类的概率。那么 $\sum_j E^{W_ix+b_i}$ 显然是表示 $\boldsymbol{x}$ 属于每一类的概率之和。两者进行相除的目的是归一化，最终 $P(Y=i)$ 累加和为 1。模型的预测值 Y_{pred} 为概率最大的类别，定义为：

$$y_{pred}=argmax_i P(Y=i|\boldsymbol{x},\boldsymbol{W},\boldsymbol{b}) \quad （公式 6.2.2）$$

其中，$argmax$ 函数的作用是返回矩阵中每一行或每一列最大数的下标。由于模型的参数在训练时始终要保持回归状态，因此，我们将 $\boldsymbol{W}$ 和 $\boldsymbol{b}$ 共享权值。它们在符号和内容上都存在共享。然后我们使用点乘和 softmax 回归运算计算向量值 $P(Y=i|\boldsymbol{x},\boldsymbol{W},\boldsymbol{b})$ 。结果 $p\_y\_given\_x$ 是一个向量类型的符号变量。为了得到实际模型的预测值，我们使用 T.argmax 运算符，用来返回一个索引值，代表在 $p\_y\_given\_x$ 的哪个位置值最大（例如，具有最大概率的类别）。现在，所定义的模型其实并不能做任何事情，因为所有的参数都处于初始状态。后文我们将会介绍该模型如何通过学习来实现参数的最优化。

实现基于 Theano 的逻辑回归概率模型的示例代码如下：

```
#初始化权重矩阵 W，shared 主要用于 GPU 运算
self.W = theano.shared(
    value=numpy.zeros(
        (n_in, n_out),
        dtype=theano.config.floatX),
    name='W',
    borrow=True
    )
#初始化偏置向量 b
self.b = theano.shared(
    value=numpy.zeros(
        (n_out,),
        dtype=theano.config.floatX),
    name='b',
    borrow=True
    )
#下面就是概率公式 6.2.1 的代码实现，其中 dot 是点乘运算，input 是输入向量 x
self.p_y_given_x = T.nnet.softmax(T.dot(input, self.W) + self.b)

#对输入样本的预测，是公式 6.2.2 的代码实现，axis 表示函数 argmax 要按照行返回最大数
self.y_pred = T.argmax(self.p_y_given_x, axis=1)
```

（3）定义损失函数

通过训练得到最优化的模型参数，实际上就是要最小化损失函数。损失函数表示预测的输出 h 与训练数据类别 y 之间的偏差，它可以是二者之间的差（ $h-y$ ）或其他的形式。综合考虑所有训练数据的“损失”，将其求和或者求平均值，记为 J(θ)函数，用于表示所有训练数据预测值与实际类别的偏差。在多类别的分类问题中，一般使用负对数似然（Negative Log-Likelihood）作为损失函数。这相当于在参数为 θ 的模型下，最大化数据集 D 的似然。我们从定义似然 $\mathcal{L}$ 和损失 ℓ 开始：

$$\mathcal{L}(\theta=\{\boldsymbol{W},\boldsymbol{b}\},D)=\sum_{i=0}^{|D|}\log(P(Y=y^{(i)}\mid\boldsymbol{x}^{(i)}),\boldsymbol{W},\boldsymbol{b}) \quad （公式 6.2.3）$$

$$\ell(\theta=\{\boldsymbol{W},\boldsymbol{b}\},D)=-\mathcal{L}(\theta=\{\boldsymbol{W},\boldsymbol{b}\},D) \quad （公式 6.2.4）$$

其中，D 是数据集（输入样本集），$|D|$表示样本总数，θ 是模型参数（由 $\boldsymbol{W}$ 和 $\boldsymbol{b}$ 构成）。公式 6.2.3 表示，先对每一个输入样本进行概率运算操作，然后对结果取对数，最后将所有样本的概率对数求和。公式 6.2.4 表示对 $\mathcal{L}$ 的取反运算。

在最优化理论中，最小化任意非线性函数的最简单方法是梯度下降法。在该示例中，我们将数据集中的数据划分为小批量（Mini-batch），并采用小批量随机梯度下降（Mini-batch Stochastic Gradient Descent，MSGD）优化算法来求解损失函数的参数值。除了使用一个以上的训练示例来进行每个梯度的估计外，MSGD 的工作方式与 SGD 基本相同。该算法降低了梯度估计中的方差，且能更好地利用计算机系统中的分层存储架构。在该算法中，我们将数据集存储到共享变量，并通过一个已知和固定大小的批量来访问索引的数据集。

梯度下降法，是到目前为止最简单的用于最小化任意非线性函数的算法。梯度下降对样本采取整体更新的方式，也就是对全部的训练数据求得误差后再更新。随机梯度下降则是更新一个样本，每扫描一步都要对 θ 进行更新。而批量随机梯度下降则是介于两者之间，只对样本进行部分更新。尽管在格式上，损失函数定义为数据集上每个误差项和的形式，但在实际代码中，我们使用的是平均函数（T.mean）。这是因为用 MSGD 来最小化损失函数，不同的输入样本块可能对学习率产生不同的影响，所以，用均值是为了降低学习率对输入样本块的依赖。

定义损失函数的示例代码如下：

```
    """
    y.shape 返回 y 的行数和列数，则 y.shape[0]返回 y 的行数，即样本的总个数，因为一行是一个样本。
    T.arange(n)产生一组包含[0,1,...,n-1]的向量。
    T.log(x)对 x 求对数，记为 LP。
    LP[T.arange(y.shape[0]),y]是一组向量，其元素是[ LP[0,y[0]], LP[1,y[1]], LP[2,y[2]],…
LP[n-1,y[n-1]] ]。
    T.mean(x)求向量 x 中元素的均值
    """
    return -T.mean(T.log(self.p_y_given_x)[T.arange(y.shape[0]), y])
```

参照公式 6.2.3 和公式 6.2.4 可知，$P(Y=y^{(i)} \mid \boldsymbol{x}^{(i)})$ 等价于代码中的 self.p_y_given_x，$\log(P)$ 等价于 T.log($\boldsymbol{x}$)，$\sum$ 运算等价于代码中的 LP[T.arange(y.shape[0]),y]，而$\ell=-\mathcal{L}$ 就是 return 语句中的取反运算。

（4）创建逻辑回归类

定义一个 LogisticRegression 类，用于包含逻辑回归模型的所有特征，包括初始化权重矩阵 $\boldsymbol{W}$、初始化偏置向量 $\boldsymbol{b}$、定义基于负对数似然的损失函数以及误差（Error）计算函数等。示例代码如下：

```
    class LogisticRegression(object):
    """
    逻辑回归的实现是基于上文中给出的公式，需要预先设定好参数 W 和 b。
    最小化方法用的 MSGD 优化算法，因此传入数据是小批量的
     """
       def __init__(self, input, n_in, n_out):
```

定义初始化函数，在进行类实例化时调用。

按照 Python 定义类的格式，需要传入的参数分别为 input、n_in、n_out，说明如下。

input：数据类型为 TensorType，类似于形参，起象征性的作用，并不包含真实的数据。input

传入的值为 minibatch 样本数据，该数据是一个 $m \times n$ 的矩阵。m 表示此 minibatch 块共有 m 个样本，n 表示每一个样本的实际数据。在 MNIST 手写样本识别示例中，n=784=28×28，因为每一张图片是 28 像素×28 像素的。

n_in：数据类型为 int，传入值为每个输入样本的单元数（图片的高*宽（28×28=784），但在我们的实验数据中，已经把图片数据矩阵存为行向量（784×1），所以此处传入的就是数据域中的 data 列的长度，即 n_in=784，具体的样本数据则传入 input）。

n_out：数据类型为 int，传入值为输出结果的类别数，也就是数据域中的标签的范围，此处为 0～9，共 10 个数字。例如 n_out=10，也就意味着共有 10 个分类。

```
        """
        初始化权重矩阵 W。
        numpy.zeros((m,n),dtype='float32')产生一组 m 行 n 列的全 0 矩阵,每个矩阵元素存储为 float32
类型。shared()函数将生成的矩阵封装为 shared 类型，该类型仅用于 GPU 加速运算，没有其他用途
        """
            self.W = theano.shared(
                value = numpy.zeros(
                    (n_in, n_out),
                    dtype = 'float32'
                ),
                name = 'W',
                borrow = True
            )

            #初始化偏置向量 b
            #b 是一个向量，长度为 n_out，就是每一种分类都有一个偏置值
            self.b = theano.shared(
                value = numpy.zeros(
                    (n_out,),
                    dtype = 'float32'
                ),
                name = 'b',
                borrow = True
            )
            #计算公式 6.2.1
            self.p_y_given_x = T.nnet.softmax(T.dot(input, self.W) + self.b)
            #计算公式 6.2.2
            self.y_pred = T.argmax(self.p_y_given_x, aixs = 1)
            #组织模型用到的参数，即把 W 和 b 组装成 List，便于在类外引用
            self.param = [self.W, self.b]
            #记录模型的具体输入数据，便于在类外引用
            self.input = input

        def negative_log_likelihood(self, y):
```

定义负对数似然函数，即损失函数。

需要传入的参数如下。

y 的类型为 TensorType，类似于形参，起象征性的作用，并不包含真实的数据。

y 传入值为 input 对应的标签向量，如果 input 的样本数为 m，则 input 的行数就是 m，那么 y 就是一个 m 行的列向量。

```
        #计算公式 6.2.3
        return -T.mean(T.log(self.p_y_given_x)[T.arange(y.shape[0]), y])
```

定义误差计算函数的作用是统计预测正确的样本数占本批次总样本数的比例。

检查传入正确标签向量 y 和前面做出的预测向量 y_pred 是否具有相同的维度。

y.ndim 返回 y 的维数。

```
raise 抛出异常
    def errors(self, y):
        if y.ndim != self.y_pred.ndim:
            raise TypeError("y doesn't have the same shape as self.y_pred")
```

继续检查 y 是不是有效数据。依据就是本实验中正确标签数据的存储类型是 int。

如果数据有效，则计算 T.neq(y1, y2)与 T.mean()，其中，T.neq(y1, y2)用于计算 y1 与 y2 对应元素是否相同，如果相同则为 0，否则为 1。T.mean()的作用是求均值。例如，T.mean(err) = (0+1+0+1+0+0+0+0+1+0)/10 = 0.3，即误差率为 30%。

```
        if y.dtype.startswith('int'):
            return T.mean(T.neq(self.y_pred, y))
        else:
            raise NotImplementedError()
```

定义了 LogisticRegression 类之后，我们可以通过实例化来对该类进行引用：

```
x = T.matrix('x')
y = T.ivector('y')
classifier = LogisticRegression(input=x, n_in=28*28, n_out=10) #定义类的实例并初始化
cost = classifier.negative_log_likelihood(y)
```

值得注意的是，在类的定义中，input 是 TensorType 类型，因此在引用时也需要使用该类型来定义变量。

（5）模型训练

在大多数的编程语言中，实现梯度下降算法需要手动推导出梯度表达式 $\frac{\partial \ell}{\partial W}$ 和 $\frac{\partial \ell}{\partial b}$（$\ell$ 参见公式 6.2.4），这是个非常麻烦的步骤，而且最终结果也很复杂，特别是考虑数值稳定性问题的时候。在 Theano 框架中已经封装好了梯度计算的相关方法：

```
#对 W 求偏导数
g_W = T.grad(cost=cost, wrt=classifier.W)
#对 b 求偏导数
g_b = T.grad(cost=cost, wrt=classifier.b)
```

计算完梯度，就要根据梯度进行权值、偏置值的更新，示例代码如下：

```
"""
updates 相当于一个更新器，说明了哪个参数需要更新，以及更新公式。
下列代码指明需要更新的参数是 W 和 b，更新公式为：原值-学习率*梯度值
"""
updates = [(classifier.W, classifier.W - learning_rate * g_W),
           (classifier.b, classifier.b - learning_rate * g_b)]
```

theano.function 是一个特色函数。在示例中，它会生成一个名为 train_model 的函数。

该函数的参数传递入口是 inputs，就是将需要传递的参数 index 赋值给 inputs。该函数的返回

值是通过 outputs 指定的，也就是返回经过计算后的 cost 变量。updates 则为上文所述的更新器。模型训练函数定义的示例代码如下：

```
train_model = theano.function(
    inputs = [index],
    outputs = cost,
    updates = update,
    givens = {
```

x：仅仅是表示第一个数据用来代替 x，而不去重新声明一个和 x 结构类型相同的符号变量。y 同理。

trian_set_x 是训练集中的 x 分量，就是样本的数据部分，trian_set_x[a:b]代表取数组中从下标 a 开始，到下标 b 之前的数据。

train_set_y 是训练集中的 y 分量，就是样本的标签部分。

```
        x: trian_set_x[index * batch_size:(index + 1) * batch_size],
        y: trian_set_y[index * batch_size:(index + 1) * batch_size]
    }
)
```

每一次调用 train_model()，都会计算并返回输入样本块的 cost 值，然后执行一次 MSGD，并更新 ***W*** 和 ***b***。整个学习算法的一次迭代，需要如此循环调用 train_model()的次数为：总样本数/样本块数。例如，总样本有 60000 个，每个样本块有 600 个样本，那么，一次迭代就需要调用 100 次 train_model()。整个模型的训练需要进行多次迭代，直到达到迭代次数或者误差率达到要求为止。

（6）模型测试

模型测试需要用到 LogisticRegression 类中定义的误差函数 errors。测试模型函数 test_model()和验证模型函数 validate_model()的示例代码如下。

测试不需要更新数据，因此没有 updates，但是测试需要用到 givens 来代替 cost 计算公式中 x 和 y 的数值。测试模型采用的数据集是测试集 test_set_x 和 test_set_y。

```
test_model = thenao.function(
    inputs = [index],
    outputs = classifier.errors(y),
    givens = {
        x: test_set_x[index * batch_size: (index + 1) * batch_size],
        y: test_set_y[index * batch_size: (index + 1) * batch_size]
    }
)

#验证模型和测试模型的不同之处在于计算所用的数据不一样，验证模型用的是验证集
validate_model = theano.function(
    inputs=[index],
    outputs=classifier.errors(y),
    givens={
        x: valid_set_x[index * batch_size: (index + 1) * batch_size],
        y: valid_set_y[index * batch_size: (index + 1) * batch_size]
    }
)
```

（7）使用已训练模型进行预测

当训练达到最低误差的时候，我们可以重新载入模型来对新数据的标签进行预测，predict()函数用于执行这些操作，其示例代码如下：

```
#预测函数。用于载入训练好的模型并预测手写标签分类
def predict():
#载入存储的已训练好的模型
model_path='./data/best_model.pkl'
model_file= open(model_path)
    classifier = cPickle.load(model_file)
    #编译预测函数
    predict_model = theano.function(
        inputs=[classifier.input],
        outputs=classifier.y_pred)

    #载入 MNIST 测试集
    dataset='mnist.pkl.gz'
    datasets = load_data(dataset)
    test_set_x, test_set_y = datasets[2]
    test_set_x = test_set_x.get_value()

    #预测测试样本标签
    predicted_values = predict_model(test_set_x[:10])
    print ("测试集中前 10 个样本的预测标签为:")
    print(predicted_values)
```

运行程序，输出结果如下。其中，样本标签预测结果如图 6.17 所示。

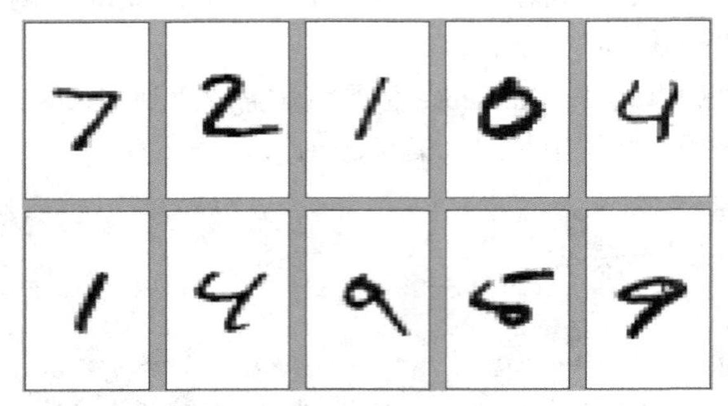

图 6.17　样本标签预测结果

```
... loading data
... building the model
... training the model
epoch 1, minibatch 83/83, validation error 12.458333 %
epoch 2, minibatch 83/83, validation error 11.010417 %
……
epoch 70, minibatch 83/83, test error of best model 7.500000 %
epoch 71, minibatch 83/83, validation error 7.520833 %
epoch 72, minibatch 83/83, validation error 7.510417 %
epoch 73, minibatch 83/83, test error of best model 7.489583 %
Optimization complete with best validation score of 7.500000 %,with test performance
7.489583 %
```

```
The code run for 74 epochs, with 4.469748 epochs/sec
... loading data
测试集中前 10 个样本的预测标签为：
[7 2 1 0 4 1 4 9 6 9]
```

6.2.2　PyTorch

1. PyTorch 简介

PyTorch 是一个 Python 工具包，主要应用于基于 GPU 加速的深度神经网络（Deep Neural Networks，DNN）编程。PyTorch 源自 2002 年诞生于纽约大学（New York University）的 Torch 项目。Torch 项目使用了小众化的 Lua 接口，因此用户群体相对较少。鉴于 Python 在计算科学领域的领先地位，以及它的生态完整性和接口易用性，几乎任何框架都不可避免地会提供 Python 接口。Torch 项目团队最终于 2017 年推出了基于 Python 接口的 PyTorch。PyTorch 不是简单地封装 Lua Torch 来提供 Python API，而是对 Tensor（张量）之上的所有模块进行了重构，并新增了先进的自动求导机制，也称为自动微分，PyTorch 的一个核心模块 Autograd 用于实现该功能。PyTorch 一经推出就立刻引起了广泛关注，并迅速成为当下最流行的基于动态计算图（Dynamic Computational Graph）的深度学习框架之一。

处于机器学习排名第一的 Python 生态圈中的 PyTorch，具有以下诸多优势和特点。

① 与丰富的 Python 第三方开发库无缝集成、对接。

② 内置了神经网络库。

③ 提供了许多训练模型。

④ 提供了运行于 CPU/GPU 之上的各种张量操作库。

⑤ 支持共享内存和多进程并发（Multiprocessing）。

⑥ 改进了现有的神经网络，不同于 Theano 和 TensorFlow 等框架采用的静态计算图（Static Computational Graph），采用了更为高效的动态计算图。

⑦ 提供了非常丰富的工具包。

2. PyTorch 的安装配置

PyTorch 的安装对系统有以下要求。

① Windows 7 或 Windows Server 2008 及以上版本的 64 位操作系统。

② Anaconda 3（64 位，建议使用 Python 3.5 及以上版本）。

③ 硬件如果支持 GPU，则需先安装相关版本的 CUDA。

④ 在 Windows 操作系统中使用 PyTorch，还需安装 Visual Studio 2017 及以上版本的工具集和 NVIDIA Tools Extension SDK。

⑤ 其他相关依赖软件的安装。

PyTorch 可通过 Anaconda 环境下的 conda 命令进行一键式安装，各指令对应不同的安装需求，主要区别在于是否只支持 CPU 或支持其他不同版本的 GPU。

① 无 GPU 硬件支持的 CPU 版本的 PyTorch 的安装指令如下：

```
conda install pytorch-cpu torchvision-cpu -c pytorch
```

② 支持 GPU 的 CUDA 9.0 的 PyTorch 的安装指令如下：

```
conda install pytorch torchvision -c pytorch
```

③ 支持 GPU 的 CUDA 8.x 的 PyTorch 的安装指令如下：

```
conda install pytorch torchvision cuda80 -c pytorch
```

④ 支持 GPU 的 CUDA 10.0 的 PyTorch 的安装指令如下：

```
conda install pytorch torchvision cuda100 -c pytorch
```

安装完成后，在 Anaconda 中打开 Python 解释器，输入如下指令验证安装是否正确：

```
>>>import torch #导入 PyTorch 库
>>>print(torch.__version__) #查看版本号
'1.0.0'
>>>x=torch.rand(5,3)  #产生一个随机数构成的张量
>>>print(x)
tensor([[0.0263, 0.8625, 0.3217],
        [0.5079, 0.9051, 0.3650],
        [0.4979, 0.8972, 0.2132],
        [0.5449, 0.7945, 0.2993],
        [0.9633, 0.8947, 0.7327]])
>>>torch.cuda.is_available()  #检查 GPU 驱动程序和 CUDA 是否被 Python 启动和访问
True
```

从上述指令运行结果可以看出，PyTorch 在 Anaconda 环境下已被正确安装。

3. PyTorch 编程实例

PyTorch 框架能使我们将更多的精力放在应用实现的本身而非诸多固有的通用算法之上，从而让深度学习变得相对简单。利用 PyTorch 框架所提供的各种丰富的内嵌神经网络库以及相关工具，我们可将各种应用简化成不同的模块，并通过一定的算法进行有机的组合而实现各种功能。在利用 PyTorch 进行应用编程之前，建议在条件允许的情况下，尽量使用支持 GPU 运算的硬件设备，因为较之于 CPU 模式下的运行速度，GPU 的并行计算机制可让应用程序实现 10～100 倍的运算加速。

下面，我们将通过一个图像神经风格迁移（Neural Style Transfer，NST）示例来更好地理解如何利用 PyTorch 框架构建深度学习应用。风格迁移，是目前人工智能领域较为热门的研究方向之一，指的是将一幅图像与从其他图像提取出来的风格或特征进行融合，生成具有艺术特性作品的过程。通过分离和重新组合图像内容风格，我们可以利用计算机进行某种意义上的“二次创作”。NST 算法原理简单而形象的描述如图 6.18 所示，其中图 6.18（a）为内容（Content）图像，图 6.18（b）为风格（Style）图像，图 6.18（c）则为风格迁移算法生成的图像。从图中可以看出，NST 算法成功地将风格图像的油画风格迁移至内容图像中。

（a）内容图像

（b）风格图像

（c）风格迁移算法生成的图像

图 6.18 图像风格迁移算法示意

基于神经网络的风格迁移算法于 2015 年首先提出。NST 算法的数学思想并不复杂。首先，需要定义两个距离（Distance），其一为内容距离 D_c，其二则是风格距离 D_s。D_c 用于测量两幅

图像之间的内容差异，而 D_s 则用于测量两幅图像之间的风格差异。然后，我们输入第三幅图像（例如一幅带有噪声的图像），并通过对它的不断形变来使之与前两者（内容图像与风格图像）之间的 D_c 和 D_s 最小化。

利用 Pytorch 框架实现 NST 算法之前，我们需要导入以下用于后续处理的必要工具包：

```
import torch, torch.nn, numpy         #PyTorch 不可或缺的神经网络算法的工具包
import torch.optim                    #主要用于高效的梯度下降处理
import torch.autograd.Variable        #用于自动微分求导（动态计算变量的梯度）的 PyTorch 工具包
import  PIL, PIL.Image, matplotlib.pyplot #用于图像载入和显示的工具包
import  torchvision.transforms        #主要用于将 PIL 图像转换成张量的 PyTorch 工具包
import  torchvision.models            #主要用于训练和载入预训练模型 的 PyTorch 工具包
import  copy                          #系统工具包，用于模型参数的深拷贝
```

接下来，我们需要选择运行程序的设备，并导入内容图像和风格图像。在大图像上运行 NST 算法或尝试用更大的网络（如 VGG）需要较长的时间，而在 GPU 硬件上运行则相对更快。我们可使用 torch.cuda.is_available()来检测当前计算机是否安装了支持 CUDA 的可用 GPU 硬件，示例代码如下：

```
device = torch.device("cuda" if torch.cuda.is_available() else "cpu")
```

定义了 device 后，我们可使用 .to（device）方法将张量或 CPU 中的模块移动到 GPU 设备上运行。

准备工作完成以后，我们就可开始按照以下几个步骤，逐步实现基于 PyTorch 的 NST 算法。

（1）图像加载

原始图像的像素值为 0～255，但当其转换为 PyTorch 张量时，像素值将限定为 0～1。为简化算法的实现过程，我们导入的内容图像和风格图像需保持相同维度，然后将其缩放至所需的输出图像尺寸。示例代码如下：

```
#定义期望输出图像的尺寸。如果没有 GPU 硬件支持，则建议使用较小的尺寸以减少运算量
imsize = 512 if torch.cuda.is_available() else 128

loader = transforms.Compose([
    transforms.Resize(imsize),         #缩放图像
    transforms.ToTensor()])            #将图像转换为 PyTorch 张量

def image_loader(image_name):          #载入图像
    image = Image.open(image_name)
    image = loader(image).unsqueeze(0)
    return image.to(device, torch.float) #数据移动至 GPU 设备

content_img = image_loader("./images/content.jpg")    #内容图像
style_img = image_loader("./images/style.jpg")        #风格图像

assert style_img.size() == content_img.size(), \
"内容与风格图像大小必须一致!"
```

值得注意的是，PyTorch 库里的神经网络是基于 0～1 的张量图像进行训练的。如果你试图用 0～255 的张量图像来训练网络，那么激活的特征图将无法正常工作。

（2）图像显示

我们将通过 plt.imshow()来显示内容图像和风格图像，在此之前，需要先将图像转换为 PIL 格式。示例代码如下：

```
unloader = transforms.ToPILImage()      #将图像重新转换为 PIL 格式
plt.ion()

def imshow(tensor, title=None):
    image = tensor.cpu().clone()        #通过将 CPU 中的张量进行复制以保证不对其修改
          image = image.squeeze(0)      #图像降维,去除批量处理维度
    image = unloader(image)             #转换为 PIL 图像
    plt.imshow(image)      #绘图
    plt.pause(0.001)       #暂停片刻来更新绘图

#显示载入的内容图像与风格图像
plt.figure()
imshow(style_img, title='Style Image')
plt.figure()
imshow(content_img, title='Content Image')
```

运行示例程序，将显示如图 6.20 所示的两幅图像，其中图 6.19（a）为内容图像，图 6.19（b）为风格图像。

（a）内容图像

（b）风格图像

图 6.19　显示载入的内容图像与风格图像

（3）损失函数

① 内容损失。

内容损失（Content Loss）函数代表的是一个加权版的单层内容距离 D_c。该函数获取神经网络输入 X 的 L 层特征图 F_{XL}，返回加权的图像 X 与图像 C 之间的内容距离 $w_{CL} \cdot D_C^L(X,C)$。为了计算 D_c，函数必须知晓内容图像 F_{CL} 的特征图。我们可将此函数作为一个模块来实现，其构造函数以 F_{CL} 为输入。距离$(F_{XL}-F_{CL})^2$是两组特征图之间的均方误差（Mean Square Error，MSE），可以通过 PyTorch 内置的 nn.MSELoss 来计算。我们将在用于计算 D_c 的卷积层之后直接添加该内容损失模块。这样，每次向网络输入图像时，都会在所需的层上计算内容损失。同时，基于 PyTorch 的自动求导机制，所有的梯度都会被自动计算出来。现在，为了使内容损失层透明，必须定义一

个 forward 方法来计算内容损失，并返回该层的输入，计算出的内容损失则保存为模块的参数。内容损失函数定义的示例代码如下：

```
class ContentLoss(nn.Module):
#内容损失函数
    def __init__(self, target,): #定义构造方法
        """
        此处 self 为 Contentloss 类，该语句将 self 转换为父类 nn.Module，然后调用父类的构造方法作为子类的构造方法
        """
        super(ContentLoss, self).__init__()
        """
        将 target 从计算图中分离出来，使其不具备梯度
        """
        self.target = target.detach()

    def forward(self, input): #定义该前馈方法用于计算内容损失并返回该层输入
        #利用 MSE 计算输入图像与目标内容图像之间的损失
        self.loss = F.mse_loss(input, self.target)
        return input
```

② 风格损失。

风格损失（Style Loss）模块的实现与内容损失模块基本类似。为了计算风格损失，首先，我们需要计算格拉姆（Gram）矩阵 $\boldsymbol{G}_{XL}$，该矩阵由给定矩阵与其转置矩阵（Transposed Matrix）相乘得到。在本示例中，给定的矩阵是 L 层特征图 F_{XL} 的矩阵重塑版本。F_{XL} 被重塑为 $\hat{\boldsymbol{F}}_{XL}$，一个 $K \cdot N$ 的矩阵，其中 K 为 L 层特征图的数目，N 是向量化的特征图 F_{XL}^{k} 的长度。例如，$\hat{\boldsymbol{F}}_{XL}$ 的第一行对应第一个向量化的特征图 F_{XL}^{1}。

然后，必须通过将每个元素除以矩阵中的元素总数来对 Gram 矩阵进行归一化处理。较大的 N 维 $\hat{\boldsymbol{F}}_{XL}$ 矩阵在 Gram 矩阵中产生较大的值，这些值将对第一层（池化层之前）在梯度下降时产生较大的影响，引入归一化操作可抵消这种影响。最有趣的风格特征往往位于网络的最深层，因此，归一化操作就更至关重要。定义格拉姆矩阵的示例代码如下：

```
def gram_matrix(input): #定义 Gram 矩阵，用于保存图像的风格
    a, b, c, d = input.size()  #读取 input 的 size
    """
    a=一次训练所选取的样本数（Batch Size）
    b=特征图的个数
    (c,d)=特征图 FXL 的维度 N(N=c*d)
    """
    features = input.view(a * b, c * d)  #FXL 被重塑为 F̂XL
    """
    PyTorch 提供的 torch.mm 函数用于计算点乘，此处用于计算 Gram 矩阵内积
    其中， features 为特征图矩阵，features.t()为其转置矩阵
    """
    G = torch.mm(features, features.t())
    """
    通过 Gram 矩阵除以每一层的神经元数目（特征图中元素的数量），对 Gram 矩阵的值进行归一化处理。因为实际上我们更关注顶层在较大感知域带来的风格信息，归一化之后可以避免底层神经元较多，而放大底层风格对目标图像的影响
```

```
        """
        return G.div(a * b * c * d)
```

至此，风格损失模块看起来和内容损失模块几乎相同。风格距离也通过均方误差来进行计算。风格损失函数定义的示例代码如下：

```
class StyleLoss(nn.Module): #定义风格损失函数
    def __init__(self, target_feature):
        super(StyleLoss, self).__init__()
        #使用 detach()函数来切断一些分支的反向传播，可加快梯度计算速度
        self.target = gram_matrix(target_feature).detach()

    def forward(self, input): #定义风格损失的前馈方法
        G = gram_matrix(input) #计算 input 的 Gram 矩阵
            #使用 MSE 度量目标风格图像与内容图像之间的 Gram 矩阵的均方误差损失
        self.loss = F.mse_loss(G, self.target)
        return input
```

（4）加载预训练的神经网络

为了加快神经网络的学习进度，训练初期可直接加载 PyTorch 中自带的预训练模型（Pretrained Model），并通过函数调用来获取其中训练好的模型参数。该示例中，我们将使用一个 19 层的预训练 VGG 网络（VGG19）。PyTorch 的 VGG 是一个模块，由两个子模块组成：Features 模块（包含卷积和池化层）与 Classifier 模块（包含全连接层）。Features 模块是我们感兴趣的，因为我们要用单个卷积层的输出来测量内容和风格损失。载入预训练网络的示例代码如下：

```
cnn = models.vgg19(pretrained=True).features #载入一个预先训练好的 VGG19 卷积神经网络
if use_cuda:
    cnn = cnn.cuda() #如果硬件支持 GPU 则使用其进行加速运算
```

此外，VGG 网络在图像上进行训练，每个通道的平均值分别为[0.485，0.456，0.406]和[0.229，0.224，0.225]。在将图像发送到神经网络模型之前，我们将使用它们来对图像进行归一化处理，示例代码如下：

```
cnn_normalization_mean = torch.tensor([0.485, 0.456, 0.406]).to(device) #样本均值
cnn_normalization_std = torch.tensor([0.229, 0.224, 0.225]).to(device)  #样本标准差

#创建一个模块来归一化输入图像，以便我们可以将其轻松地置于 nn.Sequential 神经网络
class Normalization(nn.Module): #继承 nn.Module 类
    def __init__(self, mean, std):
        super(Normalization, self).__init__() #继承父类的构造函数
        #查看平均值与标准差
        self.mean = torch.tensor(mean).view(-1, 1, 1)
        self.std = torch.tensor(std).view(-1, 1, 1)
    def forward(self, img):
        #图像归一化处理
        return (img - self.mean) / self.std
```

Sequential 模块包含子模块的有序列表。例如，vgg19.features 包含按正确的深度层顺序对齐的序列（Conv2d, ReLU, MaxPool2d, Conv2d, ReLU,…）。我们需要在检测到的卷积层之后立即添加内容损失层和风格损失层。为此，我们构建了一个新的 Sequential 模块，我们将按照正确的顺

序添加内容损失模块和风格损失模块，具体代码如下。

```
#计算内容损失和风格损失所需的深度层。选定以下几个卷积层进行计算
content_layers_default = ['conv_4']
style_layers_default = ['conv_1', 'conv_2', 'conv_3', 'conv_4', 'conv_5']

def get_style_model_and_losses(cnn, normalization_mean, normalization_std,
                               style_img, content_img,
                               content_layers=content_layers_default,
                               style_layers=style_layers_default):
    cnn = copy.deepcopy(cnn)

    #归一化模块
    normalization = Normalization(normalization_mean, normalization_std).to(device)

    #对内容损失和风格损失的迭代访问
    content_losses = []     #内容损失
    style_losses = []       #风格损失

    """
    假设 CNN 是一个 nn.Sequential，那么我们就构建一个新的 nn.Sequential 并放入按顺序激活的模块
    """
    model = nn.Sequential(normalization)
    """
    抽取 VGG 网络各层并进行定制化处理。PyTorch 上下载的模型是将 Conv2d、ReLU、MaxPool2d、Conv2d、
ReLU 等多个子类序列化拼接在一起后组成的
    """
    i = 0  #每次遇到卷积层时递增，用于统计卷积层
    for layer in cnn.children(): #依次遍历每个子层
        if isinstance(layer, nn.Conv2d): #是否为卷积层
            i += 1
            name = 'conv_{}'.format(i)    #记录该层的名字
        elif isinstance(layer, nn.ReLU): #是否为 ReLU 激活函数层
            name = 'relu_{}'.format(i)
            layer = nn.ReLU(inplace=False)
        elif isinstance(layer, nn.MaxPool2d):      #是否为最大池化层
            name = 'pool_{}'.format(i)
        elif isinstance(layer, nn.BatchNorm2d):   #是否为数据归一化处理层
            name = 'bn_{}'.format(i)
        else:
            raise RuntimeError('Unrecognized layer: {}'.format(layer.__class__.__name__))

            model.add_module(name, layer) #将以上各层逐个添加到 model 模型

        if name in content_layers: #如果当前层属于内容层
            """
            model(content_img)表示内容图像从 model 中前馈通过，.detach()表示将图像剥离出来，剔
            除其中的梯度信息
            """
            target = model(content_img).detach()
```

```
            content_loss = ContentLoss(target)    #计算内容损失
            #将内容损失添加到模型
            model.add_module("content_loss_{}".format(i), content_loss)
            #将内容损失添加到内容损失列表
            content_losses.append(content_loss)

        if name in style_layers: #如果当前层属于风格层
            #添加风格损失
            target_feature = model(style_img).detach()      #风格图像前馈
            style_loss = StyleLoss(target_feature)          #计算风格损失
            #将风格损失添加到模型
            model.add_module("style_loss_{}".format(i), style_loss)
            #将风格损失添加到风格损失列表
            style_losses.append(style_loss)

    #在计算完最后一个内容损失和风格损失后，我们将删除这些层
    for i in range(len(model) - 1, -1, -1):
        if isinstance(model[i], ContentLoss) or isinstance(model[i], StyleLoss):
            break
    model = model[:(i + 1)]
return model, style_losses, content_losses #返回模型、风格损失和内容损失
```

（5）输入图像

接下来，我们将选择输入第三幅图像。当然，你也可使用如图 6.20 所示的原始内容图像或带有噪声的图像副本。

图 6.20　原始内容图像

```
input_img = content_img.clone() #复制一幅内容图像作为输入图像
#如果使用带有噪声的图像副本，可使用下面的语句
```

```
    #input_img = torch.randn(content_img.data.size(), device=device)
    #显示输入图像
    plt.figure()
    imshow(input_img, title='Input Image')
```

（6）梯度下降

本示例中，我们将使用 L-BFGS 算法来实现梯度下降。BFGS 是使用较多的一种拟牛顿方法的优化算法，其中 BFGS 分别代表四位数学家名字（Broyden、Fletcher、Goldfarb、Shanno）的首字母。L-BFGS 算法则是在有限内存中实现 BFGS 算法，L 意指“Limited memory”。与训练网络不同，我们希望对输入图像进行训练，以尽量减少图像的内容损失和风格损失。因此，我们需要创建一个 L-BFGS 优化器，将图像作为变量进行优化。示例代码如下：

```
def get_input_optimizer(input_img):
    #构建一个基于 L-BFGS 梯度下降算法的图像优化器
    optimizer = optim.LBFGS([input_img.requires_grad_()])
    return optimizer
```

最后，需要定义一个执行风格迁移的函数，对于神经网络模型的每一次迭代，都会有一个更新过的输入信息，并计算新的损失。我们将运行每个损失模块的 backward 方法来动态地计算其梯度。优化器需要一个“闭包”（Closure）函数，它将重新评估模型并返回损失。我们必须在约束条件下进行优化，以保持对我们输入图像的正确识别，因为，优化后的图像取值可能为$-\infty \sim \infty$，而不是 0～1。换而言之，图像可能会被很好地优化且返回无意义的值。上述问题的一个简单解决方案是在每个步骤中纠正图像，以将其值保持为 0～1。定义风格迁移函数的示例代码如下：

```
def run_style_transfer(cnn, normalization_mean, normalization_std,
                       content_img, style_img, input_img, num_steps=300,
                       style_weight=1000000, content_weight=1):
    """定义训练函数"""
    print('构建风格迁移模型…')
    #调用子函数构建模型
    model, style_losses, content_losses = get_style_model_and_losses(cnn,
        normalization_mean, normalization_std, style_img, content_img)
    #定义优化器对象 optimizer。该对象会保存当前状态，并根据梯度更新参数
    optimizer = get_input_optimizer(input_img)

    print('正在进行优化...')
    run = [0] #迭代次数计步器
    while run[0] <= num_steps: #迭代次数

        #定义"闭包"函数
        def closure():
            """
            修正更新后的输入图像值。每次对输入图像进行训练调整后，图像中部分像素点会超出 0～1 的范
            围，因此要对其进行剪切
            """
            input_img.data.clamp_(0, 1)
            """
            梯度置 0。每次迭代的时候将梯度置为 0。由于 PyTorch 的梯度是逐次累加的，因此每次调用的时
            候就需要先置为 0
            """
```

```
            optimizer.zero_grad()
            model(input_img)        #将输入图像载入模型
            style_score = 0         #风格分数，即本次迭代的风格损失
            content_score = 0       #内容分数，即本次迭代的内容损失

            for sl in style_losses:          #遍历所有的风格损失
                style_score += sl.loss       #将所有计算风格损失的算子的结果累加起来
            for cl in content_losses:        #遍历所有的内容损失
                content_score += cl.loss     #将所有计算内容损失的算子的结果累加起来
            style_score *= style_weight      #风格损失与其权重相乘
            content_score *= content_weight          #内容损失与其权重相乘
            loss = style_score + content_score       #最终损失函数为二者之和
            loss.backward() #反馈
            run[0] += 1       #计步器
            if run[0] % 50 == 0: #每训练 50 次就输出一次结果
                print("run {}:".format(run))
                print('风格损失 : {:4f} 内容损失: {:4f}'.format(
                    style_score.item(), content_score.item()))
            return style_score + content_score #返回内容损失与风格损失之和

        """
        优化算法会多次重新计算函数（例如 LBFGS），因此需要使用一个闭包来支持多次计算 model 的操作。
        这个闭包的运行过程为：清除梯度，计算损失，返回损失
        """
        optimizer.step(closure)

        #最后一次修正，将数据保持为 0～1
        input_img.data.clamp_(0, 1)
        #返回形变后的输入图像，即为风格迁移后的图像
    return input_img
```

（7）运行 NST 算法程序，输出结果

基于 PyTorch 框架构建的风格迁移算法模型构建好之后，我们可通过以下示例代码调用函数对模型进行训练，并输出最终图像风格迁移结果。

```
output = run_style_transfer(cnn, cnn_normalization_mean, cnn_normalization_std,
                        content_img, style_img, input_img) #调用函数开始训练
plt.figure()
imshow(output, title='Output Image') #绘制风格迁移后的最终图像
plt.show() #显示图像
```

运行该程序，输出以下结果以及如图 6.21 所示的风格迁移后的图像。

```
构建风格迁移模型...
正在进行优化..
run [50]:
风格损失 : 0.167141 内容损失: 0.450412
run [100]:
风格损失 : 0.128315 内容损失: 0.410519
run [150]:
风格损失 : 0.087849 内容损失: 0.320435
```

```
run [200]:
风格损失 : 0.030848 内容损失: 0.290452
run [250]:
风格损失 : 0.029986 内容损失: 0.226753
run [300]:
风格损失: 0.028534 内容损失: 0.219809
```

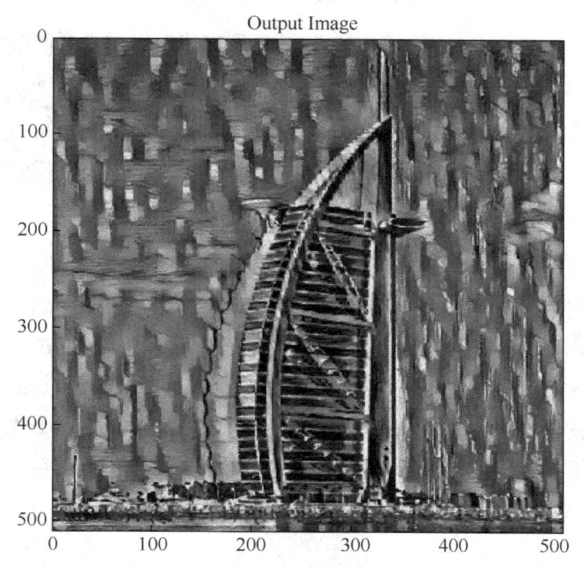

图 6.21　风格迁移后的图像

简而言之，NST 算法的一般过程为：以内容图像作为输入，得到内容层的特征矩阵作为内容目标；以风格图像作为输入，得到风格层的 Gram 矩阵作为风格目标；采用 19 层的 VGG 神经网络，并在其中添加内容损失层以及风格损失层，以白噪声图像作为输入，通过反向传播计算损失函数关于输入的梯度，然后更新图像。该过程不同于一般的训练过程，并不更新中间层的参数，这是一种去卷积（Deconvolution）操作。该算法的缺点是，由于每次迁移都要对网络进行训练，效率非常低，因此难以实现图像风格的实时迁移。

6.2.3　TensorFlow

TensorFlow 是由 Google Brain 小组开发，用于机器学习和深度神经网络方面研究的一个深度学习框架。TensorFlow 的通用性使其广泛应用于其他智能计算领域。例如，它曾被用于寻找新的行星，也曾协助报告非法砍伐行为来拯救森林，它更是 AlphaGo 和 Google Cloud Vision 的技术基础。TensorFlow 已于 2015 年 11 月被 Google 公司开源。起初，它只可用于 Linux 操作系统，2016 年 11 月，TensorFlow 0.12 被发布，可支持 Windows 操作系统。

1. TensorFlow 的安装

TensorFlow 可以运行在 Windows、Linux 以及 macOS 等不同操作系统上，它对系统运行环境要求很高，一般要求 Python 3.5 及以上版本，而且操作系统要求为 64 位。

下面我们将以 Windows 8.1 操作系统、Anaconda 3 环境、TensorFlow 1.9.0 为例来安装 TensorFlow 深度学习框架。

① 首先，在 Anaconda 中创建一个 TensorFlow 虚拟环境。打开 Anaconda 控制台，在命令行中输入以下命令即可：

```
conda create-n tensorflow python=3.5
```

命令执行完成后，即可创建一个名为 TensorFlow 的虚拟环境。我们可以通过 activate tensorflow 命令激活该虚拟环境，或用 deactivate tensorflow 命令退出该虚拟环境。

② 下载 tensorflow-1.9.0-cp35-cp35m-win_amd64.whl 离线安装文件包。

③ 在虚拟环境中，输入以下命令即可完成安装：

```
pip install tensorflow-1.9.0-cp35-cp35m-win_amd64.whl
```

当然，你也可以选择在线安装，但速度很慢，而且中途还可能出现超时错误。

对于 Python 3.7 和最新版本的 TensorFlow，如无须 GPU 支持，则安装过程相对简单，输入命令 `conda install tensorflow` 即可完成安装。如果用户计算机安装有支持 GPU CUDA 运算的硬件设备，则可输入以下命令进行在线安装：

```
pip install tensorflow-gpu
```

通常情况下，在线安装因涉及大量文件下载而导致速度较慢，我们可以从其官方网站（参见本书电子资源）下载相应版本的离线安装文件。例如，Python 3.7、Windows 64 位对应的 Tensorflow 1.14 GPU 版本的安装文件为：tensorflow_gpu-1.14.0- cp37-cp37m-win_amd64.whl。目前 Tensorflow 已经有了更多的版本，读者可根据自己机器的硬件配置情况选择合适版本进行安装。

下载完成后，进入下载文件所在目录，打开 Anaconda 控制台，在命令行中输入以下命令即可完成 TensorFlow GPU 版本的离线安装：

```
pip install tensorflow_gpu-1.14.0-cp37-cp37m-win_amd64.whl
```

GPU 版本的 TensorFlow 正常运行需要 cuDNN 的支持。cuDNN 是用于深度神经网络的 GPU 加速库，可以集成到更高级别的机器学习框架。它强调高性能、低内存开销和易用性。相应版本的 cuDNN 可从 NVIDIA 官方网站下载。

作为 CUDA 的补充，cuDNN 的安装则相对简单，只需将下载文件解压，并分别将 cuda\include、cuda\lib、cuda\bin 这 3 个目录中的内容复制到 CUDA SDK 的安装目录（例如 C:\Program Files\NVIDIA GPU Computing Toolkit\CUDA\v10.0）对应的 include、lib、bin 目录下即可。

安装完成后，我们可通过以下示例代码进行测试：

```
#导入 TensorFlow
import tensorflow as tf
#导入 device_lib 模块用于查看本机 TensorFlow 设备
from tensorflow.python.client import device_lib
#列举本机 TensorFlow 可用的相关设备
print(device_lib.list_local_devices())
#TensorFlow 版的“Hello, World!”
c = tf.constant('Hello, World!')
with tf.Session() as sess:
    print(sess.run(c))
```

运行结果如下所示：

```
[name: "/device:CPU:0"
device_type: "CPU"
memory_limit: 268435456
locality {
}
```

```
    incarnation: 14209587563688991595
    , name: "/device:GPU:0"
    device_type: "GPU"
    memory_limit: 3155959808
    locality {
      bus_id: 1
      links {
      }
    }
    incarnation: 2241572222602511551
    physical_device_desc: "device: 0, name: GeForce GTX 1050 Ti, pci bus id: 0000:04:00.0,
compute capability: 6.1"
    ]
    b'Hello, World!'
```

运行结果表明，本机安装有 GPU 设备 GeForce GTX 1050Ti，TensorFlow 也运行正常。

2. TensorFlow 应用示例

在 6.2.1 节，我们介绍过如何利用 Theano 深度学习框架进行基于 MNIST 数据集的手写数字识别。下面，我们将介绍如何使用 TensorFlow 框架来实现手写数字识别应用。MNIST 数据集等相关基础知识，在前文已经详述，所以在本示例中我们将直接讨论 TensorFlow 框架的具体应用。

首先，利用如下代码下载 MNIST 数据集：

```
import tensorflow.examples.tutorials.mnist.input_data as input_data
mnist = input_data.read_data_sets("MNIST_data/", one_hot=True)
```

下载的数据集分为两个部分，即 60000 行的训练集和 10000 行的测试集。如此切分数据是因为在机器学习模型设计时必须有一个单独的测试集不用于训练，而只用于评估该模型的性能，从而更易于将设计的模型推广应用至其他数据集。

每一个 MNIST 数据单元由两部分组成：一张包含手写数字的图片和一个对应的标签。如图 6.22 所示，我们把这些图片设为“xs”，把这些标签设为“ys”，训练集和测试集皆包含 xs 和 ys，比如训练集图片为 mnist.train.xs，训练集标签则是 mnist.train.ys。其中，mnist.train.xs 是一个形状为[60000, 784]的张量，其中第一个数字为图片索引，第二个数字用于索引每张图片中的像素点。在此张量里的每一个元素，都表示某张图片里的某个像素的强度值，值为 0～1。每一张图片包含 28×28 个像素点。我们可以用一个数组来表示如图 6.22（a）所示的这张图片，其中左侧为手写数字图片，右侧为对应的数组。我们将此数组展开为一个长度为 28×28 = 784 的向量，从该角度而言，MNIST 数据集的图片就是在 784 维向量空间里面的点。相应地，MNIST 数据集的标签是 0～9 的数字，用来描述给定图片里表示的数字。

在处理多分类问题时，常用的一种方法是将多分类标签转成 One_Hot 编码。一个用 One_Hot 编码定义的向量除了某一位的数字是 1 之外，其余各维度数字皆为 0。因此，数字 n 表示一个只有在第 n（从 0 开始）维度数字为 1 的 10 维向量。例如，标签 3 将表示成[0,0,0,1,0,0,0,0,0,0]。因此，mnist.train.ys 是一个[60000, 10]的数字矩阵。

在 TensorFlow 中，多分类标签转换为 One_Hot 编码可以使用内置函数 one_hot(indices, depth, on_value, off_value, axis) 来实现。其参数说明如下。

- indices：一个列表，指定张量中 One_Hot 向量的位置，或者说 indices 是非负整数表示的标签列表，len(indices)即分类的类别数。
- depth：每个 One_Hot 向量的维度。

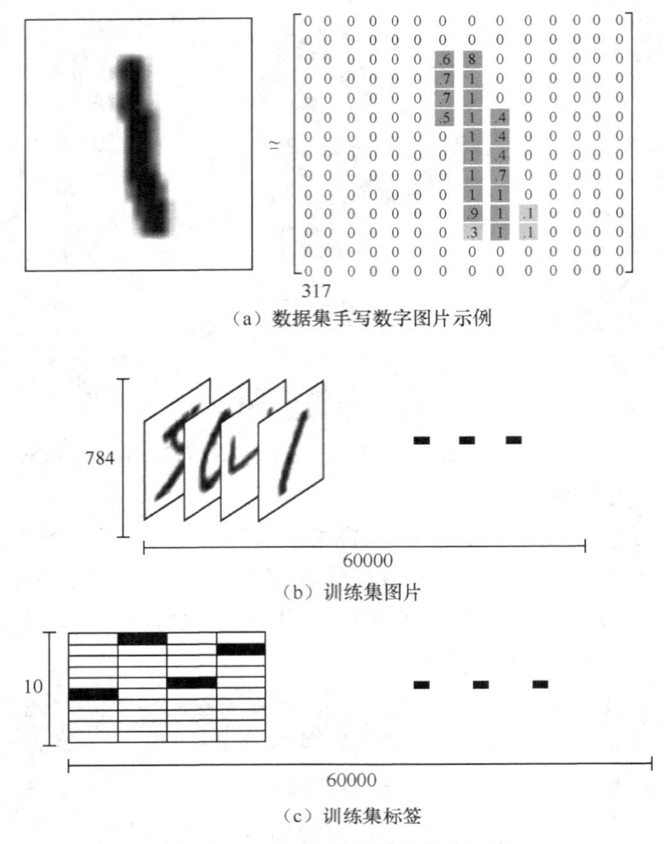

（a）数据集手写数字图片示例

（b）训练集图片

（c）训练集标签

图 6.22　MNIST 数据单元构成示意

- on_value：One_Hot 值。
- off_value：非 One_Hot 值。
- axis：指定第几阶为 depth 维 One_Hot 向量，默认为-1（即指定张量的最后一维为 One_Hot 向量）。

多分类标签的 One_Hot 编码转换示例代码如下：

```
import tensorflow as tf #导入TensorFlow框架
#labels是shape=(4,0)的张量，返回的targets是shape=(len(labels), depth)的张量
labels = [0, 2, -1, 1]
targets=tf.one_hot(indices=labels, depth=5, on_value=1.0, off_value=0.0, axis=-1)
with tf.Session() as sess:
sess.run(targets)
```

程序输出结果如下：

```
[[ 1.  0.  0.  0.  0.]
[ 0.  0.  1.  0.  0.]
[ 0.  0.  0.  0.  0.]
[ 0.  1.  0.  0.  0.]]
```

Python 为了实现高效的数值运算，通常会使用各种函数库，如 NumPy 等。对于诸如矩阵乘法等复杂计算，则通常使用其他外部语言来高效实现。TensorFlow 框架也将复杂计算置于 Python 之外完成。一般说来，TensorFlow 不单独进行单一的复杂计算，而是先用图来描述一系列可交互

的计算操作，然后全部一起在 Python 外部运行。例如，我们可用以下示例代码来创建一个通过操作符号变量来描述的可交互操作单元：

```
import tensorflow as tf
x = tf.placeholder(tf.float32, [None, 784])
```

x 不是一个特定的值，而是一个占位符（Placeholder），我们在 TensorFlow 运行时输入这个值。

我们希望能够输入任意数量的 MNIST 图像，将每一张图展开为一个 784 维的向量。我们用二维的浮点数张量来表示这些图，这个张量的形状是[None, 784]，这里的 None 表示此张量的第一个维度可以是任意长度。我们的模型也需要权重值和偏置量，当然也可以把它们当作另外的输入（使用占位符），但 TensorFlow 有一个更好的方法来表示它们：Variable。一个 Variable 代表一个可修改的张量，存在于 TensorFlow 的用于描述交互性操作的图中。它们可以用于计算输入值，也可以在计算中被修改。对于 TensorFlow 各种机器学习应用，一般都会用 Variable 来表示模型参数，例如：

```
w = tf.Variable(tf.zeros([784,10]))
b = tf.Variable(tf.zeros([10]))
```

通常，我们会赋予 tf.Variable 不同的初值来创建不同的 Variable。例如，我们可以利用所有元素值为 0 的张量来初始化 $\boldsymbol{W}$ 和 $\boldsymbol{b}$。因为我们要通过机器学习来优化 $\boldsymbol{W}$ 与 $\boldsymbol{b}$ 的值，其初值可随意设置。我们可以基于 TensorFlow，通过一行代码实现我们定义的机器学习模型：

```
y = tf.nn.softmax(tf.matmul(x,w) + b)
```

其中，tf.matmul(x,w)表示 $x \times w$。至此，我们用简短的几行代码对所需变量进行了初始化，并以此为基础定义了我们的机器学习模型。

为了训练该模型，需定义一个指标来进行模型的评估。在机器学习中，通常定义一个指标来表示模型是“不好”的，该指标被称为成本（Cost）或损失（Loss）。然后，我们需要做的是尽量使该指标的值最小化。一个很常见的损失函数是“交叉熵”（Cross Entropy）。交叉熵的定义来源于信息论中的信息压缩编码技术，它后来则演变成为从博弈论到机器学习等其他诸多领域中的重要技术手段。在这里，交叉熵则用于衡量模型预测，用于描述真相的低效性，其定义如下：

$$H_{y'}(y) = -\sum_i y_i' \log(y_i)$$

其中，y 是预测的概率分布，y' 是实际的分布。为了计算交叉熵，需要添加一个新的占位符用于输入正确值：

```
y_ = tf.placeholder("float", [None,10])
```

计算交叉熵的示例代码如下：

```
cross_entropy = -tf.reduce_sum(y_*tf.log(y))
```

其中，tf.reduce_sum 用于计算张量中所有元素的总和。

TensorFlow 对模型的训练比较容易，因为它拥有一张描述各个计算单元的图，它可以自动地使用反向传播算法来有效地确定变量如何影响你想要最小化的那个成本值。然后，TensorFlow 会用你所选择的优化算法来不断地修改变量以降低成本。在这里，我们使用的梯度下降算法以 0.01 的学习率来最小化交叉熵，TensorFlow 只需将每个变量一点点地朝着使成本不断降低的方向移动。模型训练的示例代码如下：

```
train_step = tf.train.GradientDescentOptimizer(0.01).minimize(cross_entropy)
```

模型设置好以后，需要通过以下操作来初始化创建的变量：

```
init = tf.initialize_all_variables()
```

在一个 Session 里面启动设计好的模型，初始化变量并让模型进行 1000 次循环训练，示例代码如下：

```
sess = tf.Session()
sess.run(init)
for i in range(1000): #1000 次循环训练
    #从训练集里一次提取 100 个批处理数据点来进行训练
    batch_xs, batch_ys = mnist.train.next_batch(100)
    sess.run(train_step, feed_dict={x: batch_xs, y_: batch_ys})
```

上述循环的每个步骤中，我们都会随机提取训练数据中的 100 个批处理数据点，并用这些数据点作为参数替换之前的占位符来运行 train_step。

对于模型性能的评估，需要我们找出那些预测正确的标签。tf.argmax 函数能给出某个张量在某一维度上的数据最大值所在的索引值。由于标签向量由 0、1 组成，因此最大值 1 所在的索引位置就是类别标签。例如，tf.argmax(y,1)返回的是模型对于任一输入 x 预测到的标签值，而 tf.argmax(y_,1)则代表正确的标签。我们可以用 tf.equal 来检测我们的预测是否为真实标签匹配（索引位置相同则表示匹配）：

```
correct_prediction = tf.equal(tf.argmax(y,1), tf.argmax(y_,1))
```

上述代码会输出一组布尔值。为确定正确预测项的比例，我们可以把布尔值转换成浮点数并取平均值。例如，[True,True,False,True]则会变成[1,1,0,1]，取平均值后得到 0.75。我们计算通过训练后得到该模型在测试集上的准确率的示例代码如下：

```
accuracy = tf.reduce_mean(tf.cast(correct_prediction, "float"))
```

基于 TensorFlow 构建的手写数字识别模型完整的示例代码如下：

```
#导入 TensorFlow 相关模块
import tensorflow as tf
import tensorflow.examples.tutorials.mnist.input_data as input_data
#载入数据集
mnist = input_data.read_data_sets("MNIST_data/", one_hot=True)
#参数设置
x = tf.placeholder(tf.float32, [None, 784])
W = tf.Variable(tf.zeros([784,10]))
b = tf.Variable(tf.zeros([10])+0.1)
y = tf.nn.softmax(tf.matmul(x,W) + b)
#添加占位符
y_ = tf.placeholder("float", [None,10])
#计算交叉熵
cross_entropy = -tf.reduce_sum(y_*tf.log(y))
#利用梯度下降优化算法进行训练
train_step = tf.train.GradientDescentOptimizer(0.01).minimize(cross_entropy)
#初始化变量
init = tf.global_variables_initializer()
```

```
sess = tf.Session()
sess.run(init)
#模型循环训练 1000 次
for i in range(1000):
    batch_xs, batch_ys = mnist.train.next_batch(100)
    sess.run(train_step, feed_dict={x: batch_xs, y_: batch_ys})
#模型预测
correct_prediction = tf.equal(tf.argmax(y,1), tf.argmax(y_,1))
#模型在测试数据集上的准确率
accuracy = tf.reduce_mean(tf.cast(correct_prediction, "float"))
#输出结果
print(sess.run(accuracy,feed_dict={x:mnist.test.images, y_: mnist.test.labels}))
```

程序运行结果为：

```
Extracting MNIST_data/train-images-idx3-ubyte.gz
Extracting MNIST_data/train-labels-idx1-ubyte.gz
Extracting MNIST_data/t10k-images-idx3-ubyte.gz
Extracting MNIST_data/t10k-labels-idx1-ubyte.gz
0.9178
```

从上述结果可以看出，该模型用于预测的准确率并不是很高，因为这个示例模型非常简单，仅用于演示基于 TensorFlow 来定义和训练模型的过程以及其主要设计思想。对于更为复杂、准确率更高的模型的构建，读者可自行查阅相关资料进行更为深入的研究学习。

第 7 章 量子计算与 Python 编程实践

2016 年 8 月 16 日，我国成功将世界首颗量子科学实验卫星“墨子号”发射升空，率先实现量子通信覆盖全球。这一标志性的事件，让神秘的量子技术与量子计算机开始成为大众话题。

在传统计算机体系结构中，无论何时，计算机实际面对和处理的皆为二进制位（bit）的 0 和 1。量子计算机，则是利用量子（Quantum）世界独有的现象对数据进行处理。量子位（Qubit），可以同时呈现出 0 和 1 这两个状态。在这种情况下，量子位以违反直觉的方式进行交互，理论上数据处理速度远胜于传统计算机。

说到量子，大多数人的第一反应可能会是薛定谔（Schrödinger）那只神奇的、既死又活的猫，或是爱因斯坦（Einstein）对量子纠缠的描述：“幽灵般的远距行为”。众所周知，构成物质的最小单元是基本粒子，而量子就是以某种粒子状态存在的质量、体积、能量等各种物理量的最小单元。我们看到的光，其实也是由被称为“光子”（Photon）的量子构成。量子这一概念最早由德国著名物理学家普朗克（Plank）于 1900 年提出。后来陆续经过许多科学家（其中也包括爱因斯坦）的努力，量子科学体系才得以不断发展完善。

量子有着两个最为神奇的特性，分别是“分身术”和“远程心灵感应”。量子计算机和量子通信，就是根据这两个特性发展而来的。量子“分身术”的正式名称为“量子叠加”（Quantum Superposition），指的是一个量子可以同时存在多种状态。量子“分身术”最为典型的应用是并行计算。在密码学中经常会涉及大数的质因数分解，假设对象为一个 300 位的数字，用目前的普通计算机大约需要 15 万年才可完成任务；如果应用量子特性进行并行运算，只需约 1 秒即可。

量子的“远程心灵感应”，正式名称为“量子纠缠”（Quantum Entanglement），指的是两个或多个量子系统之间存在非定域、非经典的强关联。假设两个粒子通过相互作用产生纠缠，然后将这两个粒子分开，一个放在北京，一个置于纽约，当你改变北京那个粒子的状态时，纽约的那个粒子的状态也会同时发生改变，就像两者之间具有“心灵感应”一般，尽管它们两者之间没有发生任何联系。这也是量子力学中最为奇特的现象之一，在经典力学范畴则无此类似现象。此外，量子还具有不可分割与不可复制这两个神奇特性，正是基于这些特性，量子保密通信才得以实现。量子通信技术可生成最复杂的密钥，让目前的信息传输变得更为安全可靠。“墨子号”的主要任务，就是利用量子的这些特性进行星地高速量子密钥分发与加密通信，并在此基础上进行广域量子密钥网络实验，以期在空间量子通信实用化方面取得重大突破。

7.1　量子计算概述

7.1.1　什么是量子计算

量子计算（Quantum Computation），是一种遵循量子力学规律、调控量子信息单元进行计算的新型计算模式。量子计算机（Quantum Computer），是一类遵循量子力学规律进行高速数学和逻辑运算、存储及处理量子信息的物理装置。量子计算的原理实际上可为两个部分，其一，是量子计算机的物理原理和物理实现；其二，则是量子算法。量子力学中最为经典的“量子叠加”和“量子纠缠”现象是量子计算技术起源和发展的主要理论依据。物质的“叠加态”（Superposition）和“纠缠态”（Entanglement）被用于计算时，可快速提升我们对复杂数据执行计算的能力。

讨论量子计算之前，我们先来了解一下量子比特的基本概念。众所周知，计算机用 0 和 1 表示的二进制序列来存储数据。抽象看来，二进制的 0 和 1 分别代表了系统的两种“状态”。这也意味着，只要我们能找到一个具有可区分的两种状态的系统，即可抽象地实现计算机的二进制。在经典计算机中，0 和 1 由不同的电平来实现，0 代表低电平信号，1 代表高电平信号。我们可在量子力学领域找到实现二进制的诸多天然的双态系统。例如，自旋 1/2 系统（粒子只能处于上旋或下旋这两种自旋态）以及光子极化（使一束光具有左旋或右旋两种不同的偏振状态）等。

在实现二进制之后，需要进一步得到二进制序列。在经典计算机中，二进制序列由高低电平交错的脉冲信号来实现。例如，001 序列对应着一个“低-低-高”电平组成的脉冲信号。在量子计算机中，我们通过纠缠态来实现二进制序列。例如，某个光子处于偏振量子态，我们可将该光子与其他光子纠缠起来得到一个 N 光子纠缠态，于是我们就得到了一个二进制的序列。

在经典物理世界，同一时刻只能存在一个状态。例如，如果我们拥有了 001 态，就不能同时拥有 010 态，因为同时拥有这两个状态时，电压会叠加而最终得到 011 态。然而，在量子物理世界，我们可以产生叠加态，这也意味着系统可同时处于多种不同的状态。量子比特可以制备在两个逻辑态 0 和 1 的相干叠加态上。换而言之，一个量子比特可同时存储 0 和 1。一个 N 位的存储器，若为经典存储器，则它只可存储 2^N 个可能数据中的任意一个；若为量子存储器，则它可同时存储 2^N 个数据，而且随着 N 的增加，其存储信息的能力将呈指数级增长。例如，一个 250 量子比特的存储器，存储的数可达到 2^{250} 个，比目前已知宇宙中全部原子数目还要多。与经典算法不同，我们可以同时对上面的所有存储位进行操作。如果我们能找到一种高效的算法来同时处理这些数据，那么就可进行高效的并行处理。也就是说，量子计算机在实施一次的运算中，可以同时对 2^N 个输入进行处理。其效果相当于经典计算机重复实施 2^N 次操作，或者采用 2^N 个不同处理器实行并行操作。

量子计算机能够节省大量的计算资源（时间、存储单元等），其处理速度比起经典计算机将会有极大的提高。不过，量子计算机的“并行计算”与经典计算机的并行算法有着本质的区别。经典计算机的并行算法，是将任务拆分成众多的小任务，然后在不同处理器上同时进行处理，最后将结果归并。量子计算机的并行算法，则是同时处理很多不同的独立任务。

由于量子计算机处理能力比当前传统超级计算机高出很多个数量级，因此，对于模拟全球气候变化、建立超级复杂系统的模型、破解超长加密密码等传统计算机不可能完成的任务，量子计算机解决起来将轻而易举。

7.1.2 人工智能与量子计算

计算能力是人工智能的根本动力与核心，但是，随着人工智能的发展，越来越多的数据需要被计算和处理，堆砌大量硬件的方式已无法满足更高的计算能力需求。量子计算系统不仅能处理海量数据，也具备自我学习和自我更正的能力，从这个角度，曾经被认为毫不相干的量子力学与人工智能这两个领域开始了全方位的技术融合。

如今，人工智能已被学术界和全球的科技“巨头”们视为量子计算的重要着力点。尽管目前仍有许多不确定性，但业界已有初步统一的看法：量子计算有望催生人工智能等领域的重大进步。Microsoft 公司量子计算研究员内森・维贝（Nathan Wiebe）提出：“如果有一个足够大、足够快的量子计算机，我们可以彻底改变机器学习的各个领域。”事实上，Microsoft 公司的拓扑量子计算机最早的用途之一，就是帮助人工智能领域的研究人员利用机器学习来加快算法训练。例如，利用量子计算机，Microsoft 公司将其个人智能助理 Cortana 的算法训练时间从 1 个月缩短到了 1 天。从这个角度而言，量子计算类似于人工智能的协助处理器，非常适合用于计算机进行深度学习。不仅如此，人工智能中的代码通常是静态的，即使结果错误，普通算法也不会自行修改。然而，量子计算机系统则可自动设定程序、自行修改代码，并通过不断地学习来处理之前从未遇到过的新数据。

不仅在机器学习领域，量子计算技术对药物研究、生命科学等领域也将会提供强大的技术支撑。对我们普通人而言，个性化的健康状况预测和疾病预测以及个性化的治疗方案这些问题在量子计算面前都会迎刃而解。如果量子计算机的能力达到一定程度，它可以帮助人们进行预测，指导研究人员对转基因食品进行风险预测和 DNA 结构优化，甚至还可以为我们设计出以前自然界并不存在的更为健康可口的新食品。新加坡国立大学的人工智能研究学者也曾表示：“我们可能在未来 3～5 年内，真正使用由实验主义者研制的硬件来进行有意义的量子计算，并在人工智能中应用。”在量子计算助力下的人工智能时代，将颠覆我们曾经最激进的想象。

量子计算以下的几个特性将加速人工智能的发展。

1. 高处理速度

量子计算机在 N 个量子比特的状态下工作时，一次能同时处理 2^N 个数据，而传统计算机则必须逐个处理这些数据，这使得量子计算机的处理速度远远高于传统计算机。

2. 更小的数据量

众所周知，训练算法模型需要大量的数据集才能够使机器变得“更聪明”。然而，大多数情况下我们所需的数据量总是不够的，比如人类罕见疾病的数据等。对此，深度学习领域推出了“迁移学习”的方法来解决这个问题。而在量子计算领域，则只需将最有特性的数据输入，保留最具有鉴别性的量，便可简化量子计算机的最终选择，使其顺利完成任务。

3. 强大的处理能力

无论是传统神经网络还是量子神经网络，其主要工作都是模式识别。通常，神经元排列成层，初始层接受图像输入，中间层创建表示图形边缘和几何形状等结构的各种输入组合，而最后一层则产生关于图像的高级描述等输出内容。至关重要的是，这种结构并不是事先确定的，而是在反复试验的过程中进行相应调整，以期达到更好的效果。

一个大型神经网络模型可能有数亿个互连，而它们都需在训练中进行反复调整。在经典的计算机系统上，所有这些互连都用一个巨大的矩阵来表示，运行神经网络实际上意味着进行大量的矩阵运算。通常，这些矩阵处理由专用芯片来完成。但是，对于量子计算机而言，神经网络的运算是其天然优势，因为其中的量子系统不仅能模拟神经网络，而且它本身就是一个网络，每个量子比特就代表了一个神经元。

7.2 量子计算发展现状

7.2.1 国外量子计算发展概况

2016 年 7 月，美国国家科学技术委员会发布了名为“推进量子信息科学：国家的挑战与机遇”的报告，认为量子计算能有效推动化学、材料科学和粒子物理的发展，未来有望颠覆人工智能等诸多科学领域。2018 年 6 月，美国众议院科学委员会高票通过《国家量子倡议法案》，计划在 10 年内拨给美国能源部、美国国家标准与技术研究院和美国国家科学基金约 13 亿美元，全力推动量子科学发展。

科技巨头 Intel、Microsoft、IBM、Google 等公司都向量子计算领域投入了大量的研发资金。不过，这些公司在对量子计算技术进行巨额投资的时候，选择了不同的技术路线。概括起来，有以下几个技术流派。

（1）超导回路（Superconducting Loops）技术

其主要原理是利用一股无阻电流沿回路来回震荡，注入微波信号产生电流激励，让它进入叠加态。优点是快速、高效，可以利用现有的工业基础设施；缺点是易崩溃且系统必须保持低温。Google、IBM 等公司目前皆采用该技术方案。

（2）离子囚禁（Ion Trap）技术

其主要原理是利用精心调整的激光去冷却并困住离子（离子的量子能主要取决于电子的位置），使它们进入叠加态。其优点是很稳定并且具有很好的逻辑门保真度；缺点是运转慢、需要很多激光。IonQ 公司是量子计算领域“离子囚禁”技术流派的坚定探索者。

（3）硅量子点（Silicon Quantum Dot）技术

量子点，是将激子（Excition）在 3 个空间方向上束缚住的半导体纳米结构（Nanostructure），也被称为“人造原子”“超晶格”“超原子”或“量子点原子”等，是 20 世纪 90 年代提出来的一个新概念。硅量子点技术的主要原理是通过向纯硅加入电子，制备出这种“人造原子”并用微波控制电子的量子态。优点是很稳定；缺点是纠缠数量少，必须保持低温。Intel 公司主要利用这种技术制造量子计算机。

（4）拓扑量子比特（Topological Qubit）技术

准粒子（Quasiparticle）是一种量子能，它存在于一个晶体点阵或其他相互作用的粒子系统中。电子通过半导体结构时会出现准粒子，它们的交叉路径可用于编写量子信息。拓扑量子比特技术基于非阿贝尔任意子（Non-Abelian Anyon）的拓扑量子比特，它们是沿着不同物质边缘游动的准粒子，它们的量子态由不同交叉路径来表现。因为交叉路径的形状导致了量子叠加，它们会受到拓扑保护（Topologically Protected）而不至于崩溃。该技术的主要优点是大幅降低错误率；缺点是符合拓扑量子比特设想的非阿贝尔任意子还没在实验中被发现，它的存在性仍需进一步验证。Microsoft 公司和贝尔实验室（Bell Laboratory）是该技术的主要支持者。

（5）钻石空位（Diamond Vacancy）技术

该技术利用了一种具有独特缺陷的氮晶格空位中心钻石（Nitrogen-Vacancy Center Diamond）。

这种钻石的结构非常适合捕捉电子，并且空位会与相关的自由电子的“自旋”产生叠加态，自发地构成量子比特。钻石空位技术的优点是可以在室温下进行，缺点是极难实现量子纠缠。

1. Google 量子计算

多年来，Google 公司在量子计算相关项目上投入了大量的时间和金钱。Google 量子智能实验室（Google Quantum AI Lab）的目标是建立一个量子计算机，用于解决现实世界的问题。2018 年 3 月，在洛杉矶举行的美国物理学会年度会议上，Google 公司介绍了如图 7.1 所示的新量子处理器“Bristlecone”，号称“为构建大型量子计算机提供了极具说服力的原理证明”。该处理器支持多达 72 个量子位，彼此组成一个矩阵，数据读取和逻辑运算的错误率已经相当低。但是 Google 公司同时承认，量子计算机要想超越目前的传统计算机，仍需要数次迭代。“Bristlecone”处理器可以作为实验平台，研究量子系统错误率、量子位技术可扩展性，以及量子模拟优化、机器学习。

图 7.1　Google 量子处理器 Bristlecone

在量子计算相关软件的研发方面，Google Quantum AI 团队于 2018 年 7 月在悉尼举行的第一届量子软件和量子机器学习国际研讨会（1st International Workshop on Quantum Software and Quantum Machine Learning，QSML）上发布了 Cirq 的公开测试版。这是一款用于嘈杂中型量子（Noisy Intermediate-Scale Quantum，NISQ）计算机的开源框架。Cirq 可帮助研究人员了解 NISQ 计算机是否能够解决具有实际重要性的计算问题。Cirq 基于 Apache 2 许可发行，可以自由修改或嵌入商业或开源的软件包。安装好 Cirq 后，研究人员即可为特定的量子处理器编写量子算法程序。Cirq 为用户提供了对量子电路的精确控制，将量子门（Quantum Gate）适当地放置于设备上，并在量子硬件的约束范围内对这些量子门进行调度。它的数据结构经过优化，可用于编写和编译量子电路，从而让用户能够充分利用 NISQ 架构。Cirq 可以在本地模拟器上运行这些算法，并可以轻松地与未来的量子硬件或更大规模的云端模拟器集成。

该团队还发布了 OpenFermion-Cirq，这是一个基于 Cirq 的应用程序示例。OpenFermion 是一个为化学问题开发量子算法的平台，而 OpenFermion-Cirq 则是一个开源库，可将量子模拟算法编译成 Cirq。

2. Microsoft 量子计算

Microsoft 公司对量子计算的研究集中在拓扑量子比特技术上。根据理论，这种量子比特能以一种更为安全的方式编码数据。早在 2005 年，Microsoft 公司的一支研究团队，就提出了一种在半导体-超导体混合结构中建造拓扑保护量子比特的方法，Microsoft 公司已经组建了数个团队进行尝试。在 Microsoft 2017 Ignite 大会上，Microsoft 正式推出一门新的编程语言，名叫“Q#(Q-sharp)”。Microsoft 对 Q#的描述为“一种用于表达量子算法的专用编程语言”。借助 Visual Studio 的强大功能，将来使用 Q# 进行量子编程操纵量子比特，就像使用 C#、F# 或 C++等语言开发传统应用程序一样简单。

在量子计算机硬件的研发方面，Microsoft 公司副总裁、量子计算部门的负责人托德·霍姆达尔（Todd Holmdahl）在 Microsoft 2018 Build 大会上向外界透露了量子计算项目的一些最新进展：Microsoft 公司能够在 5 年内造出第一台拥有 100 个拓扑量子比特的量子计算机，并将其整合到 Azure，届时，Microsoft 公司将在量子计算领域举足轻重，奠定其在业界的领导地位。

3. IBM 量子计算

2017 年 11 月，在美国电气和电子工程师协会（IEEE）工业峰会上，IBM 公司对外宣布，已经成功研发出 20 位量子比特的量子计算机，可在年底向付费用户开放。与此同时，IBM 公司还成功开发出了一台如图 7.2（a）所示的 50 位量子比特的原型机，为 IBM Q 量子计算机系统的发展奠定了基础。

2019 年初，在美国拉斯维加斯举行的消费电子展（Customer Electronics Show，CES）上，IBM 推出了一台如图 7.2（b）所示的名为“Q System One”的量子计算机，有望让量子计算技术向商业化应用迈进一步。“Q System One”最大的创新是其结构设计，这是一个 9 英尺（约 2.74m）高、9 英尺宽的低温冷却立方体，解决了操作量子计算机所涉及的一些实际挑战。“Q System One”的 20 个量子位被保存在一个圆柱形外壳内，该外壳连接到立方体顶部的下方。立方体由约 1cm 厚的硬化玻璃覆盖，气密外壳可防止热量泄漏，同时阻止磁场和其他外部干扰。“Q System One”量子计算系统目前仍然是实验性的，虽然取得了很大的进步，但是在“体积如大象”的外壳下，算力还不如目前的很多笔记本电脑，其商业化应用还需一段时间才可实现。

（a）IBM Q

（b）Q System One

图 7.2 IBM 量子计算机系统

除了量子计算硬件之外，IBM 公司在量子计算软件上也有颇有建树。其开发的 Qiskit 是一个量子信息软件处理工具包，可用于帮助用户最大限度地利用量子计算系统的核心。IBM 公司称，这是一个基于 Python 建立的操控、显示和研究量子比特、表征量子比特的工具，批量处理任务的工具，也是一个可将所需实验编译到真实硬件上的编译工具。

4. Intel 量子计算

Intel 公司是“摩尔定律”的提出者，也是其最坚定的捍卫者。但是，在 10nm 工艺之后，硅基半导体已经公认快要逼近物理极限了，再往下突破将非常困难。在硅基半导体之外，Intel 公司在量子计算等下一代计算技术上开始布局。Intel 公司的量子计算项目主要专注于硅量子点技术。2015 年，Intel 公司宣布向荷兰代尔夫特理工大学（Delft University of Technology）的量子技术研究项目 QuTech 投资 5000 万美元。2017 年，Intel 宣布推出了一款 17 量子比特的超导芯片，随后在 CES 2018 上，又展示了研制出的具有 49 个量子位的测试芯片。目前，Intel 研究人员正在测试一种微小的新型“自旋量子位”芯片，这款芯片比铅笔上的橡皮擦还小，是 Intel 迄今为止最小的量子计算芯片，如图 7.3 所示。这也是 Intel 量子计算项目取得重大进展的标志。

图 7.3 Intel“自旋量子位”芯片

7.2.2 中国量子计算进展

世界各国都在大力发展自己的量子计算技术，以期在未来的竞争中抢占技术制高点。在世界量子计算技术发展较快的基于光子、超冷原子和超导体系中，我国都处于领先地位。“多粒子纠缠的操纵”作为量子计算的技术制高点，一直是国际角逐的焦点。在光学量子计算领域，中国多光子纠缠技术始终领先国际水平，潘建伟院士团队在国际上率先实现了 5 光子、6 光子、8 光子和 10 光子纠缠，并一直保持着国际领先。在超导体系，2015 年，Google、美国国家航空航天局和加州大学圣巴巴拉分校（University of California，Santa Barbara，UCSB）宣布实现了 9 个超导量子比特的高精度操纵，这个纪录在 2017 年被中国科学家团队打破。

2017 年 5 月，潘建伟及其同事陆朝阳、朱晓波等，联合浙江大学王浩华研究团队成功制造出世界首台量子计算机，同时也是世界上纠缠数量最多的超导量子比特处理器。该量子计算机如图 7.4 所示。图 7.4（a）为量子计算机局部外观，图 7.4（b）为局部芯片。该量子计算机整体性能超越早期经典计算机，是由我国自主研发、设计、制造的，其运算速度是美国当时最先进计算机的 2.4 万倍，其性能远超全球所有超级计算机，为我国迈入量子计算时代奠定了坚实的技术基础。据称，这是历史上第一台超越早期经典计算机的基于单光子的量子模拟机，为实现量子霸权（Quantum Supremacy）这一宏大目标奠定了坚实基础。我国在量子计算机这一领域无疑走在了世界前列。

（a）

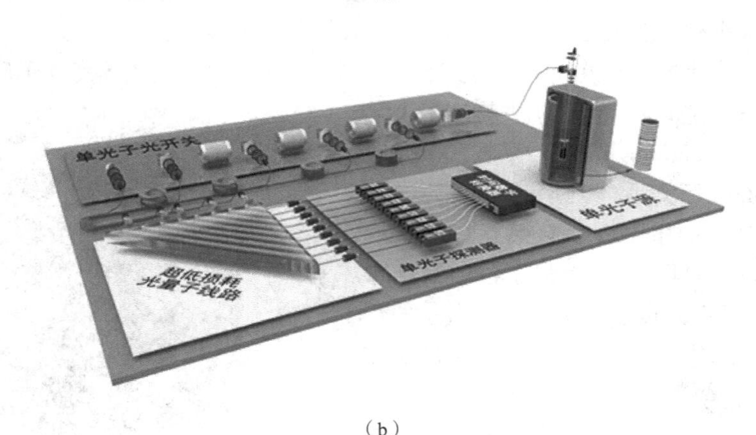

（b）

图 7.4　中国研制的量子计算机

2018 年 2 月，中国科学技术大学（简称中科大）郭光灿院士团队宣布其本源量子计算云服务平台（参见本书配套的电子资源）基于国内首创的“量子音符”QRunes 量子编程语言（见图 7.5）成功搭建了 32 位量子虚拟机，并已经实现了 64 量子比特的量子电路模拟，打破 IBM Q 56 量子比特仿真的纪录。同时，郭光灿院士团队和阿里云宣布，在超导量子计算方向，发布 11 比特的云接入超导量子计算服务。这也是继 IBM 公司后，全球第二个向公众提供 10 比特以上量子计算云服务的系统。

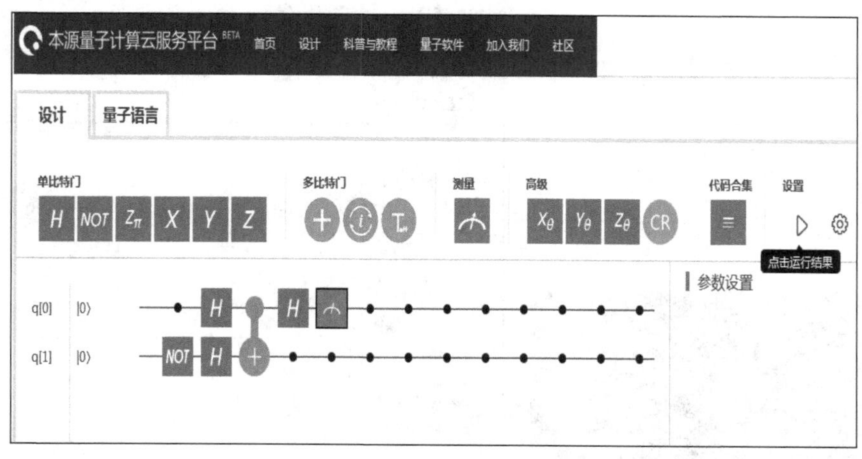

图 7.5 中科大量子计算云服务平台及其“量子音符”编程界面

在商业应用方面，中国的诸多企业在量子计算领域也不甘落后，纷纷参与布局。2017 年初，牛津大学量子计算博士葛凌教授以腾讯欧洲首席代表身份加入腾讯公司，筹划已久的腾讯量子实验室曝光，香港中文大学教授张胜誉担任负责人。2017 年 9 月，阿里云宣布世界知名量子计算科学家、密西根大学终身教授施尧耘已经入职阿里巴巴，担任阿里云量子技术首席科学家，他的主要工作是组建并负责阿里云量子计算实验室。百度于 2018 年 3 月份宣布推出自己的量子计算机构，致力于量子计算软件和信息技术的应用。华为在 2018 年 10 月公布了量子计算领域的最新进展：由 HiQ 量子计算模拟器与 HiQ 量子编程框架两个部分组成的云服务平台。

量子计算的未来不可估量，量子计算机强大的数据计算能力，无论是在军事、航天等领域，还是在民用领域，都有着巨大的应用潜力。

7.3 IBM Quantum Experience 量子计算云平台

IBM 公司作为量子计算研究领域的先行者之一，在 2017 年开放了量子计算云平台 IBM Quantum Experience，允许用户通过网络使用 IBM 的量子计算机。IBM Quantum Experience 发布了新的 API 接口，使开发人员能够从云端使用其现有的 5 量子比特量子计算机，而不用具备量子物理学的背景知识。同时，IBM 公司在 IBM Quantum Experience 平台上发布了升级的模拟器，可对高达 20 个量子比特的电路进行模拟运行。在 2017 年上半年，IBM 公司在 IBM Quantum Experience 发布了一个完整的 SDK，可方便用户通过 Python 等编程语言构建简单的量子应用程序。下面将介绍如何利用该平台进行量子计算。

7.3.1 IBM Quantum Experience 平台账号注册

在使用 IBM Quantum Experience 提供的 SDK 进行量子编程之前，用户需要前往其官方网址免费注册一个账号。如果以前用过 IBM 的其他服务或者在其官网曾经注册过，则可直接使用注册的 IBMid 进行登录，如图 7.6（a）所示。若用户为首次使用 IBM 平台提供的服务，则需要注册一个新的账号。单击图 7.6（a）中所示的“Create an IBMid account.”链接，则会进入如图 7.6（b）所示的用户注册界面。

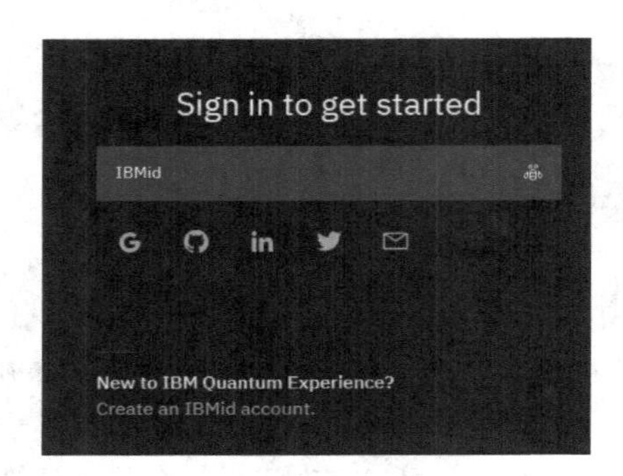

（a）IBM Q 登录界面

（b）IBMid 账号注册界面

图 7.6 IBM Quantum Experience 平台账号登录与注册界面

在注册界面，按照要求输入个人信息，然后提交数据即可完成注册。

7.3.2 IBM Quantum Experience 量子电路设计与运行

基于 IBM Quantum Experience 量子计算云平台提供的图形用户界面，我们可以通过图形拖曳的形式，方便快捷地实现简单的量子算法设计并模拟运行。同时，也可以通过 Python API 的方式进行灵活的算法编程实现，并连接到 IBM 量子计算机进行模拟和实际运行。

1. IBM Quantum Experience 量子算法设计“五线谱”

IBM Quantum Experience 官方网站提供了丰富的关于量子力学和量子计算等相关的背景知识。读者可以查阅相关的文档和技术资料进行在线学习。

登录成功后，在平台主界面将显示我们的个人注册信息、以往的量子电路算法设计记录、算法运行结果以及其他诸多功能菜单等相关信息。

单击图 7.7（a）所示界面左侧的“Circuit Composer”（电路作曲家）菜单，即可进入图 7.7（b）所示的量子电路作曲家概览界面。该界面显示了用户之前设计的一些量子算法电路实例。单击界面中的“New Circuit +”按钮，即可进入图 7.7（c）所示的量子算法“五线谱”电路设计界面。该系统与中科大团队本源量子计算云平台的“量子音符”操作界面非常相似。

“Circuit Composer”是一个图形化的量子编程工具，它允许用户拖放图形化的指令来构建量子电路并在真正的量子硬件上运行它们。我们可以在操作界面中设计量子算法，IBM 实验室中的模拟器或真实硬件会根据你设计的算法生动地呈现出“五线谱”，其中，每一条线代表一个量子位。在电路设计界面也可显示出基于 QASM 指令集的量子汇编代码。在模拟模式中，用户可使用任意量子位创建五线谱，而如果运行于真实硬件，则被限制到 5（或者测试版的 16）量子位。

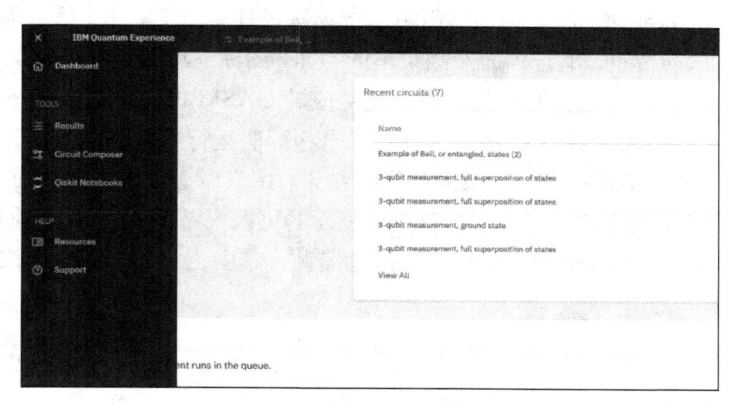

（a）IBM Quantum Experience 平台主界面

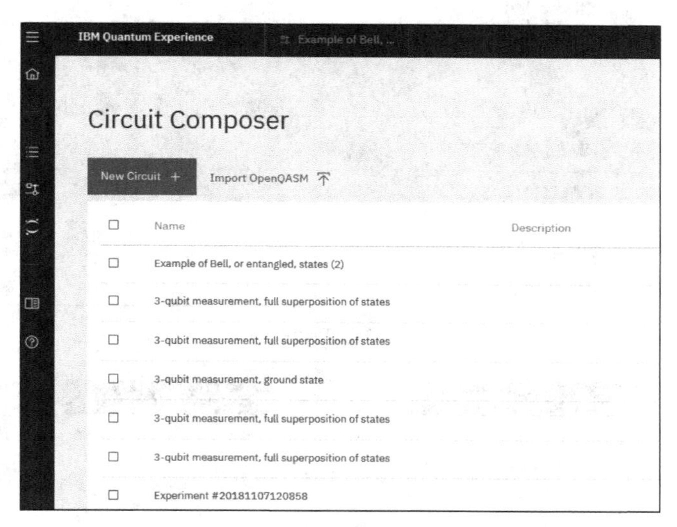

（b）量子电路设计“Circuit Composer”概览界面

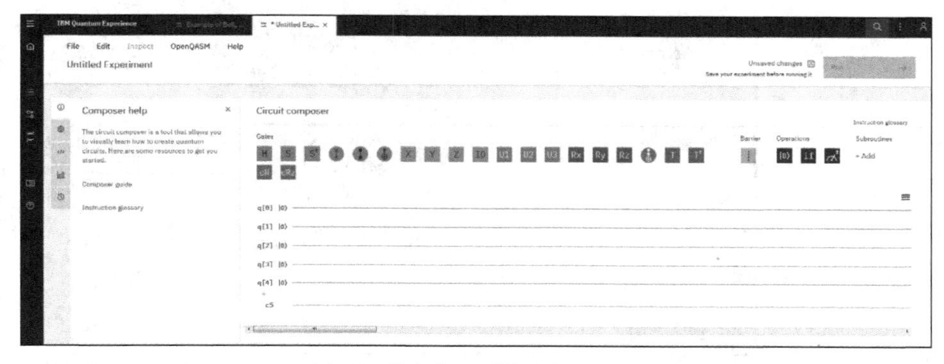

（c）量子算法“五线谱”电路设计界面

图 7.7　IBM Quantum Experience 量子算法设计图形界面

“Circuit Composer”量子电路设计界面提供了各种图形化的选项卡，便于用户将门（Gate）、障碍（Barrier）、操作（Operations）等“作曲元素”拖曳至“五线谱”上实现可视化的量子算法电路设计，或查看步骤属性以及全部 QASM 代码。

图 7.8 所示为一个简单的量子算法电路设计示例。其中，图 7.8（a）为通过拖曳一个量子门以及一个测量（Measurement）所展示出的简单量子算法设计。图 7.8（b）所示为该量子算法所对应的 QASM 代码和编辑界面。单击界面左侧菜单的“</>”图标或单击界面上侧菜单“OpenQASM”下的“Editor”子菜单，都可以打开该量子电路所对应的 QASM 代码。图 7.8（c）所示为 IBM 后台量子计算模拟器选择界面。图 7.8（d）为该量子电路算法运行结果概览界面，其中包含运行时间、后端模拟器型号等诸多相关信息以及算法运行结果，用户可通过单击该页面上的“Download”链接来下载 JSON 格式的结果数据文件。图 7.8（e）所示的可视化界面，显示了最终输出状态（Output State）以及状态向量（State Vector）的相关可视化信息，其中，状态向量完全描述了计算中使用的量子位的最终输出状态。

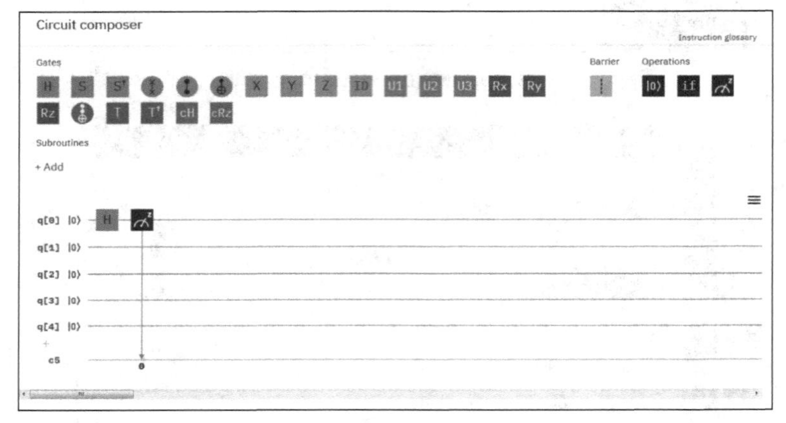

（a）简单量子算法设计

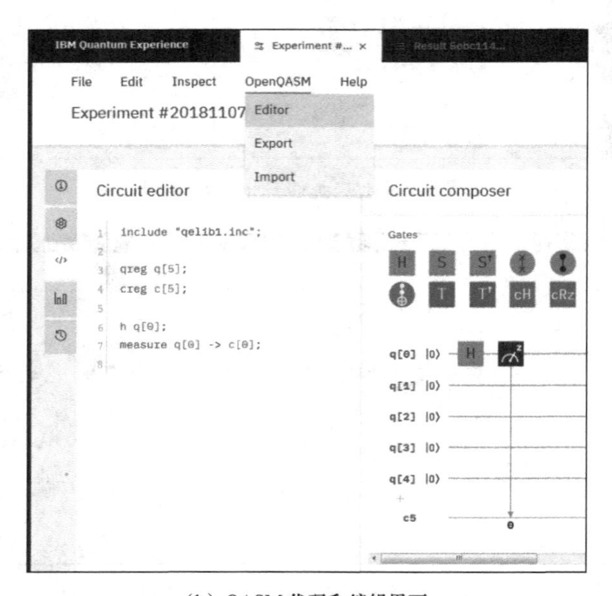

（b）QASM 代码和编辑界面

图 7.8　量子算法设计示例

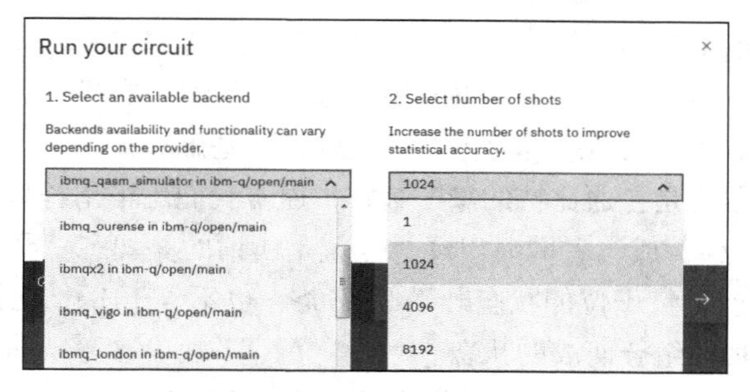

（c）运行量子计算程序的选择界面

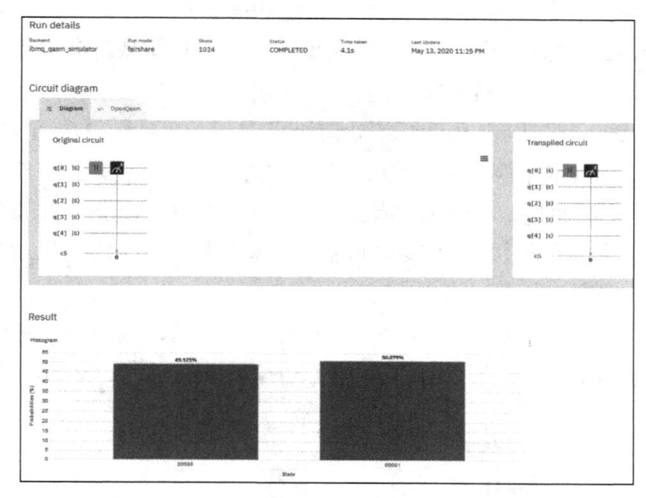

（d）执行算法所返回的运算结果

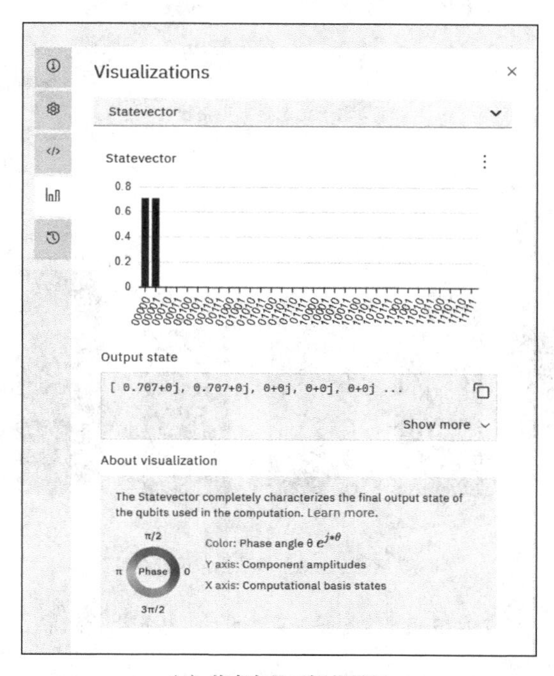

（e）状态向量可视化界面

图 7.8　量子算法设计示例（续）

2. 量子叠加态与纠缠态测量

量子力学及其相关领域的知识不是本书介绍的重点，不过，在进行具体实验之前，我们还是需要先熟悉几个基本的概念，为后续部分内容的理解打下基础。

一个量子比特或量子位是普通比特的量子版本，通常我们用半角符号“|>”以及 0,1 组合一起来表示，例如，|0>、|1>，或二者同时出现，也就是所谓的叠加态。叠加态是在测量迫使量子位选择一个最终状态之前，量子位的状态既不等于|0>，也不等于|1>，而是一个唯一的量子态，即由这两个状态的相等加权组合而成的状态。

量子门是用于量子计算的基本构件，它以经典逻辑门（Logic Gate）对比特的作用方式作用于量子位，一次一个或两个比特，以可控的方式改变它们的状态。

在“Circuit Composer”的量子乐谱中，就像音乐一样，时间从左向右推移。每一行代表一个量子位，以及随着时间的推移该量子位会发生什么变化。每个量子位就像音符一样，都有着不同的频率。量子算法（电路）首先以定义良好的状态准备量子位（如图 7.9（a）中所示的 q[0]、q[1]、q[2]），然后从左到右按时间顺序执行一系列单量子位或双量子位的门操作。

在图 7.9（a）中，我们通过 Composer 拖曳了 3 个 H 门（Hadamard Gate）H以及 3 个测量操作，简单地构建了一个 3 量子位、全态叠加的量子算法电路。H 门是只对单个量子位进行操作的门，该门使每个量子位进入相等的叠加状态。

量子叠加态算法电路设计以及程序运行结果如图 7.9 所示，其中图 7.9（a）为量子算法电路设计，q[0]、q[1]、q[2]分别表示 3 个量子位，“|0>”为量子基态。图 7.9（b）为算法模拟运行结果。

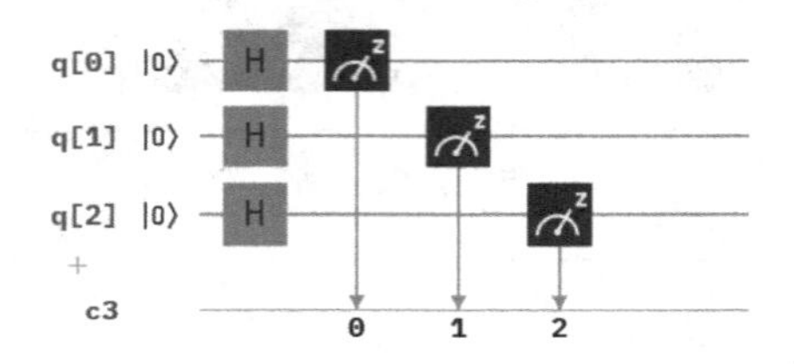

（a）3 量子全态叠加电路设计

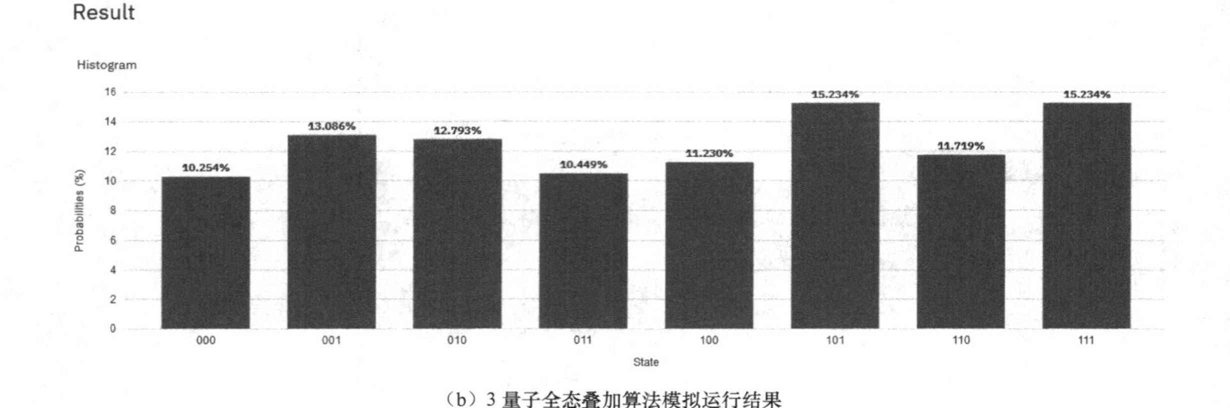

（b）3 量子全态叠加算法模拟运行结果

图 7.9　3 量子全态叠加算法设计及模拟运行结果

在执行量子观测之后，量子位的信息将变成一个经典位，这意味着它失去了叠加和纠缠的量子特性。测量中的每个量子位要么取值 0（如果在状态“|0>”中进行测量），要么取值 1（如果

在状态“|1>”中进行测量），很多时候，量子位有相等的概率为 0 或 1。在图 7.9（b）所示的直方图（条形图）中，每个直方图底部的 0 和 1 的组合表示量子位的测量状态，直方图的高度表示在实验中不同的状态产生结果的频率。该实验是通过模拟运行该量子算法电路 100 次得到的结果，为了节省空间，直方图中省略了未出现的结果。

量子纠缠是所有量子现象中最为奇异的一种。当两个或多个量子互相纠缠时，尽管它们相距甚远，且每个量子都独立随机运动，但它们之间仍具有极强的相关性。而在经典力学中，找不到与之相关的现象。纠缠态是由多个量子位组成的状态，它不能被表示为单个量子位。例如，“|00>”“|01>”“|10>”“|11>”这些双量子位状态都不属于纠缠态，因为它们都可以通过每个量子位的确定状态来描述。状态 $\frac{(|00\rangle+|01\rangle)}{\sqrt{2}}$ 也不属于纠缠态，因为它可以通过第一个处于叠加的单量子位状态 $\frac{(|0\rangle+|1\rangle)}{\sqrt{2}}$ 和第二个量子位状态“|0>”来表示。然而，状态 $\frac{(|01\rangle+|10\rangle)}{\sqrt{2}}$ 就属于量子纠缠态，因为无法将其表示为单个量子态的列表。

图 7.10（a）所示为双量子纠缠态（也称贝尔态）算法电路设计，图 7.10（b）所示为双量子纠缠态算法在模拟器上的运行结果，直方图所示为双量子纠缠态出现的概率。除了上例中的 H 门和测量操作之外，新增了两个量子门，分别为 X 以及 ⊕。其中，X 为泡利 X 门（Pauli-X Gate），该量子门操作一个量子位，相当于经典的逻辑非门。若操作前量子位为|1>，则通过泡利 X 门操作后会变成|0>；反之，则会由|0>变成|1>。⊕表示量子逻辑门中的两个量子位受控非门（Controlled-NOT Gate）：如果控制在状态 1，则翻转目标量子位（即应用泡利 X）的量子门。⊕门需要产生纠缠，并且是物理的两个量子比特门。⊕门也是量子逻辑门的一种，工作在由两个量子位组成的量子寄存器上，第一量子位为控制位，第二量子位为靶位。当作用在两个量子位上时，只有当第一个量子位为“|1>”时，才在第二个量子位上进行翻转操作，否则保持不变。

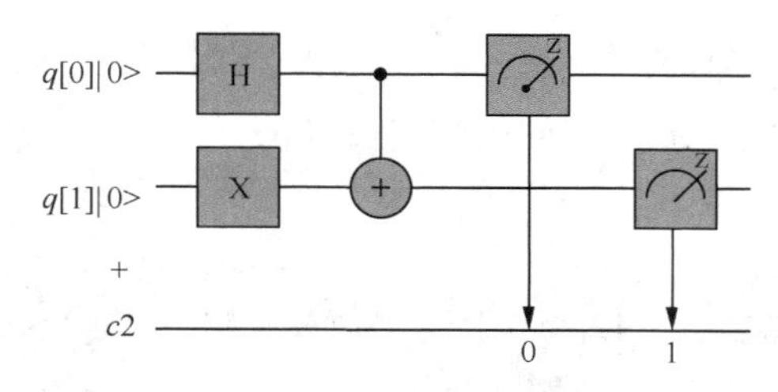

（a）双量子纠缠态算法电路设计

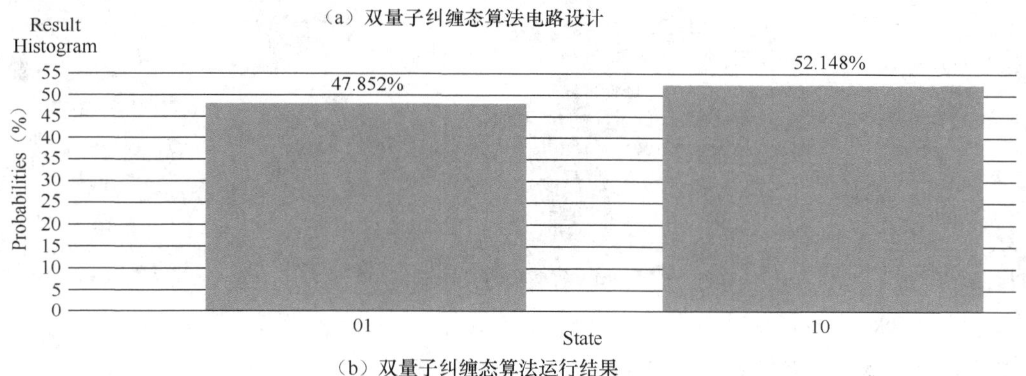

（b）双量子纠缠态算法运行结果

图 7.10　双量子纠缠态算法设计与运行结果

7.4 基于 Qiskit 的量子计算 Python 编程接口

IBM Quantum Experience 量子计算云平台可通过 Python 来实现编程操控。在此之前，我们需要安装 Python 编程接口库 Qiskit。

Qiskit 开源项目可让研发人员以编程的方式与 IBM 量子计算硬件进行交互。轻量级的 Qiskit API 是一个基于 Quantum Experience HTTP API 的 Python 包装器，可以连接和执行 OpenQASM 代码。通过 Qiskit API，研发人员可以直接与 IBM 后台的模拟器和量子计算机进行交互。

Qiskit API 利用一个被称为 OpenQASM 的量子中间件表示，该中间件支持量子电路工具集，为后续版本中的底层量子硬件提供更多的功能。用户可以使用诸如 Python 之类的脚本编程语言来运行批处理。

Qiskit 需 Python 3.5 及以上版本支持，可打开 Anaconda 控制台，在命令行中输入以下命令进行在线安装：

```
pip install qiskit
```

安装完成后，启动 Python 进入命令行模式，输入以下代码：

```
>>>from qiskit import IBMQ
```

如果没有出错信息，则表明安装正确，可以开始使用 Qiskit 提供的相关 API 接口进行量子计算编程。

Qiskit API 提供了一系列用于访问 IBM 量子计算机远程后台的编程接口。通过这些接口，我们可以设计并运行量子电路以及执行各种作业任务。以下为 Qiskit API 提供的几个常用功能及其应用示例。

（1）backends()

该函数用于返回所有可知的 IBM 后台可用量子计算机。

示例代码如下：

```
>>>From qiskit import IBMQ
>>>IBMQ.backends() #结果返回为空，因为没有提供令牌实现远程登录，所以无法获取后台量子计算机的详情
[]
>>>IBMQ.loadaccounts() #通过 Qconfig.py 配置文件提供的信息实现登录
>>>IBMQ.backends() #返回所有可知的后台可用量子计算机
[<IBMQBackend('IBMQx4') from IBMQ()>,
<IBMQBackend('IBMQx5') from IBMQ()>,
<IBMQBackend('IBMQx2') from IBMQ()>,
<IBMQBackend('IBMQ_16_melbourne') from IBMQ()>,
<IBMQBackend('IBMQ_qasm_simulator') from IBMQ()>]
>>>backend.status()
{'pending_jobs': 0, 'name': 'IBMQ_16_melbourne', 'operational': True}
```

（2）get_backend(*name*)

该函数用于返回后台对象的一个实例。

示例代码如下：

```
>>>IBMQ.get_backend('IBMQ_16_melbourne')
```

```
<IBMQBackend('IBMQ_16_melbourne') from IBMQ()>
```

（3）register(*args, provider_class=None, **kwargs)

该函数用于对在线后台提供程序进行身份验证。args 为类初始化位置参数。kwargs 为关键字参数，包括 token、url、hub、group、project 等。

示例代码如下：

```
>>>from qiskit import register
>>>my_token=
'897da61028be591e998bb3bda84d5ad2b335a83165c71c35ad4709b17f51cb1a703ef'
>>>url='https://quantumexperience.ng.bluemix.net/api'
>>>register(my_token,url)
```

（4）ClassicalRegister(size, name=None)

该函数用于创建新的通用寄存器。参数 size 指定通用寄存器位数，name 可以省略。

示例代码如下：

```
>>>from qiskit import ClassicalRegister
>>>QR=ClassicalRegister(3)#创建一个 3 位的通用寄存器
```

（5）QuantumRegister(size, name=None)

该函数用于创建新的量子寄存器。参数 size 指定量子寄存器位数，name 可以省略。

示例代码如下：

```
>>>from qiskit import QuantumRegister
>>>QR= QuantumRegister(2)#创建具有两个量子位的量子寄存器
```

（6）QuantumCircuit(*regs, name=None)

该函数用于设计一个新的量子计算电路。*regs 参数指定电路设计中所用到的寄存器。name 参数指定量子电路的名称（str 类型或为 None），如果没有指定名称，系统将自动生成标识符。

示例代码如下：

```
>>>from qiskit import QuantumCircuit
>>>QC=QuantumCircuit(QR,CR)
```

（7）measure(qubit, bit, circuit=None)

该函数用于创建一个新的量子测量指令。

示例代码如下：

```
>>>QC.measure(QR[0],CR[0])
```

（8）execute(circuits,backend,config=None,basis_gates=None,coupling_map=None,initial_layout=None,shots=1024,max_credits=10,seed=None, qobj_id=None, hpc=None, skip_transpiler=False)

该函数用于运行一组设计好的量子电路。其中，circuits 参数指定要运行的电路；backend 参数指定后台量子计算机；shots 参数指定每个电路的重复次数，主要用于采样。

示例代码如下：

```
>>>runs =100 #实验执行 100 次
>>>backend='IBMQx4' #选择后台量子计算机
>>>execute(QC, backend, shots=runs)
```

7.5 基于 Qiskit 的量子计算编程实践

量子计算编程的起点是量子电路设计。量子电路是由一系列经典寄存器对象、量子寄存器对象以及各种量子门和测量操作等电路构件组成的集合。通过顶层功能，可将电路发送到远程量子器件或本地模拟器后台执行，并收集结果以便于后续分析。

7.5.1 Qconfig.py 配置文件

在开始利用 Qiskit API 与 IBMQ 量子计算机进行编程交互之前，我们需要做一些准备工作。首先，要在一个名为 Qconfig.py 的配置文件里填写远程访问所需基本信息，包括个人 API 访问令牌 API Token 和 IBMQ 远程主机 URL 地址等。登录 IBM Quantum Experience 平台之后，单击右上角用户图标，在弹出菜单中单击“My Account”打开如图 7.11 所示界面，即可找到我们注册账号所对应的 API Token，我们可以复制（Copy API Token）现有的或生成（Regenerate）一个新的 API Token。

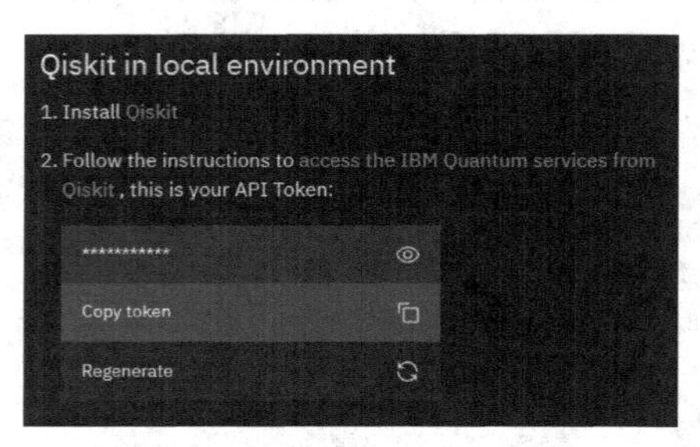

图 7.11　IBM Quantum Experience 平台用户账号信息

对于“hub”“group”“project”等几个参数，只有使用 20 个量子位的两台计算机，并且有相应权限时才需要填写（特别说明：注册的普通免费用户无须填写这几个参数，其用户界面也没有这几个参数）。

“Qconfig.py”文件内容如下：

```
# Before you can use the jobs API, you need to set up an access token.
# Log in to the Quantum Experience. Under "Account", generate a personal
# access token. Replace 'PUT_YOUR_API_TOKEN_HERE' below with the quoted
# token string. Uncomment the APItoken variable, and you will be ready to go.
APItoken = '897da61028be591e998bb3bda84d5ad2b335a83165c71c35ad47
586425a2ae91420ec84a8809653080ad27b29b17f51cb1a703ef '
config = {
   'url': 'https://quantumexperience.ng.bluemix.net/api',
# If you have access to IBMQ features, you also need to fill the "hub",
# "group", and "project" details. Replace "None" on the lines below
# with your details from Quantum Experience, quoting the strings, for
# example: 'hub': 'my_hub'
# You will also need to update the 'url' above, pointing it to your custom
# URL for IBMQ.
'hub': None,
'group': None,
'project': None
}
if 'APItoken' not in locals():
   raise Exception('Please set up your access token. See Qconfig.py.')
```

7.5.2 基于模拟终端的算法电路运行

基于 Qiskit 提供的各种 API，在一个模拟器上编写和运行量子计算电路就简单很多，示例代码如下：

```
#导入量子电路设计所需的各模块
from qiskit import QuantumCircuit,ClassicalRegister,QuantumRegister
#导入量子电路运行所需的各模块
from qiskit import execute, Aer

#创建一个具有 2 个量子位的量子寄存器
q=QuantumRegister(2)
#创建一个 2 位的通用寄存器
c=ClassicalRegister(2)
#创建量子电路
qc=QuantumCircuit(q,c)

# 在 0 量子位上添加一个 H 门，并在此位进行量子叠加
qc.h(q[0])
# 在控制量子位 0 和目标量子位 1 上加上受控非门 CX
# 将这些量子位置于贝尔纠缠态
qc.cx(q[0],q[1])
# 添加测量门以观察量子状态
qc.measure(q,c)

#显示本地量子运算模拟器列表
print("Aer backends: ",Aer.backends())
```

运行量子电路，结果及其可视化直方图如图 7.12 所示。需要注意的是，每次运行该程序结果可能会有所不同。另外，量子寄存器和通用寄存器位数需要一致，否则可能会报错。

```
Simulation: COMPLETED
{'11':524, '00':500}
```

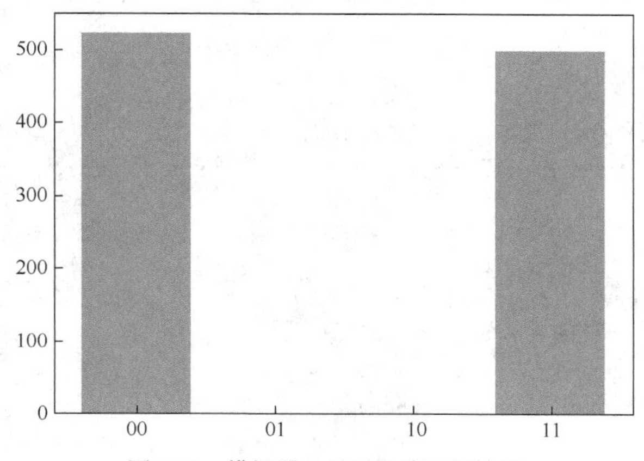

图 7.12　模拟器上量子电路运行结果

7.5.3　基于物理芯片的算法电路运行

上一个代码示例运行于模拟器上，也可以通过 IBM Quantum Experience 量子计算云平台在一个真正的量子芯片上运行我们设计的程序。为此，用户需要提供 Token 以及 URL 等相关信息并通过 IBMQ API 进行远程身份验证，以便使用在线量子计算设备。示例代码如下：

```
#导入 Qiskit 相关模块
```

```
from qiskit import QuantumCircuit,ClassicalRegister,QuantumRegister
from qiskit import execute,IBMQ

#设置你的 API 令牌和 URL 信息，即上文提及的 Qconfig.py 中的 API Token 及 URL
QX_TOKEN="897da61028be591e998bb3bda84d5ad2b335a83165c71c35ad47993080ad27b29b17f51cb1a703ef"
QX_URL="https://quantumexperience.ng.bluemix.net/api"

# 通过 IBMQ API 进行认证，以便使用远程联机量子设备
IBMQ.enable_account(QX_TOKEN,QX_URL)

#创建一个具有两个量子位的量子寄存器
q=QuantumRegister(2)
# 创建一个 2 位的通用寄存器
c=ClassicalRegister(2)
# 创建量子电路
qc=QuantumCircuit(q,c)

# 在 0 量子位上添加一个 H 门，并在此位进行量子叠加
qc.h(q[0])
# 在控制量子位 0 和目标量子位 1 上加上受控非门 CX
# 将这些量子位置于贝尔纠缠态
qc.cx(q[0],q[1])
# 添加测量门以观察量子状态
qc.measure(q,c)

# 查看后台可用设备列表
ibmq_backends = IBMQ.backends()
print("Remote IBMQ backends: ", ibmq_backends)

# 在指定量子计算设备上编译和运行量子电路
try:
        least_busy_device = least_busy(IBMQ.backends(simulator=False))
        print("Running on current least busy device: ", least_busy_device)

        job_exp = execute(qc, least_busy_device, shots=1024, max_credits=10)
        result_exp = job_exp.result()

        # 显示在实际量子芯片上运行量子电路的结果
        print("experiment: ", result_exp)
        print(result_exp.get_counts(qc))
    except:
        print("All devices are currently unavailable.")

except QISKitError as ex:
    print('There was an error in the circuit!. Error = {}'.format(ex))

#以直方图可视化显示结果
import matplotlib.pyplot as plt
dict_result = result_exp.get_counts(qc)
x = ['00', '01', '10', '11']
data = []
```

```
    for i in range(len(x)):
        data.append(dict_result[x[i]])
    plt.bar(x, data)
    plt.show()
```

运行结果及其可视化直方图（见图 7.13）如下所示：

```
    Remote IBMQ backends: [<IBMQBackend('ibmqx4') from IBMQ()>,<IBMQBackend('ibmqx5') from
IBMQ()>,<IBMQBackend('ibmqx2') from IBMQ()>,<IBMQBackend('ibmq_16_melbourne') from IBMQ()>,
    <IBMQBackend('ibmq_qasm_simulator') from IBMQ()>]
    Running on Current least busy Device: ibmqx4
    Experiment: COMPLETED
    {'00':491,'01':45,'10':70,'11':418}
```

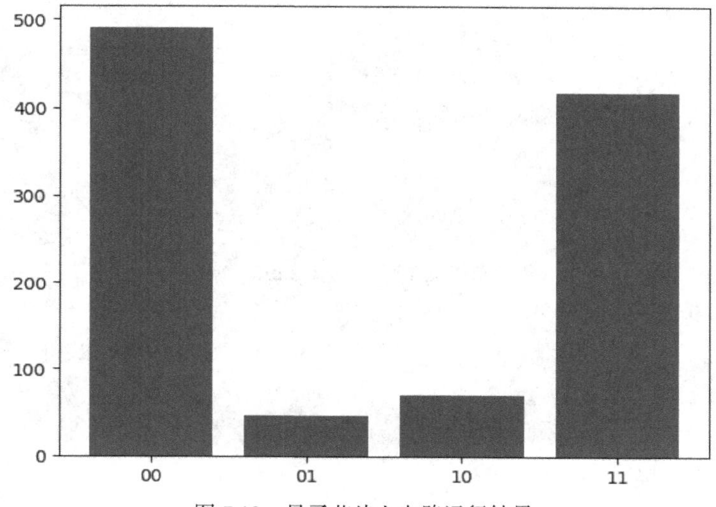

图 7.13 量子芯片上电路运行结果

注意，使用 IBM Q 量子计算机需要排队，程序运行时可能需要等待一段时间。此外，如果指定使用处于维护状态的计算机则会显示出错信息。我们可以通过访问指定网址（参见本书配套的电子资源）获取 IBM Q 所有量子计算机及其当前运行状态，如图 7.14 所示。其中，“MAINTENANCE”标记表明“IBM Q 5 Yorktown[ibmqx2]”量子计算机当前处于维护状态，不可用于量子算法电路的物理运行。

> IBM Q 20 Tokyo [ibmq_20_tokyo] AVAILABLE TO HUBS, PARTNERS, AND MEMBERS OF THE IBM Q NETWORK
> IBM Q 20 Austin [QS1_1] AVAILABLE TO HUBS, PARTNERS, AND MEMBERS OF THE IBM Q NETWORK
> IBM Q 16 Rueschlikon [ibmqx5] ACTIVE: DEDICATED AVAILABLE ON QISKIT
> IBM Q 5 Tenerife [ibmqx4] ACTIVE: USERS AVAILABLE ON QISKIT
> IBM Q 5 Yorktown [ibmqx2] MAINTENANCE AVAILABLE ON QISKIT
> IBM Q 16 Melbourne [ibmq_16_melbourne] ACTIVE: USERS AVAILABLE ON QISKIT
> IBM Q QASM Simulator [ibmq_qasm_simulator] ACTIVE SIMULATOR AVAILABLE ON QISKIT

图 7.14 IBM Q 所有量子计算机及其当前运行状态

7.5.4 量子电路可视化

除了利用 Qiskit API 进行量子计算，我们也可以对程序中设计出的量子电路进行可视化输出，示例代码如下：

```
#导入量子电路、量子寄存器、通用寄存器等模块
from qiskit import QuantumCircuit, QuantumRegister, ClassicalRegister
#导入量子电路可视化模块，用于绘制输出量子电路图
from qiskit.tools.visualization import circuit_drawer

#定义一个函数用于返回一个放置两个贝尔纠缠态量子位的电路
def build_bell_circuit():
    q = QuantumRegister(2)        #创建一个具有两个量子位的量子寄存器
    c = ClassicalRegister(2)      #创建一个 2 位的通用寄存器
    qc = QuantumCircuit(q, c)     #创建量子电路
    qc.h(q[0]) #添加一个 H 门
    qc.cx(q[0], q[1]) #添加一个受控非门
    qc.measure(q, c)   #添加测量门以观测量子状态
    return qc #返回量子电路

#调用函数创建量子电路
bell_circuit = build_bell_circuit()

#将量子电路图输出保存为当前目录下的图像文件“bell_circuit.png”
circuit_drawer(bell_circuit, filename='./bell_circuit.png')

#利用 show() 函数显示电路图
diagram = circuit_drawer(bell_circuit)
diagram.show()
```

运行程序，显示结果如图 7.15 所示。

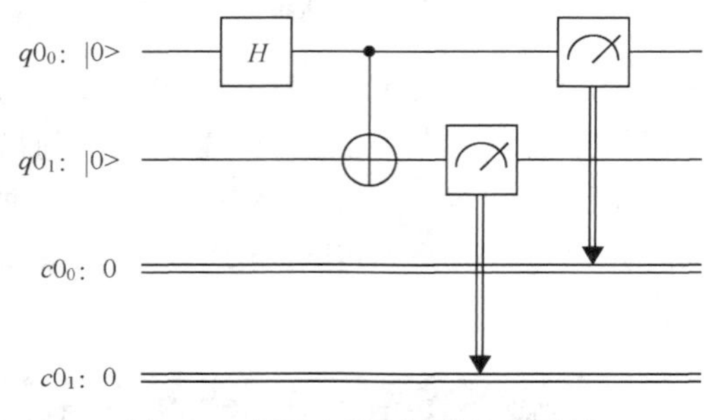

图 7.15　量子电路可视化输出示例

7.5.5　量子傅里叶变换

传统计算机遵循经典物理学定律，建立在二进制数字 0 与 1 的基础上，它们存储这些数字并用于各种运算。在传统计算机的内存单元中，最小的信息单元，也就是比特，其值只能为 0 或 1。量子算法利用了量子的“叠加”特性，量子比特的值可同时既为 0 又为 1。该特性可使量子计算机一次同时对多个数值进行运算，而传统计算机必须按顺序执行这些操作。

傅里叶变换是一种极为常用的数学工具，在信号处理、数据压缩、图像处理以及其他复杂性理论计算中都会见到它。傅里叶变换有多种形式，例如，离散傅里叶变换、快速傅里叶变换等。

量子傅里叶变换（Quantum Fourier Transform，QFT）是对波函数的振幅进行离散傅里叶变换的量子实现。它是许多量子算法的组成部分，最为著名的是索尔质因数分解算法（Shor's Factoring Algorithm）和量子相位估计。

离散傅里叶变换通过公式 7.5.1 作用于矢量$(x_0,\cdots,x_{N-1})$，并将其映射于矢量$(y_0,\cdots,y_{N-1})$之上。

$$y_k=\frac{1}{\sqrt{N}}\sum_{j=0}^{N-1}x_j\omega_N^{jk}\qquad\text{（公式 7.5.1）}$$

其中，$\omega_N^{jk}=\mathrm{e}^{2\pi i\frac{jk}{N}}$。

同样地，量子傅里叶变换可根据公式 7.5.1 作用于量子态 $\sum_{i=0}^{N-1}x_i\,|i\rangle$，并将其映射于量子态 $\sum_{i=0}^{N-1}y_i\,|i\rangle$ 之上。要注意的是，只有量子态的振幅才受这种变换的影响。

QFT 可表示为公式 7.5.2 所示的映射，或公式 7.5.3 所示的酉矩阵（Unitary Matrix）。

$$|x\rangle\mapsto\frac{1}{\sqrt{N}}\sum_{y=0}^{N-1}\omega_N^{xy}\,|y\rangle\qquad\text{（公式 7.5.2）}$$

$$U_{\mathrm{QFT}}=\frac{1}{\sqrt{N}}\sum_{x=0}^{N-1}\sum_{y=0}^{N-1}\omega_N^{xy}\,|y\rangle\langle x|\qquad\text{（公式 7.5.3）}$$

可以看出，当 N=2 时，量子傅里叶变换实际上就是一个 H 算子（Hadamard Operator）：

$$H=\frac{1}{\sqrt{2}}\begin{bmatrix}1&1\\1&-1\end{bmatrix}$$

假设我们有单量子比特状态 $\alpha\,|0\rangle+\beta\,|1\rangle$，如果将 H 算子应用到该状态，则可得到以下新的状态：

$$\frac{1}{\sqrt{2}}(\alpha+\beta)\,|0\rangle+\frac{1}{\sqrt{2}}(\alpha-\beta)\,|1\rangle\equiv\tilde{\alpha}\,|0\rangle+\tilde{\beta}\,|1\rangle$$

对于 QFT 量子电路，与 H 门一起，我们还需要控制相位旋转门，以实现比特之间的依赖关系。

$$CU_1(\theta)=\begin{bmatrix}1\,0\,0\,0\\0\,1\,0\,0\\0\,0\,1\,0\\0\,0\,0\,\mathrm{e}^{i\theta}\end{bmatrix}$$

当 $n=3$，$N=2^3=8$ 时，量子傅里叶变换如公式 7.5.4 所示。

$$\mathrm{QFT}_8\,|x_1x_2x_3\rangle=\frac{1}{\sqrt{8}}(|0\rangle+\mathrm{e}^{2\pi i[0.x_3]}\,|1\rangle)\otimes(|0\rangle+\mathrm{e}^{2\pi i[0.x_2.x_3]}\,|1\rangle)\otimes(|0\rangle+\mathrm{e}^{2\pi i[0.x_1.x_2.x_3]}\,|1\rangle)\qquad\text{（公式 7.5.4）}$$

我们按照以下步骤，为 $|y_1y_2y_3\rangle=\mathrm{QFT}_8\,|x_1x_2x_3\rangle$ 创建量子电路。

① 应用 1 个 H 门于$|x_3\rangle$，给出状态：$\frac{1}{\sqrt{2}}(|0\rangle+\mathrm{e}^{2\pi i.0.x_3}|1\rangle)=\frac{1}{\sqrt{2}}(|0\rangle+(-1)^{x_3}\,|1\rangle)$。

② 应用 1 个 H 门于$|x_2\rangle$，则根据 k_3，给出状态 $\frac{1}{\sqrt{2}}(|0\rangle+\mathrm{e}^{2\pi i.0.x_2x_3.}|1\rangle)$。

③ 应用 1 个 H 门于$|x_1\rangle$，则 $CU_1\left(\frac{\pi}{2}\right)$依赖于 k_2，$CU_1\left(\frac{\pi}{4}\right)$依赖于 k_3。

④ 以相反的顺序测量比特，亦即 $y_3=x_1$、$y_2=x_2$、$y_1=x_3$。

在 Quantum Experience Composer 中，3 个量子位的 QFT 电路在 QASM 编辑器中的汇编代码如下：

```
qreg q[3];
creg c[3];
h q[0];
cu1(pi/2) q[1],q[0];
h q[1];
cu1(pi/4) q[2],q[0];
cu1(pi/2) q[2],q[1];
h q[2];
```

基于 Qiskit API 的 QASM 代码如下：

```
q = Q_program.create_quantum_register("q", 3)
c = Q_program.create_classical_register("c", 3)

qft3 = Q_program.create_circuit("qft3", [q], [c])
qft3.h(q[0])
qft3.cu1(math.pi/2.0, q[1], q[0])
qft3.h(q[1])
qft3.cu1(math.pi/4.0, q[2], q[0])
qft3.cu1(math.pi/2.0, q[2], q[1])
qft3.h(q[2])
```

当 $N = 2^n$ 时，定义量子傅里叶变换 QFT 的示例代码如下：

```
def qft(circ, q, n):
    """量子电路 q 位上 n 个量子位的 QFT """
    for j in range(n):
        for k in range(j):
            circ.cu1(math.pi/float(2**(j-k)), q[j], q[k]) #傅里叶变换
        circ.h(q[j])
```

完整的 QFT 示例代码如下：

```
# 导入 Qiskit 相关模块用于量子电路设计与可视化等操作
from qiskit import Aer, IBMQ
from qiskit import QuantumRegister, ClassicalRegister, QuantumCircuit, execute
from qiskit.backends.ibmq import least_busy
from qiskit.tools.visualization import plot_histogram

#导入数学相关处理模块
import math

#读取当前目录下"Qconfig.py"文件并解析出 API Token、URL 等信息用于认证身份
IBMQ.load_accounts()

def input_state(circ, q, n):
    """QFT 的 n 量子位状态输入，并返回 1"""
    for j in range(n):
        circ.h(q[j])
        circ.u1(math.pi/float(2**(j)), q[j]).inverse()
```

```
def qft(circ, q, n):
    """量子电路 q 位上 n 个量子位的 QFT """
    for j in range(n):
        for k in range(j):
            circ.cu1(math.pi/float(2**(j-k)), q[j], q[k]) #傅里叶变换
        circ.h(q[j])

n=3 #量子比特数
q = QuantumRegister(n)          #3 个量子位的量子寄存器
c = ClassicalRegister(n)        #3 位的通用寄存器
qftn = QuantumCircuit(q, c)     #创建 3 个量子位的 QFT 电路

input_state(qftn, q, n)
qft(qftn, q, n)
for i in range(n):
   qftn.measure(q[i], c[i])
print(qftn.qasm())

"""运行电路并显示模拟器运行结果"""
backend = Aer.get_backend("qasm_simulator") #选择模拟器
simulate = execute(qftn, backend=backend, shots=1024).result()
simulate.get_counts()
print(simulate.get_counts())

"""显示 3 个量子位的 QFT 电路"""
from qiskit.tools.visualization import circuit_drawer
circiut_qft=circuit_drawer(qftn, filename='./QFT_circuit.png')
circiut_qft.show()

"""使用 IBMQ 后台量子计算机并运行电路"""
backend = least_busy(IBMQ.backends(simulator=False))
shots = 1024
job_exp = execute(qft3, backend=backend, shots=shots)

"""显示实际量子计算机运行结果并以直方图显示"""
results = job_exp.result()
plot_histogram(results.get_counts())
```

运行程序，结果如下所示，相应输出图形如图 7.16 所示。

```
OPENQASM 2.0;
include "qelib1.inc";
qreg q0[3];
creg c0[3];
h q0[0];
u1(-3.14159265358979) q0[0];
h q0[1];
u1(-1.57079632679490) q0[1];
h q0[2];
u1(-0.785398163397448) q0[2];
h q0[0];
cu1(1.57079632679490) q0[1],q0[0];
h q0[1];
```

```
cu1(0.785398163397448) q0[2],q0[0];
cu1(1.57079632679490) q0[2],q0[1];
h q0[2];
measure q0[0] -> c0[0];
measure q0[1] -> c0[1];
measure q0[2] -> c0[2];
{'001': 1024}
```

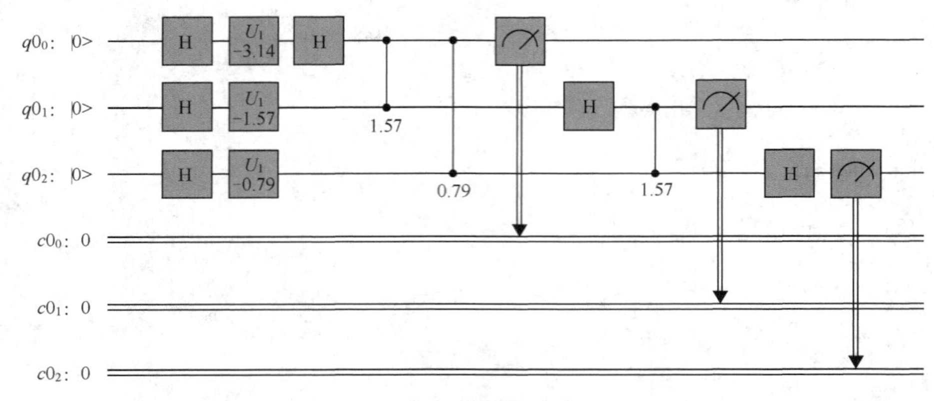

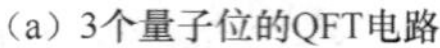
(a) 3个量子位的QFT电路

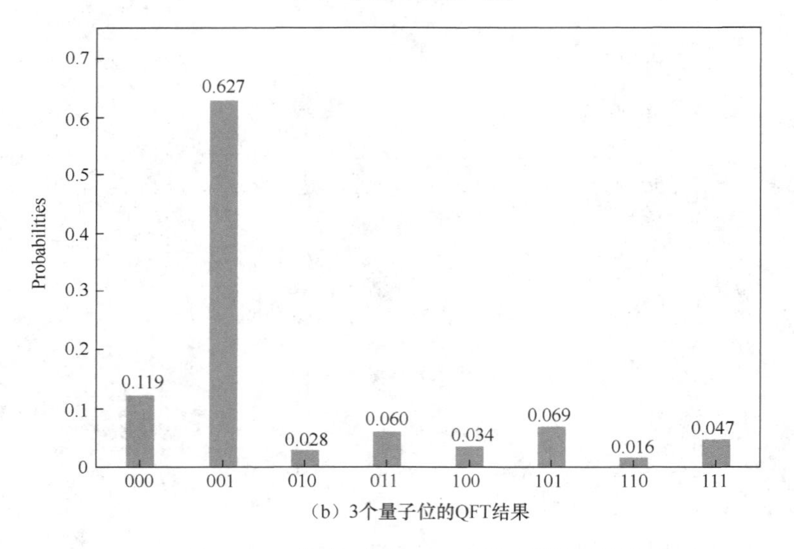

(b) 3个量子位的QFT结果

图 7.16　3 个量子位的 QFT 电路及其运行结果

在模拟器上运行 QFT 算法程序时，对于 3 个量子位，总是能看到{'001': 1024}这一结果，因为函数 input_state 使我们的结果总是为 1。在不使用该函数的情况下，我们得到的将是 000、001、010、011、100、101、110、111 以同样的概率出现。然而，在实际后台量子计算机上（ibmqx4）运行相同电路时，从图 7.16（b）可以看出，000、001、010、011、100、101、110、111 出现的概率会有很大的不同，不过，概率最高的依然是 001，这与本地模拟器结果一致。

7.6　Rigetti Computing 量子编程平台

除了 IBM 公司提供的量子计算编程平台之外,我们也可以通过其他平台提供的 API 接口进行量子编程实践。

Rigetti Computing 是一家位于加州伯克利的量子计算机公司，创始人是查德·里盖蒂（Chad Rigetti），一位年轻的物理学博士。该公司目前提供的云计算平台“Forest”，定位于让程序开发人员可以在一个基础平台上逐渐开发出越来越复杂的程序，最终实现可以跟当前的计算机程序匹敌的软件。平台提供了如图 7.17 所示的 36 个量子位的模拟量子计算机。测试用户现在已经可以在该平台上开发量子计算机程序,其开发流程与 IBM 的在线量子计算平台基本一致。Rigetti Forest 软件开发包内有 PyQuil、Rigetti Quil 编译器（Quilc）和量子虚拟机（Quantum Virtual Machine，QVM）。

（a）

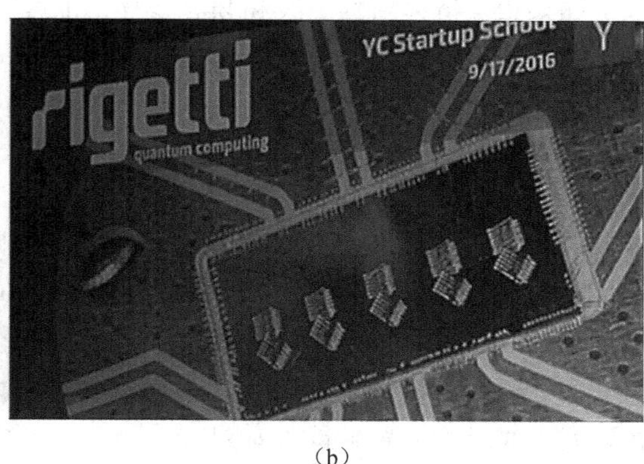

（b）

图 7.17　Rigetti Computing 量子计算机及芯片

7.6.1　Forest SDK 简介

Rigetti Forest SDK 包含一个可下载的编译器和一个 QVM。此外，SDK 还包含 PyQuil 2.0，较之以前版本有重大的更新。因此，使用 Forest 工具包先前版本编写的程序需要更新到 PyQuil 2.0，以便与 QVM 或编译器兼容。在开始利用 Forest SDK 进行量子程序开发之前，我们先来了解一下部分术语的具体含义。

Forest SDK：Rigetti Forest 提供的一套软件开发工具包，主要针对作为协处理器操作的量子计算机进行优化，与传统处理器协同工作以运行混合量子-经典算法。

PyQuil：一个开源的 Python 库，可用于编写和运行量子计算机程序。

Quil：量子指令语言标准。用 Quil 编写的指令可以在量子抽象机（如量子虚拟机）的任何实现上或在真正的量子处理器（Quantum Processing Unit，QPU）上执行。

QVM：量子虚拟机，是经典硬件上的量子抽象机的一种实现方式。QVM 允许你使用一台普通的计算机来模拟一个小的量子计算机并执行 Quil 程序。

QPU：量子处理器。这是指运行量子程序的物理硬件芯片。

Quil Compiler：编译器将根据其支持的指令集体系结构，对给定的 QAM 的任意 Quil 程序进行编译。

Forest SDK 可在官方网站（参见本书配套的电子资源）进行下载。

7.6.2 PyQuil 安装

PyQuil 的安装有以下几种不同的方式，包括从命令行安装和从源码进行安装。

（1）打开 Anaconda 控制台，在命令行中输入以下命令，将 PyQuil 作为 Conda 的一个软件包进行安装：

```
conda install -c rigetti pyquil
```

（2）打开 Anaconda 控制台，在命令行中输入以下命令进行在线安装：

```
pip install pyquil
```

（3）打开 Anaconda 控制台，在命令行中输入以下命令，对已经安装的 PyQuil 进行升级：

```
pip install --upgrade pyquil
```

（4）如果想保持最新的更改和 bug 修复，也可选择从源文件进行安装，开源代码和安装使用说明可访问其项目 GitHub 网站获取。

要注意的是，PyQuil 要求 Python 3.6 或以上版本。

7.6.3 PyQuil 量子编程示例

PyQuil 可用于编写和执行 Quil 程序而不受任何限制。然而，为了运行程序（例如，获取波函数、多脉冲等实验数据），我们需要提供 Rigetti Forest 的 API Key。它可让我们在量子虚拟机或真正的量子处理器上运行量子计算机程序。一旦申请并获取了 API Key，可手动创建配置文件，并将其放置于指定的目录下（例如，“\pyquil_config”）。配置文件为 INI 格式，且包含了连接到 Rigetti Forest 量子计算平台所需的所有信息，内容如下：

```
[Rigetti Forest]
url = https://forest-server.qcs.rigetti.com
key = 4fd12391-11eb-52ec-35c2-262765ae465a
user_id = 4fd12391-11eb-52ec-35c2-262765ae3cd5
[QPU]
exec_on_engage = bash exec_on_engage.sh
```

其中，“url”参数指定了远程设备终端地址，“key”参数存储了 Forest 1.x 对应的 API Key，“user_id”存储了 Forest 2.0 对应的 user ID，“exec_on_engage”指定了 QVM 在 QPU 占线时所要启动的 shell 命令。如果程序是在本地运行，则不起作用；但如果在 QVM 上运行，则非常重要。你也可以通过设置“PYQUIL_CONFIG”这个环境变量来更改该文件的存储位置。

下面，我们通过一个简单的示例来演示如何通过 PyQuil 构造一个贝尔纠缠态，以及如何计算其波函数的振幅。示例代码如下：

```
>>> from pyquil.quil import Program  #导入编程所需的各模块
>>> from pyquil.api import QVMConnection
>>> from pyquil.gates import *
>>> qvm = QVMConnection() #连接量子虚拟机
>>> p = Program(H(0), CNOT(0,1)) #量子电路构造，添加 1 个 H 门，1 个受控非门
   <pyquil.pyquil.Program object at 0x101ebfb50>
>>> qvm.wavefunction(p).amplitudes #振幅计算，返回值是存储量子态振幅的波函数对象
```

```
    array([0.7071067811865475+0j, 0j, 0j, 0.7071067811865475+0j])
```

下列示例代码则用于模拟一个多脉冲实验测量贝尔纠缠态的量子位 0 和 1：

```
>>> from pyquil.quil import Program  #导入编程所需的各模块
>>> from pyquil.api import QVMConnection
>>> from pyquil.gates import *
>>>qvm = QVMConnection() #连接量子虚拟机
>>>p = Program() #量子电路构造
#为量子电路添加 1 个 H 门、1 个受控非门以及 2 个测量门
>>>p.inst(H(0), CNOT(0, 1),MEASURE(0, 0), MEASURE(1, 1))
    <pyquil.pyquil.Program object at 0x101ebfc50>
>>>print(p)
H 0
CNOT 0 1
MEASURE 0 [0]
MEASURE 1 [1]
>>>qvm.run(p, [0, 1], 10) #运行量子电路
[[0, 0], [1, 1], [1, 1], [0, 0], [0, 0], [1, 1], [0, 0], [0, 0], [0, 0], [0, 0]]
```

整体而言，使用 PyQuil 进行量子计算编程，与 Qiskit 具有类似的体验。二者皆可使用本地模拟器和远程后端实际量子计算芯片来运行程序。限于篇幅我们将不对 PyQuil 进行更深入的讨论，其官网上有非常详尽的文档资源，读者可以自行查阅学习。当然，读者也可以注册加入 Rigetti Forest 用户社区，连接到 Rigetti Slack Workspace，在那里，读者可与来自世界各地的用户或 slackbot 在线服务机器人进行各种交流。

第 8 章 区块链技术与 Python 编程实践

2015 年，一种名为“CTB-Locker”的比特币（Bitcoin，在我国，数字货币为非法定货币）敲诈病毒在全世界范围内爆发式传播。该病毒通过远程加密用户计算机文件，而后向用户勒索赎金，用户只能在支付一定数量的比特币赎金后方可打开文件。2017 年 5 月和 6 月，爆发的 WannaCry 和 Petya 勒索病毒又疯狂肆虐，全球近百个国家和地区发生超过 7.5 万起计算机病毒攻击事件，“中毒”用户同样被勒索比特币。这一系列的计算机病毒勒索事件，让比特币及其相关底层技术区块链（Block Chain）登上了各大媒体头条，成为搜索引擎热词。随后，更因为各行业“巨头”纷纷布局区块链技术，让区块链应用真正开始走进大众的视野并步入快速发展的轨道。

8.1 区块链技术简介

1. 什么是区块链

神秘的区块链技术到底是什么呢？简而言之，它是由一组技术（包括分布式数据存储、点对点数据传输、共识机制、加密算法等）实现的大规模、去中心化的计算机技术新型应用模式。从狭义上讲，区块链是一种按照时间顺序将数据区块以顺序相连的方式组合成的一种链式数据结构，并以加密的方式保证不可篡改和不可伪造的分布式账本（Distributed Ledger）。从广义上讲，区块链是利用块链式数据结构来验证与存储数据、利用分布式节点共识协议（Consensus Protocol）来生成和更新数据、利用各种加密算法来保证数据传输和访问的安全、利用由自动化脚本代码组成的智能合约（Smart Contract）来操控数据的一种全新的分布式基础架构与计算方式。

人工智能与区块链的关系类似于计算机与互联网之间的关系，计算机为互联网提供了生产工具，互联网为计算机实现了信息互联互通。人工智能将解决区块链在自治化、效率化、节能化以及智能化等方面的难题，而区块链则将孤岛化、碎片化的人工智能以共享方式实现通用智能，前者是工具，后者是目的。分布式和去中心化的区块链，将会带来广阔和自由流动的数据市场、人工智能模块资源和算法资源。同时，将人工智能加入区块链，可让区块链变得更节能、高效、安全，其智能合约、自治组织也将会变得更智能化。因而这两者的结合会有两种不同的方式，这些方式的侧重点也有所不同。一是基于区块链，将人工智能技术用于优化区块链的搭建，包括私有链（Private Blockchain）、公有链（Public Blockchain）以及联盟链（Consortium Blockchain）等；二是基于人工智能，利用区块链的去中心化和价值互联网的天然属性，分布式解决人工智能整体系统的调配，以及实现数据、算法、模块资源的自由流动。

2. 区块链技术原理简介

区块链技术原理示意图如图 8.1 所示，每个区块链都是由一系列前后相连的区块按照一定规则构成的。以比特币为例，在区块链中，每个块都存储着一段时间内产生的交易信息，并且为了帮助确保整个区块链的完整性，每个区块将包含作为区块的索引的散列值（Hash Value）、时间戳（Time stamp）、数据以及前一个区块的散列值等。第一个被构建的区块称为创世块（Genesis Block），它拥有一个唯一的 ID。除创世块外，每个后续建立的区块均包含两个 ID，一个是该区块自身的 ID，另一个是前序区块的 ID，这些 ID 皆由哈希（Hash）算法生成。通过 ID 之间的前后指向关系，所有区块有序相连就构成了区块链。

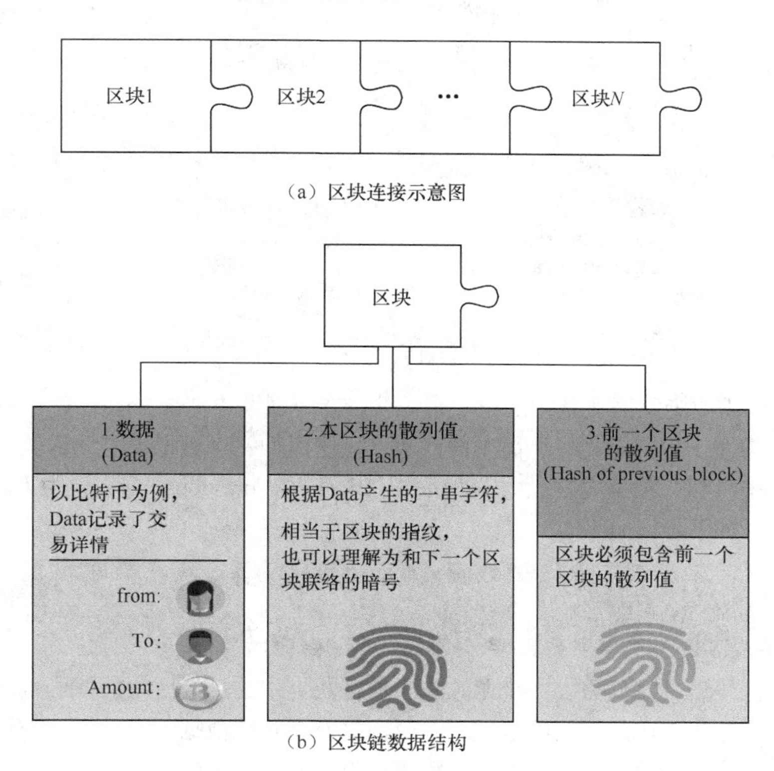

图 8.1　区块链技术原理

哈希算法也称散列算法，是一种从任意数据内容中创建数字"指纹"的方法，它把消息或数据压缩成摘要（Digest），使得数据量变小并将数据格式固定下来。通过哈希算法，可以对任意内容计算出一个长度相同的特征值。例如，比特币区块链的哈希长度为 256 位，这也意味着，无论其原始内容是什么，最后都会生成一个 256 位的二进制数字，同时保证，只要原始内容有任何改变，对应的散列值也一定不同。在 Python 中生成散列值非常简单，既可通过其内置的 hash 函数，也可通过 hashlib 模块的 MD5 算法来实现，示例代码如下：

```
>>>hash("AI & BlockChain")  #通过 Python 内置的 hash 函数计算散列值
109508525731349523
>>>import hashlib  #导入 hashlib 工具包
>>>m=hashlib.md5("abcdefg123456")  #通过 MD5 算法产生摘要
>>>m.hexdigest()  #输出十六进制的摘要信息
5393e7f94a25aaa373dbd3fa257bd3a
```

对区块链技术原理有了基本的了解之后，下面我们将用一个简单的例子来介绍区块链的一些技术细节。

首先，我们来定义一个区块链类及其数据结构，示例代码如下：

```
import hashlib as hasher  #导入 hashlib 库，主要用于散列值计算等相关处理
import datetime as date   #导入 datetime 库，主要用于时间戳相关处理
class Block: #区块链类的定义
  def __init__(self, index, timestamp, data, previous_hash): #定义类的构造方法
    self.index = index #索引
    self.timestamp = timestamp #时间戳
    self.data = data #区块数据
    self.previous_hash = previous_hash #前一个区块的散列值
    self.hash = self.hash_block() #当前区块的散列值

  def hash_block(self):#区块散列值定义
    sha = hasher.sha256()#通过 SHA 信息摘要算法产生 256 位散列值
    sha.update(str(self.index) +
          str(self.timestamp) +
          str(self.data) +
          str(self.previous_hash))
    return sha.hexdigest() #返回十六进制表示的信息摘要
```

接下来，我们需要定义区块链中的第一个区块，亦即创世块。通常情况下，它可以手动添加。为简化问题的复杂性，我们定义一个简单的函数，用于返回一个创世块。该区块的索引为 0，时间戳设为当前系统时间，数据内容设为“Genesis Block”，previous_hash 设为 0，也可设为其他任意值，示例代码如下：

```
def create_genesis_block(): #定义创建创世块的方法
  #调用区块链类的构造函数返回创世块
  return Block(0, date.datetime.now(), "Genesis Block", "0")
```

创建第一个区块后，我们需要一个函数来生成区块链中的后续区块。该函数将链中的前一个区块作为参数，创建要生成的区块的数据，并返回具有其相应数据的新区块。新产生的区块存有先前区块中的散列值，因而，整个区块链的完整性将随着每个新区块的生成而增加。如果没有这样的机制，其他人会很容易篡改历史记录，并用自己的全新数据替代现有的数据链。这个基于哈希算法的不可逆性构建而成的散列值数据链作为一种加密手段，确保一旦新区块被添加至区块链后，它不能被替换或删除。定义区块链后续区块的示例代码如下：

```
def next_block(last_block):#后续区块定义
  this_index = last_block.index + 1 #后续区块序号在前一个序号基础上递增
  this_timestamp = date.datetime.now() #当前时间作为时间戳
  this_data = " Transaction Data " + str(this_index) #后续区块数据设为当前数据与其序号的连接
  this_hash = last_block.hash  #后续区块散列值等于前序区块生成的散列值
  #调用区块类的构造方法返回后续区块
  return Block(this_index, this_timestamp, this_data, this_hash)
```

基于上述准备工作的完成，我们可以开始创建区块链。在该例中，区块链用一个简单的 Python 列表来表示，列表的第一个元素即为创世块。因本示例仅用于阐述区块链技术的基本原理，故只添加了为数不多的几个新区块，示例代码如下：

```
#创建区块链并添加创世块
blockchain = [create_genesis_block()] #添加创世块作为列表第一个元素
previous_block = blockchain[0]

#创世块后需要继续添加的区块个数
num_of_blocks = 5

#通过循环将区块添加进区块链
for i in range(0, num_of_blocks):
  block_to_add = next_block(previous_block) #创建后续区块
  blockchain.append(block_to_add)    #添加后续区块至区块链
  previous_block = block_to_add      #上一个区块的内容
  #向所有区块链节点发布信息
  print("Block #{} has been added to the blockchain!".format(block_to_add.index))
  print("Block Timestamp:{}".format(block_to_add.timestamp))
  print("Block Data:{}".format(block_to_add.data))
  print("previous Hash:{}".format(block_to_add.previous_hash))
  print("Hash: {}\n".format(block_to_add.hash))
```

运行程序，结果如图 8.2 所示。

```
(base) F:\DEV\Python\chapter8>python build_blockchain.py
Block #1 has been added to the blockchain!
Block Timestamp:2019-07-25 13:44:56.075000
Block Data:Transaction Data 1
Previous Hash:cb6615cdfab1b6aa6663f08da8ecbdad75ba7456e64828e11c576f6dae72e824
Hash: 55e9ab39100d8f32b0b7a649d1c141e18c9431b4f6e7bef27067c4c162fd622b

Block #2 has been added to the blockchain!
Block Timestamp:2019-07-25 13:44:56.076000
Block Data:Transaction Data 2
Previous Hash:55e9ab39100d8f32b0b7a649d1c141e18c9431b4f6e7bef27067c4c162fd622b
Hash: a9bfc557b686e9e690d0bfd1c97abbe8ad20864c00ff96cce8f1e765740ab9bc

Block #3 has been added to the blockchain!
Block Timestamp:2019-07-25 13:44:56.078000
Block Data:Transaction Data 3
Previous Hash:a9bfc557b686e9e690d0bfd1c97abbe8ad20864c00ff96cce8f1e765740ab9bc
Hash: d96963b9049bd39260587ae7d1d878cc20f1df9c29d39e0d6bfc83a122ce47c2

Block #4 has been added to the blockchain!
Block Timestamp:2019-07-25 13:44:56.079000
Block Data:Transaction Data 4
Previous Hash:d96963b9049bd39260587ae7d1d878cc20f1df9c29d39e0d6bfc83a122ce47c2
Hash: a606752be776aca4ffba3bf9090a285a87844c25bf5eb3049e2cf2353a1396f8

Block #5 has been added to the blockchain!
Block Timestamp:2019-07-25 13:44:56.080000
Block Data:Transaction Data 5
Previous Hash:a606752be776aca4ffba3bf9090a285a87844c25bf5eb3049e2cf2353a1396f8
Hash: 710b0f65083b9c32e2dc4223c59197413592e3799a32b8e19279f267f0507788
```

图 8.2　区块链创建示例

8.2　区块链编程环境配置

在利用区块链技术开始编程实践之前，我们需要准备一个完整的开发调试环境。

在示例项目中，需要用到 Flask 框架来进行调试和运行。Flask 是一个用 Python 编写的轻量级 Web 应用框架，用户可以使用 Python 快速实现一个网站或 Web 服务。为了不影响系统中其他项目的调试运行，我们将使用 VirtualEnv 来创建一个独立的 Python 虚拟运行环境。

VirtualEnv 是一个创建 Python 虚拟运行环境的工具。在 Python 开发中，我们经常会遇到以下情况：当前项目依赖的是某个版本，而另一个项目则依赖其他版本，因此多个项目之间会造成依赖冲突，而 VirtualEnv 正好可用来解决这个问题。VirtualEnv 通过创建一个 Python 虚拟运行环境，将项目所需的依赖都安装进去，不同项目之间互不干扰。

1. VirtualEnv 的安装

① 打开 Anaconda 控制台，在命令行中输入 pip install virtualenv 命令直接安装，或者从其官方网站下载安装文件，解压后放到指定目录即可。

② 创建项目文件夹 MyProject，进入 MyProject 文件夹，执行 virtualenv venv 指令创建虚拟 Python 环境。创建过程如图 8.3 所示。

```
(base) F:\DEV\Python\temp>mkdir MyProject

(base) F:\DEV\Python\temp>cd MyProject

(base) F:\DEV\Python\temp\MyProject>virtualenv venv
New python executable in F:\DEV\Python\temp\MyProject\venv\Scripts\python.exe
Installing setuptools, pip, wheel...done.
```

图 8.3　VirtualEnv 虚拟 Python 环境的创建过程

2. Flask 的安装

打开 Anaconda 控制台，在命令行中输入以下命令即可安装 Flask：

```
pip install flask
```

安装完成后，在命令行执行 flask 命令，如果显示类似如图 8.4（a）所示信息，即可表明 Flask 已正确安装。

3. Flask 测试

① 创建一个 Python 测试文件 flaskdemo.py，示例代码如下：

```
from flask import Flask    #导入 Flask 框架，实现一个 Web 服务器网关接口（WSGI）应用
app = Flask(__name__)      #定义一个 Flask 实例
@app.route('/')   #使用 app.route 装饰器将 URL 和执行的视图函数关系保存到 app.url_map 属性
def DemoFunc():   #定义一个视图函数
    return 'Hello Jiantao!'
if __name__ == '__main__':
    app.run()
```

② 打开 Anaconda 控制区，在命令行中输入 python flaskdemo.py 命令，然后根据提示打开浏览器，在地址栏中输入 http://127.0.0.1:5000/并按 Enter 键。运行结果如图 8.4（b）所示。

Flask 默认监听端口为 5000，虚拟机地址为 127.0.0.1，也可通过代码手动设置为其他端口和地址，例如：

```
app.run(host='192.168.0.1', port=9000)
```

当我们访问 http://127.0.0.1:5000/，通过 app.url_map 找到注册的“/”这个 URL 模式，就找到了相应的 DemoFunc()函数并执行，返回相关信息，状态码为 200。如果访问了一个未经定义的不存在路径，例如 http://127.0.0.1:5000/test，Flask 将找不到对应的模式，浏览器将返回“Not Found”，状态码为 404。

```
(base) F:\DEV\Python\chapter8\MyProject>flask
Usage: flask [OPTIONS] COMMAND [ARGS]...

  This shell command acts as general utility script for Flask applications.

  It loads the application configured (through the FLASK_APP environment
  variable) and then provides commands either provided by the application or
  Flask itself.

  The most useful commands are the "run" and "shell" command.

  Example usage:

    set FLASK_APP=hello.py
    set FLASK_DEBUG=1
    flask run

Options:
  --version  Show the flask version
  --help     Show this message and exit.

Commands:
  run    Runs a development server.
  shell  Runs a shell in the app context.
```

（a）Flask 命令运行信息

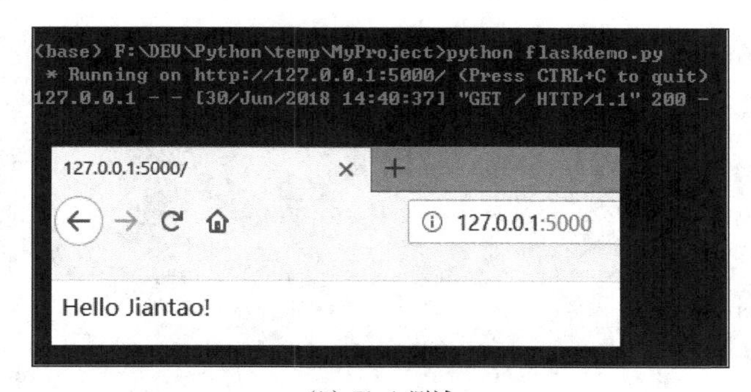

（b）Flask 测试

图 8.4　Flask 框架的安装与测试

8.3　区块链技术与编程实践

在本节，我们将以一个比本章开始部分更为复杂的例子，详细介绍区块链所涉及的几个主要算法和技术要点。

8.3.1　区块链的定义与创建

一个完整的区块链由一系列区块组成，每个区块包含索引、交易事务数据、时间戳、前一个区块的散列值等。我们通过创建一个 Blockchain 类，来对上述数据元素进行结构化描述和定义。创建 Blockchain 类的示例代码如下：

```
class Blockchain(object): #Blockchain 类的定义
    def __init__(self): #类的构造方法
        self.chain = [] #初始化区块列表
        self.current_transactions = [] #初始化交易事务数据列表

    def new_block(self): #新区块定义
        #定义一个新区块并将其加入区块链。具体定义实现参见后续部分内容
        pass
    def new_transaction(self):
```

```
        #将新事务添加到事务列表
        pass
    @staticmethod
    def hash(block):
        #计算区块散列值。具体定义实现参见后续部分内容
        pass
    @property
    def last_block(self):
        #返回上一个区块。具体定义实现参见后续部分内容
        pass
```

Blockchain 类的构造函数创建了两个初始化的空列表，一个用于存储区块链，另一个用于存储交易事务数据。该类负责链式数据管理，主要用于存储交易事务数据、添加新区块到区块链。

每个区块都包含索引、时间戳、交易事务数据、校验以及前一个区块的散列值等。一个典型区块的数据结构如下：

```
block = {
    'index': 1,  #索引
    'timestamp': 1530344229.8999667, #时间戳
    'transactions': [ #交易事务数据
        {
            'sender': "8527147fe1f5426f9dd545de4b27ee00",
            'recipient': "e7a315b6276948da95f87058d14f2778",
            'amount': 1,
        }
    ],
    'proof': 324984774000, #校验
    'previous_hash': "6bd438bf8a6b4a0d252dd7485a656ee3082a45d57e1a" #前一个区块的散列值
}
```

区块数据在逻辑上分为区块头（Block Head）和区块体（Block Body），如图 8.5 所示。区块链中，每个区块都有一个梅克尔树（Merkle Tree），每个区块头中的梅克尔根（Merkle Root，也称为 Merkle 树的根散列值）是由区块体中所有交易的散列值生成的。通过梅克尔根关联了区块中众多的交易事务，而每个区块之间通过区块头散列值（区块的 ID）串联起来。此外，该数据结构属于链式结构，其最大特点就是环环相扣，很难从中间进行破坏。例如，有人妄图篡改区块 2 的内容，他就需要同时将区块 2 后续的所有区块全都更改掉，否则所有后续区块包含的散列值都不正确。这个篡改的难度非常大，至少需要掌握全网 51%的算力。

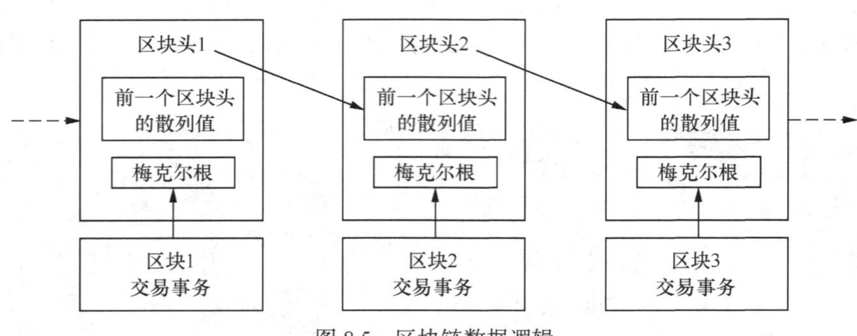

图 8.5　区块链数据逻辑

在区块链系统中，一个节点产生或者更新的数据要发送到网络中的其他节点接受验证，而其

他节点是不会验证通过一个被篡改的数据的，因为这样的数据与自己本地区块链账本数据无法匹配。这是作为价值互联网基础的区块链技术的核心设计理念，也正是区块链技术在许多行业大受欢迎的原因之一。

创建区块链后，可将交易事务数据添加至区块。下列示例代码中的 new_transaction()方法用于创建一笔新的交易到下一个区块，并返回交易事务数据所在区块的索引：

```
    def new_transaction(self, sender, recipient, amount): #创建新的交易事务数据
        self.current_transactions.append({
            'sender': sender, #发送者
            'recipient': recipient, #接收者
            'amount': amount, #数量
        })
        return self.last_block['index'] + 1 #返回交易索引
```

当 Blockchain 被实例化后，我们需要将创世块添加进去。此外，我们还需向区块添加一个由工作量证明（Proof of Work，PoW）算法生成的证明，具体算法在后文会进行介绍。除了在构造函数中创建创世块外，还需定义 new_block()、hash()函数等，分别用于创建新区块以及为指定的区块生成 256 位散列值。示例代码如下：

```
def new_block(self, proof, previous_hash=None):
        """
        创建一个新的区块到区块链。
        参数说明。
        proof: 由 PoW 算法生成的证明。
        previous_hash: 可选项，指的是前一个区块的散列值。
        返回值: 新区块(字典数据类型)
        """
        block = {
            'index': len(self.chain) + 1,
            'timestamp': time(),
            'transactions': self.current_transactions,
            'proof': proof,
            'previous_hash': previous_hash or self.hash(self.chain[-1]),
        }

        # 重置当前交易记录
        self.current_transactions = []

        self.chain.append(block) #添加区块至区块链
        return block

#返回上一个区块
def last_block(self):
    return self.chain[-1]

def hash(block):
        """
        基于 SHA256 算法生成一个区块的散列值。
        参数说明。
        block: 指定的区块（字典数据类型）。
```

```
        返回值：指定区块的散列值
        """
        #我们必须确保这个字典（区块）是经过排序的，否则将会得到不一致的散列值
        block_string = json.dumps(block, sort_keys=True).encode()
        return hashlib.sha256(block_string).hexdigest()
```

8.3.2 共识机制

所谓共识，就是指大家就某事通过某种方式达成一致的意见。在生活中也有很多需要达成共识的场景，比如开会讨论、双方或多方签订一份合作协议等。在区块链系统中，每个节点必须要做的事情就是让自己的账本跟其他节点的账本保持一致。共识机制（Consensus Mechanism）算法实际上是一个规则，每个节点都按照这个规则去确认各自的数据，筛选出具有代表性的节点。区块链系统就是通过某种筛选算法或是共识算法来确保网络中各个节点的账本数据保持一致。

区块链共识算法有很多，常用的包括工作量证明、权益证明（Proof of Stake，PoS）、股份授权证明（Delegated Proof of Stake，DPoS）和实用拜占庭容错（Practical Byzantine Fault Tolerance，PBFT）等。

比特币在区块的生成过程中使用了 PoW 算法。一个符合要求的区块散列值一般由 N 个前导 0 构成，0 的个数取决于计算的难度值。要得到合理的区块散列值需要经过大量的尝试计算，计算时间取决于计算机的运算速度。当某个节点提供出一个合理的区块散列值，说明该节点确实经过了大量的尝试计算。我们并不能精确得出计算次数，因为寻找合理散列值是一个概率事件。当某个节点拥有占全网 $n\%$ 的算力时，该节点即有 $n\%$ 的概率找到合理的区块散列值。在比特币区块链中，通过大量尝试计算来寻找符合条件的区块散列值的过程被形象地称为“挖矿”（Mining）。“挖矿”从本质上而言，是指多个节点通过 PoW 算法选出一致性检查节点，它通过一种“暴力机制”，不停地循环生成随机数并进行计算，通过网络预先广播的规则，让每个参与的节点自证明其是否具有成为检查点的资格。

PoW 算法的核心思想是计算出一个符合特定条件的数字，该数字对于所有节点而言必须在计算上非常困难，但同时又必须易于验证。下面这个简单的例子可用于阐述上述算法设计思想。

假设有两个整数 x 和 y，要求其乘积的散列值必须以 0 结尾。当 $x=13$ 时，求 y 的值。示例代码如下：

```
from hashlib import sha256 #载入哈希算法工具包
x = 13   #x 赋值
y = 0    #y 初始化
#循环计算散列值并判断是否符合条件
while sha256(f'{x*y}'.encode()).hexdigest()[-1] != "0":
    y += 1
print(f'y = {y}') #输出 y 值
print("Hash = ",sha256(f'{x*y}'.encode()).hexdigest()) #输出符合条件的散列值
```

运行结果为：

```
y=22
Hash=00328ce57bbc14b33bd6695bc8eb32cdf2fb5f3a7d89ec14a42825e15d39df60
```

比特币的 PoW 算法与上述示例类似，只不过计算难度更大。这些高难度的目标也正是“矿工”们为争夺创建新区块的权利而争相计算的问题。通常，计算难度与目标字符串需要满足的特定字符的数量成正比，“矿工”计算出结果后，就会获得一定数量的比特币作为奖励。为了承接前文

实现的完整的区块链代码，下面我们将通过以下示例代码实现一个 PoW 相似的算法：找到一个数字 P，使得它与前一个区块的 proof 拼接成的字符串的散列值以 4 个 0 开头。

```
def proof_of_work(self, last_proof): #一个简化的 PoW 算法
        proof = 0  #proof 初始化
        while self.valid_proof(last_proof, proof) is False:
            proof += 1
        return proof

def valid_proof(last_proof, proof):
        """
        有效性证明，即计算出的散列值中前 4 位都是 0。
        参数说明。
        last_proof：前一个证明。
        proof：当前证明。
        返回值：如果符合条件则返回 True，否则返回 False
        """
        guess = f'{last_proof}{proof}'.encode() #连接两个区块的 proof
        guess_hash = hashlib.sha256(guess).hexdigest() # 利用 SHA256 算法来计算散列值
        return guess_hash[:4] == "0000"  #是否符合前 4 位散列值为 0 的条件
```

增加算法复杂度的常用方法是修改有效性证明的条件，例如，增加本例中结果散列值以 0 开头的个数。为节省时间，我们仅用 4 个 0 作为判断条件，在程序的实际运行中，多一个 0 都会极大地增加计算量，得到最终结果的耗时也会更长。

8.3.3　创建节点

基于上述步骤中对区块链的定义和实现，我们将使用 Flask 轻量级 Web 框架来运行测试这个简易的区块链系统。Flask Web 服务器将扮演区块链系统中的一个节点。创建节点之前，我们需要创建以下几个接口用于区块链相关事务的处理。

接口 1：/transactions/new，用于创建一个交易并添加到区块。

接口 2：/mine，用于告知服务器去“挖矿”来生成新的区块。

接口 3：/chain，用于返回整个区块链。

接口框架的示例代码如下：

```
import hashlib     #导入 hashlib 工具包主要用于散列计算
import json        #导入该工具包主要用于区块链信息格式相关处理
from textwrap import dedent #导入该工具包主要用于文本格式化相关处理
from time import time       #导入该工具包主要用于时间戳相关处理
from uuid import uuid4      #导入该工具包主要用于 ID 唯一性相关处理
from flask import Flask     #导入该工具包主要用于 Flask Web 服务相关处理

#区块链类的定义
class Blockchain(object):
    ...
app = Flask(__name__) #初始化节点

#为该节点生成全球唯一的地址 UUID
```

```
node_identifier = str(uuid4()).replace('-', '')

blockchain = Blockchain()  #初始化区块链

#创建/mine 接口，以 GET 方式发起请求
@app.route('/mine', methods=['GET'])
def mine(): #定义“挖矿”视图函数
    return "We'll mine a new Block"
#创建/transactions/new 接口，以 POST 方式发起请求，可以给接口发送交易数据
@app.route('/transactions/new', methods=['POST'])
def new_transaction(): #定义交易视图函数
return "We will add a new transaction to the blockchain."

#创建/chain 接口，以 GET 方式发起请求，返回整个区块链
@app.route('/chain', methods=['GET'])
def full_chain():#定义区块链信息视图函数
    response = {
        'chain': blockchain.chain,
        'length': len(blockchain.chain),
    }
    return jsonify(response), 200

if __name__ == '__main__':
app.run(host='127.0.0.1', port=5000) #启动 Flask Web Server，端口为 5000
```

其中，发送到节点的交易数据结构如下：

```
{
 "sender": "my address",
 "recipient": "somebody else's address",
 "amount": 5
}
```

交易接口的实现代码如下：

```
@app.route('/transactions/new', methods=['POST'])
def new_transaction():
    values = request.get_json()

    #检查 POST 数据中是否包含完整的参数
    required = ['sender', 'recipient', 'amount']
    if not all(k in values for k in required):
        return 'Missing values', 400

    #创建新的交易
    index = blockchain.new_transaction(values['sender'], values['recipient'], values['amount'])
    response = {'message': f'Transaction will be added to Block {index}'}
    return jsonify(response), 201
```

“挖矿”接口“/mine”，主要实现以下功能。

① 计算 PoW。

② 通过新增一个交易授予“矿工”（自己）一个币。

③ 构造新区块并将其添加到区块链。

其接口实现代码如下：

```
@app.route('/mine', methods=['GET'])
def mine():
    #通过 PoW 算法获取下一个工作量证明
    last_block = blockchain.last_block
    last_proof = last_block['proof']
    proof = blockchain.proof_of_work(last_proof)

    #我们必须获得报酬（例如一定数目的比特币）来找到下一个证明
    #当 sender 为"0"，表明我们挖到了一个新的币
    blockchain.new_transaction(
        sender="0",
        recipient=node_identifier,
        amount=1,
    )

    #将新的区块添加到区块链
    previous_hash = blockchain.hash(last_block)
    block = blockchain.new_block(proof, previous_hash)

    response = { #接口返回数据
        'message': "New Block Forged", #提示信息
        'index': block['index'], #索引
        'transactions': block['transactions'], #交易
        'proof': block['proof'], #证明
        'previous_hash': block['previous_hash'], #前一个区块的散列值
    }
    return jsonify(response), 200 #返回数据标准化
```

要注意的是，交易的接收者是我们自己的服务器节点，我们做的大部分工作都只是围绕 Blockchain 类方法进行交互。

8.3.4　测试运行示例区块链

我们可通过在 Anaconda 控制台的命令行中执行以下命令来启动 Flask Web 服务器：

```
F:\>python blockchain.py
* Running on http://127.0.0.1:5000/ (Press CTRL+C to quit)
```

根据提示，打开浏览器并输入：http://127.0.0.1:5000/mine 来进行“挖矿”，程序运行结果如图 8.6 所示（特别说明：localhost 与 127.0.0.1 完全等同。很多计算机在输入 127.0.0.1 后自动转换为 localhost，因此图 8.6 中显示的网址是 localhost:5000/mine）。

以 POST 方式创建一个交易请求 http://localhost:5000/transactions/new，或者通过 cURL 语句发送一个如下所示的 POST 请求，用于创建一个交易并添加到区块。

```
curl -X POST -H "Content-Type: application/json"
-d '{ "sender": "e7a315b6276948da95f87058d14f2778",
"recipient": "someone-other-address",
"amount": 1}' "
http://localhost:5000/transactions/new"
```

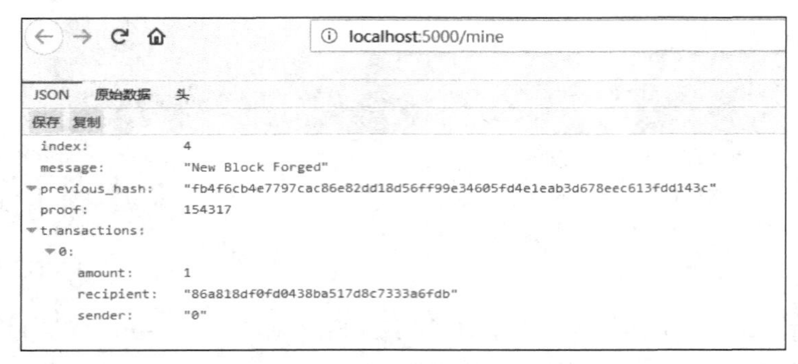

图 8.6 “挖矿”测试输出结果

我们在进行 3 次“挖矿”操作之后，共产生了 4 个区块。通过对 “/chain”接口发起以下请求即可获取如图 8.7 所示的所有区块信息。

```
http://localhost:5000/chain
```

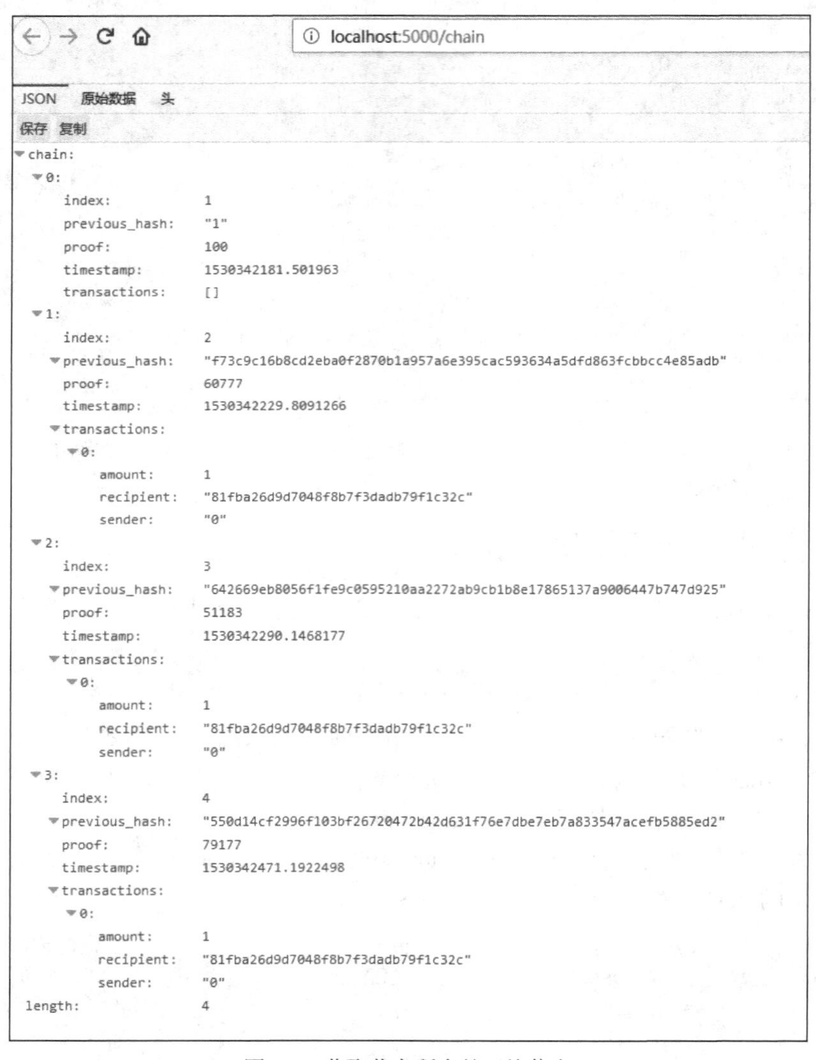

图 8.7 获取节点所有的区块信息

8.3.5　一致性算法

至此，我们已经有了一个基本的区块链可以接受交易和“挖矿”。但区块链系统一般是分布式架构，如果网络上有多个节点，就必须实现一个一致性的算法来保证所有的节点具有同样的数据链。在实现该算法之前，需要找到一种方式让每个节点知道其相邻节点。每个节点都需保存一份包含网络中其他节点的记录。因此，我们需要新增其他几个接口。

/nodes/register 接口：接收 URL 形式的新节点列表。

/nodes/resolve 接口：执行一致性算法，解决冲突，确保节点拥有正确的链。

在 Blockchain 类定义中新增一个节点注册方法，示例代码如下：

```
def register_node(self, address):
        #增加一个新节点到节点列表
        parsed_url = urlparse(address)
        self.nodes.add(parsed_url.netloc)
```

当一个节点与另一个节点有不同的链时，则会产生冲突。为解决这个问题，我们将采用最长链规则（Longest Chain Rule）算法在网络中的节点之间达成共识。该算法认定，最长的有效链最具权威性。下列示例代码通过遍历每个区块并验证散列值与证明是否正确来判断一个区块链是否有效。

```
def valid_chain(self, chain):  #有效链认定函数
        last_block = chain[0]
        current_index = 1
        while current_index<len(chain): #循环遍历所有区块
            block = chain[current_index]
            print(f'{last_block}')
            print(f'{block}')
            print("\n-----------\n")
            #检验该区块的散列值是否正确
            if block['previous_hash'] != self.hash(last_block):
                return False
            #检验工作量证明是否正确
            if not self.valid_proof(last_block['proof'], block['proof']):
                return False
            last_block = block
            current_index += 1
        return True
```

下列示例代码通过遍历所有相邻节点，下载它们的区块链并使用 valid_chain()函数来对其进行验证。如果找到一个长度大于当前节点现有链的有效链，就取代当前节点的现有链。

```
def resolve_conflicts(self): #解决冲突链
        neighbours = self.nodes
        new_chain = None
        #只查找比当前节点现有链长的链
        max_length = len(self.chain)
        for node in neighbours: #遍历网络中所有的相邻节点
            response = requests.get(f'http://{node}/chain') #调用接口返回节点整条区块链
            if response.status_code == 200: #接口调用，返回值正常
```

```
                length = response.json()['length'] #链的长度
                chain = response.json()['chain']   #链中所有区块
                #检验是不是有效的而且比当前节点现有链长的链
                if length > max_length and self.valid_chain(chain):
                    max_length = length
                    new_chain = chain
        #根据最长链规则，替换现有链
        if new_chain:
            self.chain = new_chain
            return True
        return False
```

将两个节点注册到示例 API 中，一个用于添加相邻节点，另一个用于解决冲突，其中“/nodes/resolve”接口测试输出如图 8.8 所示，表明当前节点现有链为最长有效链。

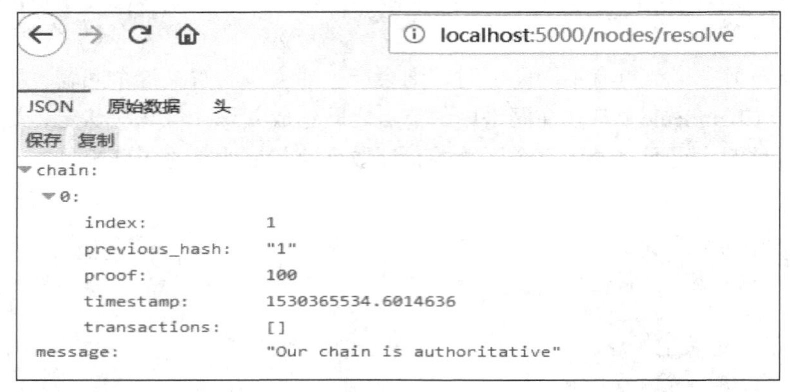

图 8.8　区块链一致性验证

示例代码如下：

```
@app.route('/nodes/register', methods=['POST']) #注册'/nodes/register'接口视图
def register_nodes(): #节点注册
    values = request.get_json()
    nodes = values.get('nodes')
    if nodes is None: #如果节点不存在
        return "Error: Please supply a valid list of nodes", 400 #返回 400 出错信息
    for node in nodes: #节点存在
        blockchain.register_node(node) #注册节点
    response = { #返回数据
        'message': 'New nodes have been added',
        'total_nodes': list(blockchain.nodes),
    }
    return jsonify(response), 201 #返回相应信息和 201 代码。201 表示成功处理了请求

@app.route('/nodes/resolve', methods=['GET']) #注册'/nodes/resolve'接口视图
def consensus(): #共识机制
    replaced = blockchain.resolve_conflicts()

    if replaced: #如果现有链被替换
```

```
        response = {
            'message': 'Our chain was replaced',
            'new_chain': blockchain.chain
        }
    else: #现有链没有被替换
        response = {
            'message': 'Our chain is authoritative',
            'chain': blockchain.chain
        }
    return jsonify(response), 200
```

为了便于测试，我们可另外使用一台不同的计算机，并在网络上启动不同的节点；或使用同一台计算机上的不同端口来启动进程，用于模拟不同的分布式网络节点。

第 9 章 并行计算与 Python 编程实践

人工智能的快速发展，在某种程度上与高速增长的各行业累积的海量大数据息息相关。大数据的应用对计算环境有很高的要求，一般都需要调动庞大的资源来对数据进行存储和处理，以便完成相关的计算任务。在包括移动终端等各类智能硬件逐步开始大规模使用人工智能模块之后，这种对于计算资源的高度需求已经成为常态。因此，各大硬件制造商都想方设法在其核心的处理器芯片上大做文章，以期使单个芯片的计算能力最大化。然而，作为半导体工艺上最具有技术和制造难度的晶圆制造，目前已经随着摩尔定律逼近了极限。因此，集成硬件制造商的决策是：与其构建更快、更复杂的单处理器，不如在集成芯片上放置多个相对简单的处理器。于是，它们便将注意力转移到了多核芯片的研发应用上。

具有多个处理器的集成芯片被称为多核处理器（Multi-Core Processor），它是指在一个处理器中集成两个或多个完整的计算引擎（内核），由总线控制器提供所有总线控制信号和命令信号。目前，很多普通的桌面级 CPU 都集成了 4～8 个内核。

大数据、算法和计算能力决定了人工智能的发展。目前，机器学习已经应用到很多领域，例如互联网数据挖掘、金融领域的数据处理、安全领域的视频资料处理等，都面临大数据和海量计算的挑战。传统机器学习技术在大数据环境下的低效率以及大数据分布式存储的特点，使得并行化的机器学习技术成为解决问题的重要途径。在计算领域上，主要依靠的硬件就是 GPU、多核 CPU，以及 Google 公司推出的 TPU（张量处理单元）等。在软件方面，除了各种算法的优化和分布式处理机制之外，针对许多具有并行计算能力的硬件资源也涌现出了各种封装好的并行计算集成应用工具包。

在本章，我们将从基于进程和线程的并行、基于 CUDA 的 GPU 并行以及其他并行应用开发工具等几个方面来介绍 Python 的并行计算应用。

9.1 基于 Multiprocessing 的并行计算

Multiprocessing 是一个使用类似于线程模块的 API 生成进程的 Python 工具包。该工具包是 Python 标准库的一部分，无须单独安装，可直接调用，用于 UNIX、Linux 以及 Windows 等各种操作系统进程的并行计算处理。Multiprocessing 通过使用子进程而不是线程来有效地绕过全局解释器锁，实现了共享内存编程范式，允许我们利用目标机器上的多个处理器，提供本地及远程并发编程功能。

9.1.1　进程创建与管理

利用 Multiprocessing 来生成进程是并行处理的基础。进程是系统进行资源分配和调度的基本单位，代表运行中的程序。创建一个进程，一般包含以下几个步骤。

① 构建一个进程对象。

② 调用 Multiprocessing 的 start()方法，开启进程活动。

③ 调用 join()方法进行等待，直至进程完成其工作并退出为止。

主进程任务在执行到某一个阶段时，需等待子进程执行完毕后才能继续执行。因此，需要有一种机制可让主进程检测子进程是否运行完毕，在子进程执行完毕后方可继续执行，否则一直保持阻塞状态。此乃 join()方法意义之所在。

以下示例代码创建了一个命名的进程与一个没有命名的进程并获取相应的进程 ID 与其父进程 ID，它们使用同一个目标函数。

```
import multiprocessing as mp #导入进程处理模块
import os     #导入系统模块，主要用于进程 ID 获取
import time   #导入时间处理模块，主要用于延时
def job():    #定义目标函数
    process_name=mp.current_process().name    #获取当前进程名称
    print('Starting function call in process %s' %process_name) #输出进程名称
    print('parent process:', os.getppid())    #获取父进程 ID
    print('process id:', os.getpid())         #获取当前进程 ID
    time.sleep(2)   #进程延时等待 2s
    print("Exiting process %s" %process_name)

if __name__=='__main__':
   #创建一个名为"Test_process"的进程
    p=mp.Process(name="Test_process",target=job))
    p.daemon=True #将 p 设置成后台运行的守护进程
    p.start()      #启动进程
    p.join()       #主进程等待 p 执行完毕
    #创建一个匿名进程
    p1=mp.Process(target=job)
    p1.start()
    p1.join()
```

运行程序，输出结果如下所示：

```
Starting function call in process Test_process
parent process: 903032
process id: 903048
Exiting process Test_process
Starting function call in process Process-2
parent process: 903032
process id: 903068
Exiting process Process-2
```

从输出结果可以看出，对于没有命名的进程，系统会自动将其命名为 Process-N，其中 N 为序号。

对于进程，还有许多其他操作。例如，可通过 p.terminate()方法来手动终止或“杀死”进程 p，或者利用 p.is_alive()方法来追踪该进程是否存续等。

9.1.2　进程数据交换

并行计算应用需要在进程之间进行数据交换。然而，每个进程包含独立的地址空间，只可执行自己地址空间中的程序，也只能访问自己地址空间中的数据。不同进程之间，不可直接进行数据交换，但可利用操作系统提供的诸如共享文件、消息传递、共享存储区等中介进行数据交换。Multiprocessing 标准库支持两种方式的数据交换通道，分别是队列（Queue）与管道（Pipe）。

1. 基于队列的数据交换

队列是一种链表式的数据结构，其使用场合非常广泛，诸如高性能服务器的消息队列、并行计算中的 Work Stealing 算法等都离不开它。在基于 Multiprocessing 的并行计算中，队列提供了一种从一个进程向另一个进程发送数据块的方法。

两个不同进程之间（包括父进程和子进程），内存空间完全独立，所以，不能直接互相访问对方的数据。子进程生成的过程，实际上是将父进程作为一个变量传递过来，父进程的队列被子进程复制一份后用 pickle 方法对该队列数据进行序列化操作，再反序列化给父进程，这样就实现了子进程对父进程的数据访问。以下为子进程访问父进程数据的示例代码：

```
from multiprocessing import Queue,Process
import os
#示例父进程函数用于保存队列数据
def func(queue):
    data=["Testing data",2019,True]
    queue.put(data)

if __name__ == '__main__':
    queue = Queue()#定义一个队列对象
    #创建一个子进程，目标函数为 func，参数为队列对象
    process = Process(target=func, args=(queue,))
    process.start() #启动子进程
    #输出获取的父进程队列数据以及父子进程 ID 等相关信息
    print("%s(pid:%s)got data from queue: %s" %(process.name, os.getpid(),queue.get()))
print("Parent process id: %s" %(os.getppid()))
    process.join() #子进程等待执行完成
```

程序运行结果如下：

```
Process-1(pid:1421172)got data from queue: ['Testing data', 2019, True]
Parent process id: 1051916
```

除了父进程与子进程之间的数据交换之外，在不同子进程之间亦可通过队列进行数据传递。示例代码如下：

```
import multiprocessing as mp
from multiprocessing import Process, Queue
import os, time, random

#定义方法向队列中写入数据
def WriteQueue(q):
    process_name=mp.current_process().name
```

```
    print("Starting %s" %process_name)
    for value in ['data chunk 1', 'data chunk 2', 'data chunk 3']:
        print ('Put %s to queue.' % value)
        q.put(value)
        time.sleep(random.random())
    print("Exiting %s" %process_name)

#定义方法从队列中读取数据
def ReadQueue(q):
    process_name=mp.current_process().name
    print("Starting %s" %process_name)
    while True:
        if not q.empty():
            value = q.get(True)
            print ('Get %s from queue.' % value)
            time.sleep(random.random())
        else:
            break
    print("Exiting %s" %process_name)

if __name__=='__main__':
    #父进程创建 Queue，并以此为中介让不同子进程之间进行数据交换
    queue = Queue()
    #创建一个子进程，并以队列写操作 WriteQueue()为目标函数
    process_write_queue = Process(target=WriteQueue,name="source process", args=(queue,))
    #创建一个子进程，并以队列读操作 ReadQueue()为目标函数
    process_read_queue = Process(target=ReadQueue,name="target process", args=(queue,))
    process_write_queue.start()    #启动子进程，向队列写入数据
    process_write_queue.join()     #等待子进程结束
    process_read_queue.start()     #启动子进程，从队列读取数据
    process_read_queue.join()      #等待子进程结束
    print ('Data Exchanging Accomplished!')
```

运行程序，结果如下所示：

```
Starting source process
Put data chunk 1 to queue.
Put data chunk 2 to queue.
Put data chunk 3 to queue.
Exiting source process
Starting target process
Get data chunk 1 from queue.
Get data chunk 2 from queue.
Get data chunk 3 from queue.
Exiting target process
Data Exchanging Accomplished!
```

上述两个进程之间的数据交换如果采用进程池（Pool）来操作，则可用以下代码来实现：

```
def DataExChangeWithPool():
    manager = mp.Manager()
    queue = manager.Queue()
    pool = Pool() #开启进程池
    #进程非阻塞执行方式向队列写入数据
```

```
    proc_write = pool.apply_async(WriteQueue,args=(queue,)) time.sleep(random.random())
    #进程非阻塞执行方式从队列读取数据
    proc_read = pool.apply_async(ReadQueue,args=(queue,))
    pool.close()   #关闭进程池，不再接受新任务
    pool.join()    #主进程阻塞等待子进程的退出

if __name__=='__main__':
    DataExChangeWithPool()
```

运行程序，结果如下所示：

```
Starting SpawnPoolWorker-3
Put data chunk 1 to queue.
Put data chunk 2 to queue.
Put data chunk 3 to queue.
Exiting SpawnPoolWorker-3
Starting SpawnPoolWorker-2
Get data chunk 1 from queue.
Get data chunk 2 from queue.
Get data chunk 3 from queue.
Exiting SpawnPoolWorker-2
```

2. 基于管道的数据交换

两个进程利用管道进行通信时，发送信息的进程称为“写进程”，接收信息的进程称为“读进程”。管道通信方式的中间介质为文件，通常称这种文件为管道文件，它就像管道一样将一个“写进程”和一个“读进程”连接在一起，实现两个进程之间的通信。在 Multiprocessing 库中，Pipe()函数用于创建一对由管道连接的 Connection(conn1, conn2)对象，管道的默认工作方式为双工（双向数据传输）。两个连接对象代表管道的两端，每个连接对象皆可通过 send()方法向管道写入数据，也可用 recv()方法从管道读取数据。以下为基于管道的进程间双工通信示例代码：

```
from multiprocessing import Process, Pipe
def func(conn):
  p2_send_data=[1, None, 'Yuting Lu'] #定义进程 2 欲发送的示例数据
  conn.send(p2_send_data) #通过管道发送数据
  print("Process-2 sent data:%s" %p2_send_data)
  while True:
      p2_recv_data= conn.recv() #通过管道接收数据
      print ("Process-2 received data: %s" % p2_recv_data)

 if __name__ == '__main__':
     conn1,conn2 = Pipe()  #定义管道与两个 Connection 对象
     proc = Process(target = func, args = (conn2,)) #开启进程
     proc.start() #启动进程
     conn1_recv_data=conn1.recv() #代表进程 1 的 conn1 对象通过管道接收数据
     print ("Process-1 received data: %s" %conn1_recv_data)
     conn1_send_data='2018-12-14'
     conn1.send(conn1_send_data) #代表进程 1 的 conn1 对象通过管道发送数据
     print("Process-1 sent data:%s" %conn1_send_data)
     proc.terminate() #终止进程
```

程序运行结果如下所示：

```
Process-2 sent data: [1, None, 'Yuting Lu']
Process-1 received data: [1, None, 'Yuting Lu']
Process-1 sent data:2018-12-14
Process-2 received data:2018-12-14
```

9.1.3　进程同步

多个进程可以协同工作来完成一项任务，通常需要共享数据，因此在多进程之间保持数据的一致性非常必要。需要共享数据协同的进程必须以适当的策略来读写数据，而多个进程是并发执行的，不同进程之间存在着不同的相互制约关系。异步环境下的一组并发进程，因直接制约而互相发送消息、互相等待以及互相合作，从而使得各个进程按一定的速度执行，这个过程称为进程间的同步。具有同步关系的一组并发进程称为合作进程，合作进程间互相发送的信号称为消息或事件。我们一般用同步原语（Synchronization Primitive）来解决多个进程之间的并发和协调问题。常见的同步原语及其功能说明如表 9-1 所示。

表 9-1　常见的同步原语及其功能说明

同步原语	功能说明
锁（Lock）	该对象可处于上锁与未上锁状态。锁对象有 acquire()与 release()等两个方法，用于共享资源的访问管理
递归锁（RLock）	定义了递归的 Lock 对象
屏障（Barrier）	用于将一个程序划分为几个阶段。它要求所有进程都到达之后方可继续执行。屏障后的代码不可与屏障前的代码并发执行
事件（Event）	实现进程之间的简单通信。一个进程会发出事件，其他进程会等待事件。Event 对象有两个方法：set()与 clear()，用于管理内部标志
信号量（Semaphore）	用于共享公共资源
条件（Condition）	用于串行或并行进程中的部分工作流。它有两个基本方法：wait()与 notify_all()，分别用于等待条件以及与所应用的条件进行通信

下面我们将通过 Lock 对象的进程锁机制来演示如何在进程间实现同步。首先，我们来观察以下多进程并行计算示例代码：

```
import multiprocessing #导入 Multiprocessing 模块用于处理基于进程的并发
import time #该模块用于处理程序暂停等相关事务
from datetime import datetime #用于程序时间戳相关处理
def job(v, num):
#定义并发执行任务。其中 v 为共享内存变量，num 为累加步长
N=5
for _ in range(N):      #每个进程运行 N 次
    time.sleep(0.1)     #暂停 0.1 秒，让输出效果更明显
    v.value += num      #v.value 获取共享内存变量值
    now=time.time()     #记录当前进程运行时间
    name=multiprocessing.current_process().name #当前进程名称
    #输出当前进程名称、累加数值及其当前运行的时间戳
    print("Process %s -->%s, %s" %(name,v.value,datetime.fromtimestamp(now)))

def multicore():
   v = multiprocessing.Value('i', 0)  # 定义共享内存变量
```

```
        #设定不同的数值来观察不同进程之间如何抢夺共享内存变量
        p1 = multiprocessing.Process(target=job, args=(v, 2)) #设置进程 1 数值累加步长为 2
        p2 = multiprocessing.Process(target=job, args=(v, 5)) #设置进程 2 数值累加步长为 5
        p1.start() #启动进程 p1
        p2.start() #启动进程 p2
        p1.join()
        p2.join()
    if __name__ == '__main__':
        print("Program concurrently running in %s CPUs" %(multiprocessing.cpu_count()))
multicore() #启动主程序
```

程序运行结果如下所示：

```
Program concurrently running in 4 CPUs
Process Process-2 -->5, 2019-04-29 22:24:52.114393
Process Process-1 -->7, 2019-04-29 22:24:52.214398
Process Process-2 -->12, 2019-04-29 22:24:52.314404
Process Process-1 -->14, 2019-04-29 22:24:52.414410
Process Process-2 -->19, 2019-04-29 22:24:52.514416
Process Process-1 -->21, 2019-04-29 22:24:52.127393
Process Process-2 -->26, 2019-04-29 22:24:52.227399
Process Process-1 -->28, 2019-04-29 22:24:52.327405
Process Process-2 -->33, 2019-04-29 22:24:52.427411
Process Process-1 -->35, 2019-04-29 22:24:52.527416
```

从上述运行结果可以看出，进程 1 与进程 2 之间由于缺乏同步机制，从而争抢使用共享内存而导致共享内存变量 v 按照不同的步长进行增长。将上述并发任务 job(v, num)通过 Lock 对象加锁实现同步，并按照以下代码重新定义：

```
lock = multiprocessing.Lock() #定义锁对象用于实现进程同步
def job(v, num, lock):
    lock.acquire() #将当前进程加锁，其他进程进入等待状态直到当前进程执行完毕
    #定义并发执行任务。其中，v 为共享内存变量，num 为累加步长，lock 为锁对象
    N=5
for _ in range(N):      #每个进程运行 N 次
    time.sleep(0.1)     #暂停 0.1 秒，让输出效果更明显
    v.value += num      #v.value 获取共享内存变量值
    now=time.time()     #记录当前进程运行时间
    name=multiprocessing.current_process().name #当前进程名称
    #输出当前进程名称、累加数值及其当前运行的时间戳
    print("Process %s -->%s, %s" %(name,v.value,datetime.fromtimestamp(now)))
lock.release() #释放锁对象，其他进程可以继续执行
```

重新运行程序，结果如下所示：

```
Program concurrently running in 4 CPUs
Process Process-1 -->2, 2019-06-01 22:47:13.393110
Process Process-1 -->4, 2019-06-01 22:47:13.493115
Process Process-1 -->6, 2019-06-01 22:47:13.593121
Process Process-1 -->8, 2019-06-01 22:47:13.693127
Process Process-1 -->10, 2019-06-01 22:47:13.793132
Process Process-2 -->15, 2019-06-01 22:47:13.900138
Process Process-2 -->20, 2019-06-01 22:47:14.000144
Process Process-2 -->25, 2019-06-01 22:47:14.100150
```

```
Process Process-2 -->30, 2019-06-01 22:47:14.200156
Process Process-2 -->35, 2019-06-01 22:47:14.300161
```

从上述结果可以看出，并行任务加锁后，直至当前进程执行完毕并释放当前锁对象方可执行下一个进程，而不会出现上一个示例中两个进程争抢内存的现象，从而实现了进程之间的同步。除了 Lock 机制之外，Barrier 等其他机制亦可实现进程之间的同步。

以下示例代码演示了如何通过 Barrier 机制来实现两个进程之间的同步。我们将定义 4 个进程，其中进程 1 与进程 2 通过 Barrier 机制来同步，而进程 3 与进程 4 之间则没有使用同步机制。

```
import multiprocessing #导入多进程处理库
from multiprocessing import Barrier, Lock, Process
from time import time #导入该库主要用于获取程序当前运行时间
from datetime import datetime #导入该库主要用于时间戳处理

def synproc_with_barrier(synchronizer, serializer):
    name = multiprocessing.current_process().name #获取当前进程名称
    #进程进行等待。当两个进程都调用了 wait()之后，那么它们就会同时释放
    synchronizer.wait()
    now = time() #获取当前运行时间
    with serializer:
        #输出进程当前运行时间戳
        print("process %s ----> %s" %(name, datetime.fromtimestamp(now)))

def multiproc_without_barrier():
    #获取当前进程名称
    name = multiprocessing.current_process().name
    #获取当前运行时间
    now = time()
    #输出进程当前运行时间戳
    print("process %s ----> %s" %(name, datetime.fromtimestamp(now)))

if __name__ == "__main__":
    #创建屏障
    synchronizer = Barrier(2) #参数 2 表示屏障用于管理两个进程
    serializer = Lock() #创建进程锁
    '''
    创建 4 个进程，其中进程 1 与进程 2 使用屏障进行同步，
    进程 3 与进程 4 则没有使用同步机制
    '''
    Process(name='Process 1 - synchronizing with barrier', target=synproc_with_barrier,
args=(synchronizer, serializer)).start()
    Process(name='Process 2 - synchronizing with barrier', target=synproc_with_barrier,
args=(synchronizer, serializer)).start()
    Process(name='Process 3 - process without barrier', target=multiproc_without_
barrier).start()
    Process(name='Process 4 - process without barrier', target=multiproc_without_
barrier).start()
```

运行程序，结果如下所示：

```
process Process 1 - synchronizing with barrier ----> 2019-06-03 21:41:58.383108
process Process 2 - synchronizing with barrier ----> 2019-06-03 21:41:58.383108
```

```
process Process 3 - process without barrier ----> 2019-06-03 21:41:58.379108
process Process 4 - process without barrier ----> 2019-06-03 21:41:58.299103
```

从上述结果可以看出，进程 1 与进程 2 具有相同的时间戳，进程 3 与进程 4 则由于缺乏同步机制而产生不同的时间戳。利用屏障来管理进程之间的同步机制如图 9.1 所示。

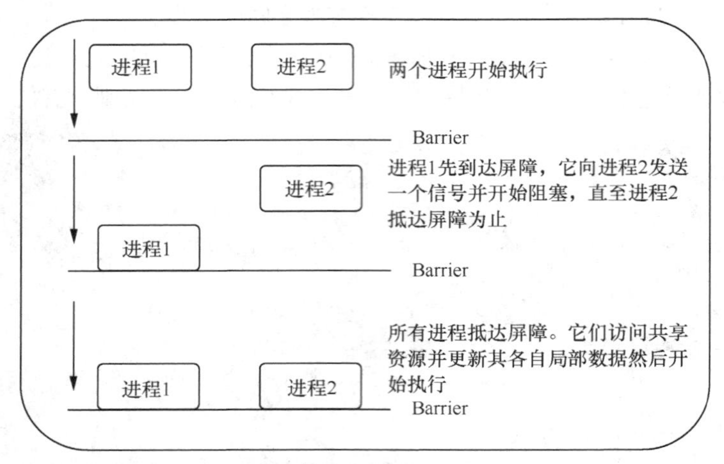

图 9.1　利用屏障来管理进程之间的同步机制

9.2　GPU 并行计算

图形处理器（Graphics Processing Unit，GPU）是一种用于台式计算机、工作站、游戏机以及平板电脑、智能手机等移动设备进行图像运算工作的微处理器，通常也被称为显示芯片、视觉处理器等。

GPU 并行计算的主要目的是同时利用 GPU 与 CPU，加快应用程序的运行速度。GPU 加速器于 2007 年由 NVIDIA 公司率先推出，现已在世界各地为政府、高校，以及各中小型企业的高能效数据中心提供支持。GPU 加速计算可以提供非凡的应用程序性能，可将应用程序计算密集部分的工作负载转移至 GPU，同时仍由 CPU 运行其余程序代码。因此，从用户的角度来看，应用程序的运行速度会明显加快。

GPU 计算较之于 CPU，具有以下几个方面的优势。

（1）并行度高

GPU 的内核（Core）数目一般远高于 CPU（例如 GeForce GT 755M 型号的 GPU 具有 384 个 CUDA 内核），因此，GPU 的任务并行度远高于 CPU。

（2）内存带宽高

GPU 的内存系统带宽远高于 CPU。例如，DDR 400 内存系统的带宽为 3.2 GB/s，而 GPU 的内存系统带宽通常可达 140 GB/s。

（3）运行速度快

GPU 的浮点运算速度较之于 CPU 也具有绝对优势。例如，CPU（Intel Core 2 Quad Q8200）的浮点运算速度是 37 GFLOPS（Giga Floating-point Operations Per Second，每秒 10 亿次浮点运算），而 GPU（NVIDIA GeForce 8800 Ultra（G80-450 GPU））则可达 393.6 GFLOPS。

利用 GPU 进行计算时，以 NVIDIA CUDA 架构为例，其原理如图 9.2 所示，主要分为以下几个步骤。

① 从主存将所需处理的数据复制到 GPU 显存。

② CPU 发送数据给 GPU 执行。

③ GPU 执行并行数据处理。

④ 将结果从 GPU 显存复制回主存。

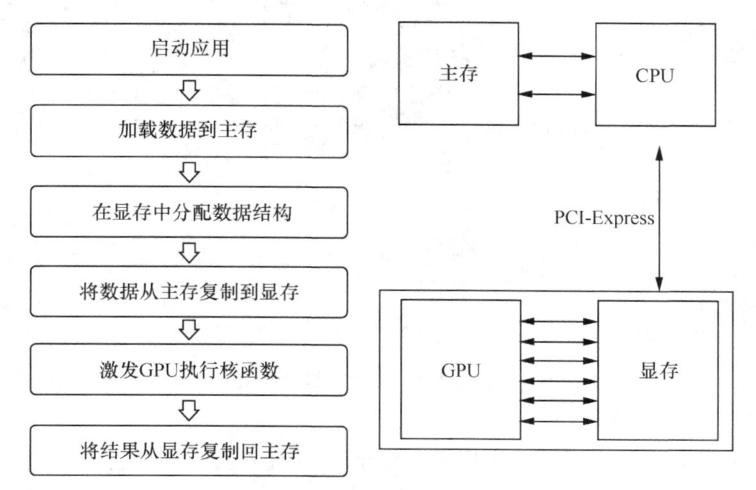

图 9.2　CUDA 程序执行流程

CUDA 提供了对于一般性通用需求的大规模并发编程模型，用户可通过 GPU 提供的编程接口将计算任务分配至 GPU 的诸多内核之上，实现运算效率比 CPU 更高的并行计算。

9.2.1　PyCUDA 并行计算

NVIDIA 的 CUDA 架构为我们提供了一种便捷的方式来直接操纵 GPU 进行编程。PyCUDA 是一个 GPU 并行计算的 Python 编程接口，通过它可以直接利用 NVIDIA CUDA 的几乎所有功能来实现 GPU 加速计算。PyCUDA 集成了一系列易用的工具包，其中包括基于 GPU 的线性代数库、快速傅里叶变换包以及数值计算工具函数集 LAPACK（Linear Algebra PACKage）等。

1. PyCUDA 的安装与测试

PyCUDA 的安装分为以下两个步骤。

（1）安装 CUDA SDK

在安装 PyCUDA 之前，需要从 NVIDIA 官方网站下载安装符合本机硬件 GPU 型号的 CUDA SDK。为确保 CUDA 的正常运行，需将 CUDA SDK 的 lib 目录（例如：C:\Program Files\NVIDIA GPU Computing Toolkit\CUDA\v9.2\lib）加入系统变量 Path 之中。

（2）安装 PyCUDA

对于 PyCUDA 的安装，通常有以下两种常用方式。

其一，与诸多其他工具包的安装方式类似，通过在 Anaconda 控制台的命令行中输入以下命令即可完成在线安装：

```
pip install pycuda
```

其二，先从 PyCUDA 官方网站下载符合本机配置的最新安装包，例如 pycuda-2018.1.1+

cuda101-cp36-cp36m-win_amd64.whl，然后在 Anaconda 控制台的命令行中输入以下命令进行安装：

```
pip install pycuda-2018.1.1+cuda101-cp36-cp36m-win_amd64.whl
```

安装完成后，我们可通过以下示例代码来测试 PyCUDA 是否能正常工作：

```
import pycuda.driver as driver #导入 PyCUDA 工具包
driver.init() #对 CUDA 设备进行初始化
print("%d Devices found!" % driver.Device.count()) #显示当前计算机的 CUDA 设备及其数量
for ordinal in range(driver.Device.count()): #枚举显示当前所有 CUDA 设备及其相关信息
dev=driver.Device(ordinal)
print("Device #%d: %s" % (ordinal,dev.name()))
print("Compute Capability: %d.%d" % dev.compute_capability())
print("Total Memory: %s KB" % (dev.total_memory()//(1024)))
```

程序运行结果如下所示：

```
1 Devices found!
Device #0: GeForce GTX 1050 Ti
Compute Capability: 6.1
Total Memory: 4194304 KB
```

上述结果表明，在当前计算机上 PyCUDA 以及 CUDA SDK 的安装完全正常。

2. 基于 PyCUDA 的并行计算

安装好 PyCUDA 之后，一般需通过以下 import 指令导入相关工具包并进行设备初始化操作。例如：

```
import pycuda.driver as cuda    #导入 PyCUDA 驱动程序工具包
import pycuda.autoinit          #导入 PyCUDA 自动初始化工具包
from pycuda.compiler import SourceModule #导入 PyCUDA 核函数工具包
```

在 CUDA 架构下，一个程序分为两个部分，Host 端与 Device 端。Host 端是指在 CPU 上执行的部分，而 Device 端则是指在 GPU 芯片（通常指的是显卡）上执行的部分，Device 端程序也称为并行核函数（Kernel Function）。

通常情况下，在使用 PyCUDA 时，原始数据大多以 NumPy 数组的形式存储于 Host 端，定义好数据之后，Host 端程序会将需并行计算的数据转移至 Device 端。转移数据一般是通过在 GPU 设备中预先分配一段内存空间作为数据转移目的地，然后将原始数据直接复制过去。数据转移的示例代码如下：

```
import numpy #导入 NumPy 工具包
array=numpy.random.randn(5,5)            #定义一个 5×5 的 NumPy 随机数组
gpu_mem=cuda.mem_alloc(array.nbytes)     #在 Device 上根据原始数据大小分配一段内存空间
cuda.memcpy_htod(gpu_mem,array)          #将原始数据从 Host 复制至 Device
```

核函数是整个 CUDA 架构中最为重要的组成部分，对原始数据的并行计算任务就由核函数执行。核函数并不是一个完整的程序，而是整个程序中一个可被 GPU 的多个线程并行执行的步骤，每个线程都会执行核函数里的代码。核函数一般由一段 CUDA C 代码来实现，然后将该段代码提交给一个称为“SourceModule”的构造函数。核函数是在每个线程上运行的程序，必须通过“__global__”函数类型限定符进行定义。

核函数定义的一般形式如下所示：

```
__global__ void kernel(parameter list){…}
```

其中，parameter list 为参数列表。以下示例代码用于定义一个 CUDA 核函数，该函数用于对两个向量进行点乘运算。

```
mod = SourceModule("""
__global__ void dot_product(float *dest, float *a, float *b)
{
  const int i = threadIdx.x;     #线程 ID 内置变量
  dest[i] = a[i]*b[i];           #向量点乘运算
}
""")
```

运行程序，若无出错信息，则表明上述核函数 CUDA C 代码编译成功并加载于显卡 GPU 之上。要调用刚才定义的核函数 dot_product()，可先声明一个该函数的引用（Reference），然后再调用此引用，并将 GPU 中的数组作为参数传递过去，同时设定线程块的大小。示例代码如下：

```
func = mod.get_function("dot_product ") #声明一个核函数的引用
func(gpu_mem, block=(4,4,1)) #调用核函数进行并行计算任务，设定线程块大小为 4*4
```

并行计算任务执行完成后，我们需要将处理后的数据从 Device 端（GPU）取出并返回给 Host 端（CPU）。示例代码如下：

```
result = numpy.empty_like(array)     #预定义数据存储空间
cuda.memcpy_dtoh(result, gpu_mem)    #将数据从 Device 端复制至 Host 端
```

此外，PyCUDA 也提供了 pycuda.driver.In、pycuda.driver.Out 与 pycuda.driver.InOut 等 3 个参数处理器（Argument Handler），用于简化内存与 GPU 显存之间的数据复制。例如，我们可通过以下方式直接将原始数据移动至 GPU 显存而无须预先分配一段内存空间作为目标地址。

```
func(cuda.InOut(array),block=(4, 4, 1)) #通过参数处理器直接进行数据移动
```

CUDA 软件架构由网格（Grid）、线程块（Block）和线程（Thread）组成。一个 CUDA 并行计算程序将以多个线程来执行，多个线程被群组为一个线程块，同一个线程块中的线程之间可以进行同步，亦可通过共享内存（Shared Memory）机制进行进程间的通信，而多个线程块则会构成计算网格。GPU 上的计算单元一般分为若干（2～3）个网格，每个网格内包含若干（65535）个线程块，每个线程块包含若干（512）个线程，此三者的关系如图 9.3 所示。

CUDA 中可以创建的网格数量与 GPU 的计算能力有关。在单一维度上，计算任务可由多达 3×65535×512=100661760 个线程并行执行，这对于在 CPU 上创建并行线程而言则是难以想象的。

CUDA 的每个线程都对应一个线程 ID，线程的 ID 信息由变量 threadIdx 给出。threadIdx 是 CUDA C 的内置变量，通常它用一个三维数组来表示。使用三维数组的好处在于可以很方便地表示一维、二维和三维线程索引，进而方便地表示一维、二维和三维线程块。无论是数组、矩阵，还是张量的计算，皆可较为容易地使用 CUDA 进行运算。

线程的索引与线程 ID 之间存在着直接的换算关系。对于一个索引为(x, y, z)的线程而言：

① 如果线程块是一维的，则线程 $ID = x$；

② 如果线程块是二维的，假设其大小为(D_x, D_y)，则线程 $ID = x + y \cdot D_x$；

③ 如果线程块是三维的，假设其大小为(D_x, D_y, D_z)，则线程 $ID = x + y \cdot D_x + z \cdot D_x \cdot D_y$。

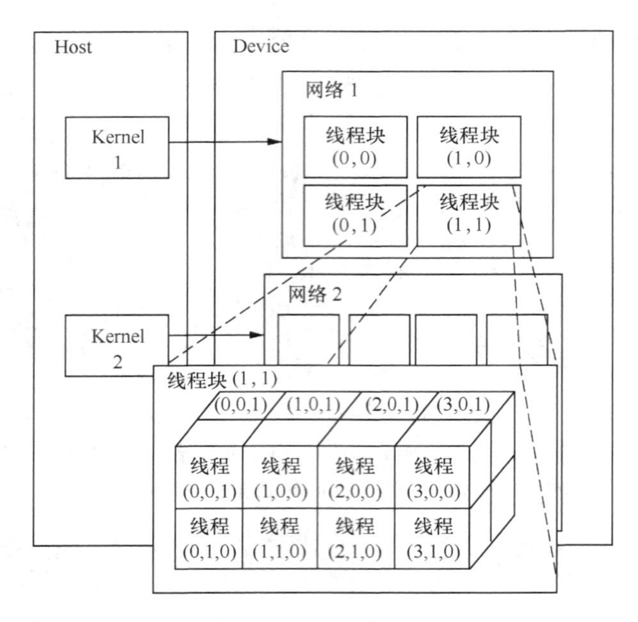

图 9.3　CUDA 软件架构示意

进行 CUDA 编程时，关于核函数的定义，我们需要注意以下几点。

① 核函数在被调用时要显式声明其线程层次结构，即块的数量和每块的线程数量。可以试着编译一次核函数，然后用不同的块和网格大小多次调用它。

② 核函数没有返回值。因此，要么必须对原始数组进行更改，要么传递另一个数组来存储结果。为了计算标量，用户必须传递单元素数组。

以下为一个完整的简单示例，演示了如何利用 PyCUDA 相关模块进行并行计算。

```
import pycuda.driver as cuda    #导入 PyCUDA 驱动程序工具包
import pycuda.autoinit          #导入 PyCUDA 自动初始化工具包
from pycuda.compiler import SourceModule #导入该工具包用于 PyCUDA 核函数相关处理操作

import numpy #导入 NumPy 工具包用于数组相关处理操作
array = numpy.random.randn(4,4) #定义一个 4×4 的随机数组
"""
常规 GPU 显卡大多不支持双精度浮点运算，因此通过 numpy.float32 可转换为单精度浮点数。若使用的是专用
GPU 计算卡，一般都支持双精度浮点运算，则无须此步骤
"""
array = array.astype(numpy.float32)
#在 GPU 上分配内存作为数据复制目标地址
gpu_mem = cuda.mem_alloc(array.size * array.dtype.itemsize)
cuda.memcpy_htod(gpu_mem, array) #从 CPU 复制数据至 GPU

"""
定义一个核函数 DemoKernelFunc，函数用 CUDA C 实现
"""
mod = SourceModule("""
  __global__ void DemoKernelFunc(float *a)
  {
    int idx = threadIdx.x + threadIdx.y*4; #计算线程 ID，用于定位数组中每个元素
```

```
        a[idx] *= 2; #对数组中的每个元素皆进行倍乘运算
      }
      """)

    func = mod.get_function("DemoKernelFunc") #声明核函数的一个引用
    func(gpu_mem, block=(4,4,1)) #调用核函数，并以设定的 4×4 大小的线程块在 GPU 上进行并行计算
    """
    通过 numpy.empty_like 生成一个与 array 形态和数据类型皆相似的随机矩阵，用于在 CPU 上进行内存空间分配
    """
    array_doubled = numpy.empty_like(array)
    cuda.memcpy_dtoh(array_doubled, gpu_mem) #从 GPU 复制数据至 CPU
    #输出原始数组与经核函数运算后的数组
    print ("Original array:")
    print (array)
    print ("Doubled with kernel:")
    print (array_doubled)

    #以简化的数据复制方式进行核函数调用
    func(cuda.InOut(array), block=(4, 4, 1))
    print("Doubled with InOut:")
    print(array)
```

运行程序，返回结果如下所示：

```
Original array:
[[-1.331009    0.13303855  0.48911756  0.41804722]
 [-1.2691387   0.5666253  -0.21135184 -0.48182732]
 [ 0.41033986  2.0171225  -0.85238856  1.085789  ]
 [-0.34840873 -0.9385053   0.09753722  0.80842793]]
Doubled with kernel:
[[-2.662018    0.2660771   0.9782351   0.83609444]
 [-2.5382774   1.1332506  -0.42270368 -0.96365464]
 [ 0.8206797   4.034245   -1.7047771   2.171578  ]
 [-0.69681746 -1.8770106   0.19507444  1.6168559 ]]
Doubled with InOut:
[[-2.662018    0.2660771   0.9782351   0.83609444]
 [-2.5382774   1.1332506  -0.42270368 -0.96365464]
 [ 0.8206797   4.034245   -1.7047771   2.171578  ]
 [-0.69681746 -1.8770106   0.19507444  1.6168559 ]]
```

9.2.2 Numba GPU 高性能计算

1. Numba 简介

Numba 是一个 BSD 许可的开源工具包，为 Python 开发人员提供了一个轻松入门 GPU 加速计算的途径。Numba 可在运行时将 Python 代码通过 LLVM 编译器编译成本地机器指令，利用即时（Just-In-Time，JIT）编译技术，使得代码在一些多次运行的大规模运算中运行效率有较大幅度的提高。

JIT 编译是动态编译的一种形式，是一种提高程序运行效率的方法。通常，程序有两种运行方式：静态编译（Static Compilation）与动态直译（Dynamic Interpretation）。静态编译的程序代码在执行前全部被翻译为机器码，而程序的直译运行方式则是逐句边运行边翻译。JIT 编译方式为上述两种方式的混合，也就是在程序运行过程中逐句编译源代码，但会将翻译过的代码缓存起

来以提高性能。Python 与 Java 类似，都是基于虚拟机（Virtual Machine）的语言，运行程序的方式是解释一行执行一行，运行效率较低，不像 C/C++，将程序代码编译成机器语言后再执行。程序经过 JIT 技术编译以后，可明显提高运行速度。Numba 使用 LLVM 编译器架构将纯 Python 代码生成优化过的机器码，通过添加简单的注解，将面向数组以及需使用大量数学计算的 Python 代码优化得到与 C/C++、Fortran 等类似的性能，而无须改变 Python 解释器本身。

Numba 最初由 Continuum Analytics 团队研发（我们使用的 Anaconda 亦出自该团队），现在该项目已经开源。其核心应用领域为面向数组以及大量数学计算相关的任务处理。这些相关任务通过原生 Python 进行处理速度较慢，通常由 C/C++等高级语言重写编译后作为外部模块使用。

Numba 的在线安装有以下两种方式。

① 通过 Conda 包管理命令进行安装：conda install numba。

② 通过 pip 命令进行安装：pip install numba。

使用 Numba 进行高性能计算编程，通常只需在普通的 Python 函数定义前添加一个相关的装饰器（Decorator）即可。例如，使用诸如@jit 装饰器，利用 JIT 技术进行高性能计算，或给要在 GPU 上执行的代码加上@cuda 装饰器等来实现并行计算任务。

装饰器也称为包装器，是对函数的一种包装。装饰器使函数的功能得到扩充，而无须修改函数本身的代码，它也能增加函数执行前、执行后的行为，并且不会对调用函数的代码做任何改变。

2. 基于 Numba 的高性能计算

在我们定义的函数前加上@jit 装饰器，即可简单地实现高性能计算。示例代码如下：

```
import time  #导入时间处理模块，用于计算程序运行时间
import numba #导入 Numba 模块进行高性能计算

@numba.jit #使用 Numba 装饰器启动 JIT 技术进行实时编译
def Fibonacci(N):
"""
定义一个递归函数计算斐波那契数列指定项。
参数 N：数列的第 N 项
"""
    if N<=2 :
        return 1; #数列前两项皆为 1
    else:
        return Fibonacci (N-1)+ Fibonacci (N-2); #数列当前项为前两项之和

start = time.time()    #执行函数前的当前时间
Fibonacci(50)          #计算斐波那契数列第 50 项
end = time.time()      #执行函数后的当前时间
print("Total Time Cost:", end-start)
```

上述示例代码定义了一个函数，利用递归的方式计算斐波那契数列（Fibonacci Sequence）的指定项。使用@numba.jit 装饰器可直接使用 Numba JIT 技术进行实时编译，从而提高速度。在测试计算机上的运行时间约为 6.21s，如果去掉装饰器，则程序运行时间大约是 286.85s，由此看出，加装饰器后，程序运行效率有 40 多倍的提升。因此，使用 Numba 在某种程度上大幅提升了程序的运行效率。需要注意的是，该示例代码在不同的计算机上运行时间可能会因不同的硬件配置而不尽相同。

除@jit 装饰器之外，Numba 还提供了其他几种不同的装饰器，其中最为常见的是@vectorize 装饰

器。通过该装饰器，可对仅能操作标量的函数进行转换，然后用于数组运算；也可将 target 参数传递给该装饰器，用于指明程序代码运行主体。@vectorize 装饰器的参数及其说明如表 9-2 所示。

表 9-2　@vectorize 装饰器参数及其说明

target 参数	参数说明
cpu	程序代码将运行于单线程 CPU 之上
parallel	程序代码将并行运行于多核 CPU 之上
cuda	程序代码将并行运行于 CUDA GPU 之上

例如，以下示例代码将实现两个 32 位浮点数的加法运算，根据 target 参数指示，代码将在 CPU 上单线程运行。

```
from numba import vectorize #导入@vectorize 装饰器用于高性能计算
@vectorize(['float32(float32, float32)'], target='cpu') #指明程序运行主体为主机上的 CPU
def sum(a, b): #定义一个简单的加法运算函数
return a + b
```

若使用 GPU 来运行上述代码，则只需将上述示例代码第二行修改如下：

```
@vectorize(['float32(float32, float32)'], target='cuda') #指明程序运行主体为设备上的 GPU
```

利用@vectorize 装饰器进行矢量化计算通常比利用 NumPy 实现的代码运行更快，只要相关代码具有足够大的计算密度或者大量数据的数组。否则，由于创建线程以及将元素分配到不同线程需要额外的开销，可能导致耗时更长。因此，只有计算任务的运算量足够大时，基于 Numba 的程序性能提升才会足够明显。

9.3　MPI 并行计算

消息传递接口（Message Passing Interface，MPI）是一种基于消息传递的并行编程技术，常用于在非共享存储系统中开发并行程序。并行程序是指一组独立、统一的处理过程，所有进程包含相同的代码，可运行于不同的节点或计算机之上。消息传递指的是并行执行的各个进程具有自己独立的堆栈和代码段，作为互不相关的多个程序独立执行，进程之间的信息交互完全通过显性地调用通信接口函数来完成。MPI 定义了一系列功能接口，几乎所有操作系统皆支持 MPI。

9.3.1　mpi4py 简介

mpi4py 是一个构建在 MPI 之上、非常强大的第三方 Python 库，它可以让数据结构在进程间很方便地进行传递。mpi4py 用于在 Python 环境下使用 MPI 接口进行多进程并行编程和分布式的高性能计算。mpi4py 实现了很多 MPI 标准中的接口，基本上能用到的 MPI 接口都有相应的实现，包括点对点通信（Point-to-Point Communication）、集合通信（Collective Communication）、阻塞/非阻塞通信（Blocking/Non-Blocking Communication）、组间通信（Inter Communication）等。

9.3.2　mpi4py 的安装与测试

因为 mpi4py 是构建于 MPI 基础之上的 Python 库，所以，mpi4py 的安装实际上应包括以下两

个步骤。

1. 安装 Microsoft MPI

从 Microsoft 官方网站下载 MPI 可执行安装文件，然后按提示进行安装。完成安装后，将其“bin”目录加入系统路径 Path 变量中。

2. 安装 mpi4py

打开 Anaconda 控制台，在命令行中输入以下命令来安装 mpi4py：

```
conda install --channel https://conda.anaconda.org/dhirschfeld mpi4py
```

也可在命令行中输入 pip install mpi4py 命令进行在线安装。安装完成后，可通过以下命令来对安装好的 MPI 以及 mpi4py 进行测试：

```
mpiexec -n 3 python Path-To-Your-File\MPIdemo.py
```

其中，“mpiexec”为 MPI 可执行程序，“Path-To-Your-File”指的是测试文件所在当前目录，“-n”参数用于指定使用多少个 MPI 进程来执行该程序，“MPIdemo.py”为测试程序。

上述命令将在单个节点（单台计算机）上发起 3 个进程来并行执行 MPIdemo.py 程序。若要在多个节点（多台计算机）上并行执行测试程序，则执行以下命令：

```
mpiexec -n 3 -host node1,node2,node3 python Path-To-Your-File\MPIdemo.py
```

其中，“-host”参数指定所要使用的多个节点，这些节点以逗号分隔。如果节点很多，也可以用参数“-hostfile”或“-machinefile”指定一个配置文件，并在该文件中写入需要使用的计算节点。

MPIdemo.py 示例程序内容如下：

```
from mpi4py import MPI
rank = MPI.COMM_WORLD.Get_rank()     #进程号
size = MPI.COMM_WORLD.Get_size()     #进程总数
name = MPI.Get_processor_name()      #进程所在节点计算机名称
print("Process %d of %d on %s.\n" % (rank, size, name))
```

运行程序，结果如下所示。

```
Process 0 of 3 on MS-20180226VJBS.
Process 1 of 3 on MS-20180226VJBS.
Process 2 of 3 on MS-20180226VJBS.
```

需要注意的是，示例结果中的节点名为测试计算机的名称，用不同计算机运行示例程序时，结果会不同。

9.3.3 mpi4py 并行计算

MPI 并行计算主要通过多进程方式实现，因此进程间的通信必不可少，包括点对点通信与集合通信等。为了更好地理解 MPI 并行计算原理，我们需要先了解 MPI 的一些基本概念和术语。

1. MPI 基本概念

MPI 是由一组来自学术界和工业界的研究人员基于各种并行计算体系结构设计的一个标准化和便携式的消息传递系统。作为一种消息传递接口规范，MPI 定义了一组具有可移植性的编程接口和消息传递编程模型，服务于进程通信。基于 MPI 机制的进程之间的通信，涉及以下几个重要概念。

（1）通信子（Communicator）

通信子定义了封装 MPI 通信的基本模型，分为两类：组内通信子（Intra-Communicator）和组间通信子（Inter-Communicator）。“MPI.COMM_WORLD”和“MPI.COMM_SELF”是 mpi4py 中预定义的两个组内通信子，前者包含启动时的所有进程，而后者仅包含进程自身。组间通信子允许一个组的进程与另一个组的进程进行通信。

（2）组（Group）

组指的是由一系列进程标识所组成的有序集合。组中的每个进程都有一个唯一的“rank”标识。组对象存在于通信子环境内，为通信子定义和描述通信参与者（进程），并提供表示和管理进程的若干功能。组内的每个进程与一个“rank”相联系。“rank”的序列号是连续的并从 0 开始。

（3）上下文（Context）

上下文是通信子所具有的一个属性，它允许对通信空间进行划分。一个上下文所发送的消息不能被另一个上下文所接收。上下文不是显式的 MPI 对象，它们仅作为通信子实现的一部分而出现。同一进程内的不同通信子有不同的上下文。上下文实质上是一个系统管理的标志，用于保证通信子在点对点和 MPI 定义的集合通信中的安全性。

（4）组内通信子

组内通信子将组的概念和上下文的概念结合到一起，其包含了一个组的实例，作为点到点或集合通信的上下文，同时包含了虚拟进程拓扑和其他属性。每个 MPI 通信函数都要通过通信子确定其通信环境。对于集合通信，组内通信子指明了一系列参加集合操作的进程及其次序。这样通信子就约束了通信的空间范围，而且通过“rank”提供了与计算机无关的进程访问。

（5）组间通信子

组间通信子允许一个组的进程与另一个组的进程进行通信。组间通信与组内通信是两个相对的概念，参与组内通信的进程，都属于相同的进程组，并在相同的组内通信子对象上下文环境中执行。相应地，组间通信子把两个组绑定在一起，共享通信上下文，用于管理两者之间的通信。组间通信常用于解决采取模块化结构设计的、在多个空间中运行的复杂应用中的通信问题。

（6）集合通信

集合通信的主要功能是对一组进程进行通信、同步、计算等操作。集合通信根据信息的传递方向可大致分为两大类：单向的集合操作与双向的集合操作。对于具有根进程的集合操作，如“Bcast”“Scatter”“Gather”等，传输通过根进程的一个参数来定义为单向。此时，对包含了根进程的组，组中所有进程必须使用根所指定的参数进行调用，根进程集合操作的“root”参数则使用特殊的值“MPI.ROOT”。所有与根处于相同组的其他进程使用“MPI.PROC_NULL”。集合通信调用可以和点对点通信调用共用一个通信子，MPI 保证由集合通信调用产生的消息不会和点对点通信调用产生的消息相混淆。

2. mpi4py API

利用 mpi4py 进行并行计算编程，需要调用其提供的各种 API 来完成。在调用这些封装好的功能函数之前，需要先导入相应的模块，例如：

```
import mpi4py
from mpi4py import MPI
```

mpi4py 提供的 API 主要包括 3 个类别，其主要接口函数、方法以及功能说明如表 9-3 所示。

表 9-3　　mpi4py API 功能一览表

API 类别 及其相关函数、方法		功能说明
通信子操作相关 API 进行通信子相关操作之前需要定义一个通信子：comm= MPI.COMM_WORLD	MPI.Comm.Create(self, Group group)	在已有通信子 comm 环境下，利用 group 组创建新的通信子 newcomm，但不会复制原通信子中添加的属性信息
	MPI.Comm.Free(self)	将通信子对象标记为无效（设置为 MPI.COMM_NUL）
	MPI.Comm.Dup(self, Info info=None)	完全复制当前通信子，包括其中添加过的属性信息
	MPI.Comm.Split(self, int color= 0, int key=0)	将与 comm 相关联的组拆分为不相交的子组，每个组中的进程具有不同的 color 值。每个组内进程的 rank 按照 key 参数所指定的方式定义，新通信域中各个进程的顺序编号根据 key 的大小决定，即 key 越小，则相应进程在原来通信域中的顺序编号也越小。若两个进程的 key 相同，则根据这两个进程在原来通信域中的顺序号决定新的编号。最后通过 newcomm 为每个子组创建一个相关联的通信子返回。执行过程中，某些进程可指定未定义的 color 值 MPI.UNDEFINED，此时其 newcomm 将返回 MPI.COMM_NULL
	MPI.Comm.Get_size(self)	返回当前通信子新关联组内所包含的进程总数
	MPI.Comm.Get_rank(self)	返回当前通信子新关联组内本地进程的进程号
	MPI.Comm.Compare(type cls, Comm comm1,Comm comm2)	返回两个通信子的比较信息。如果 comm1 和 comm2 引用自同一个对象，则返回值为 MPI.IDENT。如果与两者相关联的组内进程顺序和 rank 都相同，则返回 MPI.CONGRUENT。如果各组成员相同，但进程的 rank 值不同则返回 MPI.SIMILAR，否则返回 MPI.UNEQUAL
组管理相关 API	MPI.Comm.Get_group (self)	返回通信子 comm 相关的组
	MPI.Group.Free(self)	释放当前组对象
	MPI.Group.Dup(self)	通过复制当前组而产生一个新组
	MPI.Group.Get_rank(self)	返回调用进程在给定组内的 rank，进程如果不在该组内则返回 MPI.UNDEFINED
	MPI.Group.Get_size(self)	返回指定组所包含的进程总数
	MPI.Group.Compare(type cls, Group group1, Group group2)	返回两个组之间的比较信息。如果 group1 和 group2 中所含进程以及相同进程的编号相同，则返回 MPI.IDENT。如果两者所含进程完全相同但相同进程在两者中的编号不同则返回 MPI.SIMILAR，否则返回 MPI.UNEQUAL
组间通信管理相关 API	MPI.Intracomm.Create_intercomm(self, int local_leader, Intracomm peer_comm, int remote_leader, int tag=0)	构建组间通信子。组间通信的构造函数均为阻塞操作，并且要求所有本地组和远程组都不相交，否则将导致死锁。local_leader 是选定的本地组的进程的 rank 编号，而 remote_leader 则是选定的远程组的进程在 peer_comm 中的 rank 编号
	MPI.Intercomm.Merge(self, bool high=False)	将两个组间通信子对象合并为组内通信子对象。要求各组内进程提供完全相同的 high 参数值。如果一个组内的所有进程指定的 high 为 True，而另一个组所有进程指定的 high 为 False，则在新的组内通信子中 True 组的进程排在 False 组的进程前面。如果两个组内进程指定的 high 值相同，则排列顺序不确定

3. mpi4py 并行计算示例

（1）点对点通信

点对点通信是指在两个进程之间进行数据传输，一端发送数据而另一端接收数据，它是 MPI

通信机制的基础，分为同步通信和异步通信两种机制。该方式简单易用，适用于任何可被“pickle”序列化的 Python 对象，但是在发送和接收端的“pickle”和“unpickle”操作却并不高效，特别是在传递大量数据时。

点对点通信分为阻塞式通信与非阻塞式通信。阻塞式通信是指在消息传递时会阻塞进程的执行。非阻塞式通信则是指在通信过程中不需要等待通信结束就返回，通常这种通信过程交由计算机后台来处理。如果系统提供硬件支持非阻塞式通信函数，可使计算与通信在时间上进行重叠，从而提高并行计算的效率。阻塞式点对点通信的示例代码如下：

```
from mpi4py import MPI              #用于进程间通信
comm = MPI.COMM_WORLD               #定义通信子
comm_rank = comm.Get_rank()         #获取进程号

data_send = "{'Name':'Jiantao Lu','Degree':'Ph.D'}" #定义要进行传输的示例数据

if (comm_rank == 0): #当进程号为 0 时发送数据至目标进程 1
    print('Process %d sent %s' % (comm_rank, data_send))
    comm.send(data_send, dest=1)        #发送数据
elif (comm_rank == 1):                  #当进程号为 1 时接收数据
    data_recv = comm.recv(source=0) #接收数据
    print('Process %d received %s' % (comm_rank, data_recv))
```

因为该程序需要实现进程间通信，因此至少需要两个进程。将上述代码保存为“p2pdemo.py”，并执行下列命令运行该程序：

```
mpiexec -n 2 python p2pdemo.py
```

运行结果如下所示：

```
Process 0 sent {'Name':'Jiantao Lu','Degree':'Ph.D'}
Process 1 received {'Name':'Jiantao Lu','Degree':'Ph.D'}
```

由于非阻塞式通信在调用后不用等待通信完全结束就可以返回，所以非阻塞式通信的返回并不意味着通信的完成。在返回后，用户还需要检测甚至等待通信的完成。非阻塞式点对点通信示例代码如下：

```
from mpi4py import MPI              #用于进程间通信
comm = MPI.COMM_WORLD               #定义通信子
comm_rank = comm.Get_rank()         #获取进程号

data_send = "{'Name':'Jiantao Lu','Degree':'Ph.D'}" #定义要进行传输的示例数据

if (comm_rank == 0):
    print 'Process %d sent %s' % (comm_rank, data)
    request = comm.isend(data, dest=1)
    request.wait()
elif (comm_rank == 1):
    request = comm.irecv(source=0)
    data = req.wait()
    print 'Process %d received %s' % (comm_rank, data)
```

程序通过“request”返回非阻塞式通信对象，wait()函数用于检测异步数据发送是否完成，以

便确保接收到的数据是有效的。上述程序运行输出结果与阻塞式通信示例程序一致，但是运行效率较前者更高。

Python 可被序列化的对象在进程之间进行传输时，实际上是分别在发送端与接收端进行“pickle”和“unpickle”操作。面对大量数据时，这种方式的效率很低，我们可用一种更为高效的方式直接进行数据传输，而无须经过序列化与反序列化操作。以这种方式传送数据需要使用通信子对象的以大写字母开头的方法，如 Send()、Recv()、Bcast()、Scatter()、Gather() 等。

以下示例程序演示了如何高效地直接在进程之间点对点传输 NumPy 数组。其中，指定 0 号和 1 号进程进行显式地指定数据类型的数组点对点传输，而 2 号和 3 号进程之间则进行自动类型识别的点对点传输。

```
import numpy                        #导入 NumPy 库，主要用于数组处理
from mpi4py import MPI              #主要用于进程间通信处理

comm = MPI.COMM_WORLD               #定义通信子
comm_rank = comm.Get_rank()         #获取进程号

#数据类型显性传输
if (comm_rank == 0):
    data = numpy.arange(10, dtype='i') #原始数据类型为 signed integer
    print('Data sent by process %d: %s' % (comm_rank, data))
    comm.Send([data, MPI.INT], dest=1) #显式地指定发送数据类型为 MPI.INT
elif (comm_rank == 1):
    data = numpy.empty(10, dtype='i')
    comm.Recv([data, MPI.INT], source=0) #显式地指定接收数据类型为 MPI.INT
    print('Data received by process %d: %s' % (comm_rank, data))

#自动确定数据类型
if (comm_rank == 2):
    data = numpy.arange(10, dtype=numpy.float64) #原始数据类型为 float
    print('Data sent by process %d: %s' % (comm_rank, data))
    comm.Send(data, dest=3) #不指定发送数据类型，自动保持原始数据类型
elif (comm_rank == 3):
    data = numpy.empty(10, dtype=numpy.float64)
    comm.Recv(data, source=2) #不指定接收数据类型，自动保持原始数据类型
    print('Data received by process %d: %s' % (comm_rank, data))
```

因为上述代码涉及 4 个进程，因此需要通过命令 mpiexec–n 4 开启 4 个进程来运行程序，结果如下所示：

```
Data sent by process 0: [0 1 2 3 4 5 6 7 8 9]
Data sent by process 2: [0. 1. 2. 3. 4. 5. 6. 7. 8. 9.]
Data reveived by process 3: [0. 1. 2. 3. 4. 5. 6. 7. 8. 9.]
Data reveived by process 1: [0 1 2 3 4 5 6 7 8 9]
```

（2）集合通信

与点到点通信实现两个进程之间的数据传输不同，集合通信的主要功能则是对一组进程进行通信、同步、计算等，包括广播（Broadcast）、散播（Scatter）、收集（Gather）以及归约（Reduce）等方式。

① 广播。广播方式数据的发送，可用以下两个不同的方法进行：

```
bcast(self, obj, int root=0)
Bcast(self, buf, int root=0)
```

其中，bcast()用于广播可被“pickle”序列化的 Python 对象 obj，并返回所接收到的 obj，而 Bcast()只能广播具有单段缓冲区接口（Single Segment Buffer Interface）的 Python 对象，如 NumPy 数组。参数 buf 可以是一个长度为 2 或 3 的 List 或 Tuple，类似于[data, MPI.DOUBLE]，或者[data, count, MPI.DOUBLE]，以指明发送/接收数据缓冲区、数据计数以及数据类型。

以下示例代码演示了如何利用广播方式向所有进程发送数据：

```
from mpi4py import MPI
import numpy as np #导入 NumPy 库

comm = MPI.COMM_WORLD            #定义通信子
comm_rank = comm.Get_rank()      #获取进程号

if (rank == 0):
    #定义可 pickle 序列化的示例数据
    data = {'Name' : 'YuTing Lu',
            'BirthDate' : '2018-12-14'
           }
    print ('Before broadcasting: process %d has %s' % (rank, data))
else:
    data = None
    print ('Before broadcasting: process %d has %s' % (rank, data))
#广播数据至所有进程
data = comm.bcast(data, root=0)
print ('After broadcasting: process %d has %s' % (rank, data))
```

利用命令“mpiexec–n 3”开启 3 个进程来运行程序，结果如下：

```
Before broadcasting: process 0 has {'Name': 'YuTing Lu', 'BirthDate': '2018-12-14'}
After broadcasting: process 0 has {'Name': 'YuTing Lu', 'BirthDate': '2018-12-14'}
Before broadcasting: process 2 has None
After broadcasting: process 2 has {'Name': 'YuTing Lu', 'BirthDate': '2018-12-14'}
Before broadcasting: process 1 has None
After broadcasting: process 1 has {'Name': 'YuTing Lu', 'BirthDate': '2018-12-14'}
```

从结果可看出，广播前，1、2 进程数据为空；广播后，这些数据与发送端（进程 0）数据一致。上述示例代码中，发送的数据为可序列化的 Python 对象。若要广播发送 NumPy 数组等具有单段缓冲区接口的 Python 对象，则用下列代码替换上例中对应部分即可。

```
if (rank == 0):
    data = np.arange(8, dtype='i') #定义广播数据：8 个元素的 NumPy 整数数组
    print ('Before broadcasting: process %d has %s' % (rank, data))
else:
    data = np.zeros(8, dtype='i')
    print ('Before broadcasting: process %d has %s' % (rank, data))
comm.Bcast(data, root=0) #广播数据至所有进程
print ('After broadcasting: process %d has %s' % (rank, data))
```

在上述代码中，我们定义了一个具有 8 个元素的 NumPy 整数数组进行广播发送，其中 0 号进程发送广播数据。运行程序，返回结果如下所示：

```
Before broadcasting: process 2 has [0 0 0 0 0 0 0 0]
```

```
After broadcasting: process 2 has [0 1 2 3 4 5 6 7]
Before broadcasting: process 0 has [0 1 2 3 4 5 6 7]
After broadcasting: process 0 has [0 1 2 3 4 5 6 7]
Before broadcasting: process 1 has [0 0 0 0 0 0 0 0]
After broadcasting: process 1 has [0 1 2 3 4 5 6 7]
```

② 散播。散播操作，指的是从组内的根进程分别向组内其他进程散发不同的数据，根进程也会得到自己散发出去的数据并进行处理。散播操作方法定义如下：

```
scatter(self, sendobj, int root=0)
Scatter(self, sendbuf, recvbuf, int root=0)
```

其中，以小写字母开头的 scatter()函数可以发送一系列任意可被序列化的 Python 对象 sendobj，这一系列对象的个数必须等于要接收消息的进程的数目。以大写字母开头的 Scatter()函数可以发送一个具有单段缓冲区接口的类数组对象，参数 sendbuf、recvbuf 可以是长度为 2 或 3 的 List 或 Tuple，类似于[data, MPI.DOUBLE]或[data, count, MPI.DOUBLE]，以指明发送/接收数据缓冲区、数据计数以及数据类型。

scatter()和广播 bcast()功能类似，不同的是 bcast()将相同的数据发送给所有进程，而 scatter()则是根据不同的 rank 将数据依次发给各进程：第 1 个元素发送至 rank 0，第 2 个元素发送至 rank 1，以此类推。散播操作示例代码如下：

```
from mpi4py import MPI
comm = MPI.COMM_WORLD
rank = comm.Get_rank()

if (rank == 0):
   data_to_scatter = ['a','b','c','d','e']  #散播示例数据
else:
   data_to_scatter = None

recv_data = comm.scatter(data_to_scatter, root=0)
print("Process %d  got data: %s" %(rank, recv_data))
```

上述代码将数组中的元素['a','b','c','d','e']按照进程的 rank 顺序散播到 5 个不同的进程。执行程序时要注意选择开启 5 个不同进程，命令如下：

```
mpiexec-n 5 python scatterdemo.py
```

程序运行结果如下所示：

```
Process 2  got data: c
Process 4  got data: e
Process 0  got data: a
Process 1  got data: b
Process 3  got data: d
```

③ 收集。收集操作 gather()基本上是反向的 scatter()，即收集所有进程发送到根进程的数据。方法定义如下：

```
gather(self, sendobj, int root=0)
Gather(self, sendbuf, recvbuf, int root=0)
```

其中 sendobj、sendbuf 指的是各进程要发送的数据，而 root 则代表要接收数据的根进程。参数 recvbuf 需要设置成类似于[data,count,displ, MPI.DOUBLE]，其中 count 和 displ 都是一个整数系

列，count 指明应该从各个进程收集来的数据个数，displ 指明从各个进程收集来的数据段应放到接收数据缓冲区中的起始偏离。示例代码如下：

```
from mpi4py import MPI
comm = MPI.COMM_WORLD
size = comm.Get_size()
rank = comm.Get_rank()
data = "data chunk %s" %rank #定义示例数据
data = comm.gather(data, root=0)
if (rank == 0):
 print("Process %s (root) gathering data from other processes:" %rank)
 for i in range(1, size):
     value = data[i]
     print("Process %s got %s from process %s" %(rank, value, i))
```

利用命令 mpiexec–n 5 开启 5 个进程，程序运行结果如下：

```
Process 0 (root) gathering data from other processes:
Process 0 got data chunk 1 from process 1
Process 0 got data chunk 2 from process 2
Process 0 got data chunk 3 from process 3
Process 0 got data chunk 4 from process 4
```

④ 归约。归约是对组内通信子上的归约操作。该操作对组内所有进程的数据进行某种归约后，将结果保存在根进程中。归约不但将所有的数据收集回来，而且在收集的过程中进行了简单的计算，例如，求和、求积以及求最大值与最小值等。归约操作方法如下：

```
reduce(self, sendobj, op=SUM, int root=0)
Reduce(self, sendbuf, recvbuf, Op op=SUM, int root=0)
```

其中，以小写字母开头的 reduce()用于归约任意可被序列化的 Python 对象 sendobj，以大写字母开头的 Reduce()则用于归约类数组对象。参数 sendbuf、recvbuf 可以是一个长度为 2 或 3 的 List 或 Tuple，类似于[data, MPI.DOUBLE]或[data, count, MPI.DOUBLE]，以指明发送/接收数据缓冲区、数据计数以及数据类型。mpi4py 模块提供了如表 9-4 所示的一系列内置归约运算符。

表 9-4　　mpi4py 内置归约运算符及说明

运算符	说明
MPI.SUM	求和
MPI.PROD	求积
MPI.MAX	最大值
MPI.MIN	最小值
MPI.LAND	逻辑与
MPI.BAND	位与
MPI.LOR	逻辑或
MPI.BOR	位或
MPI.LXOR	逻辑异或
MPI.BXOR	位异或
MPI.MAXLOC	最大值及其位置
MPI.MINLOC	最小值及其位置

此外，我们还可利用以下方法自定义归约操作：

```
MPI.Op.Create(type cls, function, bool commute=False)
```

其中，参数 commute 指明自定义的运算符是否满足交换率。

以下示例代码利用 mpi4py 的归约操作来实现一个多维数组的求和：

```
import mpi4py.MPI as MPI
import numpy as np

comm = MPI.COMM_WORLD      #通信子
rank = comm.Get_rank()     #进程号
size = comm.Get_size()     #进程总数

def myfunc(x,y): #自定义归约函数
    f=x+y
    return f

if (rank == 0):
    data = np.random.rand(size, 5) #产生示例数据(一个 size×5 的随机数组)
    print("sample data:\n",data)
else:
    data = None

recv_data = comm.scatter(data, root=0 )

print("Process %d got data and finished processing." % rank )
print(recv_data )

all_sum = comm.reduce(recv_data, root=0, op=myfunc) #利用自定义函数执行归约操作
if (rank == 0):
   print("sum is :",all_sum)
```

在上述示例代码中，我们自定义了一个函数来执行归约操作，该函数只进行简单的求和运算，当然也可定义成其他任何形式的运算。对于求和等运算，我们也可直接用 mpi4py 内置的“MPI.SUM”来代替：

```
all_sum = comm.reduce(recv_data, root=0, op=MPI.SUM)
```

通过命令“mpiexec–n 3”开启 3 个进程，运行程序，结果如下所示：

```
sample data:
[[0.96412223 0.97093559 0.64965535 0.417607   0.88147023]
 [0.60090535 0.17949758 0.55192561 0.92397658 0.32099215]
 [0.66517875 0.70563327 0.47452702 0.2638615  0.72757109]]
Process 2 got data and finished processing.
[0.66517875 0.70563327 0.47452702 0.2638615  0.72757109]
Process 0 got data and finished processing.
[0.96412223 0.97093559 0.64965535 0.417607   0.88147023]
Process 1 got data and finished processing.
[0.60090535 0.17949758 0.55192561 0.92397658 0.32099215]
sum is :
[2.23020632 1.85606645 1.67610798 1.60544508 1.93003348]
```

（3）任务并行处理

在实际项目中，我们经常要面对很多大数据量的单个文件（如 100GB 的数据文件），如果按照传统的方式对其进行循环读取和处理，将会花费很长的工作时间和占用很多的计算资源。对于此类数据，我们的策略一般是采用诸如 MPI 等并行的方式进行文件处理。不过，在采用 MPI 方式之前仍需对文件进行预处理，即先将大数据文件拆分成若干小文件，然后通过并行的方法对这些拆分的小文件一一进行处理，最后通过归约方式合并处理结果。如果不对大文件进行拆分，MPI 也无法将这么大的数据文件分发至不同的进程。

以下示例代码将一个文件目录下的文件分配至不同的进程。为简化程序、增强可读性，我们将省略对于每个文件的后续相关处理。

```
import sys  #用于命令行参数相关处理
import os   #用于系统文件目录相关处理
import mpi4py.MPI as MPI
import numpy as np

comm = MPI.COMM_WORLD       #通信子
rank = comm.Get_rank()      #进程号
size = comm.Get_size()      #进程总数

if __name__ == '__main__':
  if len(sys.argv) != 2: #如果命令行参数不为2
      print("Usage: python *.py file_repository\n") #显示正确用法
      sys.exit(1)       #退出程序
  path = sys.argv[1] #获取示例文件目录

  if (rank == 0):
      file_list = os.listdir(path) #获取目录下所有文件的列表
      print("Total %d files in the repository.\n" % len(file_list))

  #将文件列表广播至所有进程
  file_list = comm.bcast(file_list if (rank == 0) else None, root = 0)
  num_files = len(file_list) #文件总数
  #将列表中文件分配至不同的进程
  local_files_offset = np.linspace(0, num_files, size +1).astype('int')
  local_files = file_list[local_files_offset[rank] :local_files_offset[rank + 1]]

  print("Process %d got %d/%d data \n" %(rank, len(local_files), num_files))
  print("Process %d got files: %s  \n"%(rank, local_files))
```

执行以下命令开启 6 个进程进行并行处理：

```
mpiexec-n 6 python multiFilesProcessing.py data
```

其中，“multiFilesProcessing.py”为示例 Python 代码文件名，“data”为文件存储目录，该目录中有 10 个示例文件：“test1.py”“test2.py”……“test10.py”。运行程序，结果如下所示：

```
Total 10 files in the repository.
Process 0 got 1/10 data
Process 0 got files: ['test1.py']
Process 4 got 2/10 data
```

```
Process 4 got files: ['test6.py', 'test7.py']
Process 2 got 2/10 data
Process 2 got files: ['test3.py', 'test4.py']
Process 1 got 2/10 data
Process 1 got files: ['test10.py', 'test2.py']
Process 5 got 2/10 data
Process 5 got files: ['test8.py', 'test9.py']
Process 3 got 1/10 data
Process 3 got files: ['test5 .py']
```

9.4 ipyparallel 并行计算

IPython 是一个基于 BSD 开源的 Python 交互式 Shell，为交互式计算提供了一个内容丰富的架构，内置了丰富的功能与函数，诸如交互式数据可视化工具、高性能并行计算工具，以及灵活、可嵌入的解释器等。ipyparallel 是由 IPython 提供的一个软件包，基于单程序、多程序和多数据并行，并使用 MPI 进行消息传递，提供并行和分布式计算功能。

9.4.1 ipyparallel 的安装与启动

ipyparallel 可通过在 Anaconda 控制台的命令行中输入以下命令进行在线安装：

```
pip install ipyparallel
```

也可通过以下 Conda 包管理命令进行安装：

```
conda install ipyparallel
```

在 Windows 操作系统中，使用 ipyparallel 进行并行计算之前，需要以管理员身份打开控制台界面并在其中运行以下命令：

```
ipcluster start
```

该命令将开启 Python 并行计算模式，开启的数量与计算机 CPU 内核数量相等。若提示“ipcluster 不是内部或者外部命令，也不是可运行的程序或批处理文件。”，则表示该命令不在系统路径中，我们需要进入 ipyparallel 的安装文件夹，再运行上述命令。

一般说来，“ipcluster.exe”程序在 Anaconda 安装目录下的 Scripts 目录中，若我们将此目录添加到系统变量 Path 中，亦可解决上述执行程序出错问题。“ipcluster.exe”程序的启动可能需要等待片刻，直至屏幕出现如下类似信息才表明其启动状态正常。

```
[IPClusterStart] Engines appear to have started successfully.
```

ipyparallel 由一系列命令行界面（Command Line Interface，CLI）脚本组成，用于启动和调度并行工作引擎等相关事务。常用的 CLI 脚本如下所示。

ipcluster：启动/停止集群。

ipcontroller：启动调度程序。

ipengine：启动并行工作引擎。

9.4.2 ipyparallel 并行计算

IPython 主要由如图 9.4 所示的 4 个组件构成，分别为引擎（Engine）、集群中心程序（Hub）、调度程序（Scheduler）以及客户端（Client）。这些组件皆集成于 ipyparallel 并行编程工具包中。我们可以利用多个“Engine”同时运行一个任务来加快程序的处理速度。

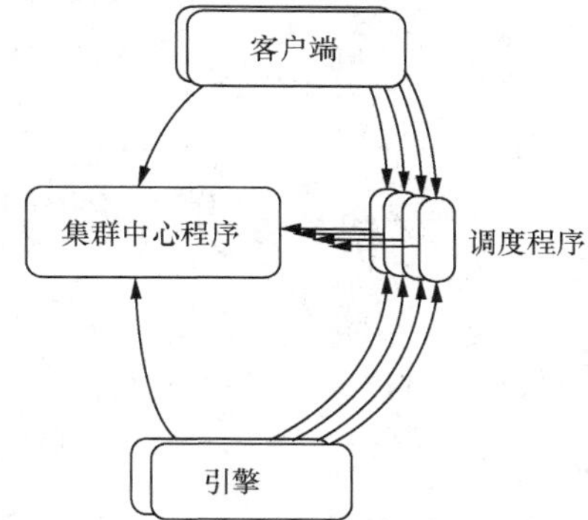

图 9.4　IPython 组件构成示意

在 ipyparallel 中，集群（Cluster）被抽象为视图（View），包括“DirectView”和“LoadBalancedView”。其中，“DirectView”为所有 Engine 的抽象，当然也可自行指定由哪些 Engine 构成，而“LoadBalancedView”则为一种负载均衡接口，Scheduler 被委托为适当的 Engine 分配工作。多 Engine 经过负载均衡之后，抽象出来的是单一 Engine 构成的 View。利用 ipyparallel 工具包进行并行编程的基本思路是，将要处理的数据进行切分并分布到每一个 Engine 之上，然后将得到的各处理结果进行合并，从而获得最终结果。

Engine 通过网络侦听请求，运行代码并返回结果。当多个 Engine 启动时，并行和分布式计算成为可能。控制器（Controller）为使用一组 Engine 提供了一个接口。一般而言，Controller 是 Engine 和 Client 可以连接到的进程的集合，由一个 Hub 与一组 Scheduler 组成。这些 Scheduler 通常与 Hub 在同一台计算机上的不同进程中运行。Controller 还为希望连接到 Engine 的用户提供单点联系。Hub 是 Cluster 的中心，负责跟踪 Engine、Scheduler、Client 以及所有任务请求和结果。Hub 的主要作用是促进对 Cluster 状态的查询，并最小化建立连接新 Client 和 Engine 涉及的许多连接所需的必要信息。可以在 Engine 上执行的所有操作都要经过 Scheduler。

要使用 ipyparallel 进行并行计算，需要启动 Controller 的一个实例和 Engine 的一个或多个实例。为了便于演示和学习，建议最好使用 ipcluster 命令在单个主机上启动 Controller 和 Engine。例如，我们想要在本机上启动控制器与 4 个 Engine，可以在控制台界面以管理员身份输入以下命令：

```
C:\>ipcluster start -n 4
```

然后，打开 Python 解释器，开启交互式编程模式。示例代码如下：

```
>>>import ipyparallel as ipp #导入并行编程接口工具包
>>>import os #导入系统信息处理工具包
>>>c = ipp.Client() #启动 Client
>>>c.ids #显示启动的所有 Engine
[0, 1, 2, 3]
>>>c[:].apply_sync(lambda : "Hello, World") #4 个进程同步执行并输出相同字符串
[ 'Hello, World', 'Hello, World', 'Hello, World', 'Hello, World' ]
>>>r= c[:].apply_async(os.getpid) #异步获取当前系统进程
>>>pid_map = r.get_dict() #获取每个 Engine 与其进程号对应的字典
>>>print(pid_map) #输出每个 Engine 的进程号（下列输出结果仅为示例）
{0:268816, 1:268956, 2:268648, 3:269032}
```

下面，我们将通过一个完整的示例来演示如何利用 ipyparallel 工具包进行并行计算编程。该示例为一个词频统计程序，该程序首先读取文本文件中的每个句子并利用 View 的 Scatter()方法将所有的句子切分成 n 部分，然后将其发送至每个 Engine 之上，并对切分后的句子进行词频统计，最后归约所有 Engine 处理后的结果。示例代码如下：

```
import ipyparallel as ipp       #并行处理模块
from itertools import repeat    #用于高效循环迭代处理
import time   #引入该模块用于标记程序运行时间

def WordFreqCount(text):
    """
    词频统计函数，对输入的文本文件进行词频统计处理。
    参数说明。
    text：输入文本。
    返回值：包含词频统计信息的字符串字典
    """
    freqs = {}
    for word in text.split():   #对字符串文本进行分词
        lword = word.lower()     #将字符转换为小写
        freqs[lword] = freqs.get(lword, 0) + 1 #词频统计
    return freqs

def TopN_WordFreqCount(freqs, N=5):
    """
    高频词统计函数，输出词频前 N 个词及其在文本中出现的次数。
    参数说明。
    freqs：词频统计结果。
    N：词频前 N 个词，默认值设置为 5
    """
    words, counts = freqs.keys(), freqs.values() #单词与其出现频率
    items = zip(counts, words)        #将词频信息压缩成词典
    aList=list(items)
    aList.sort(reverse=True)          #对词频信息进行由高到低反向排序
    for (count, word) in (aList[:N]):
        print("word %s count %s" %(word, count)) #输出前 N 个高频词统计信息

def WordFreqParallel(texts):
    """
    并行版词频统计函数，对若干行句子进行并行处理。
    参数说明。
    texts：输入文本。
    返回值：词及其出现次数的键值对
    """
    freqs = {}
    for str in texts:
        for word in str.split():
            lword = word.lower()
            freqs[lword] = freqs.get(lword, 0) + 1
    return freqs

def ParallelCalculation(view,lines):
    """
    并行任务处理函数。将 texts 分散传送至每一个 Engine，
    然后在每一个 Engine 上执行程序 WordFreqParallel。
    参数说明。
```

```
    view: Engine 视图实例。
    lines: 每个 Engine 并行处理的文本行数。
    返回值：返回统计出的词及其词频键值对
    """

    view.scatter('texts',lines,flatten=True) #将文本平均切分至每个 Engine 之上
    ar=view.apply(WordFreqParallel,ipp.Reference('texts')) #并行任务处理
    freqs_list=ar.get()

    #归约最终的处理结果
    word_set=set()
    for f in freqs_list:
        word_set.update(f.keys())
    freqs=dict(zip(word_set,repeat(0)))
    for f in freqs_list:
        for word,count in f.items():
            freqs[word]+=count
    return freqs

if __name__ == '__main__':
    #创建一个 Client 与 View 实例用于后续并行计算处理
    client = ipp.Client()
    view = client[:]
    #运行普通串行版本进行词频统计
    print("Serial Version Word Frequency Calculating:")
    text = open('test.txt').read()
    tic = time.time() #启动程序计时
    freqs = WordFreqCount(text)
    toc = time.time() #结束词频统计后计时
    TopN_WordFreqCount(freqs, 5)  #输出前 5 个高频词
    print("%.3f seconds spent in this task."%(toc-tic)) #运行普通串行版本词频统计所需时间
    #运行并行版本程序进行词频统计
    print("\nParallel Version Word Frequency Calculating:")
    lines=text.splitlines()     #文本切分成行
    tic=time.time()             #计时开始
    pfreqs=ParallelCalculation(view,lines) #在多个 Engine 上并行词频统计
    toc=time.time()             #计时结束
    TopN_WordFreqCount(pfreqs) #输出前 N 个高频词
print("%.3f seconds spent in this task."%(toc-tic)) #运行并行版本词频统计所需时间
```

运行程序，并启动 4 个 Engine，结果如下所示：

```
Serial Version Word Frequency Calculating:
word the count 15
word to count 9
word of count 5
word user count 4
word interface count 4
0.009 seconds spent in this task.

Parallel Version Word Frequency Calculating:
word the count 15
```

```
word to count 9
word of count 5
word user count 4
word interface count 4
0.103 seconds spent in this task.
```

这个结果看上去有些令人意外：并行程序竟然比串行程序用时更长。究其原因，是该测试文本"test.txt"较小，只有几百个词，并行程序与串行程序工作流程基本相同，而并行程序较串行程序还要多一个文本切分成行并均匀分布于不同 Engine 上这个步骤。因此，对于小信息量的任务处理，并行程序并无太多优势，总用时多出一些并不意外。通过文本复制、粘贴的方式将原文本文件扩展至原大小的 10000 倍左右再重新测试，在启动 Engine 数目不变的情况下，并行程序与串行程序用时分别为 31.935s 与 243.366s（不同用户因硬件配置不同而导致结果会与此处数字有所不同），由此体现出了并行计算的优越性。

如果通过指令适当增加 Engine 的数目，例如，ipcluster start–n 12，则串行、并行程序之间的用时差距亦会有所增长。当然，Engine 数目也不能无限增长，要视所用计算机配置而定，主要取决于计算机 CPU 内核的个数，否则可能会影响计算机整体的运行速度。

第 10 章 增强现实与 Python 编程实践

增强现实（Augmented Reality，AR），是将真实世界与虚拟世界信息进行无缝集成的一种新技术。它将原本在现实世界一定时空范围内很难体验到的真实信息（视觉、味觉、触觉以及听觉等），通过计算机技术模拟仿真后将虚拟的信息应用到真实世界，使得真实环境与虚拟信息实时地叠加于同一个画面或空间。AR 技术不仅展现了真实世界的信息，同时也将虚拟的信息显示出来，两种信息相互补充、叠加，被人类感官所感知，从而达到超越现实的感官体验。

10.1 AR 技术简介

AR 技术通常包含了多媒体、3D 建模、实时视频显示及控制、多传感器融合、实时跟踪及场景融合等多种新技术。简而言之，AR 技术主要由两部分组成，其一为对现实世界的感知，其二则是对虚拟图像的融合与呈现。AR 技术主要实现流程如图 10.1 所示。

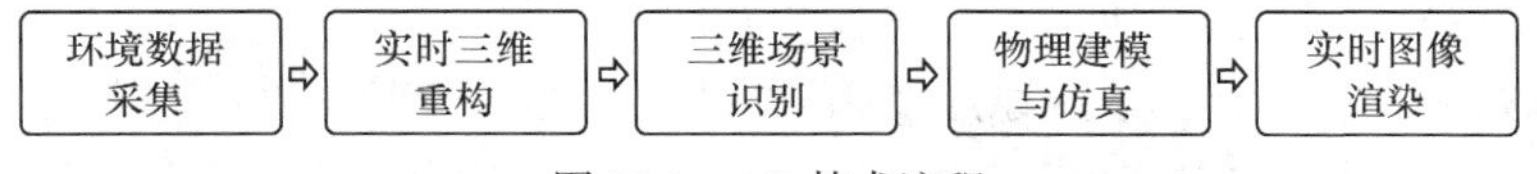

图 10.1 AR 技术流程

环境数据采集，也就是通过传感器等硬件设备对外界三维信息进行感知。传感器可以是普通 RGB 摄像头，也可以是 TOF（Time of Flight）或 3D 结构光深度摄像头等。

实时三维重构，是最重要的一步，需要通过之前所获取的环境数据实时对场景进行三维重构。三维重构经常会用到同时定位与地图构建（Simultaneous Localization and Mapping，SLAM）算法，该算法在实时构建三维场景的同时，能够准确地定位摄像机（或拍摄者）的位置。获得丰富的三维场景信息之后，我们需要让计算机对该场景进行识别和理解，也就是让计算机认知场景中的人物、建筑、实物、天空、地面等各种实体信息。

在识别出三维物体之后，虚拟物体需要和实物发生碰撞等交互。因此，要对三维物体的材质进行识别，如果是实时的流体材质仿真，则经常会用到基于物理的渲染（Physically Based Rendering，PBR）技术。而实时图像渲染则是在完成了所有呈现效果的仿真计算之后，将 AR 效果实时渲染出来，进而投射到显示设备上。

10.2 基于 OpenCV 的 AR 实现

10.2.1 照相机模型

照相机将三维世界中的坐标点映射到二维图像平面的过程可用一个几何模型来进行描述。模型有很多种，而在计算机视觉中广泛使用的则是针孔照相机模型，通常也被称为射影照相机模型，该模型原理简单且具有足够的精度，模型原理如图 10.2 所示。

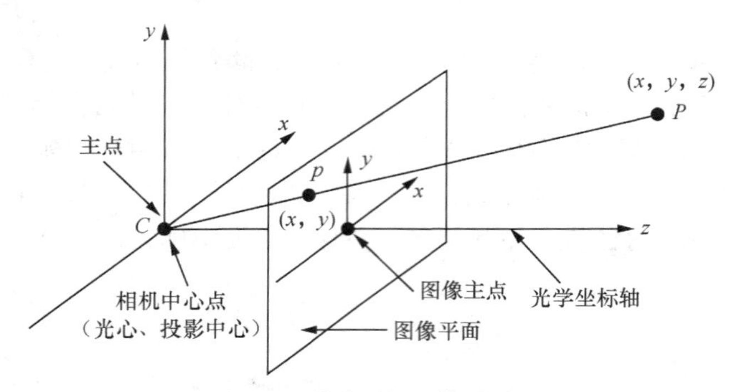

图 10.2　针孔照相机模型原理

光线在投影与图像平面之前，将从唯一的一个点经过，也就是相机中心点 C（也称为光心或投影中心），图像点 p 是由相机中心点 C 和三维点 P 这两点所构成的直线与图像平面的交点。图像坐标轴与三维坐标系中的 x、y 轴对齐平行，照相机的光学坐标轴与 z 轴一致。从图 10.2 可看出，该投影几何可简化为相似三角形。在投影之前通过旋转与平移等几何变换，将三维点加入图像坐标轴则会产生完整的投影变换。

相机并非总是位于世界坐标系的原点。通常，我们可能想定义一个任意的坐标系，且用于多个相机。为此，可用刚体变换（Rigid Transformation）来描述世界坐标系到相机坐标系的转换。实际上，相机坐标系是未知的，更多的作用是用于数学模型描述。通过刚体变换，可将世界坐标系转换成相机坐标系，并通过透视投影以及校正畸变，将相机坐标系转换成真实图像坐标系，最后通过将图像数字化可得到数字化图像坐标系。

在针孔照相机模型中，三维点 P 投影为图像点 p（以齐次坐标表示），可用公式表示为：

$$\lambda p = \boldsymbol{M}P$$

其中，$\boldsymbol{M}$ 为照相机矩阵（或称为投影矩阵），λ 为三维点 P 的逆深度（Inverse Depth），亦即其深度的倒数。照相机矩阵可分解为：

$$\boldsymbol{M} = \boldsymbol{K}[\boldsymbol{R} \mid \boldsymbol{t}]$$

其中，$\boldsymbol{K}$ 为照相机的内参数矩阵，用于描述照相机的投影性质；$[\boldsymbol{R} \mid \boldsymbol{t}]$ 为照相机的外参数矩阵，用于描述照相机位姿；$\boldsymbol{R}$ 为描述照相机方向的旋转矩阵；$\boldsymbol{t}$ 为描述照相机中心位置的三维平移向量。

相机的内参数在出厂之后是固定的，不会在使用过程中发生变化。一般情况下，相机生产厂商会说明照相机的内参数，但有时需要用户自己来求解这些参数，这就是所谓的相机标定（Camera Calibration）。

相比不变的内参数，外参数会随着相机运动发生改变。内参数矩阵 $\boldsymbol{K}$ 也可以表示为：$\boldsymbol{K}=\begin{bmatrix}\alpha f & s & c_x\\0 & f & c_y\\0 & 0 & 1\end{bmatrix}$。其中，$f$ 表示图像平面与相机中心的距离，亦即焦距；s 为倾斜参数，表示像素在传感器上偏斜的程度，大多时候可以直接设置为 0；α 为纵横比例参数，在像素元素为非正方形时使用，通常将其设置为 1。由此可得：$\boldsymbol{K}=\begin{bmatrix}f & 0 & c_x\\0 & f & c_y\\0 & 0 & 1\end{bmatrix}$。除焦距 f 之外，内参数矩阵剩余唯一的参数，即为主点（也称为光心）的坐标 $\boldsymbol{c}=\left[c_x,c_y\right]$，也就是光学坐标轴与图像平面的交点。因为主点通常位于图像中心，而图像坐标通常从左上角开始计算，因此主点坐标约为图像高度与宽度的一半。

10.2.2　基于 OpenCV 的 AR 编程实例

OpenCV 作为一个强大的图像处理与计算机视觉库，集成了图像特征提取、轮廓检测、三维虚拟模型载入与显示等诸多丰富的算法和工具。这些内置的工具和算法可使我们方便快捷地实现一个增强现实的简单应用。例如，我们想要在一幅背景图像中放置一个三维虚拟物体，对于该 AR 应用的实现，主要有以下几个步骤。

① 打开相机，基于针孔照相机模型设置相机的内参数矩阵 $\boldsymbol{K}$ 。

假设，相机焦距为 600，相机分辨率为 640 × 380 像素，则光心坐标 $\boldsymbol{c}=[c_x,c_y]=\left[\frac{640}{2},\frac{480}{2}\right]=[320,240]$。基于针孔照相机模型，可知相机的内参数矩阵 $\boldsymbol{K}$ 为：

$$\boldsymbol{K}=\begin{bmatrix}600 & 0 & 320\\0 & 600 & 240\\0 & 0 & 1\end{bmatrix}$$

我们导入 NumPy 模块来处理数组相关数据，则对应的示例代码如下：

```
camera_parameters =np.array([[600, 0, 320], [0, 600, 240], [0, 0, 1]])
```

② 指定一幅图像为参考，计算和提取其图像特征，并设置一个阈值。

在本示例中，我们采用 ORB 算法来对参考图像的特征进行提取。ORB 算法是一种快速特征点提取和描述算法，主要由两部分构成：其一为基于 FAST（Features from Accelerated Segment Test）算法发展而来的特征提取，其二则为基于 BRIEF（Binary Robust Independent Elementary Features）算法改进而来的特征描述。ORB 算法将 FAST 特征点的检测方法与 BRIEF 特征描述子结合起来，并在它们的基础上做了部分改进与优化。据统计，ORB 算法的速度约为常用的特征提取算法 SIFT 的 100 倍左右。在 OpenCV 中，调用 ORB 算法实现图像特征提取与描述的示例代码如下：

```
#创建一个 ORB 关键点检测器
orb = cv2.ORB_create()
#基于汉明距离创建一个暴力算法匹配器（Brute Force Matcher）对象
bf = cv2.BFMatcher(cv2.NORM_HAMMING, crossCheck=True)
```

```
#加载将在视频流数据中搜索的参考图像（test.jpg）
model = cv2.imread('.\\models\\test.jpg',0)
#计算参考图像的关键点及其描述符
kp_model, des_model = orb.detectAndCompute(model, None)
#设置与参考图像进行匹配的最小阈值
MIN_MATCHES=10
```

③ 打开摄像头与载入三维虚拟模型。

摄像头的打开操作示例代码如下：

```
cap = cv2.VideoCapture(0)
```

载入三维虚拟模型需要用到 Objloader 模块，下载相关文件（下载地址参见本书配套的电子资源），保存在当前目录下并命名为 objloader.py，然后通过 import objloader 进行加载。从网上获取三维虚拟模型（下载地址参见本书配套的电子资源）并载入，示例代码如下：

```
#载入当前目录下 models 子目录中名为 toyplane.obj 的三维玩具飞机模型文件
obj = objloader.OBJ('.\\models\\','toyplane.obj', swapyz=True)
```

④ 三维投影矩阵的计算。

我们所处的世界是三维的，而照片是二维的，这样可将相机认为是一个函数，输入为一个场景，输出则是一幅灰度图像。这个从三维到二维的转换过程是不可逆的。相机标定的目标是找一个合适的数学模型并求出该模型的参数，如此便可近似该三维到二维的过程。在针孔照相机模型中，相机标定的过程实际上是求解相机的内外参数矩阵的过程。在计算机视觉中，平面的单应性（Homography）被定义为一个平面到另外一个平面的投影映射。单应性用于表述真实世界中一个平面与其对应图像之间的透视变换关系。一个二维平面上的点到相机上的映射就是平面单应性的例子。

下列示例代码基于针孔照相机模型，从摄像机标定矩阵（Calibration Matrix）和单应性矩阵计算出三维物体的投影矩阵：

```
def projection_matrix(camera_parameters, homography):
    """
    三维投影矩阵计算函数。
    参数说明。
    camera_parameters：相机标定矩阵。
    homography：单应性矩阵
    """
    #计算沿 x 和 y 轴的旋转以及平移
    homography = homography * (-1)
    rot_and_transl = np.dot(np.linalg.inv(camera_parameters), homography)
    col_1 = rot_and_transl[:, 0]
    col_2 = rot_and_transl[:, 1]
    col_3 = rot_and_transl[:, 2]
    #向量归一化操作
    l = math.sqrt(np.linalg.norm(col_1, 2) * np.linalg.norm(col_2, 2))
    rot_1 = col_1 / l
    rot_2 = col_2 / l
    translation = col_3 / l
```

```
    #计算正交基
    c = rot_1 + rot_2
    p = np.cross(rot_1, rot_2)
    d = np.cross(c, p)
    rot_1 = np.dot(c / np.linalg.norm(c, 2) + d / np.linalg.norm(d, 2), 1 / math.sqrt(2))
    rot_2 = np.dot(c / np.linalg.norm(c, 2) - d / np.linalg.norm(d, 2), 1 / math.sqrt(2))
    rot_3 = np.cross(rot_1, rot_2)
    #计算从模型到当前帧的三维投影矩阵
    projection = np.stack((rot_1, rot_2, rot_3, translation)).T
    return np.dot(camera_parameters, projection)
```

⑤ 模型渲染。

载入三维虚拟模型并计算出其三维投影矩阵等数据后，需要通过渲染操作将其叠加显示于视频帧中。对三维虚拟模型进行渲染的示例代码如下：

```
def render(img, obj, projection, model, color=False):
    """
    定义一个渲染函数，将加载的 obj 三维模型渲染到当前视频帧
    """
    vertices = obj.vertices              #模型的顶点数
    scale_matrix = np.eye(3) * 3         #生成一个对角线全为 3 的对角矩阵
    h, w = model.shape                   #模型矩阵的维度

    for face in obj.faces: #遍历三维虚拟模型的每个面
        face_vertices = face[0]
        points = np.array([vertices[vertex - 1] for vertex in face_vertices])
        points = np.dot(points, scale_matrix)
        #在参考图像中间渲染模型
        points = np.array([[p[0] + w / 2, p[1] + h / 2, p[2]] for p in points])
        dst = cv2.perspectiveTransform(points.reshape(-1, 1, 3), projection) #投影变换
        imgpts = np.int32(dst)
        if color is False:
            cv2.fillConvexPoly(img, imgpts, (137, 27, 211)) #对模型进行凸多边形填充
        else:
            color = hex_to_rgb(face[-1]) #将十六进制色彩转换为 RGB 色彩
            color = color[::-1]  # 颜色反转
            cv2.fillConvexPoly(img, imgpts, color) #对模型进行凸多边形填充
    return img

def hex_to_rgb(hex_color):
    """
    定义一个转换函数用于将十六进制色彩转换为 RGB 色彩。
    参数说明。
    hex_color: 十六进制色彩值
    """
    hex_color = hex_color.lstrip('#') #十六进制色彩表示分隔符
```

```
    h_len = len(hex_color)
    return tuple(int(hex_color[i:i + h_len // 3], 16) for i in range(0, h_len, h_len // 3))
```

⑥ 循环检测。

打开摄像头获取实物图像，循环检测目标图像是否达到参考阈值。示例代码如下：

```
while True:
        #获取摄像头的当前帧图像
        ret, frame = cap.read()
        if not ret:
            print ("无法获取视频")
            return
        #查找并绘制当前视频帧图像的关键点
        kp_frame, des_frame = orb.detectAndCompute(frame, None)
        #将帧描述符与模型描述符通过暴力算法进行匹配
        matches = bf.match(des_model, des_frame)
        #将匹配点按照距离进行排序，距离越小，匹配越好
        matches = sorted(matches, key=lambda x: x.distance)
        #如果找到足够的匹配点，则计算单应性矩阵
        if len(matches) >MIN_MATCHES: #如果与参考图像的匹配点超过最小设定阈值
            #源点和目标点之间的差异
            src_pts = np.float32([kp_model[m.queryIdx].pt for m in matches]).reshape(-1, 1, 2)
          dst_pts = np.float32([kp_frame[m.trainIdx].pt for m in matches]).reshape(-1, 1, 2)
            #计算单应性矩阵
            homography, mask = cv2.findHomography(src_pts, dst_pts, cv2.RANSAC, 5.0)
            #如果找到有效的单应性矩阵，则在参考图像上渲染三维虚拟模型
            if homography is not None:
                try:
                    #从单应性矩阵和相机参数矩阵中获取三维投影矩阵
                    projection = projection_matrix(camera_parameters, homography)
                    #将三维虚拟模型渲染叠加于参考图像之上
                    frame = render(frame, obj, projection, model, False)
                except:
                    pass
            #画出 10 个匹配点
            if args.matches:
                frame = cv2.drawMatches(model, kp_model, frame, kp_frame, matches[:10],
0, flags=2)
            #显示结果
            cv2.imshow('Demo', frame)
            if cv2.waitKey(1) & 0xFF == ord('q'): #按"q"键退出程序
                break
         else:
            print ("没有找到足够的匹配特征点 - %d/%d" % (len(matches), MIN_MATCHES))
```

运行程序，结果如图 10.3 所示，可看到图像中已载入示例的三维玩具飞机模型。

（a）　　　　　　　　（b）

图 10.3　AR 示例运行结果

如果摄像头所获取的图像符合参考图像特征阈值，则载入如图 10.3（a）所示的三维虚拟模型并在相应的位置进行显示。如果摄像头所获取的图像不符合参考图像特征阈值，则持续跟踪并在不同位置动态显示如图 10.3（b）所示的三维虚拟模型。

基于上例的算法思路，我们再来实现一个基于二维码识别的简单 AR 应用。在该例中，将利用 zbar 模块实现对二维码的识别，然后在二维码图像平面投影一个三维框架。示例代码如下：

```
import zbar #二维码识别库
from PIL import Image,ImageColor #图像处理模块
import cv2 #OpenCV 模块
import numpy as np #数组相关处理

cv2.namedWindow("QrCode Based AR Demo") #创建窗口
cap = cv2.VideoCapture(0) #截取视频帧图像

scanner = zbar.ImageScanner()       #初始化一个二维码扫描对象
scanner.parse_config('enable')      #设置对象属性

while True:#循环执行代码
    ret, im = cap.read() #读取视频帧图像
    if not ret: #结果不为空则继续
        continue
    size = im.shape #获取图像矩阵的维度
    gray = cv2.cvtColor(im, cv2.COLOR_BGR2GRAY, dstCn=0) #转换为灰度图像
    pil = Image.fromarray(gray)      #从数组转化为图像
    width, height = pil.size         #获取图像尺寸
    raw = pil.tobytes()              #将图像转化为字节信息
    image = zbar.Image(width, height, 'Y800', raw) #建立 zbar 图像对象并扫描转换为字节信息
    scanner.scan(image) #二维码图像扫描

    #获取图像二维码信息
```

```
        for symbol in image:
            print ('decoded', symbol.type, 'symbol', '"%s"' % symbol.data)
            topLeftCorners, bottomLeftCorners, bottomRightCorners, topRightCorners = [item
for item in symbol.location]
            cv2.line(im, topLeftCorners, topRightCorners, (255,0,0),2)
            cv2.line(im, topLeftCorners, bottomLeftCorners, (255,0,0),2)
            cv2.line(im, topRightCorners, bottomRightCorners, (255,0,0),2)
            cv2.line(im, bottomLeftCorners, bottomRightCorners, (255,0,0),2)

            #二维图像坐标点
            image_points = np.array([
                                (int((topLeftCorners[0]+topRightCorners[0])/2), int((topLeftCorners[1]
+bottomLeftCorners[1])/2)), #顶点
                                topLeftCorners,        #左上角
                                topRightCorners,       #右上角
                                bottomLeftCorners,     #左下角
                                bottomRightCorners     #右下角
                                ], dtype="double")

            #欲投影于二维码图像平面的三维模型坐标点
            model_points = np.array([
                                (0.0, 0.0, 0.0),                #顶点坐标
                                (-225.0, 170.0, -135.0),        #左上角坐标
                                (225.0, 170.0, -135.0),         #右上角坐标
                                (-150.0, -150.0, -125.0),       #左下角坐标
                                (150.0, -150.0, -125.0)         #右下角坐标
                                ])
            #相机内参数
            focal_length = size[1]
            center = (size[1]/2, size[0]/2)
            camera_matrix = np.array(
                              [[focal_length, 0, center[0]],
                              [0, focal_length, center[1]],
                              [0, 0, 1]], dtype = "double"
                              )
            print ("Camera Matrix :\n {0}".format(camera_matrix))
            dist_coeffs = np.zeros((4,1)) #假设无镜头失真
            #相机的位姿估计
            (success, rotation_vector, translation_vector) = cv2.solvePnP(model_points,
image_points, camera_matrix, dist_coeffs, flags=cv2.SOLVEPNP_ITERATIVE)

            #显示相机旋转以及平移矢量
            print ("Rotation Vector:\n {0}".format(rotation_vector))
            print ("Translation Vector:\n {0}".format(translation_vector))
```

```
            #投影一个三维点(0, 0, 1000.0)于二维码图像平面
            #通过 cv2.projectPoints()函数将物体点坐标变换到图像点坐标
            (nose_end_point2D, jacobian) = cv2.projectPoints(np.array([(0.0, 0.0, 100.0)]),
rotation_vector, translation_vector, camera_matrix, dist_coeffs)

            #绘制投影点
            for p in image_points:
                cv2.circle(im, (int(p[0]), int(p[1])), 3, (0,0,255), -1)
            p1 = ( int(image_points[0][0]), int(image_points[0][1]))
            p2 = ( int(nose_end_point2D[0][0][0]), int(nose_end_point2D[0][0][1]))

            #绘制投影支柱
            cv2.line(im, bottomLeftCorners, p2, (255,0,0), 2)
            cv2.line(im, topLeftCorners, p2, (255,0,0), 2)
            cv2.line(im, bottomRightCorners, p2, (255,0,0), 2)
            cv2.line(im, topRightCorners, p2, (255,0,0), 2)

        #显示图像
        cv2.imshow("AR Demo Window", im)

        #循环等待按键
        keypress = cv2.waitKey(1) & 0xFF
        if keypress == ord('q'): #按“q”键退出
            break
    cv2.waitKey(0)
```

运行程序并打开示例图像，将摄像头对准图像中的二维码，结果如图 10.4 所示。

```
('decoded', 'QRCODE', 'symbol', '"Dr. Jiantao Lu\nDemo AR Program"')
Camera Matrix :
 [[640.    0. 320.]
 [  0. 640. 240.]
 [  0.    0.   1.]]
Rotation Vector:
 [[-0.00911045]
 [ 3.11238569]
 [-0.45463189]]
Translation Vector:
 [[  13.51126404]
 [ -26.21765039]
 [-727.19033821]]
```

（a）

（b）

（c）

图 10.4　基于二维码识别的 AR 应用示例

其中，图 10.4（a）为程序运行过程中移动摄像机镜头时所显示的中间结果，包括二维码解码内容、相机矩阵参数、旋转向量以及平移向量等相关信息。图 10.4（b）和图 10.4（c）则分别为被扫描的示例二维码图像以及在二维码图像平面上显示的虚拟三维框架。